互利关系影响生态系统服务的途径和机制探讨

A Probe into the Effect of Mutualism on Ecosystem Service Channals and Its Mechanism

陈又清　卢志兴　著

科学出版社

北　京

内 容 简 介

本书以大量的第一手研究资料为主，结合国内外最新研究进展，从三个层面即物种层面、群落层面和生态系统层面阐述紫胶虫与蚂蚁互利关系的生态效应，并对今后的研究进行展望。本书共14章，包括绪论、互利关系对云南紫胶虫和蚂蚁的影响、互利关系对紫胶虫天敌群落的影响、互利关系对蝗虫群落的影响、互利关系对蛴类群落的影响、互利关系对蚂蚁群落的影响、互利关系对蜘蛛群落的影响、互利关系对蚂蚁群落物种共存的影响、互利关系对砂仁生产的影响、蚂蚁与产蜜露昆虫互利关系在研究生态系统服务中的作用等内容。各部分内容都有具体的试验设计、分析方法、结果与分析、结论与讨论等，有翔实的图表数据和图片支撑。

本书可供从事昆虫生态学研究的科技人员参考，也可以作为农林院校昆虫生态学教学的参考书。

图书在版编目(CIP)数据

互利关系影响生态系统服务的途径和机制探讨 / 陈又清，卢志兴著.
—北京：科学出版社，2022.4

ISBN 978-7-03-059741-0

Ⅰ. ①互… Ⅱ. ①陈… ②卢… Ⅲ. ①生态系–服务功能–研究 Ⅳ. ①Q147

中国版本图书馆 CIP 数据核字 (2018) 第 275976 号

责任编辑：武雯雯 / 责任校对：彭 映
责任印制：罗 科 / 封面设计：墨创文化

科学出版社出版
北京东黄城根北街16号
邮政编码：100717
http://www.sciencep.com

成都锦瑞印刷有限责任公司印刷
科学出版社发行 各地新华书店经销

*

2022年4月第 一 版 开本：787×1092 1/16
2022年4月第一次印刷 印张：17
字数：403 000

定价：138.00 元

(如有印装质量问题，我社负责调换)

作 者 简 介

陈又清，男，1969 年生，湖北黄冈人，理学博士，中国林业科学研究院资源昆虫研究所研究员、博士生导师、环境昆虫研究室主任，云南省技术创新人才，云南省产业技术领军人才，中国昆虫学会资源昆虫专业委员会副主任委员，中国昆虫学会昆虫产业化专业委员会委员，云南省昆虫学会理事，云南省生态学会理事；入选科技部、教育部和云南、贵州、广东、河北、广西等省区专家库专家。*Biodiversity and Conservation*、*Journal of Insect Conservation*、《昆虫学报》、《中国生态农业学报》等 10 余国内外期刊审稿专家及《西部林业科学》编委。作为项目负责人曾主持过国家科技攻关（支撑）课题、国家自然科学基金面上项目和行业专项重大项目、科技部农业科技成果转化项目、国家林业局中试项目、国家林业局推广项目、国家林业局标准项目等国家和省部级项目 10 余项。发表学术论文 150 余篇，其中 SCI 源刊论文 10 余篇，出版专著 2 部，参与编写专著 2 部，待出版专著 2 部。获鉴定及认定成果 10 余项、参与制定标准 3 项，参与培育植物良种 1 个；申请发明专利 4 项，获国家发明专利授权 2 项。获国家科技进步奖二等奖 1 项、云南省科技进步奖一等奖 1 项、云南省自然科学奖二等奖 1 项、中国林科院二等奖 1 项；培养博士和硕士研究生 30 余名。

卢志兴，男，1986 年 3 月生，云南华宁人，农学博士，中国林业科学研究院资源昆虫研究所副研究员。主要从事蚂蚁生态学及紫胶虫高效培育技术研究。主持国家自然科学基金青年基金项目 1 项。先后参加国家自然科学基金项目 3 项、国家林业局行业专项重大项目 2 项。以第一作者发表 SCI 论文 2 篇、发表中文核心期刊论文 11 篇，参与发表 SCI 论文 3 篇，参与发表中文核心期刊论文 20 篇。申请发明专利 4 项，获授权发明专利 1 项、实用新型专利 1 项。

前　言

互利关系(mutualism)定义为两个物种间的正相互作用,可以增加其中一种或两种生物的个体适合度和种群密度。互利关系作为一种普遍的、重要的生态关系而越来越受到重视，成为当今国际重大科学前沿领域之一。蚂蚁与半翅目昆虫之间的相互关系是互利关系中十分常见的一种，即食物换保护：蚂蚁取食半翅目昆虫的蜜露并保护它们免受天敌的危害。蚂蚁-半翅目昆虫互利关系的调查研究已有100多年历史,早期的研究多是对互利关系中蚂蚁和半翅目昆虫本身的探讨，随着研究的不断深入，互利关系的研究不仅仅只针对相互作用的两个物种，其产生的生态影响可能在群落、生态系统层面上都有体现。可以说，互利关系在自然生态系统中扮演了与竞争、捕食同样重要的角色，是生物个体、物种、生态系统的一种最基本的演化动力或存在形式，已经成为研究种间关系的生态与进化的模式系统之一。

中国林业科学研究院资源昆虫研究所是国内唯一从事紫胶虫研究的专业机构。紫胶虫是一种介壳虫，属半翅目(Hemiptera)胶蚧科(Lacciferidae)胶蚧属(*Kerria*)，是一类具有重要经济价值的资源昆虫。紫胶虫生活在寄主植物上，吸取植物汁液，雌虫通过腺体分泌出一种纯天然树脂，即紫胶。同许多半翅目昆虫一样，紫胶虫也会分泌蜜露，并与照顾它们的蚂蚁形成互利关系。在初始的研究中,我们关注的还是这种互利关系对紫胶生产的影响,随着研究和观察的深入，我们发现紫胶虫具有种群密度大、世代时间长等特点，其与蚂蚁形成的互利关系可能比其他半翅目昆虫更加稳定,因此这种互利关系在群落层面可能有更为深远的生态影响，其作用可以影响到生态系统服务和功能。按照这个思路，我们不断积累蚂蚁与紫胶虫互利关系对蚂蚁和云南紫胶虫的影响、对紫胶虫天敌群落的影响、对蝗虫群落的影响、对蜻类群落的影响、对蚂蚁群落的影响、对蜘蛛群落的影响、对蚂蚁群落物种共存的影响、对砂仁生产的影响等内容，逐渐集结成本书。

在这10余年的蚂蚁与紫胶虫的互利研究过程中，我们得到了多个项目的支持，特别是国家自然科学基金面上项目“互利关系影响生态系统服务的途径和机制探讨”(31470493)、“蚂蚁功能多样性对山地土地利用方式的响应机制”(31270561)的支持。在研究过程中许多硕士和博士研究生付出了辛勤的劳动，包括陈彦林、王思铭、张念念、李可力、武子文、赵婧文、付兴飞、王庆等。在物种鉴定上，得到了西南林业大学徐正会教授、欧晓红教授、李巧教授、柳青副教授和大理大学杨自忠教授的大力帮助。在研究过程中，也得到了国外多位同行的帮助，如澳大利亚西澳大学 Raphael K. Didham 教授，科廷大学教授、西澳大学特聘教授 Jonathan Majer，澳大利亚联邦科工组织生态研究中心主任 Alan Andersen 教授、Benjamin D. Hoffmann 高级研究员等，其中 Jonathan Majer 教授和 Benjamin D. Hoffmann 高级研究员多次来华进行指导。在此一并致谢。

由于时间仓促，著者水平有限，本书的撰写难免有不足之处，敬请读者批评指正。

著者
2018年4月于昆明白龙寺

目　　录

第2部分 互利关系在群落层面的影响

第 3 部分 互利关系在生态系统层面的影响

第1章 绪　　论

1.1 引　　言

不同物种之间的相互作用所形成的关系即种间关系。物种间的相互作用可以是直接的相互影响，也可以是间接的相互作用。这种影响或作用对相互作用的物种可能是有害的，也可能是有利的。互利关系(mutualism)定义为两个物种间的正相互作用，可以增加其中一种或两种生物的个体适合度和种群密度。互利关系作为一种普遍、重要的生态关系而越来越受到重视，成为当今国际重大科学前沿领域之一(Boucher et al.，1982；Bronstein，1994；Stachowicz，2001；Christian，2001；Edelman，2012)。

互利关系普遍存在于自然生态系统中，多种生物间都会存在互利关系，如昆虫、鸟类对植物的传粉和种子传播，根瘤菌与豆科植物互利共生等，涉及的植物范围也非常广泛，包括草本植物，灌木、藤本植物及乔木等(Moya-Raygoza and Nault，2000；Renault et al.，2005；Way et al.，1999)。随着研究的不断深入，互利关系的研究不仅仅只针对相互作用的两个物种，其产生的生态影响可能在群落，生态系统层面上都有体现。可以说，互利关系在自然生态系统中扮演了与竞争、捕食同样重要的角色，是生物个体、物种、生态系统的一种最基本的演化动力或存在形式(Wang et al.，2008；Toby et al.，2010；Crowley and Cox，2011)，已经成为研究种间关系的生态与进化的模式系统之一(Stadler and Dixon，2005)。

蚂蚁与半翅目昆虫之间的相互关系是互利关系中十分常见的一种，即食物换保护：蚂蚁取食半翅目昆虫的蜜露并保护它们免受天敌的危害(Heil and Mckey，2003)。以蜜露为纽带，探讨蚂蚁与排泄蜜露的半翅目昆虫之间的关系已成为昆虫生态学的研究热点之一(Eastwood，2004；Perfecto and Vandermeer，2006；Queiroz and Oliveira，2001)。蚂蚁有规律地取食半翅目昆虫排泄的蜜露(Buckley，1987b)，可以促进半翅目昆虫的个体发育(Oliveira and Del-Claro，2005)，提高其存活率和繁殖率(Del-Claro et al.，2006；Rauch et al.，2002)，减少半翅目昆虫的天敌数量(Renault et al.，2005；Schatz et al.，2006)和霉病的发生(Bishop and Bristow，2001；Flatt and Weisser，2000)，直接或间接保护半翅目昆虫(Way，1963；Del-Claro and Oliveira，2000；Oliveira and Del-Claro，2005)；但有时蚂蚁对半翅目昆虫的照顾，也增加了半翅目昆虫的代谢压力，对其生长产生不利的影响(Fischer and Shingleton，2001；Yao and Akimoto，2002)。另外，有些蚂蚁在争夺蜜露资源的同时，还能有效地排除其他蚂蚁对半翅目昆虫的照顾(Dejean et al.，1997)，并且在蜜露资源上建立一种类似蚁巢的保护膜，将蜜露包裹起来，形成对蜜露资源的垄断形式(Eakildsen et al.，2001)。

蚂蚁-半翅日昆虫互利关系的调查研究已有 100 多年的历史，早期的研究多是对互利关系中蚂蚁和半翅目昆虫本身的探讨，而现在越来越多的研究证明这种互利关系在群落中也有重要的生态作用(Wimp and Whitham，2001；Christian，2001；Kaplan and Eubanks，2005；Mooney，2007；卢志兴等，2013；Freitas and Rossi，2015)。

紫胶虫是一种介壳虫，属半翅目(Hemiptera)胶蚧科(Lacciferidae)胶蚧属(*Kerria*)，是一类具有重要经济价值的资源昆虫(陈晓鸣等，2008)。紫胶虫生活在寄主植物上，吸取植物汁液，雌虫通过腺体分泌出一种纯天然树脂，即紫胶。紫胶主要由紫胶树脂组成，还含有紫胶色素、蜡质等物质。紫胶具有绝缘、防潮、防锈、防腐、耐酸、耐油、黏合力强、弹性好、可塑性强、固色性好、化学性质稳定、对人畜无毒性和刺激性等优良性能，是不可完全替代的重要化工原料，被广泛应用于化工、电子、军工、医药和食品等行业。

我国是一个多山国家，山地面积占国土面积的三分之二；其中，西南地区以丘陵山地为主，山高谷深，全区丘陵山地面积占土地总面积的 92.6%(胡庭兴，2011)。山地地貌的特殊性带来了山地生态环境的敏感性和脆弱性，同时山地多处于江河流域和湖泊集水区的中上游，其生态环境的影响将波及到中下游广阔的区域(胡庭兴，2011)。我国西南山地紫胶资源十分丰富，主要分布在江河流域及支流的两岸，特别是少数民族聚居区。一直以来，紫胶林及其混农林系统是西南山地农业生态系统和江河流域重要的生态屏障，同时紫胶也是西南山地农民的主要经济来源之一(陈又清和姚万军，2007；陈晓鸣等，2008)，具有十分重要的生态、经济和社会效益。

同许多半翅目昆虫一样，紫胶虫也会分泌蜜露，并与照顾它们的蚂蚁形成互利关系(卢志兴等，2012a，2012b；Chen et al.，2011)。紫胶虫具有种群密度大、世代时间长等特点，其与蚂蚁形成的互利关系可能比与其他半翅目昆虫更加稳定，因此这种互利关系在群落层面可能有更为深远的生态影响，其作用可以影响到生态系统服务和功能。

1.2 国内外研究现状及评述

1.2.1 紫胶虫的国内外研究现状

在生物学方面，国外研究了不同紫胶虫的生物学特性(Saha and Jaipuriar，2000)；对部分种类的雄虫触角反常片段和紫胶虫的一种雌雄同体形式进行了研究(Varshney，1990；Mahdihassan，1991a)；对比了紫胶虫幼虫初期和幼虫末期的性比(Mahdihassan，1983；Srivastava and Chauhan，1986)；报道了紫胶虫在久树(*Schleichera oleosa*)上的三化性记录(Mishara and Sushil，2000)。我国学者也研究了不同紫胶虫的生物学特性(欧炳荣等，1984)；紫胶虫生活史与不同龄期胶表物候的关系(杨星池，1995)；对不同紫胶虫的生物学特征和胶质特征进行了比较(李金元，1994)；用支序分析方法讨论了 7 种紫胶虫之间的系统发育关系，并得出 7 种紫胶虫的外部形态与其地理分布及生境有着密切关系的结论(陈航等，2008)。

在生态学方面，研究非生物因素对紫胶虫影响的过程中，国外比较了气候因子对紫胶虫野生种和人工培育种的影响(Mahdihassan，1991b)、紫胶虫在不同地域的适应性表现(Hwang and Hsieh，1981)等。国内对紫胶虫适生的气候条件(陈仲达，1982)，紫胶虫越冬的气候条件(温福光，1984)，紫胶虫对气候的适应性(阎克显，1992)，我国紫胶产区气候与紫胶虫引种驯化(石秉聪，1993)，元江河谷的自然优势(喻赞仁，1994)，紫胶虫的生态适应性(高玉芝和毛玉芬，1995)，以及地形、地势、海拔等非地带性因素对紫胶虫的影响(张福海，1987)进行了研究。

在生物因素对紫胶虫影响的研究中，包括寄主植物对紫胶虫的影响及天敌和病害对紫胶虫的影响。首先，在寄主植物对紫胶虫影响的研究中，国外研究了紫胶虫在不同寄主植物上的适应性及紫胶虫在寄主植物上的放养情况(Ganguly and Ravi，1979)；紫胶虫在寄主植物上的固虫密度和初期死亡率(Bhagat，1988；Mishara et al.，1998)，紫胶虫在滇刺枣(*Ziziphus mauritiana*)上的泌胶量及相关特性变动(Mishara et al.，2000)，并比了较紫胶虫在不同寄主植物上产生的梗胶(Mahdihassan，1991a)。国内研究了紫胶虫觅食时对寄主植物枝条的选择(陈又清等，2004a)，不同寄主植物对紫胶虫自然种群的影响(陈又清和王绍云，2007a，2010)，紫胶虫与寄主植物氨基酸、无机盐含量的关系(陈又清等，2004b，2005)，紫胶虫寄生对寄主营养成分及生长的影响(陈又清和王绍云，2006a，2006b)。其次，在天敌和虫害对紫胶虫的影响研究中，国外研究发现紫胶虫的捕食性和寄生性天敌对紫胶产量有严重的影响(Krishan and Kumar，2001)，进而开展了紫胶虫寄生蜂的发生规律与紫胶虫种群动态相关性的研究(Sharma et al.，1997)；测定了紫胶虫受寄生蜂寄生后繁殖力和泌胶量的减少程度(Krishan and Kumar，2001)；并对紫胶虫寄生蜂的生物学特点(Sushil et al.，1999)、生态学特性(Mahdihassan，1981)、性比和丰富度(Bhagat，1988)及种群估计(Jaiswal and Saha，1995)进行了研究；研究了紫胶虫排泄的蜜露与到访昆虫之间的关系和紫胶虫对捕食性害虫采取的行为对策(Jaiswal et al.，1996)。在紫胶虫虫害管理方面，研究了紫胶白虫卵寄生蜂的生物学特性(Sushil et al.，1995)；利用重寄生方法，人工培育紫胶白虫小茧蜂防治紫胶白虫(Bhattacharya et al.，1998)；研究了紫胶虫鳞翅目害虫的生物学特点(Hebert，2001)；开展了用杀虫剂防治紫胶白虫的试验(Mishara et al.，1995)；掌握了紫胶虫虫害管理办法(Jaiswal and Agarwal，1998)；研制了防治紫胶害虫新的剥胶设备(Jaiswal et al.，1999)。我国于20世纪80年代调查了紫胶虫及其寄主植物害虫名录，得出危害紫胶虫最为严重的为紫胶白虫、紫胶黑虫、胶蚧红眼啮小蜂的结论(王士振，1987)；在紫胶白虫天敌——紫胶白虫茧蜂的生物学和人工繁殖技术等虫害防治方面做了深入研究(赖永祺，1988)；找出了通过蚂蚁来生物控制紫胶黑虫种群增长的方法(王思铭等，2010a)；调查了紫胶虫及其寄主植物病原种类，得出紫胶虫的病害主要由于蜜露堵塞紫胶虫的生理代谢孔口，导致腐生型病原真菌感染的结论(顾绍基，1993)；提出蚂蚁对紫胶生产有一定的促进作用(陈又清和王绍云，2006c；王思铭等，2011)。

在紫胶虫生态系统的研究中，国外研究了紫胶林中与紫胶虫关系密切的昆虫种群的时空动态、多样性及紫胶林的物种多样性(Varshney，1979；Srivastava and Chauhan，1984；Sah，1990)，得出紫胶虫生境对生物多样性保护和农业生态系统安全具有保障作用的结论(Saint-Pierre and Ou，1994)。国内在探讨紫胶林-农田复合生态系统对当地生物多样性保护的意义时，分别对比了蛴类及蝗虫在各种不同生境下的多样性指数，结果均显示在天然紫胶林中昆虫多样性高，并得出紫胶林-农田复合生态系统不同土地利用生境间的节肢动物类群存在着物种的交流，显示出农田和林地均不是孤立的生境，而是紫胶林-农田复合生态系统这一混农林生态系统的组分；为保障该系统的健康，实现最大的经济效益和保护生物多样性，应从混农林生态系统的层面而非农田或林地生境上认识节肢动物群落（陈彦林等，2008；李巧等，2009a，2009b）；探讨了紫胶生境中的蚂蚁共存机制，为保护紫胶生境下的蚂蚁提供了科学依据（王思铭等，2010b）。

1.2.2 蚂蚁与半翅目昆虫互利关系的国内外研究现状

据估计，从温带到热带的陆地生态系统都有蚂蚁-半翅目昆虫互利关系的存在（Buckley，1987a；Hölldobler and Wilson，1990；Delabie，2001），这种互利关系甚至在一些人为栖境（如农田）也有存在（Buckley，1987b；Way and Khoo，1992）。在一项对亚马孙雨林冠层蚂蚁群落的调查中，Blüthgen 等（2000）发现群落中 24 属的植物中有 20 属存在蚂蚁-半翅目昆虫的互利关系。关于蚂蚁-半翅目昆虫互利关系的大部分研究中，都关注于这两种参与者的益处，特别是半翅目昆虫如何受到蚂蚁的保护，也有一些研究表明半翅目昆虫在获得蚂蚁保护时，会付出额外的代价（Stadler and Dixon，2005）。例如，为了取悦蚂蚁，许多蚜虫类会改变它们的取食行为和蜜露成分（如增加氨基酸的浓度），从而影响了它们自身的生长和繁殖（Stadler and Dixon，1998；Yao et al.，2000；Yao and Akimoto，2002；Chen et al.，2013）。

半翅目昆虫多为植食性害虫，但有些种类也是重要的经济昆虫，如紫胶虫。有些半翅目昆虫在吸取植物汁液的同时也排出蜜露。可以排泄这种蜜露的昆虫包括角蝉[角蝉科（Membracidae）]、沫蝉[沫蝉科（Cercopidae）]、叶蝉[叶蝉科（Jassidae）]、木虱[木虱科（Chermidae=Psyllidae）]、蚜虫[蚜科（Aphididae）]、粉蚧[粉蚧科（Pseudococcidae）]、介壳虫[蚧科（Coccidae=Lecaniidae）]、紫胶虫[胶蚧科（Lacciferidae=Tachardiidae）]等。蜜露中含有糖类、氨基酸、氨基化合物、蛋白质等物质（Fischer et al.，2002；Yao，2004），是蚂蚁重要的食物资源之一（Rico-Gray，1993；Del-Claro and Oliveira，1996）。以蜜露为纽带，许多蚂蚁与排泄蜜露的半翅目昆虫之间发生复杂的关系（Del-Claro and Oliveira，1996）。波罗的海的琥珀化石证明蚂蚁与蚜虫之间的互利共生关系可追溯到渐新世早期（Wheeler，1914）。但并不是所有的蚂蚁种类都与排泄蜜露的昆虫发生关系，只有猛蚁亚科（Ponerinae）、伪切叶蚁亚科（Pseudomyrmecinae）、切叶蚁亚科（Myrmicinae）、臭蚁亚科（Dolichoderinae）和蚁亚科（Formicinae）的一些收集蜜露的种类与半翅目昆虫发生关系（Stadler and Dixon，2005）。以下将从蚂蚁-半翅目昆虫的相互作用对双方，以及相互作用对节肢动物群落的影响进行阐述，并阐述相互作用的稳定性因素。

1.2.2.1 互利关系对蚂蚁的影响

半翅目昆虫排泄的蜜露能使树栖蚂蚁维持更高的种群密度，影响蚂蚁的空间分布，并强化其作为捕食者的作用（Davidson et al.，2003；Schumacher and Platner，2009）。Helms 和 Vinson（2008）证明无限制取食蛋白质的红火蚁种群（*Solenopsis invicta*）比取食半翅目昆虫排泄蜜露的红火蚁种群小 50%；限制阿根廷蚁(*Linepithema humile*)与蜜露接近，能迫使整巢蚂蚁搬家去寻找新的蜜露资源(Brightwell and Silverman，2009)，但是蚂蚁的分布是否依赖于排泄蜜露的半翅目昆虫还没有定论；蜜露还能为运动能力强的蚂蚁提供更多的能量(Davidson，1998)，并且取食蜜露的蚂蚁更具有攻击性，甚至原来被它们忽视的昆虫(包括不排泄蜜露的半翅目昆虫)都受到攻击(Way，1963)。其原因可能是蜜露资源含有大量碳水化合物，其 C/N 值也较高，因此它们会加大对体内 N 含量较高的昆虫的捕食，使体内的 C/N 值保持平衡(Ness et al.，2009；张霜等，2010)。另外，相互作用导致蚂蚁前胃和胃的变化。在蚁亚科和臭蚁亚科中，前胃的增大使它们能从半翅目昆虫上收集更多的蜜露，自如地扩张和收缩它们的胃以适应蜜露收集量的变化，也便于蚂蚁储存并携带大量的蜜露回巢(Davidson，1997；Davidson et al.，2004)。

半翅目昆虫所分泌的蜜露资源对蚂蚁来说是一种稳定的、可持续的食物资源，因此可以使蚂蚁物种维持更高的种群密度(Davidson et al.，2003；Schumacher and Platner，2009)，有时还会改变该种类蚂蚁的蚁巢分布状况(李可力等，2015)。卢志兴等(2012a，2012b，2013)研究蚂蚁与紫胶虫互利关系时发现互利关系能够显著提高树冠蚂蚁群落多度及物种丰富度，改变树冠上蚂蚁的群落结构。然而也有研究表明照顾半翅目昆虫的蚂蚁为保护独有的觅食区域，会使其他蚂蚁的种群密度和多样性降低，导致树栖蚂蚁群落结构出现优势种-亚优势种的镶嵌分布，这种分布也有一部分是由半翅目蜜露的分布不均引起的(Dejean and Corbara，2003)。

对蚂蚁是否捕食排泄蜜露的半翅目昆虫存在争议。Schumacher 和 Platner(2009)报道了当糖类资源过剩时，黑毛蚁(*Lasius niger*)不捕食排泄蜜露的蚜虫。Herzig(1937)认为，蚂蚁对蚜虫的大多数行为可以解释为讨厌吃蚜虫肉体的逃避性和喜欢吃它们蜜露的趋向性这两种相对原始动机的妥协。但是，有些毛蚁属(*Lasius*)和蚁属(*Formica*)的蚂蚁却捕食它们照顾的蚜虫(Pontin，1958；Skinner and Whittaker，1981；Sakata，1994)。这些矛盾的行为可能显示蚂蚁群落内对不同营养物质的需求。一般认为蚂蚁的捕食行为是为满足蚁王产卵和幼虫生长对蛋白质的需求，而糖分是为工蚁提供能量的资源(Pontin，1958)。据Mordwilko(1907)报道，仅仅用一些柔软的物体摩擦蚜虫的腹部就像蚂蚁用触角和前足抚摸其腹部那样，许多蚜虫就会排泄露滴，它们寻求蜜露的方法，实质上与过去常常发生在巢群内的反刍方法是一样的，而蚂蚁能根据其自身群落对营养的需求和受照顾的半翅目昆虫的种群密度来决定其捕食行为，尤其黑毛蚁能够分辨已经被同伴照顾并为其同伴提供蜜露的蚜虫(Sakata，1994)，似乎表明蚂蚁存在着更为重要的行为进化，而在蚂蚁照顾半翅目昆虫的过程中，蚂蚁付出了什么、付出了多少等问题仍需要进一步研究。

1.2.2.2 互利关系对半翅目昆虫的影响

蚂蚁有规律地取食半翅目昆虫排泄的蜜露，能够促进半翅目昆虫的个体发育(Doebeli and Knowlton，1998)，并提高其存活率和繁殖率(Del-Claro et al.，2006；Morales，2002)。蚂蚁照顾能增加半翅目昆虫体内 P 的积累，为其快速生长创造了条件(El-Ziady，1960；Flatt and Weisser，2000)；蚂蚁照顾能使角蝉(*Publilia concava*)的产卵量提高 1.7 倍(Morales，2002)，并且随着与蚁巢距离的增加，角蝉产卵量及存活率逐渐下降，其空间分布受蚂蚁影响(Morales，2000a，2000b)。例如，Fowler 和 Macgarvin(1985)研究发现在桦木群落中，树枝上受蚂蚁照顾的毛斑蚜(*Symydobius oblongus*)其多度要比无蚂蚁照顾的高出 8200%。在蚂蚁-紫胶虫互利关系中，蚂蚁对紫胶虫的照顾不仅体现在对其他捕食者的攻击和捕食上，还会大大减少寄生性天敌对紫胶的寄生(王思铭等，2010a；Chen et al.，2014)，因此提高了紫胶虫的种群数量及其泌胶量和紫胶的厚度(Chen et al.，2013)，同时受照顾的紫胶虫种群具有更高的存活率，雌性所占比例更多。蚂蚁取食半翅目昆虫排泄的蜜露，还能保护半翅目昆虫免受真菌感染，降低半翅目昆虫的死亡率(Flatt and Weisser，2000；Bishop and Bristow，2001)。但是，蚂蚁对半翅目昆虫的清洁作用有时也被认为是次要的或是间接的，因为有些半翅目昆虫也能自己清理掉蜜露，如蚧虫可以通过肛门附近的蜡丝将其排掉。

蚂蚁取食半翅目昆虫排泄的蜜露，增加了半翅目昆虫的代谢压力(Fischer and Shingleton，2001；Yao and Akimoto，2002)，尤其是蜜露成分的改变，使半翅目昆虫付出了更高的代价(Takeda et al.，1982；Fischer and Shingleton，2001)。例如，蚜虫(*Tuberculatus quercicola*)排泄的蜜露中葡萄糖的比例下降，蔗糖和海藻糖的含量升高，被认为是蚂蚁改变了蚜虫的生理状态，并且蜜露中蔗糖和海藻糖的含量增加，导致蚜虫能量代谢中可用的碳水化合物缺乏，影响其生长(Yao and Akimoto，2001)。El-Ziady 和 Kennedy(1956)认为，当甜菜蚜(*Aphis fabae*)受到黑毛蚁照顾时，甜菜蚜付出了更高的代价，其相对的生长率明显下降，子代数量变少，历经更长的时间到达成熟期，并且在生殖腺上的投资减少(Stadler and Dixon，1998)，并通过实验证明，与毛蚁属(*Lasius*)和立毛蚁属(*Paratrechina*)蚂蚁一起生活的甜菜蚜种群延迟了有翅蚜的形成，从而延缓了种群扩散和中期密度增长。王思铭等(2011)在研究粗纹举腹蚁(*Crematogaster macaoensis*)垄断蜜露对紫胶生产的影响时，发现蚂蚁照顾会使紫胶虫的虫体有变小的趋势，而且个体的泌胶量更少。生活在艾菊(*Tanacetum ulgare*)上的兼性蚁冢昆虫也表现出潜在的生长率变低的现象(Stadler et al.，2002)。

相互作用使半翅目昆虫已进化到像经过驯化的家养物种，它们常用的防御性结构已经退化或消失(Doebeli and Knowlton，1998)。另外，它们又具有新的共生器官，即肛门附近的一圈硬毛可以挂住蜜露直至蚂蚁取食，粉蚧的长肛毛明显具有相同的功能。角蝉(*Publilia concava*)能够发出报警讯号，恐吓捕食者并召唤更多的蚂蚁驱赶捕食者(Morales et al.，2008)的现象亦是两者协同进化的表现之一。

1.2.2.3 互利关系对节肢动物群落的影响

相互作用影响半翅目昆虫天敌的存活率和多度，并改变其空间分布(Kaplan and Eubanks，2002；Renault et al.，2005)。蚂蚁取食半翅目昆虫排泄的蜜露，可干扰半翅目昆虫天敌的产卵行为，破坏卵或取食卵、幼虫和成虫，减少被照顾昆虫的天敌数量(Schatz et al.，2006；Oliver et al.，2008)。Kaplan 和 Eubanks(2002)在研究入侵种红火蚁与棉蚜(*Aphis gossypii*)的关系时发现，入侵红火蚁存在可使棉蚜的存活率提高两倍，其原因是入侵红火蚁能使棉蚜的捕食性天敌甲虫和草蛉的存活率分别降低 92.9%和 83.3%。蚂蚁保护云南紫胶虫(*Kerria yunnanensis*)免受其天敌紫胶黑虫(*Holcocera pulverea*)捕食的试验中也得到了相似的结论(王思铭等，2010a)。

相互作用改变寄主植物上蚂蚁的群落结构，尤其是优势种群(Blüthgen et al.，2004)。在热带，照顾半翅目昆虫的蚂蚁能降低其他蚂蚁类群的密度及多样性，形成树栖蚂蚁优势种和次优势种的斑块分布(Blüthgen et al.，2000，2004)。例如，在有半翅目昆虫出现的寄主植物上，蚂蚁(*Camponotus brutus*)能有效地排除其他照顾介壳虫的蚂蚁；然而，若寄主植物上没有介壳虫时，蚂蚁将作为次优势种，不再保护寄主植物和它的传粉者(Dejean et al.，1997)。

蚂蚁-半翅目昆虫的相互作用对寄主植物上的其他节肢动物群落的结构也有重要影响(Fowler and Macgarvin，1985)。蚂蚁(*Formica propinqua*)和被其照顾的蚜虫(*Chaitophorus populicola*)同时消失，使整个节肢动物群落的多度和丰富度分别增加了 80%和 57%(Wimp and Whitham，2001)；同样，棉蚜和红火蚁的互利共生关系显著地影响其他节肢动物的多度和分布，并能增加食物网的复杂性(Eubanks et al.，2002；Kaplan and Eubanks，2005)。然而，蚂蚁和其照顾的半翅目昆虫同时存在，却能降低不排泄蜜露的半翅目昆虫(Kaplan and Eubanks，2005；Suzuki et al.，2004)和其他食草节肢动物(Grover et al.，2008)的存活率和多度，增加排泄蜜露的半翅目昆虫的多度(Fowler and Macgarvin，1985)。另外，并不是所有能排泄蜜露的半翅目昆虫都能受到蚂蚁的照顾，当一种豆蚜(*Aphis craccivora*)和一种修尾蚜(*Megoura crassicauda*)蚜虫同时存在时，蚂蚁只照顾豆蚜(*A. craccivora*)，且修尾蚜(*M. crassicauda*)会受到蚂蚁的攻击，种群数量减少(Sakata and Hashinoto，2000)。蚂蚁有选择地照顾排泄蜜露的半翅目昆虫的原因，尽管存在很多假说，但没有一个统一的定论。

1.2.2.4　互利关系的营养级联反应

蚂蚁对节肢动物群落及植物适合度的影响是通过食物网中的下行效应(top-down effect)实现的，下行效应是指在食物网中，高营养级的有机体通过捕食作用来控制或影响低营养级的结构(Michael et al.，1999；Shurin et al.，2002)。随着理论的不断发展，捕食者在食物网中向下产生的间接影响，也可以称作营养级联(trophic cascade)反应(Ripple et al.，2016)。营养级联最早被湖泊学家用来描述湖泊食物网中捕食者对浮游生物的影响(Hrbáčke et al.，1961；Brooks and Dodson，1965)，目前已经广泛应用于不同的生态系统中，且应用于陆地生态系统研究所占的比重越来越大，营养级联已经成为群落生态学一个新的分支(Duffy et al.，2005；Fukami et al.，2010；Ripple et al.，2016)。

早期营养级联研究专注于捕食者对消费者多度的限制性影响(Schmitz et al.，2004)，这其中有一些反映了捕食者-消费者的联动变化同样会对植物群落造成影响——捕食者通过影响消费者的取食行为、种群大小等特征而间接改变了生产者-消费者相互关系，从而改变了植物群落的原初生产力(Schmitz and Suttle 2001；Schmitz，2003；Ripple and Beschta，2004)。

蚂蚁的生物量占据了陆地生态系统总生物量的 1/3(Hölldobler and Wilson，1990)，在节肢动物群落中具有最优势地位。作为一类顶极捕食者，蚂蚁在生态系统中的营养级联作用十分显著。一般来说，蚂蚁的捕食作用可以减少植食性昆虫的种群数量，从而间接增加植物的适合度，但是蚂蚁同样也会对其他捕食者造成不利影响，从而扰动食物网中的营养级联。目前对节肢动物群落的营养级联已展开了一些研究(Liu et al.，2014；Wang et al.，2014)，但是对于以蚂蚁-半翅目昆虫互利关系为核心的生态系统中的营养级联反应研究还较为稀少。

1）蚂蚁-半翅目昆虫互利关系对消费者和捕食者的影响

蚂蚁捕食对象的广泛性使得在有照顾半翅目蚂蚁的存在时，植食性昆虫整个群落的结构都会发生变化。例如，Fowler 和 Macgarvin（1985）在研究毛林蚁对桦木群落中食草昆虫消费者的影响中发现，受蚂蚁照顾的毛斑蚜（*Symydobius oblongus*）其多度要比无蚂蚁的高出 8200%。相反，不产生蜜露的刺吸式昆虫集群其物种丰富度降低了 28%，食叶毛虫的物种丰富度降低了 69%，总的植食性昆虫物种丰富度降低了 28%。在另一项研究中（Fowler and Macgarvin，1985），在有蚂蚁情况下植物上食叶甲虫数目降低了 61%，相反，另一种不怕蚂蚁捕食的鳞翅目幼虫其丰富度增加了 44%，其原因可能是蚂蚁捕食它的天敌，从而间接保护了这种幼虫。蚂蚁-产蜜露昆虫互利关系在影响消费者的同时，还会对节肢动物群落中其他捕食性昆虫产生影响，Wimp 和 Whitham（2001）设置了杨木上蚜虫存在和不存在两种情况，来测试蚂蚁-半翅目昆虫关系在群落水平的影响——在没有蚜虫的树上，蚂蚁（*Formica propinqua*）舍弃了这些树，导致这些树木上的消费者群落增加了 76%，各种捕食者也增加了 76%，树上节肢动物的丰富度增加了 80%，总物种丰富度增加了 57%。同样，棉蚜虫与入侵红火蚁（*Solenopsis invicta*）的互利关系也强烈影响其他节肢动物的物种丰富度和种群分布，在大样地的实验中，这两种之间的关系使消费者类群降低了 27%～33%，捕食者类群降低了 40%～47%（Kaplan and Eubanks，2005）。Wang 等（2014）在研究黄猄蚁（*Oecophylla smaragdina*）对传粉昆虫的影响时，发现黄猄蚁偏向于捕食非传粉性的胡蜂，间接地促进了聚果榕（*Ficus racemosa*）与传粉胡蜂的互利关系，对植物也产生了有利的影响。

前人的这些研究充分证明了蚂蚁-半翅目昆虫互利关系是一种能够明显改变节肢动物群落结构的“关键因子”。在有产蜜露昆虫存在时，照顾半翅目昆虫的蚂蚁改变了许多广性或者专性的捕食者、植食性昆虫及其他节肢动物的丰富度和种群分布，从而改变了群落的物种多样性。互利关系对群落层面的影响是十分普遍的，特别是当一些数量巨大又具有侵略性的蚂蚁参与到互利关系当中时，这种影响可能更加显著（Gaigher et al.，2011）。但是目前的研究多集中在竞争与捕食关系对群落结构与多样性的影响，对于互利关系是如何影响的还少有研究。

2）蚂蚁-半翅目昆虫相互作用对生产者的影响

产蜜露的半翅目昆虫及与其形成互利关系的蚂蚁在陆地生态系统中具有重要的生态和经济意义，这种互利关系对它们的寄主植物，也就是生态系统生产者也会产生一定的影响。许多整合分析证明，超过 70%的研究认为蚂蚁-半翅目昆虫的互利关系对植物有显著的保护作用，在一些其他的生态系统下，互利关系也会对寄主植物产生一定的负面影响（Styrsky and Eubanks，2007；Chamberlain and Holland，2009；Rosumek et al.，2009；张霜等，2010）。

有一些研究指出蚂蚁对半翅目昆虫的照顾会导致半翅目害虫的暴发（Buckley，1987a；Holway et al.，2002），它们会吸食寄主植物的汁液并传播病害，从而对植物造成严重危害。Banks 和 Macaulay（1967）报道甜菜蚜（*Aphis fabae*）被黑毛蚁（*Lasius niger*）照顾时，其丰富度要比对照组多 30%～50%，导致其寄主植物蚕豆的种子数目明显降低。同样，Renault 等（2005）研究发现在有弓背蚁属（*Camponotus*）蚂蚁照顾时，金鸡菊上的蚜虫多度要比无蚂蚁照顾多出 34%，其寄主植物鬼针草(*Bidens pilosa*)会产生更多不可育的种子。在传播病害方面，Cooper(2005)研究发现在有入侵红火蚁照顾时，番茄(*Lycopersicon esculentum*)上的蚜虫要多 240%，从而导致感染黄瓜花叶病毒(*Cucumber mosaic* virus)的植株明显增多。

事实上，蚂蚁-半翅目昆虫互利关系对植物积极影响的研究更为广泛(Beattie，1985；Buckley，1987a；Way and Khoo，1992；Lach，2003)。这种积极影响多体现在蚂蚁在照顾半翅目昆虫时会对植物上其他更加有害的昆虫进行捕食和攻击，从而间接使植物受益。蚂蚁通过捕食作用减少了消费者的种群密度，或者改变了它们的行为、形态或者生理特性，从而间接影响植物的生长、生物量及相应的生态系统功能(Eubanks and Styrsky，2006)。

蚂蚁的保护可以降低植物叶片遭受食叶昆虫的取食程度，使植物种子的质量或数量提高，还会提高植物的竞争能力(Messina，1981；Skinner and Whittaker，1981；Heil and Mckey，2003)。例如，一枝黄花属的一种植物(*Solidago* sp.)在有蚂蚁保护时植株更高，产的种子也更多，而且在害虫暴发时只有有蚂蚁照顾的植株才会开花结实(Messina，1981)。Whittaker 和 Warrington(1985)研究发现在有蚂蚁-蚜虫的相互关系存在下，美国梧桐的径向生长是无蚂蚁照顾树的 2～3 倍。入侵红火蚁与蚜虫的互利关系增加蚜虫传播植物病毒的机会，因此会对一些农作物如番茄造成危害(Cooper，2005)，但是由于其对食草昆虫强力的压制，对棉花等植物反而有益(Styrsky，2006)。

蚂蚁-半翅目昆虫互利关系可以影响植物的防御策略，这种影响包括植物的机械防御(mechanical defence)和化学防御(chemical defence)。机械防御是植物通过改变形态结构(如叶片结构、厚度、表面茸毛，植物表皮、枝干结构)抵抗不利环境的防御方式(Blonder et al.，2011)，而化学防御是植物体内产生次生代谢物质(如单宁、类黄酮、总酚等)和防御蛋白及营养成分变化等来抑制幼虫的消化和发育(Feeny，1970；Forkner and Coley，2004)。在植物受到害虫攻击后，有多个假说来解释植物的防御策略(Fine et al.，2006；Endara et al.，2011；Pearse et al.，2013)，其中最佳防御假说(optimal defense theory，ODT)认为植物的化学防御是防御收益与生长收益之间的一种权衡(Berenbaum，1995)，植物产生的次生代谢物质是以付出植物的生长成本为代价的，植物会权衡防御消耗与生长消耗，使自身获益得到最大化。

目前关于植物与其他物种形成互利关系后对自身防御的动态影响研究还较为稀少，一些研究关注蚂蚁-植物的互利关系对植物防御的影响，如植物会产生食物体(food body)、蚁菌穴(domatia)及花外蜜露(extrafloral nectar)等结构或物质来换取蚂蚁的保护作用(Frederickson，2008)。由于蚂蚁对植食性昆虫的捕食可以极大地降低植物来自害虫的胁迫，根据最佳防御假说，植物会减少对防御物质的产出而增加其营养和生殖生长。Jnathaniel 等(2009)利用该假说研究仙人掌科摩天柱属(*Pachycereus schottii*)与蚂蚁的互利关系，证明植物会权衡产出花外蜜露和化学防御物质，植物会通过较小的消耗(产生花外蜜露)来获得更佳的防御(吸引蚂蚁保护)，从而将资源更多地应用在自身的营养生长和生殖生长上。在蚂蚁-半翅目昆虫-寄主植物三者相互关系中，这种权衡显得更加复杂——植物同时受到半翅目昆虫带来的侵害和蚂蚁的保护，其次生代谢物含量及营养生长会是什么情况，目前还未有研究。

以上大多数研究都是通过蚂蚁移除的实验处理来研究蚂蚁-半翅目昆虫互利关系对植物的影响的，这种实验处理没有考虑到在仅有蚂蚁而无半翅目昆虫时植物是如何受到影响的。

蚂蚁-产蜜露昆虫相互关系对植物造成的影响实际上是植物受到半翅目昆虫的直接伤害与受到蚂蚁保护的间接受益的一种权衡。许多因素都会影响这种权衡，从而使植物在受益或者受害之间转换，比如蚁巢与植物之间的距离(Wimp and Whitham，2001)，某种蚂蚁与产蜜露昆虫形成相互关系的强度和持续时间(Del-Claro and Oliveira，2010)，其他有产蜜露昆虫寄生的植物对蚂蚁的转移影响(Cushman and Whitham，1991)，植物本身是否有花外蜜露(Buckley，1983)等。但是对于这种权衡是如何体现、互利关系是如何影响植物防御策略，比如植物的生物量及植物体内总酚、抗氧化物质、可溶性糖等是如何变化的还少有研究。

尽管蚂蚁-半翅目昆虫的相互作用普遍存在于自然界，但这种相互作用关系对食物网动态和涉及寄主植物的多重相互作用的研究相对较少，加强这方面的研究亦是今后的工作重点之一。

1.2.2.5 相互作用关系的稳定性

种间关系研究的基本问题仍是相互作用的稳定性问题。因为物种间付出与回报之间的弹性变化会导致相互作用的不稳定(Bronstein et al.，2003)。关于种间相互作用的稳定性机制研究较多，其中重要的机制有：①增加物种多样性(包括增加蚂蚁和半翅目昆虫的捕食者和竞争者)，使相互作用的结构复杂化，有利于相互作用的稳定(Heithaus et al.，1980；Ringel et al.，1996)；②随着蚂蚁和半翅目昆虫种群的增大，个体获利程度对相互作用关系的影响逐渐变小，能够提高相互作用的稳定性(Addicott，1981；Wolin and Lawlor，1984)。

蚂蚁-半翅目昆虫互利关系受一系列因素的影响，比如，所处的植被类型，植物的性状及生活型，参与互利关系的蚂蚁的行为特征和多样性、半翅目昆虫的蜜露资源及种群密度(Heil and Mckey，2003；Styrsky and Eubanks，2007；Chamberlain and Holland，2009；Rosumek et al.，2009)，以及半翅目昆虫的天敌数量等。

1)植被类型

一般来说，热带雨林地区物种间相互关系的强度要比温带地区的大(Schemske et al.，2009；Rosumek et al.，2009)，一些关于蚂蚁-植物相互关系的Meta分析结果也支持了这一观点。有研究显示，热带、亚热带地区蚂蚁与半翅目昆虫互利关系对节肢动物群落的影响要比温带地区更加显著(Zhang et al.，2013)。

2)寄主植物

寄主植物影响蚂蚁-半翅目昆虫相互作用的稳定性(Morales et al.，2008)。不同寄主植物生物学特性的差异，导致其上活动的蚂蚁种类和数量存在差异，影响相互作用的强度和稳定性(Jackson，1984a；Cushman and Whitham，1991)。半翅目昆虫在不同的寄主植物上表现为从对抗到互利的关系，其种群大小受寄主植物的影响(Jennifer and Diane，2008)。例如，在亚马孙和澳大利亚的热带雨林，蚂蚁-半翅目昆虫更倾向于在藤本植物上而不是树上(Blüthgen et al.，2000；Blüthgen and Fiedler，2002)。不同生活型的植物会提供不同的食物资源，从而吸引不同的昆虫，较大密度的半翅目昆虫种群在乔木上比较常见，这会导致树冠层有大量的蚂蚁聚集。通常，乔木和灌木比草本植物更容易受到蚂蚁-半翅目互利关系的影响(Davidson et al.，2003)。寄主植物的分布和多度影响半翅目昆虫的个体适合度(Morales et al.，2008)。另外，无脊椎动物影响寄主植物对营养物质的吸收(Bonkowski et al.，2001)及次生物质的代谢(Pickett et al.，1992)，影响半翅目昆虫的生存及行为，尤其影响蜜露的成分(Yao，2004)，进而影响相互作用的稳定性。

3)参与互利关系的蚂蚁的种类、行为及种群密度会影响互利关系的稳定性

不同的蚂蚁对产蜜露昆虫的保护强度、能力有一定差异，这可能是由不同种的蚂蚁在攻击性、领域性上的差异造成的(Bristow，1984；Buckley and Gullan，1991；Kaneko，2003；Novgorodova，2013)。一般来说，更富有攻击性、领地意识更强的蚂蚁对产蜜露昆虫的保护能力更强，其互利关系可能更加稳定。蚂蚁的入侵行为也会影响互利关系(Holway et al.，2002)，最近的研究证明与半翅目昆虫的互利关系在蚂蚁入侵过程中起了关键作用(Savage et al.，2009；Kay et al.，2010)。另外，入侵蚂蚁由于其极富攻击性和领域性，其对半翅目昆虫的高强度照顾也会使半翅目昆虫的种群密度更大(Gaigher et al.，2011；Helms，2013；Rice and Silverman，2013；Zhou et al.，2014)。照顾半翅目昆虫的入侵蚂蚁对生物群落有广泛的生态影响，然而入侵蚂蚁和本地蚂蚁与半翅目昆虫的互利关系的强度是否相同，两者是否有同样的生态影响，仍然是十分重要而且亟待解决的问题(Styrsky and Eubanks，2007；Helms，2013)。半翅目昆虫的获利程度随着蚂蚁种群数量而变化(Takeda et al.，1982；Morales，2000a)。特别是当蚂蚁作为一种有限资源，被半翅目昆虫竞争时，半翅目昆虫的获利程度取决于吸引蚂蚁的能力，受 3 只以上蚂蚁照顾的蚜虫比受 1 只或 2 只蚂蚁照顾的蚜虫具有更高的存活和繁殖能力(Cushman and Addicott，1989)。影响蚂蚁种群数量变化的因素包括蜜露的数量和质量(Fischer and Shingleton，2001)、半翅目昆虫的种群密度(Takeda et al.，1982)和空间分布(Morales，2000a)。Katayama 和 Suzuki(2002)提出当蚜虫(*Aphis craccivora*)种群处于低密度时，蚂蚁照顾增加了蚜虫的蜜露排泄量，使其付出了更高的代价；反之，蚜虫种群处于高密度时，蚜虫会以最低的成本获得最高的利益。但是半翅目昆虫种群密度过高，也会遭到蚂蚁的捕食(Sakata，1995)，一些研究表明蚂蚁会使蚜虫的种群密度维持在最优的状态(Sakata，1994，1995)，也只有两者的种群密度维持在相对稳定的状态时，其相互作用才会稳定。

4)半翅目昆虫蜜露的数量和质量会影响其与蚂蚁产生的互利关系的稳定性

对于热带地区的树冠层蚂蚁来说，半翅目昆虫分泌的蜜露是一种十分重要的食物资源，这也是该地区蚂蚁丰富度较高的原因之一。在一项对亚马孙雨林林冠层蚂蚁群落的调查中发现，在有半翅目昆虫寄生的植物上，蚂蚁与其他节肢动物出现的频率都要高很多(Davidson et al.，2003)，其互利关系的稳定性更强。Katayama 和 Suzuki(2002)提出蚂蚁的照顾会使低种群密度的蚜虫增加其蜜露排泄量，使蚜虫的代谢压力增加；反之，蚜虫种群密度过高时，也会遭到蚂蚁的捕食。一些研究表明蚂蚁会保持蚜虫的种群密度维持在最优的状态(Sakata，1995)，也只有两者的种群密度维持在相对稳定的状态时，相互作用才会稳定。

5)半翅目昆虫的天敌数量

免受天敌的侵害是半翅目昆虫从蚂蚁照顾过程中获得的主要回报(Flatt and Weisser，2000)。因为半翅目昆虫为满足蚂蚁需求而改变蜜露成分，导致用于合成表皮蛋白质和几丁质的 N 含量下降(Chapman，1997)，表皮机械屏障作用减弱，使蚂蚁对其捕食性和寄生性天敌的控制尤显重要(Kay et al.，2004)。而半翅目昆虫的获利程度与其自身的种群密度(Morales，2000a)、其天敌的种群密度(Cushman and Addicott，1989)、蚂蚁有效的保护能

力(Itioka and Inoue，1996)及蚂蚁种类有密切的关系(Renault et al.，2005)。半翅目昆虫的天敌数量越少，与蚂蚁互利共生的关系越弱；但当半翅目昆虫的天敌数量大，而蚂蚁的保护能力弱，其互利共生亦不明显。只有付出与回报的权衡(trade-off)达到一种动态平衡时，相互作用才能保持相对稳定。

种间的互利共生关系通常是脆弱不稳定的，因为付出回报比的易变性很快导致互利共生关系消失或转变。付出与回报如何改变种群大小；空间和时间的变化如何影响半翅目昆虫的分布和多度，进而影响与蚂蚁不同程度的互利共生关系；蚂蚁的食物中，糖类和蛋白质是否失衡；在蚂蚁照顾半翅目昆虫的同时，蚂蚁付出了什么等问题值得进一步研究。

1.3 研究展望

蚂蚁-半翅目昆虫的相互作用已成为当今生态学的研究热点之一，并且其研究开始逐渐转向相互作用在生物防治、生物多样性保护及生态系统功能方面的研究。

在生物防治方面，主要通过控制蚂蚁和半翅目昆虫的种群数量以达到保护有益生物的目的。Kaitaniemi 等(2007)报道了取食半翅目昆虫蜜露的蚂蚁能有效防治松黄叶蜂(*Neodiprion sertifer*)，控制半翅目昆虫的种群数量，并保护蚂蚁，能够间接保护欧洲赤松(*Pinus sylvestris*)。这种相互作用在抑制咖啡和菠萝的害虫方面也起到了积极的作用(González-Hernández，1995；Perfecto and Vandermeer，2006)。蚂蚁-半翅目昆虫的相互作用对农业重要作物害虫的生物防治是非常重要的，但这种相互作用对其他节肢动物的影响或作物的产量却没有被量化(Ragsdale et al.，2004)；相互作用对草本作物(如蔬菜)的影响研究甚少。另外，一些入侵种蚂蚁对农业和城市环境等造成极大的破坏，半翅目昆虫排泄的蜜露对这些蚂蚁有着特殊的吸引，并且这种相互作用使生物入侵变得更加便利(Abbott and Green，2007)，通过控制排泄蜜露的半翅目昆虫来控制入侵蚂蚁，亦是今后的研究方向之一(Holway et al.，2002；Rust et al.，2003；Davidson et al.，2004)。

生物多样性是地球上生命的所有变异，是人类赖以生存的基础。近些年来，生物多样性灭绝的速度大大加快，如何保护生物多样性是当前面临的重大问题之一。蚂蚁-半翅目昆虫的相互作用可影响排泄蜜露的半翅目昆虫、蚂蚁及其他节肢动物的群落结构(Molnár et al.，2000；Mooney and Anurag，2008)。某一种群或群落结构的变化是内因和外因共同作用的结果，但不同物种、不同生活史阶段或特定时空条件下其变化的主导因子不同，弄清其所在的生态系统的网络结构和功能，通过数学模型的定量描述，得到其变化真正的原因，以找出保护生物多样性的策略和方法。

在生态系统功能方面，了解生态系统功能变化的重要途径之一是研究生态系统的生物地球化学循环。因为它有助于揭示生态系统中化学元素的变化，这些变化直接影响生态系统的功能。例如，受蚂蚁照顾的蚜虫，其生物学特性的变化影响了生态系统的物质循环(Stadler and Dixon，1998)。而不同物种在不同时期对群落结构和生态系统功能的作用亦是不同的，确定环境条件的变化对关键种或关键群落的影响，在今后的研究中逐渐变得重要，尤其对生态系统的管理。

第1部分　互利关系在物种层面的影响

昆虫是自然界中种类最多的动物，据估算，昆虫种类约占整个地球生物种类的65%，是生物多样性的重要组成部分并占据主导地位，昆虫在生态系统中参与物质和能量循环过程，为植物传播花粉、控制农林害虫种群，部分昆虫还可入药或作为工业原料，具有非常重要的生态系统服务价值(尤民生，1997；Zou et al.，2011；张茂林和王戎疆，2011)，对于维持全球生态系统平衡起到关键作用。

紫胶虫(*Kerria* spp.)是一类微小的昆虫，隶属于半翅目(Hemiptera)胶蚧科(Lacciferidae)胶蚧属(*Kerria*)(袁锋，2006)，全世界有20种以上，鉴定到种的有19种(陈晓鸣，2005)。紫胶虫是热带、亚热带地区的特有资源昆虫，在长期的进化过程中，它们形成了对生态环境和寄主植物的独特适应性(刘崇乐，1957)。从记载的种类来看，紫胶虫大致分布在77°E～120°E、8°N～26°N，国外主要集中在亚洲的热带、亚热带地区和澳大利亚地区，印度、巴基斯坦、孟加拉国、泰国、缅甸、印度尼西亚、马来西亚、澳大利亚，中国南部地区的台湾、香港、福建，西南地区的云南、四川、西藏，华南地区的广西、福建、广东等地均有分布(陈晓鸣，2005；陈晓鸣等，2008)。我国紫胶主产区主要分布于云南省的南部和西南部地区，位于97°E～122°E，21°N～28°N，海拔600～1500 m的区域(陈晓鸣，2005)。紫胶虫在我国一年发生2代，在中国传统的紫胶生产方式中，将生活史从当年10月至次年5月的一代称为冬代紫胶，将生活史在5～10月的一代称为夏代紫胶，冬代紫胶主要为夏代紫胶生产提供种胶，夏代为紫胶生产的季节(陈晓鸣等，2008)。

紫胶虫寄生于寄主植物上，以刺吸式的口器吸取寄主植物的汁液为生，雌虫通过腺体分泌一种纯天然的树脂——紫胶，紫胶又名紫铆，在唐显庆四年(公元659年)苏敬的《新修本草》(通称《唐本草》)中就有所记载。在中国古代，紫胶主要用于中药及粘接宝石和制作皮革(周尧，1980；邹树文，1982)。紫胶具有黏接性强、绝缘、防潮、涂膜光滑等优良特征，而且无毒、无味，现在被广泛地应用于化工、电子、军工、医用和食品等行业(陈晓鸣等，2008)。

紫胶虫的寄主植物种类繁多，世界上约有400余种植物能被紫胶虫寄生，其中包括较多具有经济、医药及公益价值的种类，培育和利用紫胶虫能够创造经济价值，提高森林的覆盖率，促进生物多样性的保护(Sharma et al.，2006)。我国具备发展紫胶的优越条件，特别是云南立地气候明显，土地资源和寄主植物资源丰富，适合于多种紫胶虫生活(陈又清和姚万军，2007)。紫胶虫在分泌紫胶的同时分泌蜜露，由此吸引许多类群的物种光顾，其中特别重要的类群就是蚂蚁。

蚂蚁为膜翅目(Hymenoptera)蚁科(Formicidae)昆虫，是生物量巨大、分布十分广泛的昆虫类群，除地球两极外几乎所有陆地生态系统中均有分布。蚂蚁能够改良土壤，分解有机质，提高土壤肥力，蚂蚁可用于生物防治，部分种类蚂蚁能帮助植物传播种子，一些种类蚂蚁还具有食用和药用的价值(徐正会，2002)。蚂蚁是生态系统的重要组成部分，参与生态系统中多个关键的生态过程，对其他动物类群产生重要影响(Hölldobler and Wilson，1990；Gómez et al.，2003)。全世界已知蚂蚁有9538种，隶属于16亚科296属(Bolton，1995)，据Hölldobler和Wilson(1990)估计，全球有蚂蚁约2万种。蚂蚁分布广泛，几乎存在于各种类型陆地栖境中，并且能够使用简便方法快速采集；蚂蚁群落的变化可对其他生物类群产生直接或间接影响。近年来，蚂蚁与半翅目昆虫之间的关系已成为昆虫生态学的一个研究热点(Molnár et al.，2000；Queiroz and Oliveira，2001；Eastwood，2004；Perfecto and Vandermeer，2006)。半翅目昆虫排泄的蜜露中含有糖类、氨基酸、蛋白质等物质(Fischer et al.，2002)，蜜露能使树栖蚂蚁维持更高的种群密度(Davidson et al，2003)，影响蚂蚁的空间分布，蜜露还能为运动能力强的蚂蚁提供更多的能量(Davidson，1998)，蜜露被认为是蚂蚁与同翅目昆虫发生复杂关系的纽带(Del-Claro and Oliveira，1996)。

以蜜露为纽带，探讨蚂蚁与排泄蜜露的同翅目(现半翅目)昆虫之间的关系已成为昆虫生态学的研究热点之一(Queiroz and Oliveira 2001；Eastwood，2004；Perfecto and Vandermeer，2006)，并具有一定的进化意义(Eakildsen et al.，2001)。同翅目昆虫排泄的蜜露能使树栖蚂蚁维持更高的种群密度，影响蚂蚁的空间分布，并强化其作为捕食者的作用(Davidson et al.，2003；Schumacher and Platner，2009)。而蚂蚁有规律地取食同翅目昆虫排泄的蜜露(Buckley，1987a)，可以促进同翅目昆虫的个体发育(Oliveira and Del-Claro，2005)，提高其存活率和繁殖率(Rauch et al.，2002；Del-Claro et al.，2006)，减少同翅目昆虫的天敌数量(Renault et al.，2005；Schatz et al.，2006)和霉病的发生(Flatt and Weisser，2000；Bishop and Bristow，2001)，直接或间接保护同翅目昆虫(Way，1963；Del-Claro and Oliveira，2000；Oliveira and Del-Claro，2005)；但有时蚂蚁对同翅目昆虫的照顾，也能增加同翅目昆虫的代谢压力，对其生长产生不利的影响(Fischer and Shingleton，2001；Yao and Akimoto，2002)。另外，有些蚂蚁在争夺蜜露资源的同时，还能有效地排除其他蚂蚁对同翅目昆虫的照顾(Dejean et al.，1997)，并且在蜜露资源上建立一种成分类似蚁巢的保护膜，将蜜露包裹起来，形成对蜜露资源的垄断形式(Eakildsen et al.，2001；王思铭等，2011)。

目前国内只见少量昆虫与昆虫之间的相互作用关系报道(甘明等，2003；施祖华和刘树生，2003)，而蚂蚁与同翅目昆虫之间的相互作用鲜有研究。紫胶虫是一种介壳虫，雌虫通过腺体分泌一种纯天然树脂即紫胶。紫胶作为一种化工原材料，具有重要的经济价值(陈晓鸣等，2008)。紫胶虫分泌紫胶的同时，也排泄蜜露，这些蜜露会堵塞紫胶虫的生理代谢孔口，导致腐生型病原真菌感染，影响紫胶产量(顾绍基，1993)。有报道称，蚂蚁取食紫胶虫排泄的蜜露，能使紫胶虫免受真菌感染，并能更有效地减少紫胶虫捕食性天敌的种群数量，使紫胶虫得到了有效的保护(王思铭等，2010a)。本研究以云南紫胶虫(*Kerria yunnanensis* Ou et Hong)排泄的蜜露为纽带，以云南紫胶虫和粗纹举腹蚁(*Crematogaster macaoensis* Wheeler)为研究对象，深入探讨粗纹举腹蚁取食云南紫胶虫排泄的蜜露对其个体和种群的影响，以及在粗纹举腹蚁取食蜜露的同时，对云南紫胶虫个体和种群产生的影响，明确了云南紫胶虫与粗纹举腹蚁之间相互作用关系，并进一步完善了排泄蜜露的同翅目昆虫与蚂蚁之间的相互作用关系。

第2章　互利关系对云南紫胶虫的影响

2.1　引　　言

许多半翅目昆虫与蚂蚁建立了互利关系(Delabie，2001；Gullan，1997；Nixon，1951；Styrsky and Eubanks，2007)。被照顾的半翅目昆虫被普遍认为是许多蚂蚁物种重要的食物资源，因为它们分泌的蜜露含有提供高能的营养成分(Way，1963)。许多研究已经证明了这一观点，即蚂蚁与半翅目昆虫建立基于蜜露纽带的关系后，能从这些昆虫获得能量资源，加快种群增殖速率(Cushman and Beattie，1991；Degen et al.，1986；Fiedler and Maschwitz，1988；Pierce et al.，1987)。反过来，蚂蚁经常作为护卫者保护半翅目昆虫，使其减少捕食性和寄生性天敌昆虫的影响，提高其在寄主植物上的适合度(Buckley，1987a；Del-Claro and Oliveira，2000；Morales，2000a；Way，1963)。因此，蚂蚁照顾半翅目昆虫可能减少其死亡风险，提供选择性的优势。

在许多试验性的研究中，半翅目昆虫培育过程中设置了蚂蚁照顾和蚂蚁排除的处理。这些研究结果发现，在蚂蚁照顾的处理下，这些具备互利关系的蚂蚁对半翅目昆虫生活史特征具有积极的作用。例如，蚂蚁照顾提高了半翅目昆虫的繁殖力，加快了个体发育速率或者提高了族群的增长速度，增加了取食和分泌速率，通过移除蜜露，减少了由于真菌干扰而导致的死亡风险(Banks and Nixon，1958；Buckley，1987a，1987b；Flatt and Weisser，2000；Renault et al.，2005；Skinner and Whittaker，1981)。

近年来，上述有关半翅目昆虫从蚂蚁照顾处获利开始受到质疑，相关的结果也受到批评性的检验。这些后续的研究发现，蚂蚁照顾增加蜜露分泌量及改变了蜜露中糖的成分组成和比例，这对于半翅目昆虫来说需要承担一定的代价(Fischer and Shingleton，2001；Stadler and Dixon，1998，2005；Yao et al.，2000；Yao and Akimoto，2001，2002；Völkl，1992)。包括延长发育时间，更小的性腺，充分发育的胚胎数量减少，以及总体的增长速率降低。半翅目昆虫受到的这些负面影响大多数是因为半翅目昆虫为了获得蚂蚁照顾，不得不提供更高质量的蜜露，导致其本身可获得的营养成分减少。

总体而言，在蚂蚁与半翅目昆虫关系的研究中，针对半翅目昆虫的研究大多数还是集中在蚂蚁照顾下半翅目昆虫的存活率。近期少量的工作者开始关注与蚂蚁存在较短时间互利关系的蚜虫个体的生活史特征(Flatt and Weisser，2000)。也就是说在很多情况下，这种关系维持的时间很短，甚至在专性互利关系下，半翅目昆虫也不是时时刻刻受蚂蚁照顾。研究结果显示，专性互利关系中，在维持相互作用的时间内，半翅目昆虫有超过25%的时间是未受到蚂蚁照顾的(Stadler and Dixon，1998；Stadler，2004)。因此，目前的研究极少关注在整个生活史周期内受到蚂蚁照顾的半翅目昆虫的生活史特征。

紫胶虫在分泌紫胶的同时，也分泌蜜露资源。由于紫胶林面积广，紫胶虫培育过程中种群数量大，因此，这种蜜露资源十分丰富。除了紫胶虫分泌的紫胶胶被表面有蜜露资源外，在有紫胶虫寄生的紫胶虫寄主植物的树干、枝条、叶片等也会有蜜露分布在表面，同时紫胶虫寄主树周围的其他植物或者草本、地表都有蜜露分布。可以说蜜露资源的数量十分庞大，蚂蚁不能完全利用。在紫胶生产过程中，从紫胶虫幼虫开始，紫胶虫与许多蚂蚁建立了兼性互利关系，不同的蚂蚁物种与紫胶虫建立的关系强度存在一定的差异。这些差异性与蚂蚁物种、紫胶虫种类、紫胶虫和蚂蚁种群数量及栖境中蚂蚁可获得的蜜露资源等密切相关。在试验调查中，我们发现粗纹举腹蚁(*Crematogaster macaoensis* Wheeler)照顾云南紫胶虫(*Kerria yunnanensis* Ou et Hong)的强度也存在分化，有些情况下，这种互利关系十分松散，但是也存在十分密切和牢固的关系。我们观察到长达半年的整个云南紫胶虫世代周期内，粗纹举腹蚁日夜不间断地照顾云南紫胶虫，我们调查了这种照顾强度下对云南紫胶虫产生的影响，包括成虫个体大小、泌胶量和个体适合度，同时在天敌存在的情况下，在种群层面测定了这种互利关系对云南紫胶虫的影响。

2.2 研究地概况与研究分析方法

2.2.1 试验地概况

试验地位于云南省普洱市墨江县雅邑乡(101°43′E，23°14′N)，海拔1000～1056 m地段。墨江县位于云南省南部、普洱市东部，地处横断山系峡谷区东南段，属哀牢山中段山地。全县地形北部狭窄、南部较宽，似纺锤状，地势自西北向东南倾斜，山地地形和河谷地貌复杂多变。雅邑乡位于墨江县中南部，东部与那哈为邻，西部与龙潭、鱼塘、通关相邻，南部与泗南江相接，北部与联珠镇相连。

2.2.2 气候概况

墨江县处于低纬度高海拔地区，属南亚热带半湿润山地季风气候，全县2/3的地域在北回归线以南，1/3的地域在北回归线以北，全县年平均气温18.3℃。最冷月为1月，平均气温11.5℃；最热月为6月，平均气温22.1℃。以气象学(候温小于10℃为冬季，10～22℃为春秋季，大于22℃为夏季)的划分标准，墨江县有345天为春秋季，20天夏季，无冬季。

全县雨量充沛、干湿季分明，年平均降雨量为1338 mm。5～10月，受印度洋孟加拉湾潮湿气流和太平洋北部湾潮湿气流的影响，降雨日多，形成雨季，雨季降雨量占全县年降雨量的84.2%；每年11月至次年4月，因受大陆高原西部干暖气流的影响，天气晴朗，少雨，空气干燥，为干季，干季降雨量占全年降雨量的15.8%。

全年总日照时数2161.2 h，年日照率为50%；旱季的月平均日照时数210 h左右；雨季日照时数则显著减少，月平均日照时数149 h左右。

2.2.3　紫胶种植园

墨江县雅邑乡的紫胶种植园，土壤类型以赤红壤为主，紫胶虫的寄主植物以钝叶黄檀(*Dalbergia obtusifolia*)为主，其间散生少量苏门答腊金合欢(*Acacia montana*)、泡火绳(*Erioaena spectabilis*)、聚果榕(*Ficus racemosa*)、偏叶榕(*Ficus cunia*)等，紫胶种植面积达 7500 hm^2。

试验地林相不密，能透射太阳光，主要寄主植物为 5 年生钝叶黄檀，树高 3～4 m，胸径 5～6 cm，密度 1500 株/hm^2；试验地一直放养云南紫胶虫(*Kerria yunnanensis*)，其放养量为有效枝条(适于云南紫胶虫生长的枝条)的 60%。林地内有大量蚂蚁栖息，这些蚂蚁取食云南紫胶虫排泄的蜜露，主要种类为粗纹举腹蚁(*Crematogaster macaoensis*)、黑可可臭蚁(*Dolichoderus thoracicus*)和巴瑞弓背蚁(*Camponotus parius*)等，其中粗纹举腹蚁分布在 80%的寄主植物上，是林地内的优势种蚂蚁，具备垄断食物资源的能力。

通过前期观察发现，被粗纹举腹蚁垄断蜜露的云南紫胶虫的胶被和没有蚂蚁照顾的云南紫胶虫的胶被有明显区别，其中被粗纹举腹蚁垄断蜜露的胶被表面没有蜡丝，蜜露也被清理得非常干净(图 2-1A)；而没有蚂蚁照顾的胶被，表面布满蜡丝，并堆积大量蜜露(图 2-1B)。另外，粗纹举腹蚁取食蜜露的同时，还在云南紫胶虫的胶被上建立一种保护膜，这种保护膜自云南紫胶虫幼虫期开始建立(图 2-1C)，到云南紫胶虫成虫期时，保护膜就将胶被完全包裹起来(图 2-1D)，形成对蜜露资源的垄断。

图 2-1　胶被和保护膜

A. 被粗纹举腹蚁垄断蜜露的胶被；B. 无蚂蚁照顾的胶被；C. 建设中的保护膜；D. 完整的保护膜

2.2.4 样地设置

试验设置4种处理，即粗纹举腹蚁垄断云南紫胶虫蜜露的处理、蚂蚁能照顾云南紫胶虫的处理(即处于自然状态下生长的云南紫胶虫)和无蚂蚁照顾云南紫胶虫的处理，以及没有云南紫胶虫寄生的钝叶黄檀对照样地，样地面积均为1000 m^2。各样地间距10 m。具体设置方法如下：

①粗纹举腹蚁垄断云南紫胶虫蜜露的处理，主要设置在粗纹举腹蚁蚁巢附近，具体做法：保护粗纹举腹蚁蚁巢及由蚁巢通向其他寄主植物上的通道不被破坏，让粗纹举腹蚁自由照顾云南紫胶虫。②处于自然状态下生长的云南紫胶虫，不做任何处理。③蚂蚁不能照顾云南紫胶虫的设置是：首先清除树上的蚂蚁，然后放养云南紫胶虫，并在寄主植物树干距地面0.5 m处贴一圈透明胶带，并在胶带上刷粘虫胶，阻止蚂蚁通过树干照顾云南紫胶虫。为防止粘虫胶失效，每周重新刷胶一次。另外，清除一切蚂蚁能到达该寄主植物的通道，并定期检查、清除。

2008年10月至2011年4月，分别在不同处理的三块样地内连续放养5代云南紫胶虫。其中2009年5～9月(夏代)和2009年10月至2010年4月(冬代)放养的云南紫胶虫为主要试验数据，2010年10月至2011年4月(冬代)放养的云南紫胶虫作为试验的补充数据。

2.2.5 试验材料

2.2.5.1 钝叶黄檀(*Dalbergia obtusifolia*)

钝叶黄檀属豆目(Fabales)蝶形花科(Papilionaceae)，分布于云南省西南部及缅甸北部、老挝等地；在云南，主要分布于哀牢山以西，李仙江流域的阿墨江中下游，澜沧江中游和怒江河谷地区。垂直分布于海拔500～1600 m范围内。该树种喜光耐旱，天然更新能力强，是先锋树种，每年夏、秋雨季，枝梢增长明显，每次可达40 cm以上；在云南紫胶产区，2～5月为落叶期，叶芽于落叶后或落叶期间萌发，4～5月抽生新梢，2月上旬开始开花，3月上旬或中旬全部开花，并出现幼嫩荚果，4月下旬到5月上旬荚果由绿变黄，种子成熟。钝叶黄檀是云南紫胶虫的优良寄主植物(陈玉德和侯开卫，1980)，并且在云南紫胶产区对维护山区脆弱的农业生态系统和农村经济系统的平衡发挥了巨大作用(Saint-Pierre and Ou，1994)。

2.2.5.2 云南紫胶虫(*Kerria yunnanensis*)

云南紫胶虫属半翅目(Hemiptera)胶蚧科(Lacciferidae)胶蚧属(*Kerria*)，分布于中国云南亚热带地区，一般一年2代，夏代从5～10月，约150 d；冬代从10月至翌年4月，约210 d。1龄幼虫孵化后，从母体爬出，寻找适宜枝条固定，固虫密度为180～230头/cm^2；幼虫期泌胶量较少，成虫期雌虫泌胶多，中期到达泌胶量的高峰期(陈晓鸣和冯颖，1993)；云南紫胶虫雌虫比例高于雄虫，雌虫夏代占的比例为75%～80%，冬代为50%～78%，紫胶虫的性比主要受种的遗传特性影响，环境因素也可能造成紫胶虫性比的变化；云南紫胶虫夏代和冬代的怀卵量也有差异，一般夏代怀卵量为300～700粒/♀，冬代怀卵量为200～

400 粒/♀。云南紫胶虫是中国紫胶生产的主要用种。

2.2.5.3 粗纹举腹蚁(*Crematogaster macaoensis*)

粗纹举腹蚁属膜翅目(Hymenoptera)蚁科(Formicidae)切叶蚁亚科(Myrmicinae)，是紫胶种植园的优势种群(王思铭等，2010b)。粗纹举腹蚁的蚁巢类型为层纸巢(图 2-2)，筑于树干或分枝上，蚁巢呈椭圆形，灰黑色，由干枯树叶、杂草、碎屑和蚁分泌物黏结而成；建巢初期为小型巢(个体总数 10～99 头)，中期发展为巨型巢(个体总数 10 000～99 999 头)，后期可发展为超型巢(个体总数 100 000 头以上)；巢内疏松，蚁道纵横交错。单蚁后制，工蚁单型。工蚁在白天和夜间均有活动，但 9:00AM～11:00AM 为其活动高峰期。食性广泛，以取食林地内云南紫胶虫排泄的蜜露为主，发现较大食物时，招募大量工蚁前去搬运回巢。

图 2-2 粗纹举腹蚁的蚁巢

2.2.6 试验调查方法

2.2.6.1 粗纹举腹蚁对云南紫胶虫蜜露的垄断方式的调查方法

通过前期观察，发现粗纹举腹蚁对云南紫胶虫排泄的蜜露的垄断方式有两种，即数量方式和在胶被上建立保护膜的方式，具体调查方法如下。

(1)数量方式

自放养云南紫胶虫后，观察云南紫胶虫的不同龄期，被粗纹举腹蚁垄断蜜露的胶被上工蚁数量的变化。具体做法：采用 5 点法(即按梅花形取 5 个样点)选择 30 株有粗纹举腹蚁垄断云南紫胶虫蜜露的钝叶黄檀，样株间距 2 m，在每株寄主植物 1.5 m 处枝条外侧上选择一个 10 cm 长的胶被，共选择 30 个，自 2009 年 5 月至 2010 年 4 月，每天上午和下午各观测一次胶被上粗纹举腹蚁的种群数量，并于每月中下旬记录一次胶被上粗纹举腹蚁工蚁的数量，每次观察的时间固定在 10:00AM～12:00AM，连续观察 12 个月，记录 360 个数据；另外，于 2009 年 3 月 19～20 日，调查被粗纹举腹蚁垄断蜜露的胶被上，蚂蚁的昼夜活动规律。取样方法同上，选择 21 段 10 cm 长的胶被，自 9:00AM 开始，每隔 2 h 调查一次胶被上粗纹举腹蚁工蚁的数量，直至次日 11:00AM，共调查 13 次，记录 273 个数据(Raine et al.，2004；张慧杰等，2005)。

(2) 建立保护膜

自放养云南紫胶虫后，观察云南紫胶虫的不同龄期，保护膜的建立情况，并于 2009 年 12 月，测量保护膜的特征。具体做法：使用钢卷尺测量林地内所有粗纹举腹蚁在胶被上所建的保护膜的长度，观察保护膜对胶被的包裹程度，统计保护膜上出口的数量，并使用游标卡尺测量保护膜上出口的直径(每个出口测量 4 个值，每测一个值将游标卡尺旋转 22.5°，其平均值为出口直径)。

2.2.6.2 互利关系对云南紫胶虫影响的调查方法

(1) 互利关系对云南紫胶虫个体的影响

互利关系对云南紫胶虫个体的影响，包括对云南紫胶虫的虫体大小、怀卵量及泌胶量的影响，此部分试验于 2009 年 10 月至 2010 年 4 月(冬代)完成。

云南紫胶虫成虫末期，在粗纹举腹蚁垄断云南紫胶虫排泄蜜露的样地(针对粗纹举腹蚁通过数量方式垄断蜜露的胶被，下同)，采用对角线形选样法，选择 5 个样方；每个样方“Z”字形选择 10 株钝叶黄檀，共选择 50 株钝叶黄檀；在每株钝叶黄檀 1.5 m 处的枝条外侧选择一段胶被长大于 10 cm 的胶枝，用枝剪剪下，共 50 段胶枝。带回实验室，剥下胶枝上的胶被后称重。然后把每个样本分别装入 50 个装有 95%乙醇溶液的玻璃瓶中，溶掉紫胶后(约 7 天)，取出每个玻璃瓶中的雌成虫，自然晾干，统计其数量并称重。之后将 5 个样方的雌成虫分别装在锥形瓶(75%乙醇溶液)中保存。

$$\text{云南紫胶虫每头雌虫的泌胶量} = \frac{(\text{胶块重}-\text{雌虫总重})}{\text{雌虫数量}}$$

在每个锥形瓶中随机选择 10 头云南紫胶虫，在体视显微镜 XTL-2400 下，测量所选雌成虫的体长和体宽，共测量 150 头。并以云南紫胶虫雌成虫的体长乘以体宽作为其身体大小指数(Sarty et al.，2006)。

另外，在每个锥形瓶中随机选择 10 头云南紫胶虫，将每头雌成虫放在 55 cm 长的玻璃板上，滴长条状的清水，将每头雌成虫放在清水中间，用解剖针将雌虫划破，使其卵均匀分布于清水中，然后在体视显微镜 XTL-2400 下统计其卵的数量，共测量 50 头(陈晓鸣等，2008)。

处于自然状态下生长的云南紫胶虫和无蚂蚁照顾的云南紫胶虫的虫体大小、怀卵量及个体泌胶量的测量方法同上。

(2) 互利关系对于云南紫胶虫种群的影响

此部分试验于 2009 年 10 月至 2010 年 4 月(冬代)完成。

1) 性比

互利关系对云南紫胶虫性比的影响，选择在云南紫胶虫发育到 2 龄末期后进行调查。因为这时的雌雄形态能够借助胶表特征明显区分。雌虫身体粗短，胶表特征为放射状，胶被颜色深；雄虫的形态为身体细长，胶质蜡黄，相比雌虫颜色浅，身体后部的胶室呈圆盖状(陈晓鸣等，2008)。

具体做法：在粗纹举腹蚁垄断云南紫胶虫蜜露的样地内(针对粗纹举腹蚁通过数量方式垄断蜜露的胶被，下同)，对角线形各选择 5 个样方，每个样方“Z”字形选择 10 株钝叶黄檀，共选择 50 株钝叶黄檀；每株钝叶黄檀上 1.5 m 处的胶枝外侧选择一个 1 cm^2 的胶被作为一个样本，统计 1 cm^2 的胶被内雌虫和雄虫的数量，共调查 50 个样本。

处于自然状态下生长的云南紫胶虫和无蚂蚁照顾的云南紫胶虫，其 1 cm^2 的胶被内雌虫和雄虫数量的调查方法同上。

2) 死亡率

互利关系对云南紫胶虫死亡率的影响，选择在云南紫胶虫幼虫初期统计一次活虫的数量，结合成虫期的活虫数量，确定粗纹举腹蚁垄断蜜露、自然状态下和无蚂蚁照顾的云南紫胶虫死亡率之间的差异。取样方法同对云南紫胶虫性比的调查方法，共选择 150 个样本，统计云南紫胶虫幼虫初期单位面积的活虫数量。

死亡率的计算公式如下：

$$\mathrm{d}x = \frac{I_0 - I_x}{I_0}$$

式中，dx 为阶段死亡率，I_0 为云南紫胶虫幼虫初期时单位面积内云南紫胶虫虫口数量，I_x 为成虫阶段单位面积内云南紫胶虫虫口数量(陈晓鸣等，2008)。

云南紫胶虫成虫阶段单位面积内的虫口数量，采用如下公式(陈晓鸣和冯颖，1989)计算：

$$I_x = \frac{4 + \pi}{2\pi D^2}$$

式中，I_x 为单位面积雌成虫的群体密度，D 为虫体宽。

3) 群体泌胶量

由于不同设置下的云南紫胶虫单位面积上的死亡率不同，故有必要调查被粗纹举腹蚁垄断蜜露、自然状态下和无蚂蚁照顾的云南紫胶虫的群体泌胶量。

云南紫胶虫群体泌胶量=个体泌胶量×每平方厘米的虫体数量

4) 生活史周期

在粗纹举腹蚁垄断云南紫胶虫蜜露的样地内、自然状态下及无蚂蚁照顾云南紫胶虫的样地内，同时放养云南紫胶虫。并于云南紫胶虫成虫末期，逐株记录云南紫胶虫大量涌散的日期。

2.2.7　数据分析方法

本书数据均使用 Excel、SPSS 16.0 进行分析，具体做法如下。

2.2.7.1　粗纹举腹蚁对云南紫胶虫蜜露的垄断方式

SPSS 16.0 对垄断云南紫胶虫排泄蜜露的粗纹举腹蚁工蚁数量的年动态和昼夜动态作描述性统计分析，Excel 对胶被上粗纹举腹蚁数量变化的年动态和昼夜活动规律作图，并使用 SPSS 16.0 对不同月份和一天内不同时段胶被上的粗纹举腹蚁的数量变化作单因素方差分析及线性回归分析；SPSS 16.0 对粗纹举腹蚁在胶被上建立的保护膜进行描述性统计分析，并对保护膜的长度和出口数量作线性相关分析。

2.2.7.2 互利关系对云南紫胶虫的影响

使用 SPSS 16.0 进行单因素方差分析，确定粗纹举腹蚁对云南紫胶虫虫体大小、怀卵量、个体泌胶量的影响，以及对云南紫胶虫性比、死亡率、群体泌胶量、生活史周期的影响，以及对寄生性天敌种群数量的影响。二因素方差分析比较不同月份、3 种设置对云南紫胶虫捕食性害虫紫胶黑虫种群数量的影响，并对粗纹举腹蚁与紫胶黑虫相遇后的行为反应进行非参数 Kruskal-Wallis *H* 检验。同时对以上分析辅以 Tukey 多重比较，确定不同设置间的差异。Excel 画图以显示粗纹举腹蚁垄断云南紫胶虫蜜露、自然状态下和无蚂蚁照顾云南紫胶虫的情况下，紫胶黑虫和云南紫胶虫的寄生性天敌种群数量的差异。

2.3 结果与分析

2.3.1 粗纹举腹蚁垄断云南紫胶虫蜜露的方式

2.3.1.1 数量方式

被粗纹举腹蚁垄断蜜露的胶被上，云南紫胶虫的不同发育历期，粗纹举腹蚁的数量变化不显著（图 2-3，$F_{(11,348)}$=0.41；n=360；$P>0.05$），胶被上粗纹举腹蚁的数量在(20.22±2.78)～(27.17±2.63)头/10 cm 之间变化；一天内不同时段，胶被上粗纹举腹蚁的数量也没有显著差异（图 2-4，$F_{(12,260)}$=1.91；n=273；$P>0.05$），9:00AM 和 1:00AM 是粗纹举腹蚁日活动规律的两个高峰期，胶被上工蚁的数量分别为(37.35±6.00)头/10 cm 和(39.33±9.95)头/10 cm；7:00AM 和 15:00PM 是两个低谷期，胶被上的工蚁数量分别为(18.40±2.42)头/10 cm 和(16.75±2.29)头/10 cm。胶被上粗纹举腹蚁的数量不断变化，但通过 12 个月和一昼夜的观察可知，粗纹举腹蚁昼夜不间断地取食云南紫胶虫排泄的蜜露，并且在粗纹举腹蚁工蚁数量大于 15 头/10 cm 的胶被上，其他蚂蚁不敢靠近，粗纹举腹蚁通过数量优势垄断了云南紫胶虫排泄的蜜露。

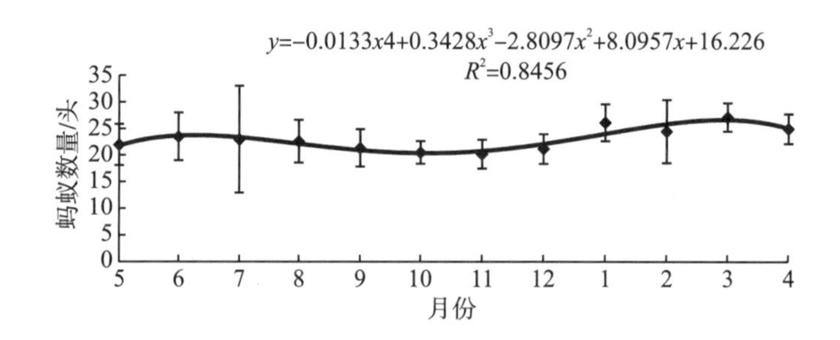

图 2-3 胶被上粗纹举腹蚁工蚁的年动态

注：观察的时间为 2009 年 5 月至 2010 年 4 月；曲线为粗纹举腹蚁年活动规律的拟合曲线，*x* 代表月份，*y* 代表每 10 cm 胶被上的工蚁数量。

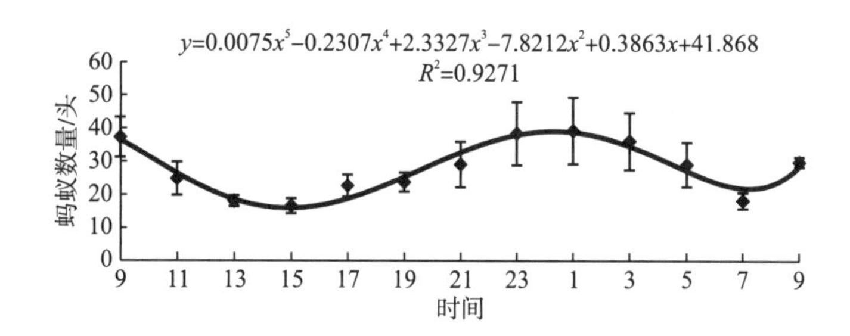

图 2-4　胶被上粗纹举腹蚁工蚁的昼夜活动规律

注：观察的时间为 2009 年 3 月 19～20 日；曲线为粗纹举腹蚁日活动规律的拟合曲线，x 代表时间，y 代表每 10 cm 胶被上的蚂蚁数量。

2.3.1.2　建立保护膜

2009 年 12 月，林地内共有 43 个粗纹举腹蚁在胶被上建立的保护膜(表 2-1)。保护膜的长度与出口数量成正相关(R^2=0.50，P＜0.01)，并且保护膜上的出口数量 2～4 个的所占百分比最大，为 72.00%；保护膜对胶被的包裹程度在 1/2 的所占比例最大，为 65.10%，完全包裹胶被的保护膜还未出现，说明这些保护膜正在建设中；到云南紫胶虫成虫期，样地内出现大量完全包裹胶被的保护膜，揭开胶被发现，保护膜中的粗纹举腹蚁数量为 5～15 头，并且在保护膜内没有发现任何其他动物，另外，从保护膜的出口直径[(0.32±0.01)cm]也可看出，体型稍大点的动物很难进入。保护膜的建立，阻止了其他动物对云南紫胶虫的访问，粗纹举腹蚁完全垄断了蜜露。

粗纹举腹蚁通过数量优势和在胶被上建立保护膜的方式垄断了云南紫胶虫排泄的蜜露。通过对胶被上粗纹举腹蚁工蚁数量的年动态观察，在云南紫胶虫的不同发育历期，胶被上均有 20 头/10 cm 以上粗纹举腹蚁守护蜜露；而在对胶被上粗纹举腹蚁工蚁数量的昼夜动态观察中发现，守护在胶被上的粗纹举腹蚁工蚁数量均大于等于 15 头/10 cm；粗纹举腹蚁昼夜不间断地取食蜜露或守护着云南紫胶虫。另外，粗纹举腹蚁工蚁还会在云南紫胶虫的胶被上建立一种成分类似巢的保护膜，将胶被包裹起来，并且这种保护膜自云南紫胶虫幼虫初期开始建立，至云南紫胶虫成虫期时，大部分保护膜建立完成；被保护膜完全包裹着的胶被内由粗纹举腹蚁工蚁守护，并且保护膜的直径只有(0.32±0.01)cm，林地内的其他动物，包括云南紫胶虫的天敌昆虫都很难进入。

表 2-1　胶被上保护膜的测量汇总

	样本量	最小值	最大值	均值	分段	百分比
膜长/cm	43	2.01	12.49	4.81±0.38	—	—
包裹程度	43	1/3	3/4	12/25	(0，1/3]	30.20
					(1/3，2/3]	65.10
					(2/3，3/4]	4.70
出口数量	138	1.00	7.00	3.21±0.23	1	9.30
					[2，4]	72.00
					[5，7]	18.50
出口直径	138	0.15	0.80	0.32±0.01	—	—

2.3.2 互利关系对云南紫胶虫的影响

2.3.2.1 互利关系对云南紫胶虫个体的影响

1）虫体大小

被粗纹举腹蚁垄断的、自然状态下的和无蚂蚁照顾的云南紫胶虫虫体大小有极显著差异（表 2-2，$F_{(2,147)}$=10.88；P<0.01；n=150）。Tukey 多重比较结果显示，无蚂蚁照顾的云南紫胶虫的虫体大小（14.90±0.37）极显著大于被粗纹举腹蚁垄断蜜露的云南紫胶虫（12.92±0.37）和自然状态下的云南紫胶虫（13.04±0.26），说明蚂蚁照顾能使云南紫胶虫的虫体变小；另外，粗纹举腹蚁垄断蜜露的云南紫胶虫的虫体比自然状态下的云南紫胶虫的虫体小，说明蚂蚁高强度下的照顾，会使云南紫胶虫的虫体变得更小。

表 2-2 云南紫胶虫测量汇总表

	设置	样本量	均值	F	P
虫体宽/cm	垄断	49	0.29±0.01[a]	3.76	<0.05
	自然状态	50	0.30±0.01[ab]		
	无蚂蚁照顾	50	0.31±0.01[b]		
虫体大小	垄断	50	12.92±0.37[a]	10.88	<0.01
	自然状态	50	13.04±0.26[a]		
	无蚂蚁照顾	50	14.90±0.37[b]		
固虫密度/(只/cm^2)	垄断	49	132.57±1.55[a]	1.67×10^{-3}	>0.10
	自然状态	50	132.68±1.52[a]		
	无蚂蚁照顾	50	132.68±1.52[a]		
成虫密度/(只/cm^2)	垄断	49	13.94±0.55[a]	3.59	<0.05
	自然状态	50	13.51±0.53[ab]		
	无蚂蚁照顾	50	12.12±0.41[b]		
死亡率/%	垄断	49	89.42±0.44[a]	3.45	<0.05
	自然状态	50	89.78±0.40[ab]		
	无蚂蚁照顾	50	90.82±0.33[b]		
个体泌胶量/mg	垄断	34	16.56±0.41[a]	4.23	<0.05
	自然状态	36	18.58±0.77[ab]		
	无蚂蚁照顾	30	19.33±0.74[b]		
群体泌胶量/(mg/cm^2)	垄断	49	230.85±9.18[a]	0.06	>0.10
	自然状态	45	234.48±6.84[a]		
	无蚂蚁照顾	50	234.30±8.01[a]		
雌虫所占比例/%	垄断	46	80.81±0.48[a]	54.08	<0.01
	自然状态	50	75.55±0.37[b]		
	无蚂蚁照顾	50	75.33±0.40[b]		

续表

	设置	样本量	均值	F	P
怀卵量/个	垄断	49	401.85±13.15[a]	4.82	<0.01
	自然状态	50	395.73±10.13[a]		
	无蚂蚁照顾	48	353.34±12.76[b]		
生活史周期/d	垄断	24	203.96±0.26[a]	19.77	<0.01
	自然状态	24	200.00±0.44[b]		
	无蚂蚁照顾	26	202.85±0.58[a]		

注：表中小写字母表示 Tukey 多重比较的结果，字母相同表示无差异，字母不同表示有显著差异。

2) 怀卵量

被粗纹举腹蚁垄断的、自然状态下的和无蚂蚁照顾的云南紫胶虫的怀卵量有极显著差异(表 2-2，$F_{(2,\ 144)}=4.82$；$P<0.01$；$n=147$)。Tukey 多重比较结果显示，无蚂蚁照顾的云南紫胶虫的怀卵量[(353.34±12.76)个]极显著小于被粗纹举腹蚁垄断的云南紫胶虫[(401.85±13.15)个]和自然状态下的云南紫胶虫[(395.73±10.13)个]，说明蚂蚁照顾能使云南紫胶虫的怀卵量增加；另外，粗纹举腹蚁垄断蜜露的云南紫胶虫比自然状态下的云南紫胶虫的怀卵量多，说明蚂蚁高强度下的照顾，会使云南紫胶虫的怀卵量增加得更明显。

3) 个体泌胶量

被粗纹举腹蚁垄断的、自然状态下的和无蚂蚁照顾的云南紫胶虫的个体泌胶量有显著差异(表 2-2，$F_{(2,\ 97)}=4.23$；$P<0.05$；$n=100$)。Tukey 多重比较结果显示，被粗纹举腹蚁垄断的云南紫胶虫的个体泌胶量[(16.56±0.41)mg]显著小于无蚂蚁照顾的云南紫胶虫[(19.33±0.74)mg]，而处于自然状态下的云南紫胶虫的个体泌胶量[(18.58±0.77)mg]介于两者之间，与两者均无显著差异，说明随着蚂蚁照顾强度的增加，云南紫胶虫的个体泌胶量逐渐减少。

2.3.2.2 互利关系对云南紫胶虫种群的影响

1) 雌虫所占比例

被粗纹举腹蚁垄断的、自然状态下的和无蚂蚁照顾的云南紫胶虫每平方厘米内雌虫所占比例有极显著差异(表 2-2，$F_{(2,\ 143)}=54.08$，$P<0.01$；$n=146$)。Tukey 多重比较结果显示，被粗纹举腹蚁垄断的云南紫胶虫每平方厘米内雌虫所占比例(80.81%±0.48%)显著大于自然状态下的(75.55%±0.37%)和无蚂蚁照顾的(75.33%±0.40%)，说明粗纹举腹蚁垄断对紫胶生产有利，因为在紫胶生产过程中，紫胶的分泌量主要取决于雌虫。

2) 死亡率

被粗纹举腹蚁垄断的、自然状态下的和无蚂蚁照顾的云南紫胶虫幼虫初期至成虫阶段的死亡率有显著差异(表 2-2，$F_{(2,\ 146)}=3.45$；$P<0.05$；$n=149$)。Tukey 多重比较结果显示，被粗纹举腹蚁垄断蜜露的云南紫胶虫的死亡率(89.42%±0.44%)显著小于无蚂蚁照顾的(90.82%±0.33%)，而处于自然状态下的云南紫胶虫的死亡率(89.78%±0.40%)介于两者之间，与两者均无显著差异。粗纹举腹蚁垄断蜜露能有效降低云南紫胶虫的死亡率。

3) 群体泌胶量

被粗纹举腹蚁垄断蜜露的云南紫胶虫的群体泌胶量[(230.85±9.18) mg/cm^2]与自然状态下的云南紫胶虫[(234.48±6.84) mg/cm^2]和无蚂蚁照顾的云南紫胶虫的群体泌胶量[(234.30±8.01) mg/cm^2]没有显著差异(表 2-2，$F_{(2, 141)}$=0.06；P>0.10；n=144)，这是由于虽然被粗纹举腹蚁垄断蜜露蜜露的云南紫胶虫个体泌胶量变少，但是粗纹举腹蚁垄断蜜露显著减小了云南紫胶虫的虫体宽(表 2-2，$F_{(2, 146)}$=3.76；P<0.05；n=149)，使单位面积上的云南紫胶虫成虫密度大于自然状态下的和无蚂蚁照顾的(表 2-2，$F_{(2, 146)}$=3.59；P<0.05；n=149) 造成的。

4) 生活史周期

被粗纹举腹蚁垄断的、自然状态下的和无蚂蚁照顾的云南紫胶虫的生活史周期有极显著差异(表 2-2，$F_{(2, 71)}$=19.77；P<0.01；n=74)。Tukey 多重比较结果显示，自然状态下的云南紫胶虫生活史历期[(200.00±0.44) d]极显著小于被粗纹举腹蚁垄断的云南紫胶虫[(203.96±0.26) d]和无蚂蚁照顾的云南紫胶虫的生活史历期[(202.85±0.58) d]，说明粗纹举腹蚁垄断蜜露和无蚂蚁照顾云南紫胶虫这两种极端情况下，都延迟了云南紫胶虫的涌散日期，使其经历更长的世代。从均值看，被粗纹举腹蚁垄断的云南紫胶虫比无蚂蚁照顾的云南紫胶虫的生活史周期还长约 1 d。粗纹举腹蚁垄断蜜露，延长了云南紫胶虫的生活史历期。

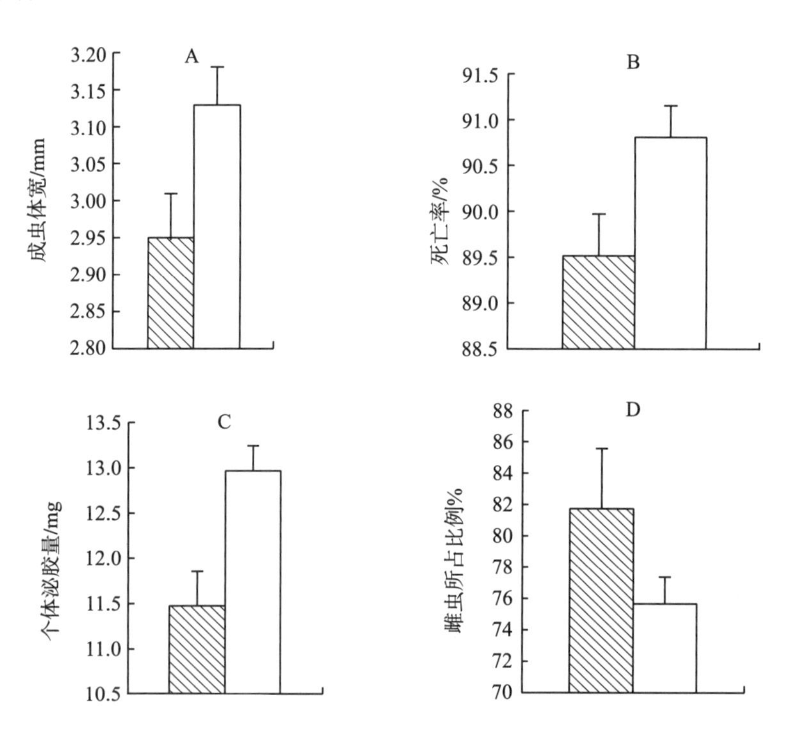

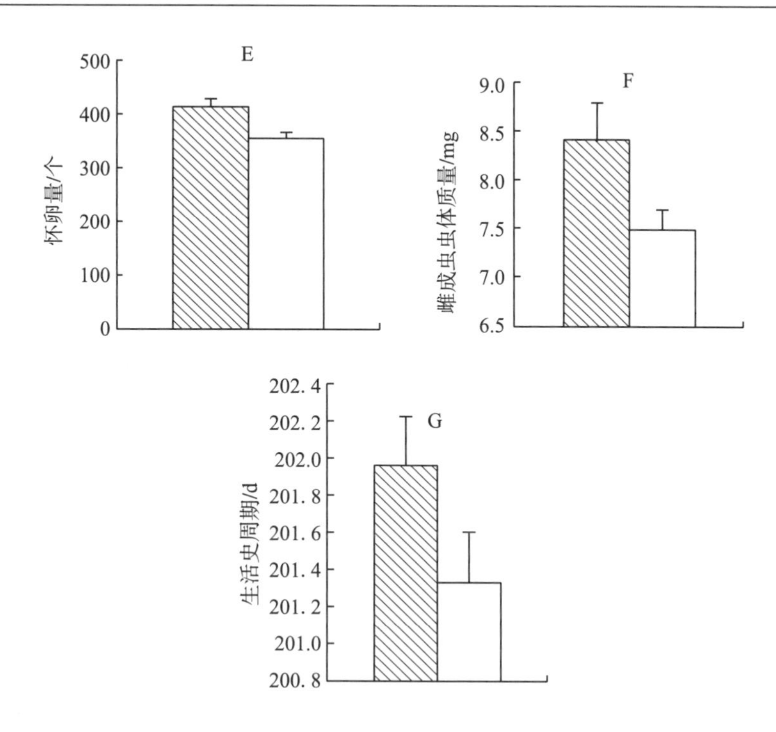

图 2-5　粗纹举腹蚁垄断云南紫胶虫对其生活史特征的影响

注：直方图结果为均值和标准误，其中斜纹为垄断处理，空白为对照处理。

2.4　结论与讨论

粗纹举腹蚁通过数量方式和建立保护膜的方式，垄断云南紫胶虫排泄的蜜露，在粗纹举腹蚁昼夜不停地取食云南紫胶虫排泄的蜜露的同时，增加了单位面积上云南紫胶虫的雌虫数量，降低了云南紫胶虫的死亡率，提高了云南紫胶虫的个体怀卵量，对紫胶生产有利。但是粗纹举腹蚁的垄断，也增加了云南紫胶虫的代谢压力，表现在云南紫胶虫虫体有变小的趋势、个体泌胶量变少和生活史周期变长。但这并不影响紫胶生产，因为单位面积上云南紫胶虫的存活率弥补了个体泌胶量的变少，总的来看，以蜜露为纽带的粗纹举腹蚁和云南紫胶虫的相互作用是互利的。本研究为利用蚂蚁与紫胶虫的相互作用关系提高紫胶生产提供了一定的科学依据，更是蚂蚁与紫胶虫互利关系研究的深化。

Morales(2002b)报道了蚂蚁照顾角蝉，其产卵量是蚂蚁被排除后的 1.7 倍，并且产卵期间角蝉成虫数量与蚂蚁的数量成正相关。Buckley(1987a)提出蚂蚁会影响蚜虫的生活史特征，蚂蚁照顾能促进蚜虫的繁殖，使其种群更快地发展。本书研究结果表明，被粗纹举腹蚁垄断蜜露的云南紫胶虫的怀卵量是无蚂蚁照顾的 1.14 倍，与前人的研究结果一致。云南紫胶虫怀卵量的增加有利于紫胶的生产。环境温湿度和寄主植物的结构、营养和生长速度等对紫胶虫的有效性比可能产生影响(陈又清和王绍云，2006d，2007a)。同时表明，粗纹举腹蚁垄断也是影响云南紫胶虫性比的一个因素，但原因尚不清楚。

蚂蚁对半翅目昆虫不同强度下的照顾，对半翅目昆虫产生不同的影响(Morales，2000a，2000b)。例如，受3头以上蚂蚁照顾的蚜虫比受1头或2头蚂蚁照顾的蚜虫具有更高的存活和繁殖能力(Cushman and Addicott，1989)。陈又清和王绍云(2006c)在研究蚂蚁和紫胶蚧(*Kerria lacca*)的互利关系时，提出蚂蚁照顾紫胶蚧，对紫胶蚧的死亡率和怀卵量没有显著影响，但是能增加紫胶蚧的个体泌胶量。本书研究结果与其不同，可能是紫胶虫的虫种不同，照顾紫胶虫的蚂蚁种类不同，尤其是蚂蚁对紫胶虫的照顾程度不同造成的。蚂蚁与紫胶蚧的互利关系研究中，在自然状态下有不同种类蚂蚁同时照顾紫胶蚧；而本书既考虑了多种蚂蚁对云南紫胶虫的共同照顾，又考虑到粗纹举腹蚁对云南紫胶虫高强度下形成的垄断式照顾，尤其是粗纹举腹蚁通过数量优势和在胶被上建立保护膜，阻止了其他动物的访问(包括其他种类的蚂蚁和云南紫胶虫的害虫)。

蚂蚁取食半翅目昆虫排泄的蜜露，增加了半翅目昆虫的代谢压力(Fischer and Shingleton，2001；Yao and Akimoto，2002)。尤其是受蚂蚁照顾的半翅目昆虫排泄的蜜露，其成分的改变，使半翅目昆虫付出了更高的代价(Yao and Akimoto，2001)。本研究没有测定被粗纹举腹蚁垄断蜜露的云南紫胶虫其蜜露成分是否改变，但是与无蚂蚁照顾的云南紫胶虫相比，被粗纹举腹蚁垄断蜜露的云南紫胶虫虫体减小 13.3%，个体泌胶量减少14.3%，生活史周期延长了1 d，可能是云南紫胶虫将更多的投资放在蜜露的分泌量上造成的，粗纹举腹蚁垄断蜜露增加了云南紫胶虫的代谢压力。但是粗纹举腹蚁的垄断，降低了云南紫胶虫的死亡率，对云南紫胶虫的群体泌胶量没有产生不利影响。

互利关系(mutualism)又称互惠共生，是指生物界中两个物种间的互惠关系，是对彼此双方都有利的一种相互作用(Boucher et al.，1982)。互利关系可以是共生的(两个物种以一种紧密的物理关系联系在一起)，也可以是非共生的。根据互利关系的双方对对方的依赖程度，互利关系可分为专性互利关系(obligate mutualism)和兼性互利关系(facultative mutualism)两种类型。专性互利关系指两种生物永久性地成对组合，离开对方，双方或其中一方不能独立生活；而兼性互利关系对对方的依赖程度较小，仅是机会性或非专性的互利关系，通常这种关系不是种间紧密的成对关系，而是散开的，多数共生属于此类。本书的研究结果显示云南紫胶虫与粗纹举腹蚁之间存在互利关系，即指兼性互利关系。

第3章　互利关系对粗纹举腹蚁的影响

3.1　引　　言

几乎所有的蚂蚁与其他物种之间都发生相互作用(Hölldobler and Wilson，1990)，其中比较有趣的一种相互作用是蚂蚁照顾寄生在寄主植物上的产蜜露昆虫，取食其分泌的含糖丰富的蜜露的同时，保护产蜜露昆虫免遭捕食者和寄生者的危害(Stadler and Dixon，2005)。蚂蚁与产蜜露昆虫之间这种关系叫互利关系(Stadler and Dixon，2005；Styrsky and Eubanks，2007)。这可为物种间相互作用的研究提供一个很好的典范(Stadler and Dixon，2005；王思铭等，2011)。

半翅目昆虫排泄的蜜露能使树栖蚂蚁维持更高的种群密度，影响蚂蚁的空间分布，并强化其作为捕食者的作用(Davidson et al.，2003；Schumacher and Platner，2009)。半翅目昆虫所分泌的蜜露资源对蚂蚁来说是一种稳定的、可持续的、高能量的食物资源，因此可以使蚂蚁物种维持更高的种群密度(Davidson et al.，2003；Schumacher and Platner，2009)。蚂蚁作为捕食者、互利者和生态系统的工程师，具有巨大的生态效应，并且在决定整个群落的结构和功能中发挥重要作用(Heil and Mckey，2003；Styrsky and Eubanks，2007；Trager et al.，2010)。并由此在食物链和食物网上传导这种作用，并引起物种的变化。而系统中物种的丧失或增加能改变食物网的拓扑(topology)，并影响系统的功能(Ray et al.，2005)。

另外，在蚂蚁生态学的研究中，研究蚁巢的分布模式及数量、空间位置的动态变化是了解蚂蚁与其他生物相互作用的重要基础(Soares and Schoereder，2001)。蚂蚁建造的蚁巢多种多样，筑巢场所复杂多变，归纳起来可以分为：游动巢、土壤巢、地表巢、木质巢、层纸巢和丝质巢(徐正会，2002)。其分布可以分为三大类型：集群分布(aggregated or clumped)、随机分布(random)及离散分布或称均匀分布(over-dispersed or regular)。

通常来说，种内或种间竞争导致蚁巢的离散分布(Bernstein and Gobbel，1979；Cushman et al.，1988；Deslippe and Savolainen，1995；Wiernasz et al.，1995)。而随机分布通常出现在资源相对充足、种内或种间竞争不强的地点(Fernández-Escudero and Tinaut，1999)。集群分布则可能由共生关系、蚁群的分裂(colony fragmentation)等因素造成(Herbers，1994)。此外，蚁巢分布还可能受地理方位、树荫情况、湿度(Doncaster，1981)、食物资源及筑巢位置(Levings，1983)等因素的影响。有关蚁巢分布的研究多集中在土壤巢和地表巢，很少有研究涉及互利共生关系下树上筑巢蚂蚁的蚁巢分布变化。

粗纹举腹蚁(*Crematogaster macaoensis*)是紫胶种植园的优势蚂蚁种群(王思铭等，2010a)。已有研究证实粗纹举腹蚁与云南紫胶虫(*Kerria yunnanensis*)之间存在互利关系

(王思铭等，2011，2013a；Chen et al.，2013)。虽然已有研究证明粗纹举腹蚁对云南紫胶虫种群的生存有正面的影响(王思铭等，2011b)，但对有/无共生者存在情况下，粗纹举腹蚁的种群动态变化仍缺乏研究。本章比较在有/无紫胶虫存在的情况下，紫胶种植园内紫胶虫与蚂蚁建立的这种互利关系对粗纹举腹蚁个体及种群的影响，以及在紫胶生产过程中，粗纹举腹蚁的蚁巢分布模式及巢和种群数量的时间动态变化，旨在从理论及应用层面上，为应用粗纹举腹蚁进行紫胶虫病虫害生物防控，促进紫胶生产，以及这种互利关系对生物群落和生态系统功能的影响提供生物学上的依据。

3.2 试验设计与研究分析方法

试验地位于云南省墨江县雅邑乡(23°14′N，101°43′E)，海拔 1000～1056 m 地段，该地区干湿季节分明，属于南亚热带半湿润山地季风气候。平均温度 17.8℃，年均降水量 1315.4 mm，年平均日照时数 2161.2 h，适宜紫胶生产，也是我国紫胶的传统主产区之一。

样地内主要树种为钝叶黄檀(*Dalbergia obtusifolia*)，树龄约 5 年，树高 3～4 m，胸径 5～6 cm，种植密度约为 1500 株/hm^2，乔木盖度 70%左右，能透射太阳光。地表草本层盖度 30%左右，以紫茎泽兰(*Eupatorium adenophorum*)、飞机草(*Eupatorium odoratum*)、扭黄茅(*Heteropogon contortus*)等占优势，土壤以赤红壤为主，腐殖质较少。试验区域内各样地内植被、土壤、坡度、坡向(南坡)等条件基本一致。试验地长期从事紫胶生产工作，林地内有大量蚂蚁栖息。

3.2.1 样地设置

试验样地分为两种类型：紫胶林和对照林(试验期内未放养紫胶虫)。紫胶林记为 A，对照林记为 B。每种类型的样地随机选择 3 块作为重复，大小均为 35 m×35 m，不同类型的样地间距 30 m 以上，相同类型样地相隔 10 m 以上。这是因为蚂蚁的有效觅食范围一般不会超过 10 m(Hölldobler and Wilson，1990)。样地内均有粗纹举腹蚁蚁巢分布，且钝叶黄檀的生长状况一致。紫胶虫分泌紫胶的同时也分泌大量蜜露，成虫期显著高于幼虫期。于 2009 年 10 月开始人工放养云南紫胶虫，平均放养量约为有效枝条(适宜于云南紫胶虫寄生的枝条)的 30%～60%，放虫密度基本一致。对照林中不放养紫胶虫。

3.2.2 试验调查方法

3.2.2.1 粗纹举腹蚁对云南紫胶虫蜜露垄断方式的调查方法

通过前期观察，发现粗纹举腹蚁对云南紫胶虫排泄的蜜露的垄断方式有两种，即数量方式和在胶被上建立保护膜的方式，具体调查方法如下。

(1) 数量方式

自放养云南紫胶虫后，观察云南紫胶虫的不同龄期，被粗纹举腹蚁垄断蜜露的胶被上工蚁数量的变化。具体做法：采用 5 点法(即按梅花形取 5 个样点)选择 30 株有粗纹举腹蚁垄断云南紫胶虫蜜露的钝叶黄檀，样株间距 2 m，在每株寄主植物 1.5 m 处枝条外侧上选择一个 10 cm 长的胶被，共选择 30 个，自 2009 年 5 月至 2010 年 4 月，每天上午和下午各观测一次胶被上粗纹举腹蚁的种群数量，并于每月中下旬记录一次胶被上粗纹举腹蚁工蚁的数量，每次观察的时间固定在 10:00AM～12:00AM，连续观察 12 个月，记录 360 个数据；另外，于 2009 年 3 月 19～20 日，调查被粗纹举腹蚁垄断蜜露的胶被上，蚂蚁的昼夜活动规律。取样方法同上，选择 21 段 10 cm 长的胶被，自 9:00AM 开始，每隔 2 h 调查一次胶被上粗纹举腹蚁工蚁的数量，直至次日 11:00AM，共调查 13 次，记录 273 个数据(Raine et al.，2004；张慧杰等，2005)。

(2) 建立保护膜

自放养云南紫胶虫后，观察云南紫胶虫的不同龄期，保护膜的建立情况，并于 2009 年 12 月，测量保护膜的特征。具体做法：使用钢卷尺测量林地内所有粗纹举腹蚁在胶被上所建的保护膜的长度，观察保护膜对胶被的包裹程度，统计保护膜上出口的数量，并使用游标卡尺测量保护膜上出口的直径(每个出口测量 4 个值，每测一个值将游标卡尺旋转 22.5°，其平均值为出口直径)。

3.2.2.2　云南紫胶虫对粗纹举腹蚁影响的调查方法

(1) 云南紫胶虫对粗纹举腹蚁个体的影响

云南紫胶虫对粗纹举腹蚁个体的影响，是通过云南紫胶虫排泄的蜜露对粗纹举腹蚁工蚁虫体质量影响的试验来完成的。具体做法：选择 2 种食物资源，即云南紫胶虫排泄的蜜露和人工食物(选择面包屑作为人工食物，选择的面包中含有蛋白质、脂肪、碳水化合物、少量维生素及钙、钾、镁、锌等矿物质)。之所以选择以面包作为粗纹举腹蚁的食物，是因为面包属于甜食，并且以面包作为高质量的食物资源，与蜜露资源进行对比。试验设置 3 种处理，即钝叶黄檀枝条(无云南紫胶虫)、钝叶黄檀胶枝(有云南紫胶虫提供蜜露)、钝叶黄檀枝条+人工食物；食物分装在不同的塑料杯中，杯底铺有湿纸，保持一定的湿度，每种处理重复 20 次，共需 60 个塑料杯。选择同巢的粗纹举腹蚁工蚁 900 头，饥饿处理 12 h 后，于次日上午 15 头为一组，称重后分别装入 60 个已经放好食物的塑料杯中，用 100 目的呢绒网封住杯口，24 h 后，取出每个杯中的活虫分别称重(Cushman et al.，1994)。

(2) 云南紫胶虫对粗纹举腹蚁种群的影响

1) 工蚁存活率

云南紫胶虫对粗纹举腹蚁工蚁存活率影响的试验：试验设置同云南紫胶虫对粗纹举腹蚁工蚁体重的影响，每种处理重复 20 次，共需 60 个塑料杯。选择同巢粗纹举腹蚁工蚁 1800 头，30 头为一组，分别装入 60 个已经放好食物资源的塑料杯中，用 100 目的呢绒网封住杯口，36 h 后，统计存活工蚁数量(Cushman et al.，1994)。

2) 种群动态

A. 粗纹举腹蚁蚁巢解剖及其数学模型

在试验样地以外采集粗纹举腹蚁蚁巢，测量其长半径(a)、短半径(b)和极半径(c)(图3-1)，并使用排水法测量蚁巢的体积后，统计每巢蚁后、卵、幼虫、蛹、工蚁、有翅雌蚁和雄蚁的数量。自2009年8月至2010年7月，每月采集3～5个蚁巢进行解剖，共采集解剖42个蚁巢。由于粗纹举腹蚁蚁巢形状类似椭球体，故以椭球体体积的计算公式为基础，选择线性模型、对数曲线模型、二次曲线模型和幂函数曲线模型拟合粗纹举腹蚁蚁巢体积与其长半径、短半径和极半径的数学模型，以及工蚁数量与蚁巢体积大小关系的数学模型(Elmes et al.，1996；Franks and Deneubourg，1997；Sutherst and Gunter，2005)。具体函数表达式见表3-1。

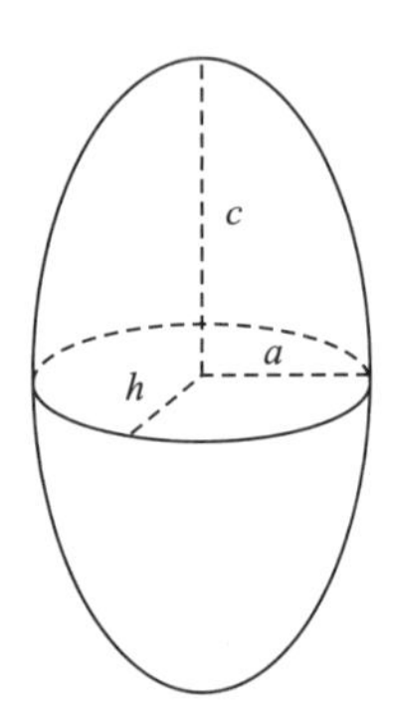

图3-1　粗纹举腹蚁蚁巢立体图

注：a表示长半径，b表示短半径，c表示极半径。

表3-1　5种函数式的汇总表

函数	表达式	参数意义
椭球体体积	$V=\frac{4}{3}\times\pi abc$	a代表长半径 b代表短半径 c代表极半径
线性模型	$y=\beta x+\beta_0$	β是x的斜率 β_0是x在y轴上的截距
对数曲线模型	$y=\beta\ln x+\beta_0$	β是$\ln x$的系数 β_0是常数项
二次曲线模型	$y=\beta x^2+\beta_0 x+\beta_1$	β、β_0分别是x^2、x的系数 β_1是常数项
幂函数曲线模型	$y=\beta_0 x^{\beta}$	β是x的指数 β_0是x的系数

B. 种群动态

云南紫胶虫对粗纹举腹蚁种群动态影响的试验，主要是通过建立的粗纹举腹蚁蚁巢体积与其长半径、短半径和极半径的数学模型，以及工蚁数量与蚁巢体积大小关系的数学模型预测其种群的动态变化。具体做法如下：2009年6月，在粗纹举腹蚁垄断云南紫胶虫蜜露的样地和无云南紫胶虫寄生的钝叶黄檀林地内，分别以样地中心为原点，建立直角坐标系，确定每个粗纹举腹蚁蚁巢的坐标，并编号，每月中下旬测量一次粗纹举腹蚁蚁巢的长半径、短半径和极半径，并记录每月新增巢和消失巢(包括蚁巢整巢消失的和蚁巢内无蚂蚁的)的数量，对于新增巢自其出现开始每月测量其长半径、短半径和极半径，直至其消失为止；对于消失的巢则不再测量其长半径、短半径和极半径。连续观察 14 个月，直至 2010 年 7 月结束。

3.2.3　数据分析方法

3.2.3.1　云南紫胶虫对粗纹举腹蚁个体的影响

使用 SPSS 16.0 进行单因素方差分析来验证云南紫胶虫排泄的蜜露对粗纹举腹蚁工蚁体重和工蚁存活率是否有影响，并使用 Tukey 多重比较比较不同设置间的差异。

3.2.3.2　云南紫胶虫对粗纹举腹蚁种群的影响

1) 粗纹举腹蚁蚁巢解剖及其数学模型

使用 Excel 统计粗纹举腹蚁蚁巢解剖的数据。

蚁巢体积的数学模型的建立过程如下：

(1) SPSS 16.0 分别对粗纹举腹蚁蚁巢体积及其长半径、短半径和极半径做 Spearman’s 相关分析；然后分别对蚁巢体积和长半径、短半径、极半径的关系做曲线回归，即选择的线性模型、对数曲线模型、二次曲线模型和幂函数曲线模型的曲线回归，得出 4 种模型参数估计。

(2) 对 4 种模型的拟合结果进行精度评价，具体做法是：比较 4 种模型对蚁巢体积拟合结果的绝对系数 R^2，并结合 4 种模型拟合结果的残差分布图，选出最优模型。

(3) 对最优模型进行预测检验，具体做法是：对模型拟合的预测值和实测值进行配对 t 检验。

粗纹举腹蚁蚁巢体积与巢内工蚁数量做 Spearman’s 相关分析后，对蚁巢体积和巢内工蚁数量进行建模，建模方法同上。

2) 种群动态

云南紫胶虫对粗纹举腹蚁种群动态的影响，首先使用 Excel 统计被粗纹举腹蚁垄断蜜露的样地和无云南紫胶虫寄生的样地内粗纹举腹蚁蚁巢的变迁；其次将每月对样地内粗纹举腹蚁蚁巢长半径、短半径和极半径测量的数据，代入蚁巢体积与长半径、短半径、极半径的数学模型，求出体积，再将体积代入体积与蚁巢内工蚁数量的数学模型，求出每巢粗纹举腹蚁工蚁数量，以此监测两种类型的样地内粗纹举腹蚁工蚁的数量变化。并对每月两种类型的样地内粗纹举腹蚁工蚁数量的月增长量做单因素方差分析，以比较其差异。

统计蚁巢数量时，将其分为两类，一类为正常巢，另一类为废弃巢。废弃巢中无蚂蚁，又或者巢严重损坏。废弃巢不纳入之后的分析。

有研究指出，可以利用蚁巢来预测粗纹举腹蚁的种群数量变化，粗纹举腹蚁蚁巢体积和每巢工蚁数量的计算公式分别为：$V = 0.365 \times \left(\frac{4}{3} \times \pi abc\right)^{1.056}$ 和 $WN = 135.236 \times V^{0.660}$（式中，$V$ 代表蚁巢体积，a、b、c 分别代表蚁巢的长半径、短半径和极半径，WN 代表工蚁数量）(王思铭等，2013b)。利用上述公式可以求出样地内粗纹举腹蚁蚁巢的体积及工蚁的数量。运用 SPSS 16.0 中的协方差分析 (analysis of covariance) 考察有/无互利共生关系对粗纹举腹蚁蚁巢数量和种群数量的影响，固定因子为样地类型，协变量为月份(卢志兴等，2013)。分别比较试验期间紫胶林与对照林内巢数量和工蚁总数(样地中所有巢的工蚁数量总和)的差异，并利用Excel绘制动态变化折线图。

判断样地内的蚁巢分布模式是基于最近邻指数(nearest neighbor index，NNI)(Clark and Evans，1954)。利用ArcGIS V10.1中的平均最近邻(average nearest neighbor)分析工具，计算样地中的最近邻指数。如果指数小于1，所表现的模式为聚类分布；如果指数等于1，表现为随机分布；如果指数大于1，则所表现的模式趋向于离散或均匀分布(Mitchell，2005)。

NNI的计算基于欧氏距离(euclidean distance)，最近邻分析对面积变化非常敏感，对于同一块样地选取不同的面积可能得到不同的分布型。本研究是为了调查整块样地内的蚁巢分布，设定样地面积较大，均设定为1225 m^2。

3.3 结果与分析

3.3.1 云南紫胶虫对粗纹举腹蚁个体的影响

云南紫胶虫排泄的蜜露和人工食物能显著增加粗纹举腹蚁工蚁的体重($F_{(2,54)}$=18.81；P<0.01；n=57)。从表3-2中可看出，对照设置的工蚁体重平均降低(4.13±1.34)%，取食蜜露和人工食物的工蚁体重平均增加(25.81±3.78)%、(44.55±8.21)%；其中对照处理的工蚁体重变化与取食蜜露和人工食物的工蚁体重变化有显著差异，但取食蜜露和人工食物的工蚁体重变化没有显著差异。

表3-2 不同食物对粗纹举腹蚁工蚁体重的影响(%)

试验设置	样本量	体重变化均值±标准误	中值	最小值	最大值
对照	17	−4.13±1.34[a]	0.00	−18.31	0.00
蜜露	20	25.81±3.78[b]	24.70	1.83	61.67
人工食物	20	44.55±8.21[b]	33.34	0.00	125.09

注：表中小写字母表示Tukey多重比较的结果，字母相同表示无差异，字母不同表示有显著差异。

3.3.2 云南紫胶虫对粗纹举腹蚁种群的影响

3.3.2.1 工蚁存活率

云南紫胶虫排泄的蜜露和人工食物能显著增加粗纹举腹蚁工蚁的存活率($F_{(2,55)}$=7.31；P<0.01；n=58)。从表3-3可看出，对照设置的工蚁平均存活率为(78.74±1.42)%，取食蜜露和人工食物的工蚁平均存活率分别为(82.48±1.20)%、(85.78±1.30)%，其中对照处理的工蚁存活率与取食蜜露和人工食物的工蚁存活率有显著差异，但是取食蜜露和取食人工食物的工蚁存活率没有显著差异。

表 3-3 不同食物对粗纹举腹蚁工蚁存活率的影响(%)

试验设置	样本量	存活率均值±标准误	中值	最小值	最大值
对照	19	78.74±1.42[a]	78.57	67.31	90.48
蜜露	19	82.48±1.20[b]	82.86	73.08	91.11
人工食物	20	85.78±1.30[b]	85.91	76.12	96.67

注：表中小写字母表示 Tukey 多重比较的结果，字母相同表示无差异，字母不同表示有显著差异。

3.3.2.2 云南紫胶虫对粗纹举腹蚁种群动态的影响

1) 粗纹举腹蚁蚁巢解剖及其数学模型

粗纹举腹蚁蚁巢类型为层纸巢，灰黑色，由干枯树叶、杂草、碎屑和蚁分泌物黏结而成；巢内疏松，蚁道纵横交错。单蚁后制，工蚁单型。其卵、幼虫、蛹、工蚁、蚁后、有翅的雌蚁和雄蚁的形态如图 3-2 所示。在对 42 个蚁巢进行解剖的过程中，种群数量最小的蚁巢内，蚂蚁总量达到 5729 头，其中工蚁数量 5576 头；种群数量最大的蚁巢内，蚂蚁总量达到 418086 头，其中工蚁数量 357581 头(表 3-4)。在种群数量最小和最大的蚁巢内均未发现繁殖蚁，但是在 3 月、4 月、6 月、7 月、8 月解剖的中型蚁巢和大型蚁巢内有繁殖蚁。

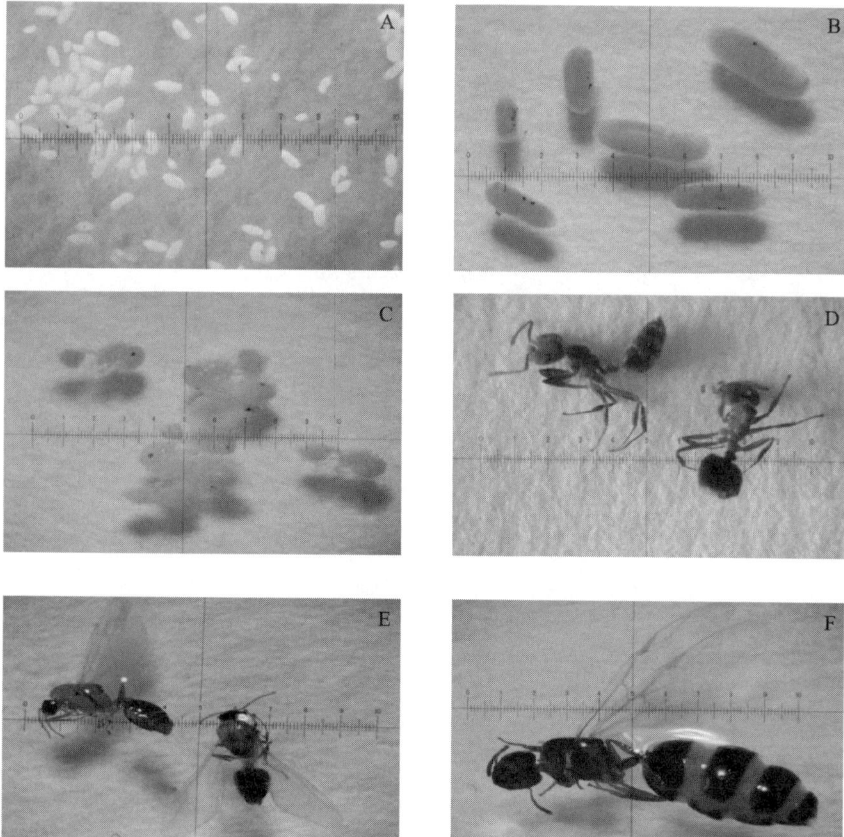

图 3-2　粗纹举腹蚁的发育阶段

注：放大 10 倍，标尺最小刻度为 0.1 mm，A 为卵，B 为幼虫，C 为蛹，D 为工蚁，E 为雄蚁，F 为雌蚁，G 为蚁后。

表 3-4　粗纹举腹蚁种群数量最大和最小的蚁巢解剖汇总表

	长半径/cm	短半径/cm	极半径/cm	蚁后	卵	幼虫	蛹	工蚁	有翅	
									雌虫	雄虫
最小巢	3.50	3.08	4.60	1	17	135	0	5576	0	0
最大巢	12.65	13.40	11.60	1	60248	40	216	357581	0	0

粗纹举腹蚁蚁巢体积建模：

(1) 4 种模型对粗纹举腹蚁蚁巢体积的拟合结果和参数估计。

Spearman's 相关分析结果显示，粗纹举腹蚁蚁巢体积分别与其长半径（$P<0.01$），短半径（$P<0.01$）和极半径（$P<0.01$）有极显著相关性。

4 种数学模型建立的粗纹举腹蚁蚁巢体积与其长半径、短半径、极半径的关系及各模型的拟合效果见表 3-5。

表 3-5　粗纹举腹蚁蚁巢体积的模型拟合汇总

函数名称	样本量	函数式	绝对系数 R^2	显著性 P
线性模型	37	$V=0.797\times(\frac{4}{3}\times\pi abc)-1295.475$	0.922	<0.01
对数曲线模型	37	$V=5525.391\times\ln(\frac{4}{3}\times\pi abc)-42\,875.838$	0.599	<0.01
二次曲线模型	37	$V=7.383\times10^{-6}\times(\frac{4}{3}\times\pi abc)^2+0.561(\frac{4}{3}\times\pi abc)-112.089$	0.935	<0.01
幂函数曲线模型	37	$V=0.365\times(\frac{4}{3}\times\pi abc)^{1.056}$	0.934	<0.01

注：式中 a 代表蚁巢的长半径；b 代表蚁巢的短半径；c 代表蚁巢的极半径。

(2) 精度评价。

表 3-5 显示了用 4 种曲线模型分别拟合粗纹举腹蚁蚁巢的体积与其巢的长半径、短半径和极半径之间的关系。从 R^2 看，4 种模型对粗纹举腹蚁蚁巢体积的拟合精度从高到低依次是：二次曲线模型＞幂函数曲线模型＞线性模型＞对数曲线模型。除了对数曲线模型的 R^2

值略低外，其他三种曲线模型的 R^2 都在 0.9 以上，说明其拟合效果都很好。但是从生物学意义上看，线性模型和二次曲线模型的常数项为负数，只能拟合体积大于一定值的蚁巢；而幂函数曲线模型可以对任何体积的蚁巢进行预测。另外，幂函数曲线模型的残差也基本分布于零轴周围(图 3-3)，由此确定幂函数曲线模型为预测粗纹举腹蚁巢体积的最优模型。

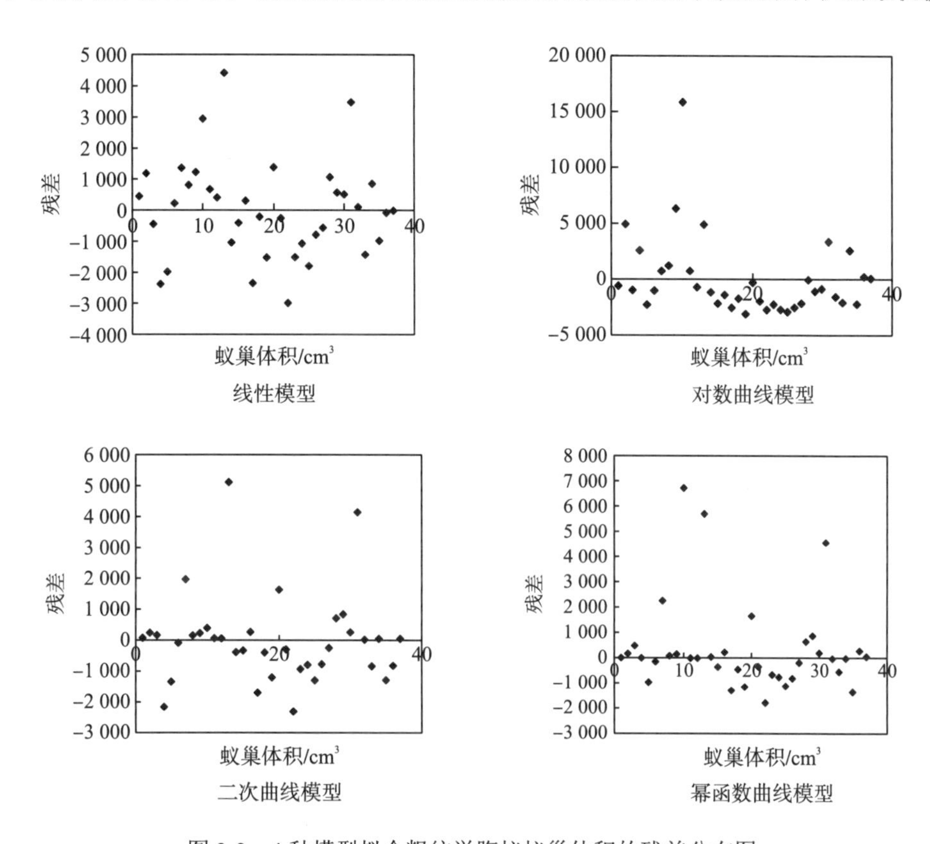

图 3-3　4 种模型拟合粗纹举腹蚁蚁巢体积的残差分布图

(3) 预测检验。

将预留的 5 个粗纹举腹蚁蚁巢的长半径、短半径和极半径，分别代入粗纹举腹蚁蚁巢体积的计算公式：$V=0.365\times(\frac{4}{3}\times\pi abc)^{1.056}$，求出预测体积，并对蚁巢体积的实测值与预测值进行配对 t 检验，检验结果见表 3-6。从表 3-6 中可看出，粗纹举腹蚁蚁巢体积的实测值与预测值差异不显著($|t|=1.00$; $P>0.10$; $n=5$)；即可以用公式 $V=0.365\times(\frac{4}{3}\times\pi abc)^{1.056}$ 预测粗纹举腹蚁巢的体积。

表 3-6　粗纹举腹蚁蚁巢体积的实测值与预测值配对 t 检验表

	样本量	均值±标准误	$\|t\|$	显著性 P
蚁巢体积实测值	5	2410.77±589.38	1.00	>0.10
蚁巢体积预测值	5	2486.43±579.07		

粗纹举腹蚁工蚁数量的建模：

（1）4 种方程对粗纹举腹蚁工蚁数量的拟合结果和参数估计。

Spearman’s 相关分析结果显示，粗纹举腹蚁蚁巢体积与工蚁数量（$P<0.01$）有极显著相关性。

4 种模型建立的粗纹举腹蚁工蚁数量与蚁巢体积的关系，以及各模型的拟合效果见表 3-7。

表 3-7 粗纹举腹蚁每巢工蚁数量的模型拟合汇总

函数名称	样本量	函数式	绝对系数 R^2	显著性 P
线性模型	37	$WN=5.226V-11\,094.975$	0.727	<0.01
对数曲线模型	37	$WN=17338.307\times\ln V-102\,678.114$	0.651	<0.01
二次曲线模型	37	$WN=-2.250\times10^{-4}\times V^2+8.413V+4389.888$	0.770	<0.01
幂函数曲线模型	37	$WN=135.236\times V^{0.660}$	0.785	<0.01

注：WN 代表工蚁数量，V 代表蚁巢体积。

（2）精度评价。

表 3-7 显示了用 4 种曲线模型分别拟合粗纹举腹蚁每巢工蚁数量与蚁巢体积的关系。从 R^2 看，4 种模型对粗纹举腹蚁每巢工蚁数量与体积关系的拟合精度从高到低依次是：幂函数曲线模型>二次曲线模型>线性模型>对数曲线模型。

4 种模型对粗纹举腹蚁每巢工蚁数量与体积大小关系的拟合精度 R^2 在 0.6～0.8 之间，但是线性模型和对数曲线模型的参数要求其只能对体积大于一定值的蚁巢预测其工蚁数量；而二次曲线模型的二次项系数为负数，导致工蚁数量随着蚁巢的增大而减少，不符合生物学意义。这样，只有幂函数曲线模型可以用于预测不同蚁巢体积内的工蚁数量。

另外，从图 3-4 也可以看出，幂函数对不同体积的蚁巢内工蚁数量拟合的残差值分布较均匀。由此确定幂函数曲线模型为预测大小不同的粗纹举腹蚁蚁巢内工蚁数量的最优模型。

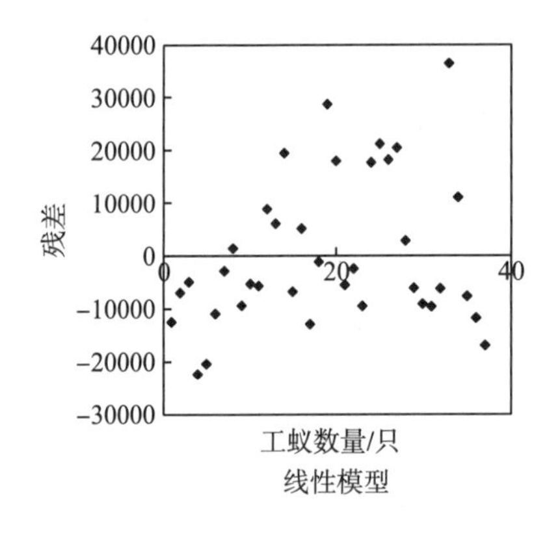

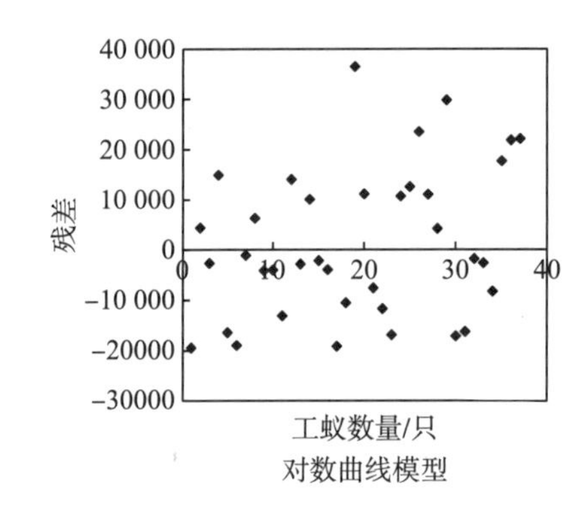

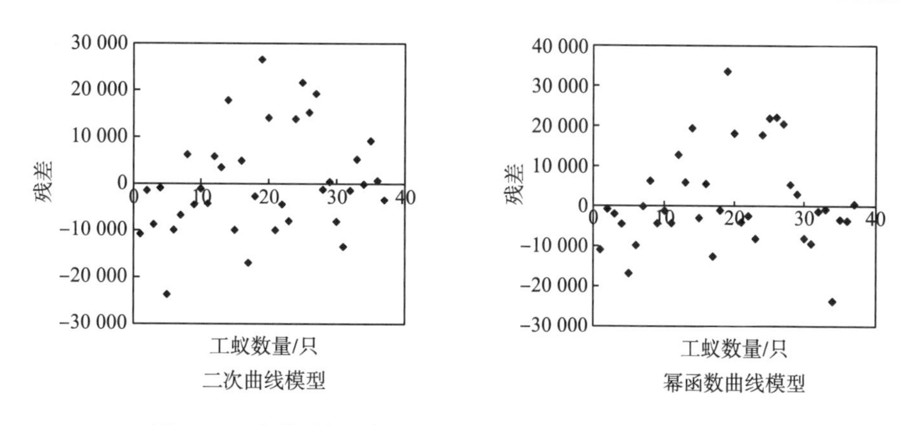

图 3-4　4 种模型拟合粗纹举腹蚁每巢工蚁数量的残差分布图

(3) 预测检验。

将预留的 5 个粗纹举腹蚁蚁巢的体积，代入 $WN=135.236\times V^{0.660}$，求出每巢工蚁数量的预测值，并对每巢工蚁数量的实测值与预测值进行配对 t 检验，检验结果见表 3-8。从表 3-8 可看出，不同大小蚁巢内工蚁数量的实测值与预测值差异不显著（$|t|=0.94$；$P>0.10$；$n=5$），即可以用公式 $WN=135.236\times V^{0.660}$ 预测粗纹举腹蚁巢内的工蚁数量。

表 3-8　粗纹举腹蚁每巢工蚁数量的实测值和预测值配对 t 检验表

	样本量	均值±标准误	$\|t\|$	显著性 P
实测值	5	16 350.20±2 514.02	0.94	＞0.10
预测值	5	18 400.91±4 071.32		

2) 种群动态

表 3-9 显示有云南紫胶虫寄生和无云南紫胶虫寄生的林地内，粗纹举腹蚁蚁巢的每月变化情况。从表 3-9 中可知，在有云南紫胶虫寄生的林地内蚁巢数量最多时达到 47 个，而无云南紫胶虫寄生的林地内蚁巢数量最多时只有 23 个。说明有云南紫胶虫寄生的林地更容易吸引粗纹举腹蚁光顾。另外，有云南紫胶虫寄生的林地内每月新增巢的数量在 0～13 个，每月消失的蚁巢数量在 0～11 个；而无云南紫胶虫寄生的林地内每月新增巢的数量在 0～5 个，每月消失的蚁巢数量在 0～4 个。说明有云南紫胶虫寄生的林地内更有利于粗纹举腹蚁种群的扩散。

表 3-9　不同样地内粗纹举腹蚁蚁巢的月动态

时间	有云南紫胶虫寄生的林地			无云南紫胶虫寄生的林地		
	蚁巢总量	新增巢的数量	消失的巢的数量	蚁巢总量	新增巢的数量	消失的巢的数量
2009-07	20	4	3	10	2	0
2009-08	18	1	3	14	4	0
2009-09	21	6	3	16	2	0
2009-10	24	8	5	17	1	0

续表

时间	有云南紫胶虫寄生的林地			无云南紫胶虫寄生的林地		
	蚁巢总量	新增巢的数量	消失的巢的数量	蚁巢总量	新增巢的数量	消失的巢的数量
2009-11	34	13	3	17	0	0
2009-12	38	4	0	19	2	0
2010-01	42	7	3	21	3	1
2010-02	42	3	3	19	0	2
2010-03	45	4	1	23	5	1
2010-04	45	7	7	19	0	4
2010-05	43	3	5	19	1	1
2010-06	47	5	1	15	0	4
2010-07	36	0	11	12	0	3

注：2009 年 6 月，有云南紫胶虫寄生的林地粗纹举腹蚁的巢共 19 个；无云南紫胶虫寄生的林地内共 8 个。

在有云南紫胶虫寄生和无云南紫胶虫寄生的样地内，不同月份的粗纹举腹蚁工蚁月增长量有极显著差异($F_{(12,374)}$=3.10；P<0.01；n=400)。从图 3-5 可看出，除了次年 2 月、5 月和 7 月外，有云南紫胶虫寄生和无云南紫胶虫寄生的林地内粗纹举腹蚁工蚁月增长量均有显著差异，并且有云南紫胶虫寄生的林地内，粗纹举腹蚁工蚁月增长量均大于无云南紫胶虫寄生的林地内粗纹举腹蚁工蚁月增长量。说明云南紫胶虫存在有利于粗纹举腹蚁工蚁种群增长。

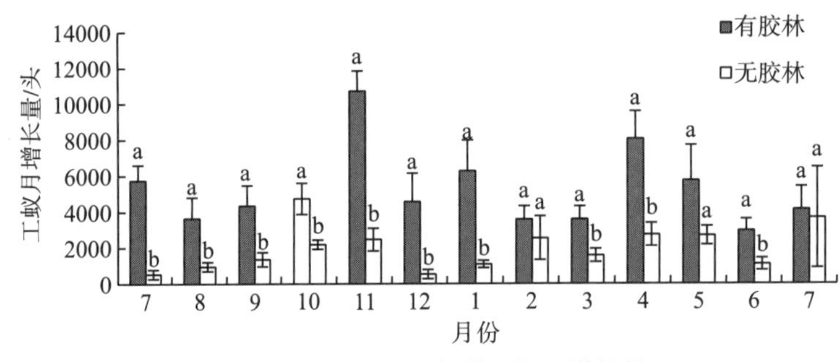

图 3-5 粗纹举腹蚁每巢工蚁月增长量

注：图中字母表示相同月份内，有无云南紫胶虫寄生的林地内粗纹举腹蚁工蚁月增长量是否有差异，字母相同表示无差异，字母不同表示有显著差异。

3.3.3 互利关系有无对粗纹举腹蚁蚁巢数量与种群大小的影响

3.3.3.1 蚁巢数量差异性比较

在本研究时段内，不同的样地类型是造成蚁巢数量(F=111.700，P<0.01)和工蚁数量(F=67.068，P<0.01)差异的显著原因(表 3-10)。紫胶林中的蚁巢数量[(14.960±0.778)个]显著高于对照林中的(5.560±0.457)个(F=111.700，P<0.01)；紫胶林中的工蚁数量[(160 934.110±3896.546)头]也显著高于对照林[(37 198.850±5555.85)头](F=67.068，P<0.01)。

表 3-10　样地类型与时间对蚁巢数量和工蚁数量的影响

因变量	因子	F	P	R^2
蚁巢数量	样地类型	111.700	<0.01**	0.691
	时间	2.444	0.124	
工蚁数量	样地类型	67.068	<0.01**	0.568
	时间	0.020	0.887	

注：**表示在 0.01 水平上有显著性差异。

3.3.3.2　蚁巢分布比较

经平均最近邻分析，样地中蚁巢的分布模式较为复杂，集群分布、随机分布和离散分布都有出现(表 3-11 和表 3-12)。不同的时间段，紫胶林和对照林中的蚁巢分布模式并不一致；此外，同一时间段内的相同类型的样地中，蚁巢的分布模式也不完全相同。总体来说，紫胶林中的随机分布模式比较多，在不同时间段出现了 19 次之多。

表 3-11　紫胶林中蚁巢最近邻分析

时间	样地	蚁巢数量	最邻近比率	Z	P	分布模式
2009 年 11 月	A1	14	0.89	−0.78	0.43	随机分布
	A2	9	0.89	−0.66	0.51	随机分布
	A3	11	0.65	−2.21	0.03	集群分布
2009 年 12 月	A1	19	0.69	−2.98	0.002	集群分布
	A2	9	0.90	−0.56	0.58	随机分布
	A3	12	0.74	−1.73	0.08	集群分布
2010 月 01 月	A1	23	1.15	1.48	0.14	随机分布
	A2	11	0.70	−1.92	0.06	集群分布
	A3	14	0.82	−1.32	0.19	随机分布
2010 月 02 月	A1	20	1.06	0.55	0.58	随机分布
	A2	10	1.07	0.43	0.67	随机分布
	A3	14	0.79	−1.48	0.14	随机分布
2010 月 03 月	A1	20	1.21	2.03	0.04	离散或均匀分布
	A2	12	1.25	1.62	0.10	随机分布
	A3	14	1.04	0.32	0.75	随机分布
2010 月 04 月	A1	19	1.10	0.92	0.36	随机分布
	A2	12	1.29	1.91	0.06	离散分布
	A3	15	1.11	0.79	0.43	随机分布
2010 月 05 月	A1	18	1.10	0.98	0.32	随机分布
	A2	16	1.07	0.54	0.59	随机分布
	A3	17	0.96	−0.34	0.73	随机分布
2010 月 06 月	A1	16	1.09	0.87	0.38	随机分布
	A2	16	1.10	0.76	0.45	随机分布
	A3	20	0.81	−1.63	0.10	随机分布

续表

时间	样地	蚁巢数量	最邻近比率	Z	P	分布模式
2010月07月	A1	16	1.02	0.19	0.85	随机分布
	A2	16	1.36	2.75	0.01	离散或均匀分布
	A3	15	1.34	2.63	0.01	离散或均匀分布

注：置信度为95%时，Z得分的临界值为−1.96倍标准差和1.96倍标准差，与其关联的P值为0.05。如果Z得分<−1.96，所表现的模式为集群分布；如果Z得分在−1.96～1.96间，表现为随机分布；如果Z得分>1.96，表现模式趋向于离散或均匀分布。NNI的计算基于欧氏距离，样地面积均为1225 m^2。

表3-12 对照林中蚁巢最近邻分析

时间	样地	蚁巢数量	最邻近比率	Z	P	分布模式
2009年11月	B1	4	0.71	−1.12	0.26	随机分布
	B2	9	0.29	−4.07	0.001	集群分布
	B3	3	0.96	−0.15	0.88	随机分布
2009年12月	B1	4	0.71	−1.12	0.26	随机分布
	B2	9	0.29	−4.07	0.001	集群分布
	B3	3	0.96	−0.15	0.88	随机分布
2010月01月	B1	4	0.71	−1.12	0.26	随机分布
	B2	7	0.32	−3.90	0.001	集群分布
	B3	5	1.09	0.40	0.69	随机分布
2010月02月	B1	3	1.56	2.15	0.03	离散或均匀分布
	B2	8	0.37	−3.65	0.001	集群分布
	B3	5	1.09	0.40	0.69	随机分布
2010月03月	B1	4	1.50	1.90	0.06	离散分布
	B2	7	0.68	−1.82	0.07	集群分布
	B3	4	1.59	2.52	0.01	离散或均匀分布
2010月04月	B1	3	1.03	0.12	0.91	随机分布
	B2	6	0.27	−3.94	0.001	集群分布
	B3	4	1.09	0.42	0.67	随机分布
2010月05月	B1	3	1.25	0.94	0.35	随机分布
	B2	9	0.29	−4.05	0.001	集群分布
	B3	9	0.80	−1.15	0.25	随机分布
2010月06月	B1	4	0.85	−0.58	0.56	随机分布
	B2	7	0.24	−4.38	0.001	集群分布
	B3	8	0.52	−2.58	0.01	集群分布
2010月07月	B1	3	1.43	1.63	0.10	随机分布
	B2	9	0.39	−3.52	0.001	集群分布
	B3	7	1.18	0.99	0.32	随机分布

注：置信度为95%时，Z得分的临界值为−1.96倍标准差和1.96倍标准差，与其关联的P值为0.05。如果Z得分<−1.96，所表现的模式为集群分布；如果Z得分在−1.96～1.96，表现为随机分布；如果Z得分>1.96，表现模式趋向于离散或均匀分布。NNI的计算基于欧氏距离，样地面积均为1225 m^2。

3.3.3 粗纹举腹蚁蚁巢与种群数量的时间动态变化

从图 3-6 和图 3-7 可以看出，不同样地的巢数和工蚁总数随时间的变化趋势虽然基本一致，但仍有一些差别；同一样地内巢数量的变化与工蚁总数的变化在时间段上部分吻合，但还是有差异的。如 2010 年 1～2 月及 6～7 月紫胶林中总工蚁数量急剧减少；2010 年 3～4 月紫胶林中的工蚁数量急剧上升。紫胶虫成虫期(2014 年 4～6 月)的工蚁数量要稍高于紫胶虫幼虫期(2009 年 11 月至 2010 年 1 月)。

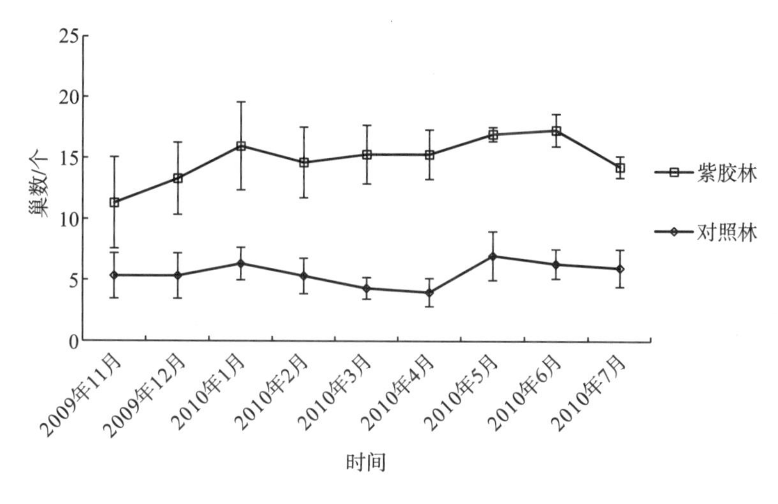

图 3-6　不同样地类型蚁巢数量随时间的动态变化

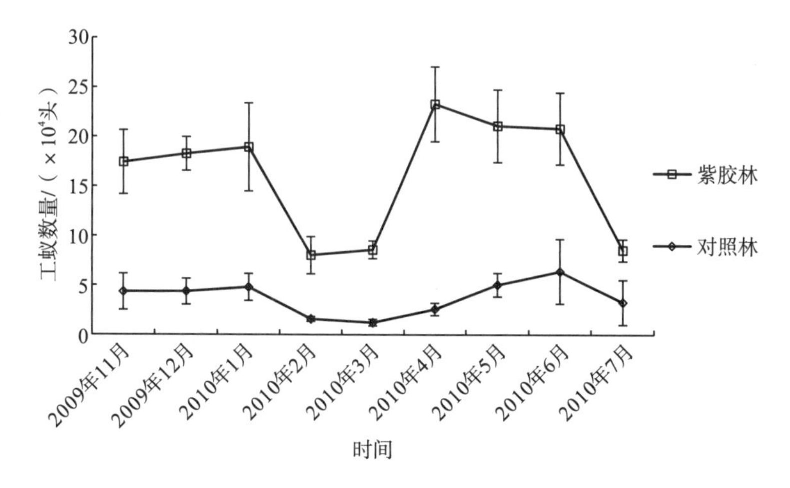

图 3-7　不同样地类型工蚁数量随时间的动态变化

3.4 结论与讨论

3.4.1 结论

粗纹举腹蚁蚁巢类型为层纸巢，灰黑色，由干枯树叶、杂草、碎屑和蚁分泌物黏结而成；巢内疏松，蚁道纵横交错。单蚁后制，工蚁单型。并且蚁巢的长半径、短半径和极半径与蚁巢体积的相关性极其显著，其蚁巢体积计算公式为 $V=0.365\times(\frac{4}{3}\times\pi abc)^{1.056}$；而巢内工蚁数量与蚁巢体积也有极显著相关性，其计算公式为 $WN=135.236\times V^{0.660}$。结合以上两个公式，可以通过测量蚁巢的长半径、短半径和极半径，来推算不同大小蚁巢内的工蚁数量。

云南紫胶虫排泄的蜜露能为粗纹举腹蚁种群的发展提供稳定持续的能量。包括云南紫胶虫排泄的蜜露能有效稳定地增加粗纹举腹蚁工蚁的体重、提高粗纹举腹蚁工蚁的存活率；另外，云南紫胶虫排泄的蜜露提高了粗纹举腹蚁蚁巢变迁的频率，为粗纹举腹蚁种群快速扩散和繁殖提供保证。

3.4.2 蚂蚁的付出(cost)与回报(benefit)

Cushman 等(1994)研究了蝴蝶幼虫排泄的蜜露对一种虹臭蚁(*Iridomyrmex nitidiceps*)工蚁体重和存活率的影响，结果显示，对照试验(无食物)下工蚁的体重平均下降 5.20%，而取食蜜露和人工食物的工蚁体重平均增加 6.70%和 22.20%，取食蜜露与对照试验中的工蚁体重变化没有显著差异，蜜露不能显著增加工蚁的体重；而对照试验下工蚁的存活率为 54.80%，显著小于取食蜜露和人工食物的工蚁存活率(分别为 95.10%和 96.30%)，蜜露能够显著提高工蚁的存活率。本研究中，对照试验下的工蚁体重平均下降 4.13%，而取食云南紫胶虫排泄的蜜露和人工食物的工蚁体重平均增加 25.81%和 44.55%，取食蜜露和对照试验下的工蚁体重变化有显著差异，蜜露能够显著增加工蚁的体重，与前人研究结果不一致，其原因可能是蚂蚁种类不同，或者蜜露的成分不同造成的；另外，对照试验下的工蚁存活率为 78.74%，取食蜜露和人工食物的工蚁的存活率分别为 82.48%和 85.78%，并且取食蜜露和对照试验下的工蚁存活率有显著差异，蜜露能够显著提高工蚁的存活率，与前人研究结果一致。另外，取食蜜露和取食人工食物的工蚁体重变化和存活率没有显著差异，并且取食人工食物的工蚁体重增加百分比略大于取食蜜露的工蚁体重增加百分比，但从两种设置的最小值和最大值看，取食人工食物的工蚁体重变化最小值为 0，最大值为 125.09%，体重波动范围大，并且有体重未增加工蚁；而取食蜜露的工蚁体重变化最小值为 1.83%，最大值为 61.67%，体重波动相对较平稳，并且取食蜜露的工蚁体重均有增加。综上所述，云南紫胶虫排泄的蜜露可作为一种高质量的食物资源，为粗纹举腹蚁种群的增长提供保障。

半翅目昆虫排泄的蜜露能使树栖蚂蚁维持更高的种群密度(Davidson et al.，2003；Schumacher and Platner，2009)。本研究结果表明，云南紫胶虫排泄的蜜露不仅能稳定增加粗纹举腹蚁工蚁的体重并提高其存活率，而且这种蜜露还能使粗纹举腹蚁维持更高的种群密度，表现在有云南紫胶虫寄生的林地内，粗纹举腹蚁蚁巢的动态变迁和工蚁月增长量都显著高于无云南紫胶虫寄生的林地，这就为粗纹举腹蚁的快速繁殖和扩散创造了条件。Brightwell 和 Silverman(2009)在研究阿根廷蚁(*Linepithema humile*)时发现，限制阿根廷蚁与蜜露接近，能迫使整巢蚂蚁搬家去寻找新的蜜露资源。在本研究过程中，也发现了类似的情况，特别是在无蚂蚁照顾云南紫胶虫的样地内，原本该样地有部分粗纹举腹蚁的蚁巢，但是限制粗纹举腹蚁与蜜露资源接近后，该样地的粗纹举腹蚁蚁巢数量越来越少，虽然没有跟踪这些蚁巢的变迁，但是可猜想消失的这部分粗纹举腹蚁可能是去寻找新的蜜露资源了。

粗纹举腹蚁通过两种方式垄断云南紫胶虫排泄的蜜露资源。但是通过数量方式垄断蜜露的胶被上的粗纹举腹蚁的数量都在 15 头/10 cm 以上，而保护膜内守护蜜露资源的蚂蚁数量均在 15 头以下，林地内粗纹举腹蚁巢有 38 个，而保护膜却只有 43 个，平均每巢蚂蚁建立的保护膜不足 2 个，说明蚂蚁垄断蜜露资源的付出权衡于建立保护膜所花费的投资与不建保护膜而派大量蚂蚁守护蜜露资源所耗费的投资之间。

因此可以看出，蜜露是一种可靠并且稳定的食物资源，能够提高蚂蚁物种丰富度和多度，以及影响蚂蚁群落组成(Jackson，1984a，1984b；Yanoviak and Kaspari，2000)。紫胶虫与蚂蚁之间的互利关系中，紫胶虫分泌的蜜露资源能提高紫胶林中地表蚂蚁和树冠层蚂蚁的种群数量(卢志兴等，2012a，2012b，2013)。紫胶虫能为粗纹举腹蚁提供充足的食物来源，因此紫胶林可以维持较多的蚁巢及更大的蚂蚁种群数量。

3.4.3 蚁巢的变化及应用

蚁巢分布受很多生物或非生物因素的影响，如食物和筑巢资源(Levings，1983)、湿度和地理方位(Doncaster，1981)、种内或种间竞争(Bernstein and Gobbel，1979；Levings and Franks，1982；Ryti and Case，1984，1986，1988，1992；Cushman et al.，1988；Deslippe and Savolainen，1995；Wiernasz et al.，1995；Fernández-Escudero and Tinaut，1999)、互利关系和蚁群分裂(colony fragmentation)(Herbers，1994)等。本研究中，随机选择的样地内蚁巢的分布模式较为复杂多样，这可能与林地中的微环境相关。林地中某些斑块的条件(如湿度、植被盖度等)比较适合建巢，就容易引来粗纹举腹蚁。紫胶林中的食物资源充足，蚁巢数量较多，且倾向于随机分布，这与前人的研究结果一致(Fernández-Escudero and Tinaut，1999)。而对照林中的蚁巢数量显著低于紫胶林，且分布模式缺乏规律性。大部分蚁巢分布的研究都集中在地表巢或土壤巢，其相对来说可供筑巢的空间较多，粗纹举腹蚁将巢安置在树干上，而且一棵树上通常只有一个巢，所以树木的分布也在很大程度上制约着蚁巢的分布。

本研究中不同时期粗纹举腹蚁蚁巢分布规律不同，这说明粗纹举腹蚁容易变更筑巢位置，以适应外界环境的变化。Traniello 和 Levings(1986)也发现 *Lasius neoniger* 蚁巢在不同时期的分布模式不一样，与我们的研究结果相符。

紫胶虫成虫期分泌的蜜露高于幼虫期(卢志兴等，2013)，但本研究结果显示不同时期蜜露量虽然对蚂蚁工蚁种群数量有一定影响(图 3-7)，但不明显。这也许是因为紫胶虫分泌的蜜露量十分充足，并未被蚂蚁完全利用(卢志兴等，2013)。在冬季影响蚂蚁种群数量的关键因子可能是低温(图 3-7)。

在不同的时期，随着外界气候条件的变化，以及食物资源的多寡，样地内的蚁巢数和工蚁总数都在变化。但蚁巢数量的时间动态变化与工蚁总数的动态变化不完全吻合，这是因为林地内蚂蚁数量的增加可以有两种方式：除了增加蚁群数量外，还可以在蚁群数量稳定的情况下，增加单个蚁群中的蚂蚁个体数(即蚁群的扩大)。

粗纹举腹蚁作为紫胶园中的优势蚂蚁种群，完全可以应用于紫胶虫天敌的生物防治。有研究报道，紫胶园中通过数量方式垄断的胶被上的粗纹举腹蚁数量为 15 头/cm(王思铭等，2011)，有蚂蚁光顾的云南紫胶虫的胶被上紫胶黑虫数量(5.577±0.48，n=60)明显少于无蚂蚁光顾的胶被上紫胶黑虫数量(7.062±0.46，n=60)(王思铭等，2010b)。本研究中紫胶林的蚂蚁种群数量庞大，群落稳定，可充分保护林中的紫胶虫。在深入了解其蚁巢的分布规律和种群动态后，甚至可以通过迁移蚁巢的方式，在紫胶种植园中散布粗纹举腹蚁来控制病虫害，以此促进紫胶的生产。

第2部分　互利关系在群落层面的影响

蚂蚁与产蜜露昆虫在物种层面的研究较多，也得到了广泛的认知，然而蚂蚁与产蜜露昆虫之间的相互作用在更高层面的生态效应一直以来被忽略，可能是由于人们猜测这种相互作用太局部和太短暂，难以影响群落结构和植物的适合度。研究发现，蚂蚁和产蜜露昆虫这种局部的相互作用除对单一寄主植物上的节肢动物的多度和分布产生影响(Zhang et al.，2012)，同样对周围的植物群落内的节肢动物的多度和分布也产生影响(Wimp and Whitham，2001)。这种短时间的相互作用可以引起寄主植物质量长期变化，并进而在整个季节中影响其植食性天敌(Van Zandt and Agrawal，2004)。因此，蚂蚁与产蜜露昆虫在群落层面的研究是互利关系新的研究方向和趋势，特别是在广阔的农林复合生态系统中的研究具有重要的理论和现实意义。

农林复合生态系统作为生态农业的一种形式，在我国，经过多年的发展，已经成为农业、林业、水土保持、土壤、生态环境、社会经济及其他应用学科等多学科交叉研究的前沿领域，是集农林业所长的一种持续发展实践。农林复合生态系统作为一种多物种、多层次、多时序和多产业的人工复合经营系统，在改善生态环境、提高自然资源利用效率、促进生态与经济持续协调发展等方面具有强大的生命力(孟平等，2003)。

节肢动物尤其昆虫是动物界中最大的类群，无论是个体数、生物量、物种数还是基因数，都在生物多样性中占有十分重要的地位；在生态系统的物质循环和能量流动过程中扮演着重要的角色，其群落的变化直接地或间接地影响到其他生物类群的分布和丰富度(彩万志等，2000)。随着人类对节肢动物在生物群落中的重要作用的认识不断深入，关于节肢动物群落的研究也越来越广泛。国内外开展了大量有关节肢动物多样性的研究，包括节肢动物多样性抽样方法、数据分析方法等方面。

对生态系统节肢动物群落进行抽样调查研究时，标本的采集可以用手捕、扫网、目光搜索、灯诱、陷阱等方法(农荣贵和张永强，1998)；也可以使用吸虫器(刘雨芳和张古忍，1999)。吸虫器收集法适用于采集栖息于乔木上的节肢动物类群；灯诱法适用于采集趋光性的节肢动物类群；扫网法有利于显示节肢动物空间趋势；手捕法则既不利于显示空间趋势，又不利于显示时间趋势；陷阱法(pitfall trapping)是指在调查样地内设置一定数量的陷阱，收集落入陷阱中的节肢动物，该方法所需时间短，简便易行，在地表节肢动物抽样中应用十分广泛，尤其适用于暴露的生境(Andersen，1991；Bestelmeyer et al.，2000)。但它具有明显的不足：不同种类的节肢动物由于运动能力的不同导致被陷阱捕获的概率不同，运动能力强的节肢动物较运动能力差的更易于落入陷阱(Andersen，1991)。

值得一提的是，任何一种抽样方法都不可能揭示调查区域内节肢动物的全貌，不同抽样方法的作用对象存在差异，标本的采集需要根据研究对象选用适宜的抽样方法。若要反映调查地区节肢动物群落多样性，则须将几种采集方法有机结合起来(李巧等，2006)。

目前国内节肢动物的多样性分析一般是通过生物群落多样性的分析方法来计算和比较。群落内多样性即 α 多样性一般通过物种丰富度指数、Shannon-Wiener 物种多样性指数、Simpson 物种优势度指数和 Pielou 均匀度指数等进行测度(马克平，1994；于晓东等，2001)。群落间的多样性即 β 多样性采用 Jaccard 指数进行群落相似性测度(马克平，1994)。Shannon-Wiener 指数是对多样性信息不确定性的测度，是应用最广泛的多样性指数之一；Simpson 指数又称优势度指数，是对多样性的反面即集中性的度量；Pielou 指数是实测多样性与最大多样性的比率，体现了群落的均匀度；Jaccard 指数对群落相似性进行定性测度，是应用最广、效果最好的相似性指数之一(马克平，1994)。

在节肢动物多样性研究中，存在着明显的缺陷，以上的计算及分析一般都是以抽样所采集的实际数目来分析，对于节肢动物群落研究而言，由于抽样总是很难完全反映实际存在的物种数目，运用实际采集数量来进行考察其群落多样性，其结果可能会与实际有较大的偏离。主要表现在抽样量和物种丰富度上。在抽样量上，忽略了对调查研究中抽样量是否充分进行分析，使得研究结果的可信度降低；在物种丰富度上，往往以实测值代替估计值，可能导致对实际物种数的过低估计。

在群落研究中可以通过物种累积曲线来判断抽样量是否充分，在抽样量充分的前提下，运用物种累积曲线对物种丰富度进行预测。物种累积曲线(species accumulation curves)是用来描述随着抽样量的加大物种增加的状况，以抽样量作为横坐标，以物种数目作为纵坐标，将每一抽样量所对应的物种数目在坐标系中标出并连起来，就得到了一条曲线，这就是物种累积曲线。它记录了继续抽样下新物种出现的速率，是理解调查样地物种组成和预测物种丰富度的有效工具(Longino，2000)。在一定的抽样范围内，随着抽样量的加大，群落中大量的物种被发现，物种累积速率较快，曲线表现为急剧上升；至某一抽样量时，出现拐点，物种累积速率变得缓慢，曲线趋于平缓(Longino，2000；Ugland et al.，2003)。根据这一特点，可以利用拐点的出现与否对抽样量是否充分进行判断，拐点未出现表明抽样量不足，需要增加抽样量；反之，则表明抽样充分，可以进行数据分析。

我国在农林复合生态系统生物多样性方面做了大量研究，报道了荔枝-牧草复合系统内节肢动物群落的多样性(刘德广和罗玉钏，1999；刘德广和熊锦君，2001)；研究了套种印度豇豆(*Vigna sinensis*)、羽叶决明(*Chamaecrista nictitans*)、圆叶决明(*Chamaecrista rorundifolia*)和平托花生(*Arachis pintoi*)对枇杷(*Eriobotrya japonica*)园节肢动物群落的影响(占志雄和邱良妙，2005a，2005b)；开展了不同间作的枣园的害虫群落结构(师光禄和赵利蔺，2005)及间种牧草对枣园节肢动物的影响(师光禄和常宝山，2006；师光禄和王有年，2006)；研究了农林复合生态系统内的猎型蜘蛛种群动态及影响因素(张永国等，2007)；调查了枣-麦混作生态系统内的节肢动物群落多样性，发现以枣-草间作系统的节肢动物多样性指数最高(曾利民等，2008)；探讨了不同农林复合生态系统防护林斑块边缘效应对节肢动物的影响(汪洋等，2011)。在植物多样性方面，探讨了西双版纳不同类型混农林业实践对农业生物多样性的影响(曾益群等，2001)；调查了高黎贡山核桃和板栗混农林系统的生物多样性，发现具有较高物种丰富度的混农林系统同时具有较高的经济效益(刀志灵等，2001)；研究了不同农林复合生态系统的植物多样性，得出了杨树林下植物多样性比松树林低的结论(王江丽等，2008)。大多数研究都表明，农林复合生态系统对于维持节肢动物群落的多样性有积极作用。

国外对农林复合生态系统的研究始于 19 世纪 50 年代(梁玉斯等，2007)。相比于传统的农业耕作，农林复合生态系统的很多益处来自系统多样性的增加(Holloway and Stork，1991)。美国加利福尼亚州的葡萄园中，Costello (1998) 研究了葡萄园中保留地面覆盖物对蜘蛛多样性的影响，研究显示，保留地面覆盖物在总体上增加了复合生态系统内蜘蛛的物种多样性，但是对葡萄树上蜘蛛丰富度的作用相对较小。Akbulut 等 (2003) 研究了土耳其地区田篱间作措施对节肢动物群落多样性的影响，得出农林复合生态系统能提高节肢动物多样性的结论。Klein 等 (2006) 对印度尼西亚苏拉威西岛中部的不同农林复合生态系统的膜翅目昆虫进行了研究，发现系统内的膜翅目昆虫物种数受到系统与树林之间距离增大的负面影响，但膜翅目物种总数目却随系统中光强度的增加而增加。Varon 等 (2007) 在哥斯达黎加州地区比较了不同植被多样性系统内切叶蚁(*Atta cephalotes*)取食咖啡的情况，结果表明单一种植模式的咖啡种植系统内切叶蚁采集的咖啡叶片的生物量比例最高。国外研究表明，农林复合生态系统内昆虫群落受植被多样性的影响。

紫胶林-农田复合生态系统是广泛分布于西南山区的农林复合种植模式，仅云南省适宜面积超过 3.78×10^6 hm^2，实际利用面积超过 6.0×10^5 hm^2(陈晓鸣等，2008；李巧等，2009a)。紫胶虫的寄主植物自然分布于海拔 800～1500 m 地段，或零星分布于房屋四周、田间地头、水库周围、沟谷两旁，或稀疏分布于山坡上(200～300 株/hm^2)。农田多为稻田或旱地，稻田中梯田占一定比例，其中元阳梯田世界闻名。零星及连片的紫胶虫寄主树和周围的农田形成了一种较为独特的混农林生态系统——紫胶林-农田复合生态系统。紫胶林-农田复合生态系统这种广泛分布于西南山区的农林复合种植模式，在解决农林争地矛盾、协调资源合理利用、改善与保护生态环境等方面发挥着重要作用(李巧等，2009b)。

在紫胶林的小生态环境中，国外很早就研究了紫胶林中与紫胶虫关系密切的昆虫的种群时空动态、多样性及紫胶林的物种多样性(Varshney，1979；Srivastava and Chauhan，1984；Sah，1990)，得出紫胶虫生境对生物多样性保护和农业生态系统安全可能具有保障作用的结论(Saint-Pierre and Ou，1994)。

我国对紫胶林-农田复合生态系统节肢动物的研究主要包括蚂蚁与紫胶虫互利机制的初步探讨，以及对紫胶林中蜘蛛、蝗虫、螓象的多样性研究：对云南元江蚂蚁与紫胶蚧(*Kerria lacca*)互利关系的研究表明，紫胶蚧寄生能吸引蚂蚁的光顾，蚂蚁光顾有利于紫胶蚧正常生长，增加泌胶量和虫体重；与紫胶蚧互利共生的蚂蚁有一定特异性，但随着不同时期、地区有一定差异；寄主植物的代谢生理、蜜露所含成分比例的变化影响蚂蚁和紫胶蚧的互利共生关系(陈又清和王绍云，2006a)。紫胶虫生境蜘蛛群落的研究显示出紫胶虫的放养有助于提高蜘蛛群落的多样性水平(陈彦林等，2008)。紫胶林-农田复合生态系统蝗虫群落多样性研究显示出紫胶林-农田复合生态系统蝗虫多样性总体较低，系统内不同农业土地利用生境蝗虫群落具有不同的物种组成及多样性特点，农田中稻田比旱地能容纳更多的蝗虫种类和数量，其蝗虫群落多样性高，均匀性和稳定性一般；天然紫胶林蝗虫群落多样性较高、群落稳定性强；而人工紫胶林蝗虫群落多样性低、群落不稳定；系统内不同土地利用生境中蝗虫群落之间存在物种的交流(李巧等，2009a)。紫胶林-农田复合生态系统蝽类昆虫多样性研究显示出蝽类昆虫群落具有中等的多样性水平，土地利用方式和强度的不同决定了系统内蝽类昆虫群落在物种组成和多样性上的不同特点(李巧等，2009b)。

紫胶林-农田复合生态系统部分节肢动物类群多样性的研究共同反映出紫胶虫培育影响了栖境内的节肢动物多样性，这种影响是大尺度的，紫胶虫与蚂蚁的互利关系发挥了重要的作用；同时，紫胶虫与蚂蚁的互利关系作用是在土地利用变化的大背景下产生的，因为系统中不同土地利用生境间存在着物种的交流，这些交流显示，农田和林地均不是孤立的生境，而是紫胶林-农田复合生态系统这一混农林生态系统的组分，保障该系统的健康，实现最大的经济效益，必须从混农林生态系统的层面上而非农田或林地生境认识节肢动物群落(李巧等，2009a，2009b)。弄清紫胶虫与蚂蚁互利关系对其他节肢动物的影响，对于充分发挥紫胶虫培育的经济效益、生态效益和社会效益具有重要意义。

第4章　互利关系对紫胶虫天敌及系统中寄生蜂群落的影响

4.1　引　　言

产蜜露昆虫与蚂蚁之间的互利关系十分丰富，在这些互利关系中，蚂蚁获得蜜露作为食物资源(Gullan，1997)，作为回报，蚂蚁保护产蜜露昆虫免受天敌危害(Way，1963；Buckley，1987a，1987b；Del-Claro and Oliveira，2000；Morales，2000a)。但是互利关系的强度、不同种类蚂蚁照顾产蜜露昆虫免受天敌危害的能力、甚至相同的蚂蚁种类与产蜜露昆虫形成的互利关系在不同的栖境中其作用强度等也会产生变化(Stadler and Dixon，2005)。因此，影响互利关系双方的因素十分复杂，包括照顾产蜜露昆虫的蚂蚁种类(Addicott，1979；Bristow，1984；Gibernau and Dejean，2001；Itioka and Inoue，1996)、产蜜露昆虫的种群数量(Breton and Addicott，1992；Cushman and Whitham，1991)、环境的温度条件(Bannerman and Roitberg，2014)、产蜜露昆虫的发育阶段(Cushman and Whitham，1991；Eastwood，2004)、栖境中其他的产蜜露昆虫竞争蚂蚁照顾服务的强度等(Addicott，1978；Cushman and Beattie，1991；Cushman and Addicott，1991；Cushman and Whitham，1991)。由此可见，理解这些互利关系的动态有助于改善相似的生态系统或农业系统的管理水平。

在农业生态系统内，作物的植食性害虫对农作物的产量产生十分巨大的损失，因此，如果能通过蚂蚁与其他物种的相互作用来控制这些害虫的危害，对农作物的生产力将起到十分重要的决定作用，因为这些害虫一旦暴发，种群数量十分庞大(Sogawa，1982)。

紫胶虫在我国一年发生2代，在中国传统的紫胶生产方式中，将生活史从当年10月至次年5月的一代称为冬代紫胶，将生活史在5～10月的一代称为夏代紫胶，冬代紫胶主要为夏代紫胶生产提供种胶，夏代为紫胶生产的季节(陈晓鸣等，2008)。紫胶虫的寄主植物种类繁多，世界上约400种植物能被紫胶虫寄生，其中包括较多具有经济、医药及公益价值的种类，培育和利用紫胶虫不仅能够创造经济价值，而且能提高森林覆盖率，促进生物多样性保护(Sharma et al.，2006)。紫胶虫寄主树自然分布于海拔800～1500 m地段，或零星分布于房屋四周、田间地头、水库周围、沟谷两旁，或稀疏分布于山坡。紫胶林-农田复合生态系统是由紫胶虫、紫胶虫寄主树和周围农田共同形成的一种混农林生态系统；对生物多样性保护和农业生态系统可能有保障作用(Saint-Pierre and Ou，1994；Sharma et al.，2006)。这种农林复合种植模式，在解决农林争地矛盾、协调资源合理利用、改善与保护生态环境等方面发挥着重要作用(Chen et al.，2011；李巧等，2009a)。作为紫胶虫本身而言，与其他蚧虫一样，其分泌的紫胶也是一种保护性的结构，能在一定程度上发挥防止水分散失、防止雨水侵扰、防止被其分泌的蜜露污染、保护其免受天敌危害等作用（Miller and Kosztarab，1979；Gullan and Kosztarab，1997）。

不过紫胶的生产过程与其他农作物生产存在一定的差异，那就是紫胶生产必须是完全有机的，因为紫胶广泛应用于食品和药品行业，紫胶本身可以作为食品添加剂和入药。因此，在紫胶虫的培育过程中，不能使用农药来防治紫胶虫的病虫害。另外，这些农药也许能杀灭紫胶虫，因为紫胶虫对于寄主植物而言是一种害虫，现在生产的农药大多数是广谱性的，并不针对某一种类，而是同类昆虫。当农户针对刺吸式害虫用药时，紫胶虫作为一种蚧虫，难逃厄运。许多蚂蚁种类照顾紫胶虫从而获得蜜露资源（Sharma et al.，1999），其中粗纹举腹蚁是最近发现与云南紫胶虫关系十分密切的蚂蚁种类，该蚂蚁能明显改善云南紫胶虫的个体适合度、增加种群数量，包括提高存活率、提高雌性比例、增加后代种群数量等（Chen et al.，2013），推测其可能的原因之一就是降低云南紫胶虫免受天敌的危害。因此，蚂蚁照顾云南紫胶虫有利于紫胶生产。

尽管紫胶虫与蚂蚁的这种互利关系在山地生态系统中具有十分重要的作用，而且在山地生产经营活动中，农民认识到了紫胶生产对蚂蚁的依赖性，很少研究涉及紫胶虫与蚂蚁互利关系对紫胶虫害虫的控制作用。

在紫胶生产过程中，紫胶虫经常遭受各种捕食性和寄生性天敌的危害，严重影响紫胶产量。对紫胶虫危害最为严重的有紫胶白虫（*Eublemma amabilis*）、紫胶黑虫（*Holcocera pulverea*）、胶蚧红眼啮小蜂（*Terastichus purpureus*）等（王士振，1987）。另外，紫胶虫分泌紫胶的同时，也排泄蜜露，这些蜜露会堵塞紫胶虫的生理代谢孔口，导致腐生型病原真菌感染，影响紫胶产量（顾绍基，1993；Krishan and Kumar，2001）。

有关紫胶虫病虫害的研究主要集中在天敌害虫的生物学、生态学、种类鉴定（Mahdihassan，1981；Srivastava and Chauhan，1984；Bhagat，1985；Jaiswal and Saha，1995）、天敌害虫对紫胶虫的影响等方面（Srivastava and Chauhan，1984；Sharma and Ramani，2001；Chen et al.，2013）。国外研究的主要进展如下：为提高紫胶产量，在紫胶虫病虫害管理方面，研究了紫胶白虫卵寄生蜂的生物学特性（Sushil et al.，1995）；利用重寄生方法，人工培育紫胶白虫小茧蜂（*Bracon greeni*），防治紫胶白虫（Bhattacharya et al.，1998；Sushil et al.，1999）；开展了用杀虫剂防治紫胶白虫试验（Mishara et al.，1995）；在紫胶虫与寄生蜂研究方面，国外研究得出紫胶虫的寄生性和捕食性害虫对紫胶的产量有严重影响（Sharma and Ramani，2001），开展了紫胶虫寄生蜂的发生规律与紫胶虫种群动态的研究（Sharma et al.，1997）；测定了紫胶虫受寄生蜂寄生后繁殖力和泌胶量的减少程度（Krishan and Kumar，2001）；并对紫胶虫寄生蜂的生物学特点（Sushil et al.，1999）、生态学特性（Mahdihassan，1981）、性比和丰富度（Bhagat，1988）及紫胶虫寄生蜂种群（Jaiswal and Saha，1995）进行了研究；研究了紫胶虫分泌的蜜露与到访昆虫之间的关系和紫胶虫对捕食性害虫采取的行为对策（Jaiswal et al.，1996）。在紫胶虫病虫害管理方面，研究了紫胶白虫（*Eublemma amabilis*）卵寄生蜂的生物学特性（Sushil et al.，1995）。这些研究大部分是关于寄生蜂与宿主关系的报道，特别是紫胶虫寄生蜂的发生规律与紫胶虫种群动态的研究等（Sharma et al.，1997），其中对于紫胶黑虫和胶蚧红眼啮小蜂的研究较少。另外这些研究没有涉及复合生态系统内的寄生蜂群落。我国于20世纪80年代调查了紫胶虫及其寄主植物害虫名录，得出危害紫胶虫最为严重的是紫胶白虫、紫胶黑虫(*Holcocera pulverea*)、胶虫红眼啮小蜂(*Tetrastichus purpueus*)的结论(王士振，1987)。对紫胶白虫天敌紫胶白虫茧蜂的生物学和人工繁殖技术等病虫害防治方面做了深入研究(赖永祺，1988)。

寄生蜂属于膜翅目(Hymenoptera)昆虫，包括姬蜂科(Ichneumonidae)、姬小蜂科(Eulophidae)、金小蜂科(Pteromalidae)等，寄生蜂是维持自然界生态平衡的重要生物类群，在害虫生物防治、害虫综合治理和农林业可持续发展上具有重要作用(黄帅等，2006)。

膜翅目昆虫的抽样方法主要包括扫网法、吸虫器收集法、粘捕法、陷阱法等(Miliczky and Horton，2005；Sobek et al.，2009；刘雨芳等，1996；刘德广和罗玉钏，1999；郑国宏和白英，2007)，这些方法也常用于寄生蜂的抽样调查中。扫网法是用一定大小的捕虫网对目标区域进行扫网；吸虫器收集法是用吸虫器对随机抽取的一定数量的植株进行抽吸；粘捕法是在调查样地设置一定数量的粘蟑板；陷阱法(pitfall trapping)是指在调查样地内设置一定数量的陷阱，收集落入陷阱中的节肢动物，该方法所需时间短，简便易行，在节肢动物的采集中具有普遍性。我们所用的陷阱法是黄色诱杯法，将诱杯挂放于寄主植物或树干上，相比地上陷阱具有很多的优点，效果较好。该方法在国外寄生蜂研究中较为普遍(Thomson and Hoffmann，2009)。

郑国宏和白英(2007)在梨园内采用扫网法调查了寄生蜂的群落，扫网 30 弧，扫网面积 45 m^2，共采集寄生蜂标本 13 科 972 头。Thomson 和 Hoffmann(2009)采用陷阱法(黄色诱杯法)调查了葡萄园生态系统内寄生蜂群落，共采集寄生蜂 548 头，每次调查时间为一个月，共设置 100 个陷阱，持续调查 4 个月。徐敦明等(2004)采用吸虫器收集法调查了稻田生态系统寄生蜂群落，每次调查 20 丛水稻，调查 9 次，共采集寄生蜂 16 科 67 种 716 头。刘德广和熊锦君(2001)采用扫网法和粘捕法对复合荔枝园生态系统内的寄生蜂研究结果表明，设置 10 个调查样点，调查时间 20 d，调查 12 次，共采集寄生蜂标本 16 科。值得注意的是，任何一种方法都不可能揭示调查区域内寄生蜂的全貌。由于不同采集方法的作用对象存在差异，因此，需要根据研究对象选择适宜的抽样方法。若要反映调查地区寄生蜂群落多样性，则需将上述方法有机结合起来。

寄生蜂多样性分析方面，国内主要采用 Shannon-Wiener 多样性指数、Berger Parker 优势度指数(郑国宏和白英，2007)、物种丰富度指数(S)、均匀度指数(E)及优势度指数(C)(于晓东等，2001；赵映书等，2011)、Pielou 均匀度指数、Jaccard 指数(马克平，1994)等对寄生蜂多样性进行了测定。国外寄生蜂多样性分析则多用主坐标分析(principal coordinate analysis，PCoA)(Sääksjärvi et al.，2006)、Shannon-Wiener 多样性指数(Rakhshani et al.，2008)、物种丰富度指数(S)(Dolphin，2001)等。有研究指出，当前国内生物多样性研究中，存在以抽样所采集的实际数目即物种丰富度指数(S)而非物种丰富度估计值来判断多样性的问题(李巧等，2009c)，并提出运用物种累积曲线(species accumulation curves)来判断抽样量是否充分(李巧，2011)。

寄生蜂群落在自然生态系统中具有重要的作用，国内外科研工作者十分关注这个类群的多样性。国外寄生蜂群落研究主要集中在农业生态系统、森林生态系统(如国家自然公园)(Sobek et al.，2009)和果园生态系统(如葡萄园、梨园)(Miliczky and Horton，2005；

Bone et al.，2009；Thomson and Hoffmann，2009；Dib et al.，2010）。农业生态系统寄生蜂群落以茧蜂科（Braconidae）占优势（Menalled et al.，1999）；森林生态系统中植物多样性的增加能够提高寄生蜂群落多样性（Sobek et al.，2009）；梨园内寄生蜂群落以跳小蜂科（Encyrtidae）占优势（Miliczky and Horton，2005）；葡萄园内植物的多样性能够影响寄生蜂的多样性，表现为姬小蜂科的多样性随植物多样性的增加而增加（Thomson and Hoffmann，2009）。

国内寄生蜂群落研究主要集中在农业生态系统如稻田（董代文等，2003；徐敦明等，2004）、麦田（赵映书等，2011）、烟田（王继红等，2011；黄建等，2010）、茶园（韩宝瑜和戴轩，2009）和果园生态系统（刘德广等，1999；郑国宏和白英，2007）。稻田寄生蜂群落的研究显示，杂草地生境是稻田寄生蜂的物种库之一，对稻田节肢动物群落的重建和种群保存有重要影响（徐敦明等，2004）；麦田生态系统以蚜茧蜂科（Aphidiidae）和金小蜂科（Pteromalidae）为常见种（赵映书等，2011）；烟田生态系统以蚜小蜂科（Aphelinidae）种类和数量最多；茶园生态系统寄生蜂以姬蜂科（Ichneumonidae）最占优势（韩宝瑜和戴轩，2009）。在寄生蜂多样性方面，我国研究了单一荔枝园和复合荔枝园生态系统寄生蜂，结果显示复合园中寄生蜂多样性较高（刘德广等，1999）；调查了苹果园生态系统内树冠不同层次寄生蜂的多样性，以树冠下部寄生蜂数量最多（陈川等，2005）；比较了有机稻田和常规稻田寄生蜂的多样性，有机稻田寄生蜂多样性高于常规稻田（钟平生等，2005）。

针对寄生蜂多样性更深层面的分析发现，寄生蜂多样性与植物多样性之间具有相关性（Kruess，2003；Sääksjärvi et al.，2006），主要是正相关关系；也有研究认为不同季节相关性表现不同，春季和夏季寄生蜂多样性随可可树（*Theobroma cacao*）丰富度增加而提高，冬季则相反（Sperber et al.，2004）。还有对寄生蜂物种丰富度与寄生蜂的寄生率的研究，发现寄生蜂物种丰富度与寄生蜂寄生率无直接关系（Rodriguez and Hawkins，2000）。以上研究可以看出，寄生蜂多样性受植物多样性的影响，研究主要针对单一模式的果园生态系统和森林生态系统进行。紫胶林-玉米地复合生态系统对提高和保护生物多样性有积极作用，在该系统内开展寄生蜂群落研究，有利于揭示寄生蜂对维持系统生物多样性的作用，对充分发挥紫胶林-玉米地复合生态系统经济、社会和生态效益，实现紫胶、玉米发展和生物多样性保护平衡具有一定意义。

蚂蚁-半翅目昆虫之间的关系可为物种间相互作用的研究提供一个很好的典范（Oliveira and Del-Claro，2005；Del-Claro et al.，2006），紫胶虫排泄的蜜露吸引大量的蚂蚁光顾，但国内外对紫胶虫生境的蚂蚁研究甚少，陈又清和王绍云（2006c）提出蚂蚁对紫胶生产有一定促进作用，但蚂蚁和紫胶虫相互作用的利害关系和作用机制未见报道。由于蚂蚁种群数量大、食性复杂多样及种群稳定，对害虫可以起到十分明显的控制作用（吴坚和王常禄，1995；Van Mele et al.，2007；Van Mele，2008；Peng and Christian，2004）。

蚂蚁与紫胶虫建立的互利关系作用强度变动十分广泛，有十分紧密的关系，如粗纹举腹蚁与云南紫胶虫建立的互利关系，粗纹举腹蚁可以建立保护膜，垄断紫胶虫分泌的蜜露资源，包裹并保护紫胶虫（王思铭等，2011b），从而有效地减少紫胶虫天敌数量，并提高紫胶产量（王思铭，2010b）。也有十分松散的关系，如许多种类的蚂蚁在云南紫胶虫相同或不同发育时期、每天的不同时段等同时或不同时访问，访问的蚂蚁的种群数量也多样化，有时多，有时 1～2 头工蚁来获取蜜露资源。本研究拟探讨紫胶虫与蚂蚁的互利关系在不同作用强度下对天敌昆虫群落的影响。

4.2　研究与分析方法

4.2.1　自然概况

试验地位于云南省普洱市墨江县雅邑乡(101°43′E，23°14′N)，海拔 1000～1056 m 地段。墨江县地处云贵高原西南边缘、横断山系纵谷区东南段，即哀牢山脉中段。全县地形北部狭窄、南部较宽，似纺锤状，地势自西北向东南倾斜。全县山区半山区占 99.8%，丘陵谷地仅占 0.1%，地貌类型复杂多样。雅邑乡位于墨江县中南部，东部与那哈为邻，西部与龙潭、鱼塘通关相邻，南部与泗南江相接，北部与联珠镇相连。

4.2.2　气候概况

墨江县处于低纬度高海拔地区，属南亚热带半湿润山地季风气候，全县 2/3 的地域在北回归线以南，1/3 的地域在北回归线以北，全县年平均气温 18.3℃。最冷月为 1 月，平均气温 11.5℃；最热月为 6 月，平均气温 22.1℃。以气象学(气温小于 10℃为冬季，10～22℃为春秋季，大于 22℃为夏季)的划分标准，墨江春秋季有 345 d，夏季有 20 d，无冬季。全县雨量充沛、干湿季分明，每年平均降雨量为 1338 mm。5～10 月，受印度洋孟加拉湾潮湿气流和太平洋北部湾潮湿气流的影响，降雨日多，形成雨季，雨季降雨量占全县年降雨量的 84.2%；每年 11 月至次年 4 月，因受大陆高原西部干暖气流的影响，天气晴朗，少雨，空气干燥，为干季，干季降雨量占全年降雨量的 15.8%。全年总日照时数 2161.2 h，年日照率为 50%；旱季的月平均日照时数 210 h 左右；雨季日照时数则显著减少，月平均日照时数 149 h 左右。墨江县多年平均湿度 80%。年平均蒸发量 1696.7 mm，月平均蒸发量 141.4 mm，3～5 月蒸发量最大，合计 617.1 mm；10～12 月蒸发量最小，合计 301.3 mm。

4.2.3　社会经济概况

全乡有 13 个村民委员会，165 个村民小组，3642 户，16 858 人，有劳力 6800 人左右，少数民族占全乡总人口的 86.4%。雅邑乡总面积 2.92×10^4 hm^2，有耕地面积 2.80×10^3 hm^2，森林覆盖率 42.5%。种植业以粮食为主，占种植面积的 90%以上，经营单一，多种经营在农业产业结构中的比重非常小。

雅邑乡是紫胶老产区，紫胶产量占墨江县产量的 1/5，历史上紫胶最高产量达 1.9×10^5 kg，有着较长的紫胶生产历史，适宜发展紫胶的面积达 7.88×10^3 hm^2，约占全乡总面积的 28%。有国产胶寄主树 20 多种，其中优良寄主树有钝叶黄檀、南岭黄檀、聚果榕(*Ficus racemosa*)等 7 种，共 160 多万株。土壤类型以赤红壤为主，紫胶虫的寄主植物以钝叶黄檀为主。

4.2.4 试验材料

4.2.4.1 钝叶黄檀

钝叶黄檀属豆目(Fabales)蝶形花科(Papilionaceae)，分布于云南省西南部及缅甸北部、老挝等地；在云南，主要分布于哀牢山以西、李仙江流域的阿墨江中下游、澜沧江中游和怒江河谷地区。垂直分布于海拔 500～1600 m 的范围内。该树种喜光耐旱，天然更新能力强，是先锋树种，每年夏、秋雨季，枝梢增长明显，每次可达 40 cm 以上；在云南紫胶产区，2～5 月为落叶期，叶芽于落叶后或落叶期间萌发，4～5 月抽生新梢，2 月上旬开始开花，3 月上旬或中旬全部开花，并出现幼嫩荚果，4 月下旬到 5 月上旬荚果由绿变黄，种子成熟。试验地主要寄主植物为钝叶黄檀(树龄 5 年，树高 3～4 m、胸径 5～7 cm)，生长状况良好。紫胶纯林种植密度为1500 株/hm^2，紫胶林-玉米地复合模式密度为300 株/hm^2。

4.2.4.2 云南紫胶虫

云南紫胶虫属半翅目(Hemiptera)胶蚧科(Lacciferidae)胶蚧属(*Kerria*)，分布于中国云南南亚热带地区，一般一年 2 代，夏代 5～10 月，约 150 d；冬代 10 月至翌年 4 月，约 210 d(陈晓鸣等，2008)。该虫种是中国紫胶生产的主要用种，7 月进入成虫期，9～10 月完成夏季世代；采收紫胶虫的夏代在 4～5 月放养，大约经过 5 个月，即在 9～10 月就可以采收原胶，如果是 9～10 月放养的冬代紫胶虫，放养期达 7～8 个月，要到翌年 4～6 月才能采胶。

4.2.4.3 玉米

主要的粮食作物为玉米，品种为蠡玉 26 号，种植玉米一季，玉米种植时间与紫胶生产时间一致。适宜播期一般为 4 月下旬至 5 月上旬，其整个玉米管理过程中很少使用农药进行害虫的控制，一般玉米的采收时间为每年 8～9 月，玉米成熟采收后不再进行其他农作物的种植，撂荒至次年玉米种植时间。

4.2.5 样地设置

试验地位于云南省墨江县雅邑乡(23°14′N，东经 101°43′E)，海拔 1000～1056 m 地段，该地区年干湿季节分明，属南亚热带半湿润山地季风气候，四季温差不大，年均温 17.8℃，年平均降水量 1315.4 mm，年平均日照时数 2161.2 h，适宜紫胶生产。试验地林相不密，能透射太阳光，主要寄主植物为钝叶黄檀(*Dalbergia obtusifolia* Prain)和苏门答腊金合欢(*Acacia montana* Benth)。林地内有大量蚂蚁栖息，这些蚂蚁光顾紫胶虫，并取食蜜露，其主要种类为粗纹举腹蚁(*Crematogaster macaoensis* Wheeler)、黑可可臭蚁[*Dolichoderus thoracicus* (Smith)]和巴瑞弓背蚁(*Camponotus parius* Emery)等。于 2009 年 5 月放养云南紫胶虫，该虫种是中国紫胶生产的主要用种，7 月进入成虫期，9 月底至 10 月初完成夏季世代(陈晓鸣等，2008)。试验于 2009 年 5～9 月开展。

4.2.5.1　紫胶林-玉米地复合模式

试验地内长期从事紫胶生产及玉米种植。试验期间放养紫胶虫，种植玉米一季，玉米种植时间与紫胶生产时间一致(夏代)。紫胶虫主要寄主植物为钝叶黄檀，树龄、树高、胸径、冠幅基本一致。选取两块面积约为 1 hm^2 的紫胶林-玉米地和对照样地(未放养紫胶虫)，两种类型样地中均分布有钝叶黄檀，林下种植玉米。各样地玉米种植时间、品种一致，试验期间未喷施过农药。在紫胶林-玉米调查样地中，全部的钝叶黄檀上放养云南紫胶虫，对照样地不放养紫胶虫。

在紫胶林-玉米地中选取 3 块样地，分别编号为Ⅰ、Ⅱ、Ⅲ，每块样地相距 50 m 以上，以样带为重复[Ⅰ1～3、Ⅱ1～3、Ⅲ1～3(每条样带选取 10 棵钝叶黄檀)][Ⅰa～c、Ⅱa～c、Ⅲa～c(每条样带插入 10 根竹竿)，样带间距大于 10 m，竹竿与树间距大于 5 m](图 4-1，图 4-2)；在对照样地中设置方法同紫胶林-玉米地，编号为Ⅳ，树上陷阱样带编号为Ⅳ1～3，竹竿陷阱样带编号为Ⅳa～c。

图 4-1　紫胶林-玉米地单个研究样地示意图

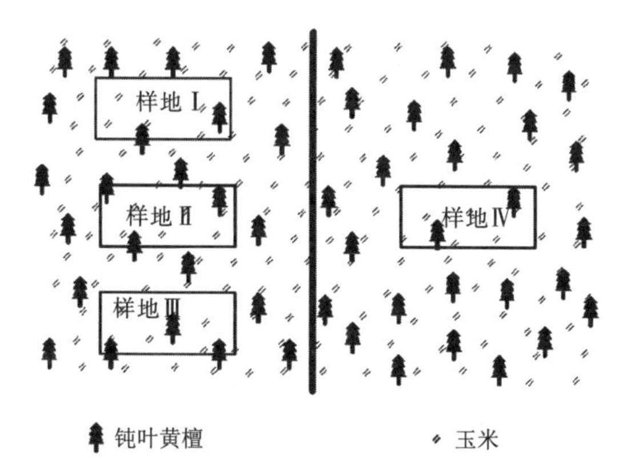

图 4-2　紫胶林-玉米地研究样地示意图

4.2.5.2 紫胶纯林

试验地内长期从事紫胶生产。试验期间放养紫胶虫，紫胶虫主要寄主植物为钝叶黄檀，树龄、树高、胸径、冠幅基本一致。在紫胶纯林调查样地中，全部的钝叶黄檀上放养云南紫胶虫，对照样地不放养紫胶虫。

在紫胶纯林中选取3块样地，分别编号为A、B、C，每块样地相距20 m以上(图4-3)，以样带为重复，A1～3、B1～3、C1～3(每条样带选取10棵钝叶黄檀)，在每块样地内采用“Z”字形选取30株寄主植物；在对照样地中设置方法同紫胶纯林，编号为D，样带编号为D1～3。

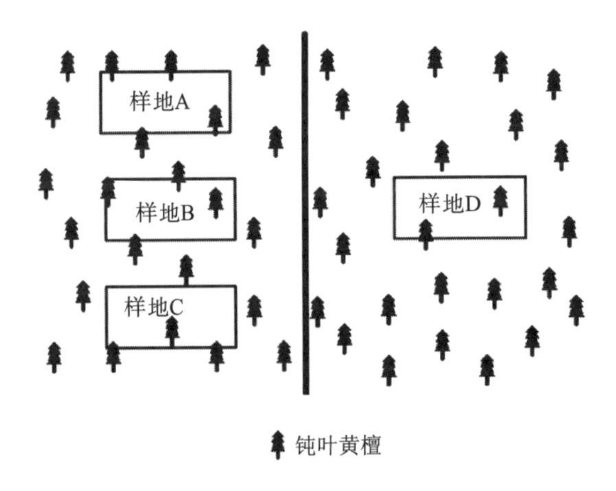

图4-3 紫胶纯林研究样地示意图

4.2.5.3 蚂蚁能否光顾云南紫胶虫试验处理

蚂蚁能光顾云南紫胶虫的试验，寄主植物不做任何处理；蚂蚁不能光顾云南紫胶虫的设置是首先清除树上的蚂蚁，然后放养云南紫胶虫，并在寄主植物树干距地面0.5 m处贴一圈透明胶带，并在胶带上刷粘虫胶，阻止蚂蚁通过树干光顾云南紫胶虫。为防止粘虫胶失效，每周重新刷胶。另外，清除一切蚂蚁能到达该寄主植物的通道，并定期检查、清除。

4.2.6 试验调查方法

4.2.6.1 紫胶黑虫

紫胶黑虫(*Holcocera pulverea*)属鳞翅目(Lepidoptera)遮颜蛾科(Opostegidae)，是紫胶虫重要的捕食性害虫之一。不仅取食活体紫胶虫，也取食死亡的紫胶虫和树脂分泌物。一年发生2～3个世代，世代重叠。雌虫产细小的卵于胶被的凹陷处或雄虫胶壳内或雌虫肛突孔处。幼虫孵化后钻入胶被，开始取食紫胶虫。紫胶黑虫幼虫取食活动过程中，基本隐藏在胶被中，受其他节肢动物的干扰较少。紫胶黑虫取食过程中吐丝把碎胶与粪便等织成长形隧道，1只紫胶黑虫平均破坏45～50个紫胶成虫(陈晓鸣等，2008)。

在紫胶林内选择四块样地，每个样地面积为 0.5 hm²，其中两块样地的主要寄主植物为钝叶黄檀，一块设置为蚂蚁能光顾云南紫胶虫，另一块设置为蚂蚁不能光顾云南紫胶虫；另外两块样地的主要寄主植物为苏门答腊金合欢，同样做蚂蚁能否光顾云南紫胶虫的两种设置。样地间距 30 m。每个样地内五点法选择 30 株寄主植物，每株寄主植物上选择胶被长度大于 30 cm 的胶枝，所选择的每一个样本的胶被面积为 100 cm^2。每个样地选择 30 个样本，共 120 个。

采用直接观察法，用镊子仔细检查并统计每 100 cm^2 胶被上紫胶黑虫的坑道数(一般一个坑道内有一头紫胶黑虫)，从 7 月开始，每月观察 1 次，每次记录 120 个数据，连续观察 3 个月，共记录 360 个数据。

4.2.6.2　蚂蚁与紫胶黑虫相遇行为反应

选择林地内的优势种蚂蚁粗纹举腹蚁，人为设置蚂蚁与紫胶黑虫相遇后的行为反应试验。人工捕捉 5 头紫胶黑虫，每次将 1 头紫胶黑虫放在有蚂蚁光顾的胶被上，观察蚂蚁与紫胶黑虫相遇后的反应，并打分：相遇后无反应——0 分，接触、理毛——1 分，躲避——2 分，追击、抵御、逃遁——3 分，进攻——4 分。每次观察 10 min，重复 5 次(Abbott et al.，2007)。

4.2.6.3　紫胶林-玉米地复合模式寄生蜂调查

采用黄色诱杯法(Stephens et al.，1998；Jenkins and Isaacs，2007)对样地内的寄生蜂进行诱集。在每块样地内的寄主植物树干和样地内的竹竿距离地面 1.5 m 处同时挂放黄色诱杯，诱杯中装入 1/3 体积的肥皂水，诱集时间为 8 h(8:00AM～16:00PM)。标本保存于 75%乙醇溶液，带回实验室整理、鉴定。每月重复 3 次，共调查 3 个月，共调查 9 次(5～7 月)。

4.2.6.4　紫胶纯林寄生蜂调查

采用黄色诱杯法对样地内的寄生蜂(Stephens et al.，1998；Jenkins and Isaacs，2007)进行诱集。在每块样地内的寄主植物树干 1.5 m 处挂放黄色诱杯，诱杯中装入 1/3 体积的肥皂水，诱集时间为 8 h(8:00～16:00)。标本保存于 75%乙醇溶液中，带回实验室整理、鉴定。每月重复 3 次，持续两个紫胶虫世代(5～10 月，10 月至次年 4 月)，共调查 24 次。

(1)单一经营模式和复合经营模式下寄生蜂群落多样性的差异

将紫胶纯林和紫胶林-玉米地中放养紫胶虫的样地类型作为单一经营模式和复合经营模式。具体做法：将紫胶纯林的前 9 次(5～7 月)(共 24 次)利用黄色诱杯法调查的寄生蜂数据与紫胶林-玉米地复合模式内树上陷阱所采集到的寄生蜂数据进行比较，比较它们在多样性方面的差异。

(2)紫胶虫寄生蜂群落调查

于 2011 年 2 月下旬至 3 月下旬，调查云南紫胶虫的寄生蜂种群数量。具体做法：在样地中“Z”字形选择钝叶黄檀 30 株，每株钝叶黄檀上 1.5 m 处选择一个胶被连片的胶枝，测量每段胶被的长和宽，选择胶被面积 30 cm^2 为一个样本，使用 100 目尼龙网做成的圆柱形笼子(长 50 cm，直径 10 cm)进行套笼，并使用细铁丝将笼子的两端扎紧，共套笼 30 枝，共套 30 d，调查 2 个月。于 2011 年 3 月下旬和 4 月下旬，收集每个笼子内的寄生蜂，带回实验室进行鉴定。

4.2.7 标本鉴定和数据统计

在形态分类学上对采集的标本进行分类鉴定(廖定熹，1987)，利用可识别的分类单元(recognizable taxonomic unit，RTU)(Oliver and Beattie，1993)进行种类估计，在形态种(morphospecies)基础上进行数量的统计(Burger et al.，2003；李巧等，2006)。主要分析方法如下。

(1)抽样充分性分析：利用 Estimate S(Version 8.2.0)软件(Colwell，2010)计算物种丰富度估计值，并通过 Excel 绘制物种累积曲线(李巧等，2009d)；以物种丰富度(*S*)的实测值占 ACE(abundance-base coverage estimator)估计值的百分比来判断抽样效果(李巧，2011)。

(2)物种组成及多度：根据寄生蜂种类的鉴定结果整理出物种组成名录，统计分析紫胶林-玉米地复合生态系统内寄生蜂类群组成和个体数。狭适种也称狭幅种，是指适应环境条件的幅度较狭窄的昆虫种类，在此处指仅存在于 1 个样地中的种类(昆虫学名词审定委员会，2001)；以物种个体数占样地个体总数比例>10%的种类进行优势种分析(王宗英等，1997；昆虫学名词审定委员会，2001；徐正会，2002)

(3)物种多样性：采用多度(即个体数)、物种丰富度 *S* 值与 ACE 估计值来度量各样地寄生蜂的多样性，利用 Estimate S(Version 8.2.0)软件完成各项指数的计算(Colwell，2010)，利用 SPSS 16.0 中的 One-way ANOVA 程序进行方差分析。

(4)群落结构相似性：运用 R Language 统计软件中的主坐标(principal coordinate analysis，PCoA)和层次聚类(hierarchical clustering，HC)分析各样地寄生蜂群落的群落结构相似性(R Development Core Team，2009)。

(5)本次试验数据使用 SPSS 16.0，对有无蚂蚁光顾的胶被上紫胶黑虫的种群数量及每月增长量进行独立样本 *t* 检验，对有无蚂蚁光顾的不同月份的胶被上紫胶黑虫种群数量及每月增长量进行二因素方差分析，对蚂蚁与紫胶黑虫相遇后不同的行为反应进行非参数 Kruskal-Wallis *H* 检验。

4.3 结果与分析

4.3.1 互利关系对紫胶黑虫种群的影响

4.3.1.1 紫胶黑虫对胶被的为害率

紫胶黑虫对有无蚂蚁光顾云南紫胶虫的两种寄主植物上胶被的为害率均很高。由表 4-1 可看出，钝叶黄檀上，7 月有蚂蚁光顾云南紫胶虫的胶被紫胶黑虫为害率小于无蚂蚁光顾的胶被，8 月和 9 月有无蚂蚁光顾云南紫胶虫的胶被上均有紫胶黑虫为害，为害率达到 100%。苏门答腊金合欢上，7 月和 8 月有蚂蚁光顾云南紫胶虫的胶被紫胶黑虫为害率略小于无蚂蚁光顾的胶被，9 月以后，两种处理的胶被上紫胶黑虫的为害率都达到 100%。

表 4-1　两种寄主植物有无蚂蚁光顾云南紫胶虫的胶被上紫胶黑虫的为害率

树种	有无蚂蚁	样本量/个	为害率/%		
			7 月	8 月	9 月
钝叶黄檀（*Dalbergia obtusifolia*）	有	30	86.67	100	100
	无	30	100	100	100
苏门答腊金合欢（*Acacia montana*）	有	30	96.67	96.67	100
	无	30	100	100	100

4.3.1.2　紫胶黑虫种群数量及每月增长量

(1) 紫胶黑虫在有无蚂蚁光顾云南紫胶虫的胶被上的种群数量

有无蚂蚁光顾云南紫胶虫对紫胶黑虫的种群数量存在极显著影响（$|t|=2.764$，$df=356$，$P<0.01$），即有蚂蚁光顾云南紫胶虫胶被上的紫胶黑虫数量[(9.37±0.58) 个，$n=180$]明显少于无蚂蚁光顾云南紫胶虫胶被上的[(11.94±0.72) 个，$n=180$]。

紫胶黑虫在有无蚂蚁光顾云南紫胶虫胶被上的种群数量在 7～9 月一直处于增长状态（图 4-4，图 4-5）。二因素方差分析结果显示，钝叶黄檀上，蚂蚁光顾云南紫胶虫能明显减少紫胶黑虫的数量（$P<0.05$），不同月份之间，其胶被上紫胶黑虫的数量存在极显著差异（$P<0.001$）；苏门答腊金合欢上，蚂蚁光顾云南紫胶虫也能明显减少紫胶黑虫的数量（$P<0.01$），不同月份之间，其胶被上紫胶黑虫的数量也存在极显著差异（$P<0.01$）。

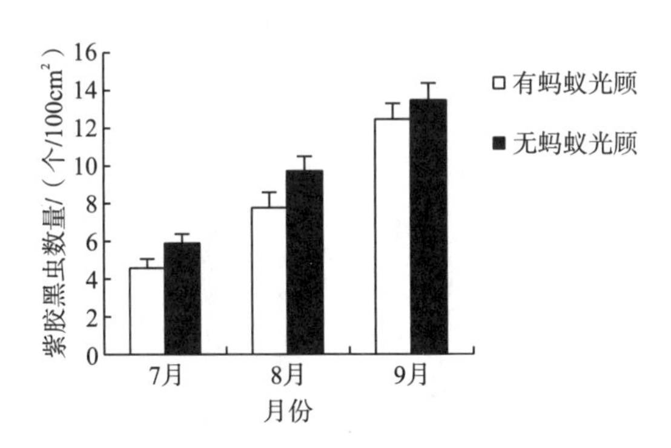

图 4-4　钝叶黄檀上有无蚂蚁光顾云南紫胶虫的胶被上紫胶黑虫的种群数量

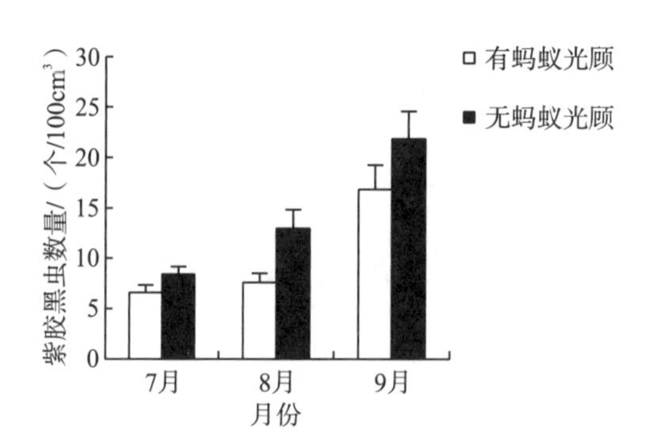

图 4-5 苏门答腊金合欢上有无蚂蚁光顾云南紫胶虫的胶被上紫胶黑虫的种群数量

(2) 紫胶黑虫在有无蚂蚁光顾云南紫胶虫胶被上的每月增长量

有无蚂蚁光顾云南紫胶虫对紫胶黑虫每月增长量没有显著影响（$|t|$=0.970，df=161，P>0.05），即有蚂蚁光顾云南紫胶虫胶被上的紫胶黑虫每月增长量[(6.93±0.74)个，n=83]约等于无蚂蚁光顾云南紫胶虫胶被上的[(7.99±0.82)个，n=80]。

紫胶黑虫在有无蚂蚁光顾云南紫胶虫的钝叶黄檀和苏门答腊金合欢胶被上每月增长量二因素方差分析结果显示，钝叶黄檀胶被上，有无蚂蚁光顾云南紫胶虫对紫胶黑虫种群每月增长量没有显著影响（P>0.05），不同月份之间的紫胶黑虫每月增长量没有显著差异（P>0.05）；苏门答腊金合欢胶被上，有无蚂蚁光顾云南紫胶虫对紫胶黑虫种群每月增长量也没有显著影响（P>0.05），不同月份之间的紫胶黑虫每月增长量也没有显著差异（P>0.05）。

4.3.1.3 蚂蚁与紫胶黑虫相遇后的行为反应

蚂蚁与紫胶黑虫相遇后的行为反应存在显著差异（χ^2=4.781，df=1，P<0.05）。由图 4-6 可看出，蚂蚁与紫胶黑虫相遇后，紫胶黑虫未能表现出明显的进攻行为，更多的是躲避和逃遁；而蚂蚁则表现出明显的追击和进攻行为。说明蚂蚁对紫胶黑虫有捕食作用。

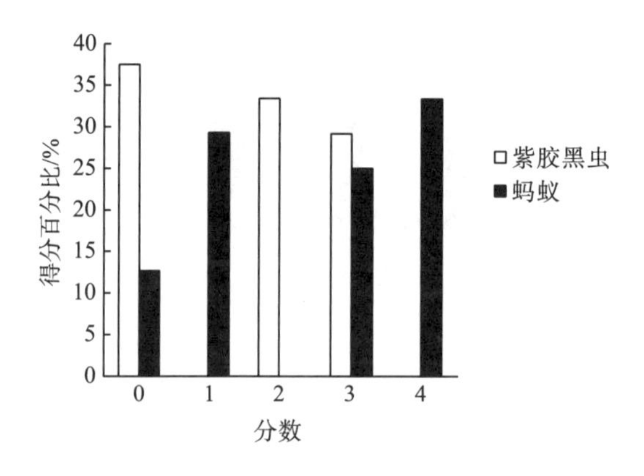

图 4-6 蚂蚁与紫胶黑虫相遇行为反应分布

注：相遇后无反应——0 分，接触、理毛——1 分，躲避——2 分，追击、抵御、逃遁——3 分，进攻——4 分。

4.3.2　互利关系对胶被中寄生蜂群落的影响

4.3.2.1　物种组成及常见种

共采集紫胶虫寄生蜂 2574 头，隶属 4 科 5 属 5 种。其中，蚂蚁垄断模式下，采集紫胶虫寄生蜂 343 头，隶属 4 科 5 属 5 种；无蚂蚁访问模式下，采集紫胶虫寄生蜂 1372 头，隶属 2 科 3 属 3 种；自然状态(有蚂蚁访问模式)下，采集紫胶虫寄生蜂 859 头，隶属 3 科 4 属 4 种，见表 4-2。不同模式紫胶虫寄生蜂常见种见表 4-3。蚂蚁垄断模式下寄生蜂主要为胶蚧红眼啮小蜂(*Tetrastichus purpureus*)和黄胸胶蚧跳小蜂(*Tachardiaephagus tachardiae*)，无蚂蚁访问和自然条件下为胶蚧红眼啮小蜂(*Tetrastichus purpureus*)。

表 4-2　不同模式紫胶虫寄生蜂个体数

科名	物种名	寄生蜂个体数		
		垄断	无蚂蚁	有蚂蚁
寡节小蜂科(Eulophidae)	胶蚧红眼啮小蜂(*Tetrastichus purpureus* Cameron)	111	1274	743
	爪哇寡节小蜂(*Marietta javensis* Howard)	8	42	31
蚜小蜂科(Aphelinidae)	胶蚧蚜小蜂(*Coccophagus tschirchii* Mahdihassan)	1	无	3
跳小蜂科(Encyrtidae)	黄胸胶蚧跳小蜂(*Tachardiaephagus tachardiae* Ashnead)	201	56	82
旋小蜂科(Eupelmidae)	胶蚧旋小蜂(*Eupelmus tachardiae* Howard)	22	无	无

表 4-3　不同模式紫胶虫寄生蜂常见种

科	常见种	个体数百分率/%		
		垄断	无蚂蚁	有蚂蚁
寡节小蜂科(Eulophidae)	胶蚧红眼啮小蜂(*Tetrastichus purpureus* Cameron)	32.36	92.86	86.50
跳小蜂科(Encyrtidae)	黄胸胶蚧跳小蜂(*Tachardiaephagus tachardiae* Ashnead)	58.60	—	—

注：表中“—”表示百分率低于 10%。

三种类型物种累积曲线如图 4-7 所示。三种类型样地实际物种数与 ACE 估计值的比分别为 82.10%、100%和 100%，抽样充分。

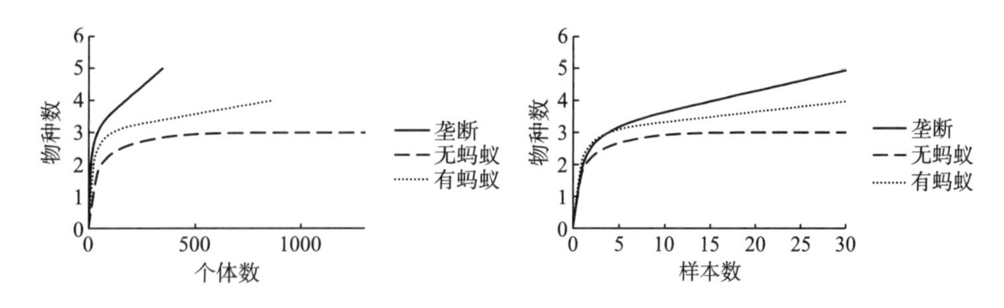

图 4-7 基于个体数和样本数的物种累积曲线

4.3.2.2 不同模式紫胶虫寄生蜂个体数比较

使用 SPSS 16.0 非参数检验中的 Kruskal-Wallis 方法对不同模式下紫胶虫寄生蜂个体数进行比较，结果显示不同模式下紫胶虫寄生蜂个体数存在极显著差异($P<0.001$)。

使用 SPSS 16.0 非参数检验中的 Mann-Whitney 方法对不同模式紫胶虫寄生蜂个体数进行两两比较，结果如图 4-8 所示，无蚂蚁访问模式紫胶虫寄生蜂个体数显著高于垄断模式($P<0.001$)，与自然状态无显著差异($P=0.061$)；自然状态紫胶虫寄生蜂个体数显著高于垄断模式($P=0.005$)。

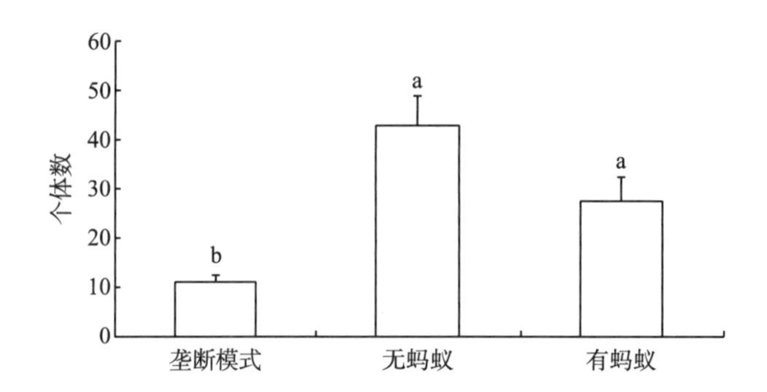

图 4-8 不同模式紫胶虫寄生蜂个体数比较

4.3.2.3 群落结构相似性分析

不同模式下紫胶虫寄生蜂群落结构相似性差异显著($P<0.001$)(图 4-9)。

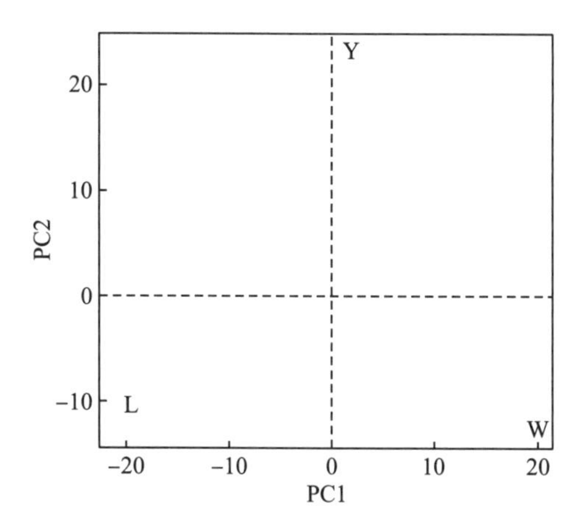

图 4-9 不同模式下的寄生蜂群落结构

注：图中字母 L、W、Y 分别表示垄断模式、无蚂蚁模式和有蚂蚁模式。PC1 解释量为 99.83%，PC2 解释量为 0.17%。

4.3.2.4 不同模式紫胶虫寄生蜂共有种个体数比较

对不同模式紫胶虫寄生蜂常见种胶蚧红眼啮小蜂(*Tetrastichus purpureus*)个体数进行非参数检验。Kruskal-Wallis 方法检验结果显示不同模式下胶蚧红眼啮小蜂的个体数差异显著(P<0.001)。

Mann-Whitney 方法检验结果显示垄断模式下胶蚧红眼啮小蜂个体数显著低于无蚂蚁访问(P<0.001)和自然状态(有蚂蚁访问)(P<0.001)两种模式；无蚂蚁访问和自然状态(有蚂蚁访问)胶蚧红眼啮小蜂个体数差异显著(P=0.014)，结果如图 4-10 所示。

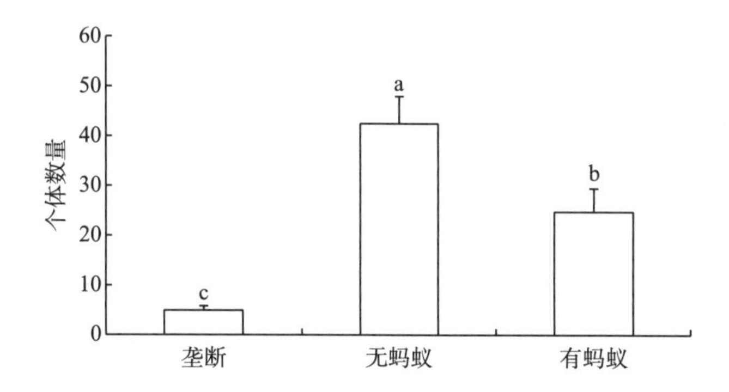

图 4-10 不同模式下胶蚧红眼啮小蜂个体数比较

对不同模式紫胶虫寄生蜂常见种黄胸胶蚧跳小蜂(*Tachardiaephagus tachardiae*)个体数进行非参数检验。Kruskal-Wallis 方法检验结果显示不同模式下黄胸胶蚧跳小蜂的个体数差异显著(P=0.008)。

Mann-Whitney 方法检验结果显示垄断模式下黄胸胶蚧跳小蜂个体数显著高于无蚂蚁访问(P=0.007)和自然状态(有蚂蚁访问)(P=0.009)两种模式；无蚂蚁访问和自然状态(有蚂蚁访问)黄胸胶蚧跳小蜂个体数无显著差异(P=0.744)，结果如图 4-11 所示。

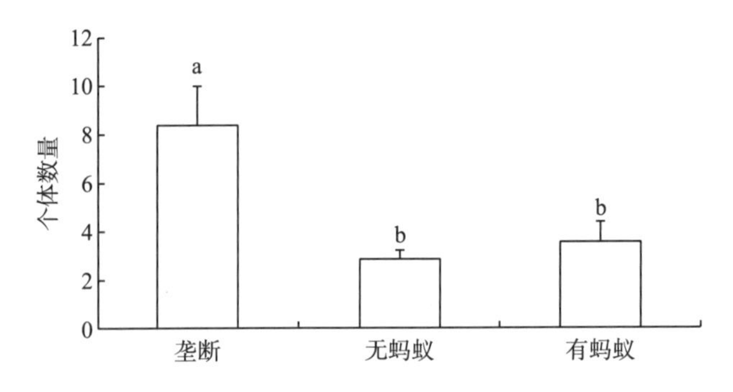

图 4-11 不同模式下黄胸胶蚧跳小蜂个体数比较

爪哇寡节小蜂(*Marietta javensis*)分析结果无差异，未列出。

4.3.3 紫胶林-玉米地复合模式寄生蜂群落多样性

4.3.3.1 抽样充分性分析

放养紫胶虫的紫胶林-玉米地和未放养紫胶虫的对照样地物种累积曲线急剧上升后均趋于平缓，表明抽样充分(图 4-12)。根据该曲线，利用 ACE 进行物种丰富度估计，其中Ⅰ样地、Ⅱ样地、Ⅲ样地的物种丰富度估计值分别为 23.7、26.0、39.0，Ⅳ样地的物种丰富度估计值为 26.4。从抽样效果来看，Ⅰ样地、Ⅱ样地、Ⅲ样地实际采集到的寄生蜂为估计值的 80.27%、73.01%、66.67%，Ⅳ样地实际采集到的寄生蜂为估计值的 75.67%。总体来说，Ⅰ样地抽样效果较充分，样地内多数物种被采集到，Ⅱ样地、Ⅲ样地和Ⅳ样地抽样效果没有Ⅰ样地效果好。

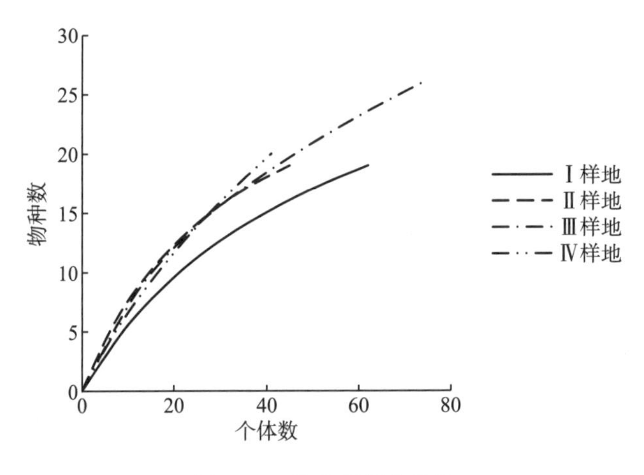

图 4-12 物种累积曲线图

注：Ⅰ、Ⅱ、Ⅲ分别代表紫胶林-玉米地，Ⅳ代表对照样地。

4.3.3.2 物种组成及多度

在放养紫胶虫的紫胶林-玉米地复合模式中共采集寄生蜂标本 181 头，隶属 7 科 33 种；

未放养紫胶虫的对照样地中共采集标本 41 头，隶属 6 亚科 17 种(表 4-4 和表 4-5)。其中，在放养紫胶虫的紫胶林-玉米地复合模式树上陷阱中，姬小蜂科的个体数最丰富，占了总数的 54.03%，其次是蚜小蜂科和跳小蜂科，均占 15.32%；跳小蜂科种类最丰富，占全部种类的 37.04%，其次是姬小蜂科，占全部种类的 25.93%(表 4-4)。在杆上陷阱中，以姬小蜂科的个体数和种类最丰富，分别占 42.11%和 33.33%。对照样地树上陷阱中，以姬小蜂科的个体数和种类最丰富，占全部的 70.97%和 53.85%；杆上陷阱中，以姬小蜂科的个体数最丰富，占总数的 33.33%(表 4-5)。

表 4-4　紫胶林-玉米地寄生蜂各科个体数和物种数(放养紫胶虫)

科名	树上陷阱		杆上陷阱	
	个体数(占总数的百分比)	物种数(占总数的百分比)	个体数(占总数的百分比)	物种数(占总数的百分比)
柄翅小蜂科(Mymaridae)	10(8.06)	2(7.41)	9(15.79)	4(16.67)
姬小蜂科(Eulophidae)	67(54.03)	7(25.93)	24(42.11)	8(33.33)
广肩小蜂科(Eurytomidae)	5(4.03)	2(7.41)	2(3.51)	1(4.17)
金小蜂科(Pteromalidae)	3(2.42)	2(7.41)	5(8.77)	2(8.33)
跳小蜂科(Encyrtidae)	19(15.32)	10(37.04)	11(19.30)	6(25.00)
蚜小蜂科(Aphelinidae)	19(15.32)	3(11.11)	3(5.26)	2(8.33)
蚁小蜂科(Eucharitidae)	1(0.81)	1(3.70)	3(5.26)	1(4.17)

表 4-5　对照样地寄生蜂各科个体数和物种数

科名	树上陷阱		杆上陷阱	
	个体数(占总数的百分比)	物种数(占总数的百分比)	个体数(占总数的百分比)	物种数(占总数的百分比)
姬小蜂科(Eulophidae)	22(70.97)	7(53.85)	3(33.33)	2(22.22)
广肩小蜂科(Eurytomidae)	1(3.23)	1(7.69)	0	0
金小蜂科(Pteromalidae)	0	0	2(20.00)	2(22.22)
跳小蜂科(Encyrtidae)	5(16.12)	3(23.07)	2(20.00)	2(22.22)
蚜小蜂科(Aphelinidae)	3(9.68)	2(15.38)	2(20.00)	2(22.22)
蚁小蜂科(Eucharitidae)	0	0	1(10.00)	1(11.11)

4.3.3.3　物种多样性分析

放养紫胶虫的紫胶林-玉米地复合模式与未放养紫胶虫的对照样地的物种丰富度之间

差异显著[杆上：（F=11.65，P=0.007，n=12）；树上：（F=15.00，P=0.003，n=12）]。ACE估计值表现为放养紫胶虫的紫胶林-玉米地＞对照样地[杆上（F=5.12，P=0.047，n=12）、树上（F=16.50，P=0.002，n=12）]。物种多度则不一致，其中，在树上陷阱中寄生蜂多度没有显著差异，而杆上陷阱中放养紫胶虫的紫胶林-玉米地显著大于未放养紫胶虫的对照样地（F=15.99，P=0.003，n=12）（表 4-6）。

表 4-6 紫胶林-玉米地复合模式寄生蜂群落多样性比较

陷阱类型	样地	多度	物种丰富度（S）	ACE
杆上	紫胶林-玉米地	$6.3±0.4^{a}$	$3.9±0.3^{a}$	$5.5±0.9^{a}$
	对照	$3.3±0.3^{b}$	$2.0±0.0^{b}$	$2.0±0.0^{b}$
树上	紫胶林-玉米地	$12.1±1.7^{a}$	$5.0±0.4^{a}$	$1.6±0.2^{a}$
	对照	$10.3±3.1^{a}$	$2.3±0.3^{b}$	$0.7±0.0^{b}$

注：物种丰富度 S 及 ACE 估计值进行对数转换，数据为 Mean ± SE；数据中标有不同字母表示在 P<0.05 水平上显著。

4.3.3.4 群落相似性分析

放养紫胶虫的紫胶林-玉米地复合模式与未放养紫胶虫的对照样地之间在杆上陷阱诱集到的寄生蜂群落结构有差异，主坐标图中放养紫胶虫的紫胶林-玉米地各样带相对集中，距离较近，相似程度高；未放养紫胶虫的对照样地样带较分散，与放养紫胶虫的各样带距离较远，相似性较低（图 4-13A）。放养紫胶虫的紫胶林-玉米地复合模式与未放养紫胶虫的对照样地之间在树上陷阱诱集到的寄生蜂群落结构有差异，主坐标图中放养紫胶虫的紫胶林-玉米地各样带距离较近，相似程度高；未放养紫胶虫的对照样地样带较分散，与放养紫胶虫的各样带距离较远，与放养紫胶虫的各样带基本分开（图 4-13B）。

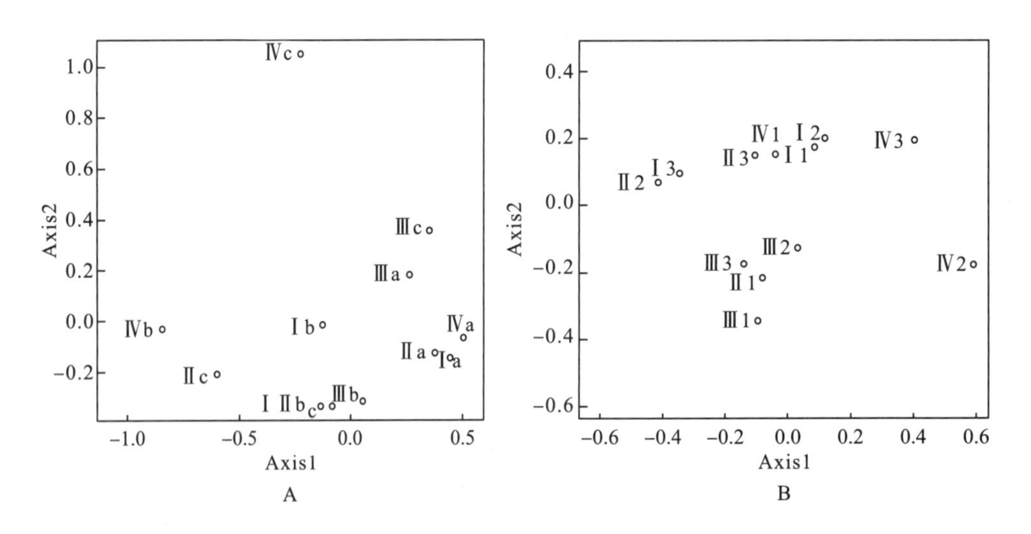

图 4-13 紫胶林-玉米地复合模式寄生蜂主坐标分析（PCoA）

注：A 为杆上陷阱寄生蜂群落结构相似性，B 为树上陷阱寄生蜂群落结构相似性；Ⅰ、Ⅱ、Ⅲ为紫胶林-玉米地，Ⅳ为对照样地；1、2、3、a、b、c 分别代表不同样带。

4.3.3.5　小结

紫胶虫的存在对紫胶林-玉米地复合模式内寄生蜂的群落结构产生了影响，表现在以下两方面。第一，物种组成及多度方面，有紫胶虫存在的紫胶林-玉米地复合模式内寄生蜂的种类和数量均高于未放养紫胶虫的对照样地，显示出紫胶虫的存在增加了寄生蜂的种类及数量。第二，物种多样性方面，放养紫胶虫的紫胶林-玉米地复合模式内在物种丰富度上表现出放养紫胶虫的紫胶林-玉米地复合模式显著高于未放养紫胶虫的对照样地。显示出紫胶虫的存在对提高寄生蜂的群落多样性具有积极作用。

寄生蜂是重要天敌类群之一，其群落结构受多种因素的影响，包括植物的化学成分、蚂蚁的有无、寄主的识别能力等(Rott and Godfray，2000；Kaneko，2002，2003；Baaren et al.，2009；Sugiura，2007，2011)。寄生蜂生命周期大概为一个月，成虫寿命很短，而蜜露资源可以延长寄生蜂成虫的寿命(Pemberton，2003)。紫胶虫分泌紫胶的同时，也分泌蜜露，蜜露含有糖类、氨基酸等多种营养物质。这些蜜露为寄生蜂提供了维持生命所需的糖源，而这些糖源直接为寄生蜂体内代谢提供能量(宋南等，2006)。本研究显示，放养紫胶虫的紫胶林-玉米地中，紫胶虫对提高寄生蜂多样性具有积极的作用，原因可能是紫胶虫在分泌紫胶的同时分泌大量蜜露，为寄生蜂提供了丰富的食物资源。

紫胶虫的存在增加了寄生蜂的种类和数量。其中包括紫胶虫的寄生蜂，如姬小蜂科的胶蚧红眼啮小蜂(*Tetrastichus purpureus*)和跳小蜂科的黄胸胶蚧跳小蜂(*Tachardiaephagus tachardiae*)(陈晓鸣等，2008)。

紫胶林-玉米地复合种植模式，从农民增收的角度来说，放养紫胶虫的紫胶林-玉米地复合生态系统的贡献大于未放养紫胶虫的林地，其在收获紫胶的同时收获玉米。由于化学农药带来的负面影响，使用生态学的方法调节天敌(寄生蜂)进行害虫生态治理受到越来越多的关注(Gerling et al.，2001；陈金安，2002；戴长春，2005)。在玉米害虫控制研究中，寄生蜂对玉米害虫控制效果显著，节约成本，对害虫持续控制时间长(李敦松等，2007；张丽英，2008；高坤和郭春颖，2009；贾彦华等，2010)。在广大紫胶产区，特别是紫胶林-玉米地复合种植模式中，很少有虫害大规模暴发的情况，紫胶虫对吸引寄生蜂具有重要作用，而这些寄生蜂中是否有些种类对玉米害虫产生调控作用需进一步研究。

4.3.4　单一经营模式寄生蜂群落多样性

4.3.4.1　抽样充分性分析

放养紫胶虫的紫胶纯林和未放养紫胶虫的对照样地物种累积曲线急剧上升后均趋于平缓(图 4-14)。根据该曲线，利用 ACE 进行物种丰富度估计，其中 A 样地、B 样地、C 样地的物种丰富度估计值分别为 32.5、28.1、34.0，D 样地的物种丰富度估计值为 40.11。从抽样效果来看，A 样地、B 样地、C 样地实际采集到的寄生蜂为估计值的 77.04%、92.52%、73.53%，D 样地实际采集到的寄生蜂为估计值的 44.88%。B 样地抽样效果较为充分。

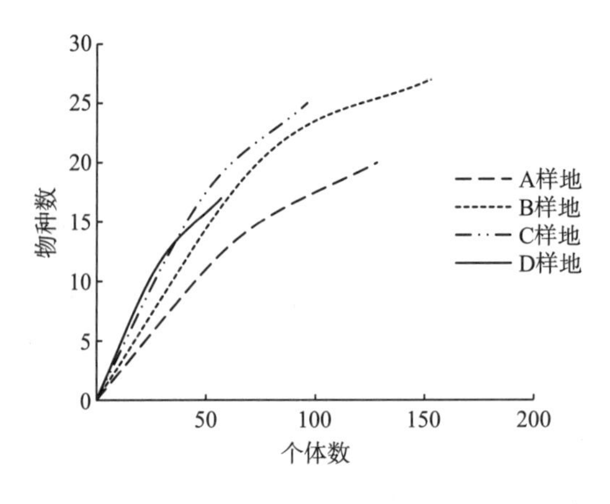

图 4-14 物种累积曲线图

4.3.4.2 物种组成及多度

在紫胶纯林样地中共采集寄生蜂 391 头，隶属 9 科 38 种；对照样地中共采集标本 58 头，隶属 5 科 18 种(表 4-7，表 4-8)。其中，在紫胶纯林中，姬小蜂科的个体数最丰富，占了总数的 67.01%，其次是跳小蜂科，占 15.86%；跳小蜂科种类最丰富，占全部种类的 34.21%，其次是姬小蜂科，占全部种类的 26.32%。在对照样地中，以姬小蜂科的个体数最丰富，占了总数的 67.24%；其次是跳小蜂科，占 17.24%；以姬小蜂科种类最丰富，占全部种类的 38.89%。

表 4-7 紫胶纯林寄生蜂各科个体数和物种数

科名	个体数(占总数的百分比)	物种数(占总数的百分比)
柄翅小蜂科(Mymaridae)	16(4.09)	2(5.26)
姬小蜂科(Eulophidae)	262(67.01)	10(26.32)
广肩小蜂科(Eurytomidae)	2(0.51)	1(2.63)
金小蜂科(Pteromalidae)	2(0.51)	1(2.63)
跳小蜂科(Encyrtidae)	62(15.86)	13(34.21)
小蜂科(Pteromalidae)	10(2.56)	5(13.16)
旋小蜂科(Eupelmidae)	2(0.51)	1(2.63)
蚜小蜂科(Aphelinidae)	33(8.44)	4(10.53)
蚁小蜂科(Eucharitidae)	2(0.51)	1(2.63)

表 4-8 对照样地寄生蜂各科个体数和物种数

科名	个体数(占总数的百分比)	物种数(占总数的百分比)
柄翅小蜂科(Mymaridae)	1(1.72)	1(5.56)
姬小蜂科(Eulophidae)	39(67.24)	7(38.89)
小蜂科(Pteromalidae)	2(3.45)	2(11.11)
跳小蜂科(Encyrtidae)	10(17.24)	6(33.33)
蚜小蜂科(Aphelinidae)	6(10.34)	2(11.11)

4.3.4.3 物种多样性分析

单因素方差分析结果显示：放养紫胶虫的紫胶纯林内物种丰富度显著高于未放养紫胶虫的对照样地（F=10.549，P=0.009，n=12），但寄生蜂个体数之间无显著差异（F=4.045，P=0.72，n=12）；ACE 值无显著差异（F=0.436，P=0.541，n=12）。总体结果显示出，放养紫胶虫的林地内寄生蜂的数量及种类要高于未放养紫胶虫的对照样地，说明寄生蜂更偏爱于有紫胶虫的紫胶纯林生境（表 4-9）。

表 4-9 紫胶纯林寄生蜂群落多样性比较

样地	多度	物种丰富度(S)	ACE
紫胶纯林	14.33±6.3^{a}	15.00±0.9^{a}	25.41±2.9^{a}
对照	19.33±2.3^{a}	9.67±0.3^{b}	21.60±5.4^{a}

注：数据为 Mean ± SE；数据中标有不同字母表示在 P<0.05 水平上差异显著。

4.3.4.4 群落相似性分析

主坐标分析结果显示，放养紫胶的紫胶纯林样地与未放养紫胶虫的对照样地内的寄生蜂群落相似性存在差异。放养紫胶虫的样地中，寄生蜂的群落结构比较相似，未放养紫胶虫的对照样地与放养紫胶虫的样地总体分开。放养紫胶虫的多数样带距离较近，未放养紫胶虫的样带与放养紫胶虫的各样带距离较远，相似程度低（图 4-15）。

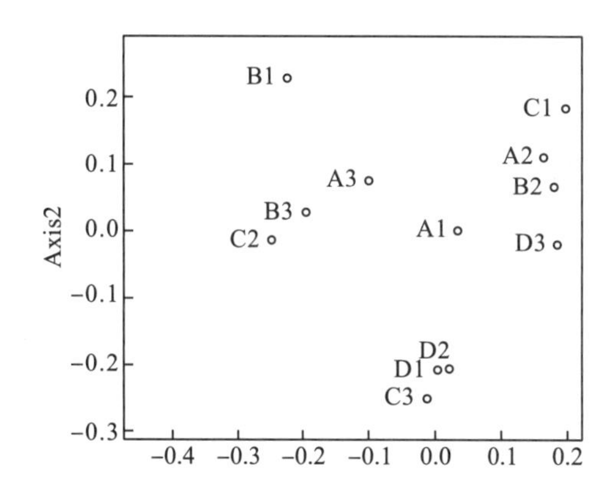

图 4-15 紫胶纯林寄生蜂相似性分析

注：A、B、C 为紫胶纯林，D 为对照；1、2、3 分别代表不同样带。

4.3.4.5 小结

本节研究了紫胶纯林生态系统内寄生蜂的群落多样性，结果显示，紫胶虫的存在影响了寄生蜂的群落结构，表现在物种多样性方面，放养紫胶虫的紫胶纯林物种丰富度显著高于未放养紫胶虫的纯林，表明紫胶虫的存在影响了寄生蜂的多样性。

群落相似性研究显示出两种生境内寄生蜂的群落相似性较低，紫胶虫的存在对寄生蜂的群落结构产生了一定的影响。

寄生蜂昆虫群落受到多种因素的影响，如花粉、花蜜及合适的微生境，植被的多样性为天敌提供了替代食物或者寄主，从而有利于天敌(寄生蜂)生存，提高寄生蜂多样性(武维霞等，2009)。有研究显示，杂草地生境是寄生蜂的种库，对稻田节肢动物的重建保存有重要的影响(徐敦明等,2004)；大蒜与小白菜套种可提高寄生性天敌丰富度和多样性(蔡鸿娇和尤民生，2007)。研究显示，紫胶虫对于提高寄生蜂多样性具有积极的作用。

从紫胶纯林寄生蜂物种组成来看，以姬小蜂科的个体数最多，而种类则以跳小蜂科和姬小蜂科最为丰富。有研究显示，云南紫胶虫栖境内蝽类昆虫具有一定的异质性，伴随云南紫胶虫的培育，其栖境的生物群落物种组成和多样性可能会发生一定的变化(陈彦林等，2009)。因此，建议加强对云南紫胶虫栖境内的寄生蜂昆虫群落研究的力度，对紫胶虫栖境的昆虫群落进行长期的跟踪调查，认识紫胶虫对栖境内其他生物群落的生存是否具有一定的影响，对于提高紫胶产量和维护紫胶虫栖境的健康具有现实意义。

4.3.5 单一经营模式和复合经营模式下寄生蜂群落多样性的差异

4.3.5.1 抽样充分性分析

复合经营模式下的紫胶林-玉米地各样地物种累积曲线急剧上升后均趋于平缓，表明抽样充分(图 4-16)。根据该曲线，利用 ACE 进行物种丰富度估计，其中 I 样地、II 样地、III样地的物种丰富度估计值分别为 18.2、18.2 和 28.5；从抽样效果来看，I 样地、II 样地、III样地实际采集到的寄生蜂为估计值的 76.92%、76.92%和 73.68%。总体显示，各样地抽样效果不佳。

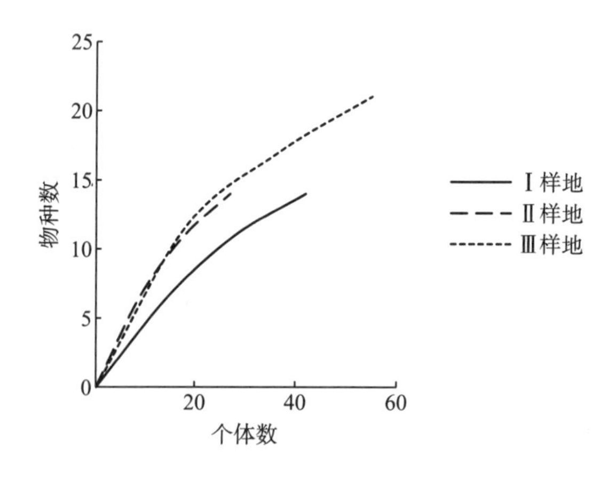

图 4-16 紫胶林-玉米地物种累积曲线图

单一经营模式下的紫胶纯林各样地曲线急剧上升后均趋于平缓(图 4-17)。根据该曲线，利用 ACE 进行物种丰富度估计，其中，A 样地、B 样地、C 样地的物种丰富度估计值分别为 21.5、17.1 和 17.0；从抽样效果来看，A 样地、B 样地、C 样地实际采集到的寄生蜂为估计值的 51.16%、70.05%和 58.82%。总体抽样效果不佳。

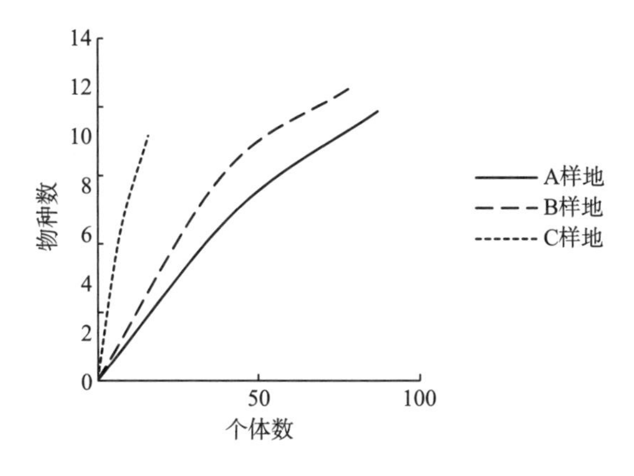

图 4-17　紫胶纯林物种累积曲线图

4.3.5.2　物种组成及多度

在复合经营模式下的紫胶林-玉米地复合模式中采集标本 124 头，隶属 7 科 27 种；单一经营模式下的紫胶纯林中共采集寄生蜂 179 头，隶属 6 科 19 种(表 4-10)。

表 4-10　紫胶纯林、紫胶林-玉米地内寄生蜂各科个体数和物种数

科名	紫胶林-玉米地		紫胶纯林	
	个体数(占总数的百分比)	物种数(占总数的百分比)	个体数(占总数的百分比)	物种数(占总数的百分比)
柄翅小蜂科(Mymaridae)	10(8.06)	2(7.41)	0	0
姬小蜂科(Eulophidae)	67(54.03)	7(25.93)	150(83.80)	6(31.58)
广肩小蜂科(Eurytomidae)	5(4.03)	2(7.41)	0	0
金小蜂科(Pteromalidae)	3(2.42)	2(7.41)	1(0.56)	1(5.26)
跳小蜂科(Encyrtidae)	19(15.32)	10(37.04)	8(4.47)	6(31.58)
蚜小蜂科(Aphelinidae)	19(15.32)	3(11.11)	18(10.06)	4(21.05)
蚁小蜂科(Eucharitidae)	1(0.81)	1(3.70)	1(0.56)	1(5.26)
小蜂科(Pteromalidae)	0	0	1(0.56)	1(5.26)

两种类型的样地中的寄生蜂均有狭适种，其中复合经营模式下的紫胶林-玉米地中狭适种最多，有 4 种；单一经营模式下的紫胶纯林中狭适种有 3 种。反映了云南紫胶虫的不同培育类型，其栖境内寄生蜂种类组成上具有一定的差异。

4.3.5.3 物种多样性分析

单因素方差分析结果显示：复合经营模式下的紫胶林-玉米地的多度与紫胶纯林差异不显著(F=0.469，P=0.509，n=12)，但物种丰富度之间差异显著(F=7.554，P=0.021，n=12)，表现为紫胶林-玉米地复合模式寄生蜂多样性显著高于紫胶纯林；ACE 值无显著差异(F=4.841，P=0.052，n=12)(表 4-11)。

表 4-11 紫胶纯林、紫胶林-玉米地复合模式内寄生蜂群落多样性比较

样地	多度	物种丰富度(S)	ACE
紫胶纯林	5.12±0.9^{a}	1.87±0.1^{b}	1.10±0.1^{a}
紫胶林-玉米地	4.50±0.3^{a}	2.12±0.1^{a}	1.31±0.1^{a}

注：表中数值为平方根转换后的值，数据为 Mean ± SE；数据中标有不同字母表示在 $P<0.05$ 水平上显著。

4.3.5.4 群落相似性分析

群落相似性分析结果显示，复合经营模式下的紫胶林-玉米地与单一经营模式下的紫胶纯林寄生蜂群落结构存在一定的差异。主坐标分析显示：单一经营模式下的紫胶纯林各样带寄生蜂距离较近，群落结构较相似；而复合经营模式下的紫胶林-玉米地，各样带相对较分散，部分样带与紫胶纯林距离较近(图 4-18A)。层次聚类结果显示：复合经营模式下的紫胶林-玉米地及单一经营模式下的紫胶纯林各样地的样带基本分开，整体分为两类，这体现了复合经营模式下的紫胶林-玉米地寄生蜂群落结构与单一经营模式下的紫胶纯林寄生蜂群落结构相似性程度低(图 4-18B)。

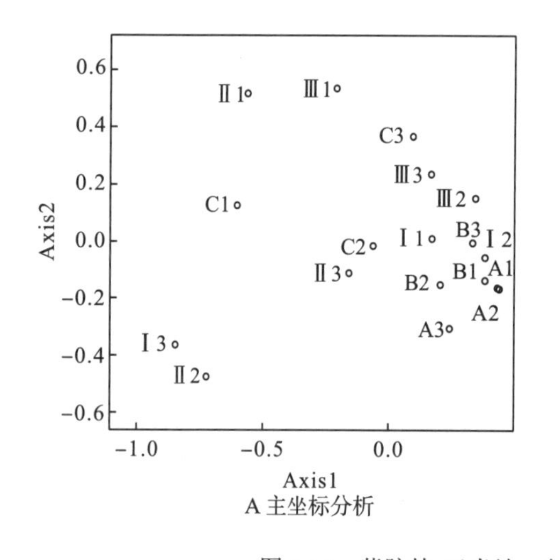

A 主坐标分析

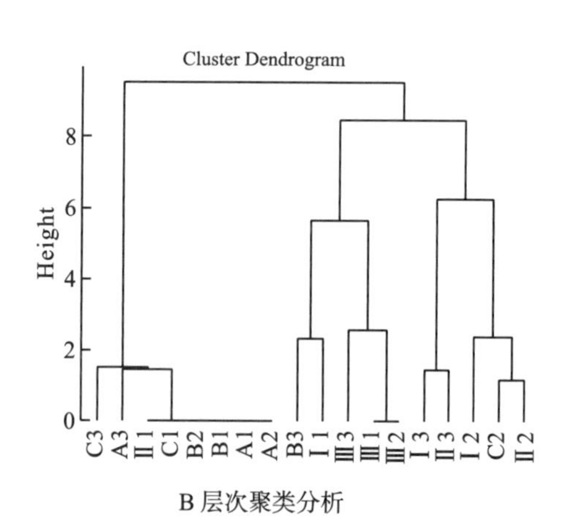

B 层次聚类分析

图 4-18 紫胶林-玉米地、紫胶纯林寄生蜂相似性分析

注：A、B、C 为紫胶纯林，Ⅰ、Ⅱ、Ⅲ为紫胶林-玉米地；1、2、3 分别代表不同样带。

4.3.5.5　小结

在单一经营模式和复合经营模式下寄生蜂群落有一定的差异，表现在个体数、物种丰富度、多样性及相似性等方面。

在物种组成及多度方面，单一经营模式下寄生蜂数量高于复合经营模式下寄生蜂数量，不同的紫胶虫栖境下寄生蜂的种类和数量有所不同，复合经营模式在一定程度上对寄生蜂的群落结构产生了影响。

在寄生蜂多样性方面，单一经营模式下寄生蜂丰富度与复合经营模式下寄生蜂物种丰富度差异显著，说明不同的紫胶虫栖境下对寄生蜂的多样性产生了影响，复合经营模式对于提高寄生蜂的多样性有积极作用。

在寄生蜂相似性方面，单一经营模式下寄生蜂群落结构与复合经营模式下寄生蜂群落结构存在一定的差异。单一经营模式各样带距离较近，相似程度高；复合经营模式多数样带集中到一块，距离较近。单一经营模式部分样带与复合经营模式距离较近，说明两种模式内寄生蜂群落有一定的相似性。复合经营模式对寄生蜂的群落结构产生了影响。

对复合经营模式的紫胶林-玉米地及单一经营模式的紫胶纯林寄生蜂群落调查结果显示，紫胶林-玉米地复合模式内寄生蜂群落结构与紫胶纯林有一定的差异。从紫胶纯林与紫胶混农林系统寄生性天敌昆虫群落组成种类来看，以蚜小蜂科数量最为丰富。已有研究显示，单一的人工紫胶纯林对于维护西南山区生物多样性是十分不利的(李巧等，2009a)。本研究也得出了单一经营模式的紫胶纯林寄生蜂昆虫群落的多样性较低的结论。复合经营模式的紫胶林-玉米地对于提高寄生蜂的多样性有积极作用。

相关研究显示，在混农林系统中，许多类群的甲虫在非农业栖境中出现，这种迁移与距离无关，而与植被类型有关，保留一定的非农业用地对于维护害虫天敌类群具有重要的作用(Petit and Burel，1998)。单一经营模式下的紫胶纯林与复合经营模式下的紫胶林-玉米地中寄生蜂多样性的比较结果，也说明了混农林系统对保护当地寄生蜂多样性有重要作用。

我国具备发展紫胶的优越条件，特别是云南省立地气候明显，适宜紫胶虫生存(陈又清和姚万军，2007)。由紫胶虫寄主树为主组成的混农林生态系统是我国目前紫胶产区生态系统的主要特点，这种特殊的地理环境和植被条件，为种类繁多的农林昆虫和其他动物提供了适宜的生存场所，为农林寄生性天敌(寄生蜂)的生存和发展提供了特殊的栖息环境，形成了紫胶虫生境所特有的寄生蜂群落特征，为农林业的可持续发展提供了部分的天敌资源。因此，建议加强对紫胶林-玉米地复合生态系统的研究力度，对复合生态系统栖境内的寄生蜂群落进行长期的跟踪调查，更好地对农业害虫进行治理，对于保护利用寄生蜂和保障紫胶林-农田复合生态系统的持续健康发展，解决土地的保护与利用矛盾具有积极的作用。

4.4 结论与讨论

4.4.1 对紫胶黑虫的影响

蚂蚁与分泌蜜露的昆虫之间存在互利关系(Way，1963；Addicott，1979)。蚂蚁取食蜜露的同时，可干扰被光顾昆虫天敌的产卵行为或破坏卵或取食卵、幼虫和成虫，减少被光顾昆虫的天敌数量，从而保护分泌蜜露的昆虫(Das，1959；Oliver et al.，2008；Herbert and Horn，2008)。紫胶虫在生产紫胶的同时分泌蜜露，紫胶虫经常遭受各种捕食性和寄生性天敌的危害，严重影响紫胶产量。对紫胶虫危害最为严重的有紫胶白虫、紫胶黑虫、胶蚧红眼啮小蜂等(王士振，1987)，本研究也得到了类似的结论。

试验结果显示，蚂蚁取食云南紫胶虫分泌的蜜露，能降低云南紫胶虫的天敌紫胶黑虫的为害率，减少紫胶黑虫的种群数量，但7月以后对于紫胶黑虫的每月增长量没有显著影响。其原因可能是：在云南紫胶虫成虫期(7～9月)，由于紫胶黑虫生活在胶被内，很少能与蚂蚁相遇；另外，在人为设置的蚂蚁与紫胶黑虫幼虫相遇的行为反应试验可看出，虽然蚂蚁可表现出明显的捕食行为，但紫胶黑虫却通过吐丝悬挂于半空而摆脱被蚂蚁捕食的危险，这两点可能是7月以后蚂蚁光顾云南紫胶虫，对紫胶黑虫种群的增长起不到抑制作用的原因。本次试验白天未观察到紫胶黑虫的产卵行为及蚂蚁对其产卵行为的干扰和对卵的破坏及取食，但7月有无蚂蚁光顾云南紫胶虫的胶被上紫胶黑虫种群数量存在显著差异($|t|=2.220$，$df=114$，$P<0.05$)，即有蚂蚁光顾云南紫胶虫的胶被上紫胶黑虫数量(5.577±0.48，$n=60$)明显少于无蚂蚁光顾云南紫胶虫的胶被上紫胶黑虫数量(7.062±0.46，$n=60$)，推断蚂蚁对云南紫胶虫的保护主要是在云南紫胶虫的幼虫期，其作用机制可能是紫胶黑虫暴露于枝条上，蚂蚁通过干扰紫胶黑虫的产卵行为或破坏、取食紫胶黑虫的卵或初孵幼虫，从而减少紫胶黑虫的种群的数量，保护云南紫胶虫。

蚂蚁与分泌蜜露的昆虫之间的互利关系是动态变化的(Eastwood，2004；Cushman and Addicott，1989；Fischer and Shingleton，2001)。不同寄主植物生物学特性的差异，导致其上活动的蚂蚁种类和数量存在差异(Jackson，1984b)，进而影响互利关系的强度(Cushman and Whitham，1991；Kaneko，2003)。钝叶黄檀胶被上紫胶黑虫的数量(9.09±0.38，$n=180$)明显少于苏门答腊金合欢胶被上的紫胶黑虫数量(12.29±0.84，$n=180$)，这可能是与寄主植物本身的生物学特性及光顾的蚂蚁种类和数量有关。如钝叶黄檀中空的树枝中可为许多种类的蚂蚁提供栖息筑巢的场所。

虽然两种寄主植物胶被上紫胶黑虫的数量存在差异，却都支持蚂蚁光顾云南紫胶虫能明显减少紫胶黑虫种群数量的结论，即蚂蚁与云南紫胶虫之间存在互利关系。进一步研究这种互利关系，对生态控制紫胶虫的天敌、保护林地内的蚂蚁以提高紫胶产量有一定理论和现实意义。

4.4.2　对胶被中寄生蜂的影响

在紫胶虫胶被开展的寄生蜂群调查发现，本研究共采集紫胶虫寄生蜂 67 头，涉及寄生蜂 3 科，以姬小蜂科数量和种类最丰富；物种组成及多度结果显示，2 月有 1 种狭适种，3 月有 2 种狭适种；2 月的优势种个体数最多；寄生蜂多样性比较显示，2 月和 3 月寄生蜂多样性差异不显著，总体表现为 2 月寄生蜂在多度和物种丰富度上高于 3 月。紫胶虫胶被表面危害紫胶虫的主要是胶蚧红眼啮小蜂和黄胸胶蚧跳小蜂，2～3 月是紫胶虫进入成虫的时期，掌握紫胶虫寄生蜂发生的危害规律，能够更好地为紫胶的生产打下坚实的基础。

4.4.3　对紫胶复合生态系统中寄生蜂的影响

在紫胶生态经济系统中对寄生蜂群落进行调查发现，不同的种植模式下，寄生蜂群落存在一定的差异。

(1) 紫胶林-玉米地复合模式寄生蜂群落多样性。本研究共采集寄生蜂 222 头，涉及寄生蜂 7 科，以姬小蜂科数量最丰富。物种累积曲线显示：本研究的抽样充分，各个样地实际采集到的寄生蜂物种超过了物种丰富度估计值的 65%。物种组成及多度研究结果显示，放养紫胶虫的紫胶林-玉米地寄生蜂的种类及数量高于未放养紫胶虫的紫胶林-玉米地。寄生蜂多样性比较显示，物种丰富度(*S*)和 ACE 估计值均表现为放养紫胶虫的紫胶林-玉米地显著高于未放养紫胶虫的紫胶林-玉米地。紫胶林-玉米地复合模式寄生蜂多样性研究结果显示，紫胶虫的存在影响了寄生蜂的群落结构，对提高寄生蜂多样性具有积极作用。

(2) 单一经营模式寄生蜂群落多样性。本研究共采集寄生蜂 449 头，涉及寄生蜂 9 科，以姬小蜂科数量和种类最丰富；物种组成及多度研究结果显示，放养紫胶虫的紫胶纯林寄生蜂的种类及数量高于未放养紫胶虫的紫胶纯林；寄生蜂多样性比较显示，物种丰富度(*S*)表现为放养紫胶虫的紫胶纯林显著高于未放养紫胶虫的紫胶纯林。单一经营模式寄生蜂多样性研究结果显示，紫胶虫的存在影响了寄生蜂的群落结构。

(3) 单一经营模式和复合经营模式下寄生蜂群落多样性的差异。本研究单一经营模式下共采集寄生蜂 179 头，涉及寄生蜂 6 科，以姬小蜂科数量最丰富；复合经营模式共采集寄生蜂 124 头，涉及寄生蜂 7 科，以姬小蜂科数量最丰富；寄生蜂多样性比较显示，物种丰富度(*S*)表现为放养紫胶虫的紫胶林-玉米地复合模式显著高于单一经营模式的紫胶纯林。单一经营模式下和复合经营模式下寄生蜂群落在个体数表现出较大的差异。复合经营模式内寄生蜂拥有较丰富的种类，占据比较重要的位置，能较好地反映寄生蜂群落在多样性上的差异。单一经营模式下寄生蜂拥有最多的个体数，但由于拥有较少的种类，因此无法很好地反映寄生蜂群落在组成上的差异，这可能是由于存在某种比较突出的物种，其个体数较为庞大造成个体数太高的结果。

从紫胶林-玉米地复合模式寄生蜂群落多样性分析的结果不难看出，不同生境内具有不同的物种组成，显示出寄生蜂某些物种对于特定栖境的偏好，紫胶虫的存在对于吸引寄生蜂具有积极的作用。紫胶林-玉米地是一个极其复杂的系统，其内植物的类群、组成和结构复杂，寄生蜂昆虫的组成和结构也十分复杂，除却寄生蜂昆虫以外，还包括大量的植食性昆虫和中性昆虫。所以植物群落的物种组成及其发育阶段、结构等对寄生蜂产生间接影响，而这些间接和直接的影响对寄生蜂产生的生态效应又是十分复杂的。本研究以放养紫胶虫的紫胶林-玉米地复合模式开展实验，以未放养紫胶虫的紫胶林-玉米地作为对照，仅仅分析了两者在寄生蜂群落之间的关系，深入的研究还有待开展。

从单一经营模式下的紫胶纯林寄生蜂多样性的研究来看，紫胶虫栖境内寄生蜂群落组成与未放养紫胶虫的纯林内寄生蜂的类群和组成具有一定的差异。从一定意义上讲，寄生蜂为害虫的自然天敌，但是对于紫胶虫本身来讲，寄生蜂又是危害紫胶害虫的其中一种。紫胶虫是一种特殊的经济昆虫，不能用喷洒农药等方法来控制紫胶虫害虫。因此，有必要找出紫胶虫害虫的发生规律及生物学特性，结合时间和空间生态位的宽度及紫胶虫的寄生蜂天敌(寄生蜂)的生物学特性综合分析，了解和掌握紫胶虫的寄生性天敌(寄生蜂)发生规律等，减少寄生性天敌(寄生蜂)对紫胶虫的危害，为广大的紫胶生产地区提供理论基础。

寄生蜂多样性的研究中，抽样量大小一直受到关注(Kitching et al.，2001；Rohr et al.，2007)，究竟多大的抽样量才能满足研究的需要，至今仍无定论。在本研究中，每个调查样地设置了 30 个调查样点。尽管如此，研究结果显示出多数样地抽样量基本充分，而少数样地如单一经营模式下的样地抽样量仍然不足，究其原因，应该是抽样方法过于单一。对于生态系统内节肢动物的采集多数采用陷阱法，本研究对寄生蜂的采集方法也仅用了陷阱法。针对陷阱法，在节肢动物多样性研究中也是存在缺陷和不足的，尤其是在膜翅目昆虫的研究中。在生物多样性分析中，物种累积曲线和物种丰富度的 ACE 估计值是多样性分析的基本内容，然而这些内容在国内多样性的研究中尚未引起重视。本研究再次体现出物种丰富度 ACE 估计值的重要性。主坐标分析和层次聚类分析是比较群落相似性的重要手段，具有直观性的特点，广泛用于国外生物多样性的研究中，我国则多用 Jaccard 指数进行群落相似性分析。本研究将这两种方法运用于寄生蜂群落多样性分析中，结果表明这两种分析方法对寄生蜂多样性研究效果较好。

农业害虫的猖獗往往与农业生态系统整体性的扰乱有关，如农药的大量使用、生产上大面积种植单一树种、人工破坏等。农业生物防治与生物多样性是密切相关的。一方面，多样化的自然界和农田生物群落为生物防治提供了必需的天敌来源，包括寄生性天敌(如寄生蜂)和捕食性天敌；另一方面，农田生物防治的实施结果又保护了农田中物种，以及与之相关的生态系统的多样性。为了长期有效地控制农业害虫，应将寄生蜂群落作为一个有机的整体，从群落生态学出发，探讨农业生态系统中寄生蜂不同类群间的相互关系和相互作用。在紫胶林-玉米地复合生态系统中，需加强害虫类群和天敌类群的时间生态位及空间生态位的宽度与重叠度，并将害虫和天敌的生物学习性综合起来分析，这样可以了解农业害虫和天敌之间作用的强弱，为开发和利用农业害虫的天敌资源提供理论基础。

我国具备发展紫胶的优越条件，紫胶虫寄主植物生活在地形陡峭，不适于发展其他经济作物的地段，发展紫胶不存在与其他农林业作物争地的问题；同时，紫胶是一项投入劳力少的产业，中国紫胶产区绝大部分人口在山区，具备发展紫胶的人力资源(陈又清和姚万军，2007)。这种特殊的地理环境和植被条件，起到了改善江河流域生态环境、保护农耕地和农业生态环境、提高自然资源利用效率、解决农林争地矛盾、多渠道增加山区群众收入等作用的同时，为紫胶林-玉米地复合生态系统中种类繁多的寄生蜂和其他节肢动物提供了适宜的生存场所，形成了紫胶林-玉米地复合生态系统所特有的寄生蜂群落特征，为生物多样性的保护提供了部分生物资源。因此，建议进一步扩大紫胶林-玉米地复合模式的种植面积，加大对紫胶虫寄主植物的保护力度，提高紫胶产区农民的经济收入，为紫胶产区生物多样性的保护发挥应有的作用。

本书研究了紫胶林-玉米地复合生态系统内的寄生蜂群落多样性，揭示了紫胶虫与蚂蚁的互利关系在影响寄生蜂多样性方面有积极的作用，同时不同的土地利用方式对这种作用进行叠加，复合经营模式对于保护生物多样性有积极的意义。本次研究仅是对紫胶林-玉米地复合生态系统寄生蜂资源的初步调查，采集次数有限，特别是紫胶林-玉米地复合模式内，所得的数据和实际的情况会有一些出入，另外由于采集时间有限，对标本多数只鉴定到科，所进行的分析也是在形态种水平上进行的，只能对寄生蜂资源有一个初步的了解，因此，有关紫胶林-玉米地复合生态系统内的寄生蜂资源还有待进一步的调查。影响昆虫多样性研究的因素很多，客观因素有湿度、温度、光照等，同时也受采样方式、季节、统计误差等主观因素的影响，因此只有坚持长期、持续的观察、采样、监测才能得到更为合理的、有说服力的数据，但由于受到各方面条件的限制，国内多数学者目前也只能根据一次或几次的数据进行分析，作者此次的报道也面临同样的问题，少数样地显得抽样不足。随着环境问题的日益突出，害虫的生物防治越来越受到人们的重视，当前对害虫的生物防治主要是通过从国外或国内引入天敌类群，云南属于典型的高原季风气候，地形地貌复杂，具有降雨少、气候干燥、冬季时间短、昼夜温差大等特点，从外地引入的天敌物种很难适应本地的环境，对害虫的防治效果一般都不是很理想，因此开发和利用本地的寄生蜂具有一定的价值。

第 5 章　紫胶虫蚂蚁互利关系对蝗虫多样性的影响

5.1　引　　言

蚂蚁与产蜜露昆虫的互利关系最初只是关注相互作用的双方，并逐渐推及产蜜露昆虫的天敌。随着研究的深入，人们注意到，蚂蚁在产蜜露昆虫的寄主植物上活动，寻找产蜜露昆虫及其他可食用资源时，其活动范围是广泛的，活动是频繁的，个体数及可招募的工蚁数量也是可观的。而蚂蚁在食物网中作为一类重要的捕食者，其食性是广谱的，包括各种各样的节肢动物。那么作为互利关系的一方，蚂蚁是否会直接或间接地影响寄主植物的害虫？在随后开展的相关研究中，回答是肯定的，即互利关系中的蚂蚁能直接或间接地对产蜜露昆虫的寄主植物进行保护，免除植食性害虫的影响。蚂蚁捕食对象的广泛性使得在有照顾半翅目蚂蚁的存在时，植食性昆虫整个群落的结构都会发生变化。例如，Fowler 和 Macgarvin（1985）在研究毛林蚁对桦木群落中食草昆虫消费者的影响中发现，受蚂蚁照顾的毛斑（*Symydobius oblongus*）其丰富度要比无蚂蚁照顾的高出 8200%。相反，不产生蜜露的刺吸式昆虫集群其物种丰富度降低了 28%，食叶毛虫的物种丰富度降低了 69%，总的植食性昆虫物种丰富度降低了 28%。在另一项研究中（Fowler and Macgarvin，1985），在有蚂蚁情况下植物上食叶甲虫数目降低了 61%，相反，另一种不怕蚂蚁捕食的鳞翅目幼虫其丰富度增加了 44%，其原因可能是蚂蚁捕食它的天敌，从而间接地保护了这种幼虫。Wimp 和 Whitham（2001）设置了杨木上蚜虫存在和不存在两种情况来测试蚂蚁-半翅目昆虫关系在群落水平的影响——在没有蚜虫的树上蚂蚁（*Formica propinqua*）舍弃了这些树，导致这些树木上的消费者群落增加了 76%，树上节肢动物的丰富度增加了 80%，总物种丰富度增加了 57%。同样，棉蚜虫与入侵红火蚁（*Solenopsis invicta*）的互利关系也强烈影响其他节肢动物的物种丰富度和分布，在大样地的实验中，这两种之间的关系使消费者类群降低了 27%～33%（Kaplan and Eubanks，2002）。研究发现，蚂蚁和产蜜露昆虫这种局部的相互作用除对单一寄主植物上的节肢动物的多度和分布产生了影响，同样对周围植物群落的节肢动物的多度和分布也产生了影响（Wimp and Whitham，2001）。这种短时间的相互作用可以引起寄主植物质量长期变化，并进而在整个季节中影响其植食性天敌（Van Zandt and Agrawal，2004）。

反过来，相互作用的丢失对生态系统过程产生广泛的影响（Estes et al.，2011）。研究发现，地球上的任何物种都参与一种或多种互利关系（互利关系是作用双方的适合度都受益的相互作用）（Bronstein et al.，2004），因此，相互作用的破裂可能通过威胁某些物种生存进而影响生物多样性。这些物种的丧失并不像由巨大的环境变异，如生境丧失、气候变化、生物入侵和过度开采等所驱动一样，它们自身并不直接对大尺度的环境变异产生反应，而是由于它们的互利伙伴容易受到威胁而使它们处于威胁之中(Dunn et al.，2009a，2009b)。互利关系受到干扰带来物种受到影响是因为两者应对胁迫环境共同进化或是一方帮助另一方克服营养限制、扩散阻限和捕食等限制因子(Lengyel et al.，2009；Johnson et al.，2010)。目前全球范围内剧烈的土地利用变化，可能会影响已经建立的互利关系，因此在西南山地开展土地利用变化下的互利关系影响节肢动物群落具有十分重要的意义。

蝗虫是一类重要的植食性害虫，在紫胶虫与蚂蚁的互利关系作用下，这个类群受到怎样的影响目前还不清楚，特别是在西南山地土地利用变化十分剧烈的背景下，这种类群在不同土地利用方式间的交流也值得探讨。

农林复合生态系统作为生态农业的一种形式，多年来已发展成为农业、林业、水土保持、土壤、生态环境、社会经济及其他应用学科等多学科交叉研究的前沿领域，它是集农林业所长的一种持续发展实践，在解决农林争地矛盾、挖掘生物资源潜力、协调资源合理利用、改善与保护生态环境、促进粮食增产及经济的可持续发展等方面具有重要的理论和实践意义；农林复合种植模式作为一种有效的可持续发展的土地利用和综合生产途径，在生产中起着重要作用(孟平等，2003；梁玉斯等，2007)。

紫胶林-农田复合生态系统是广泛分布于西南山区的农林复合种植模式。紫胶虫的寄主植物自然分布于海拔 800～1500 m 地段，或零星分布于房屋四周、田间地头、水库周围、沟谷两旁，或稀疏分布于山坡上(200～300 株/hm²)。农田通常为稻田或旱地，其中稻田就是梯田，尤以元阳梯田而世界闻名。零星及连片的紫胶虫寄主树和周围的农田形成了一种较为独特的混农林生态系统——紫胶林-农田复合生态系统。Saint-Pierre 和 Ou(1994)从紫胶虫寄主植物生产紫胶、提供薪材和小径木材、保持水土、增加土壤肥力、耐火性、良好的萌发力和更新能力等方面阐述了该复合生态系统中紫胶生产对于周边的农业生态系统具有安全保障作用。Sharma 等(2006)阐述了紫胶林在生物多样性保护上的重要作用。较多研究只停留在种群生态学方面(陈又清和王绍云，2006c，2006d，2007a，2007b)，关于群落生态甚至生态系统层面上的研究十分缺乏(陈彦林等，2008)。

蝗虫对各种自然环境与生态条件具有极为广泛的适应性，对自然景观或生境的原貌兴衰与变迁具有一定的指示作用(陈永林，2001)，国内外在生境变化或干扰对蝗虫群落影响方面均有丰富的研究(Andersen et al.，2001；Gebeyehu and Samways，2003；Jonas and Joern，2007，2008；李巧等，2006；刘慧等，2007)；然而，关于一些优势种的生态学意义方面的研究十分少见。紫胶林-农田复合生态系统在 20 世纪 80 年代后发生了显著变化，主要体现为自然分布的紫胶虫寄主树大量减少，而代替的是集中连片的树种单一的人工紫胶林。为探索紫胶虫蚂蚁互利关系对蝗虫群落多样性的影响及紫胶林-农田复合生态系统对当地生物多样性保护的意义，以及紫胶生产系统对山地农业生态系统安全的影响，对该生态系统中的节肢动物群落进行了系统调查，本章是蝗虫群落调查的结果。

5.2 研究地概况与研究方法

5.2.1 研究地概况

选择云南省绿春县作为研究地点。绿春县位于云南东南部，红河哈尼族彝族自治州南部，哀牢山南出支脉西南端，东经 101°48′～102°39′，北纬 22°33′～23°08′，最高海拔 2637 m，最低海拔 320 m，属亚热带山地季风气候，年平均气温 16.6℃，无霜期 317 d，年降雨量 2042.3 mm，年平均雨日 118.6 d，年平均相对湿度 79%以上，是典型的湿热地区之一。绿春县宜农面积占总面积的 7.25%；宜林面积占总面积的 45%。农业土地利用类型以耕地为主，包括水田、干田、水浇地、旱地、轮歇地等 5 种；林地以防护林为主，占 50.5%，特种用途林占 32.5%，用材林、经济林、薪炭林等仅占 17.0%。近年来由于退耕还林的实施，旱地被人工林所取代，因此旱地和轮歇地的面积逐渐减少，人工林面积逐渐增加(杨华等，2006)。

试验地位于云南省绿春县牛孔乡(22°53′ N，101°56′ E)，海拔 1000～1300 m 地段。在紫胶林-农田复合生态系统中根据土地利用类型的不同设置 4 个试验地(Ⅰ～Ⅳ)，每个试验地设 2～3 个重复。试验地年平均气温不低于 18℃，年降雨量在 1500 mm 以下，天气干燥，相对湿度 50%～80%，冬季有轻霜，日夜温差很大，在冬季可达 20℃，土壤多为红色黏土，酸碱度 pH 5.5～6.5，属微酸性(陈又清和王绍云，2007a)。各试验地大小约 1 hm^2。Ⅰ为稻田，3 月下旬至 8 月中旬为种植季节，其余时间闲置；种植前半月左右进行翻地以待耕作。Ⅱ为旱地，以种植玉米为主，3 月下旬至 8 月中旬为种植季节，于 5 月下旬进行中耕除草，其余时间为闲置地，在种植前半月左右将秸秆和杂草等进行焚烧，并进行翻地以待耕作。Ⅲ为天然紫胶林，以思茅黄檀(*Dalbergia szemaoensis*)为主要树种，平均树高为 9 m，平均胸径为 19 cm，郁闭度为 0.6，草本以紫茎泽兰(*Eupatorium adenophorum*)占优势，腐殖质较少，于 2002 年开始人工放养紫胶虫。Ⅳ为人工紫胶林，于 2001～2002 年在退耕地上造林，造林树种为南岭黄檀(*Dalbergia balansae*)，平均树高为 7 m，平均胸径为 11 cm，郁闭度为 0.7，草本植物中飞机草(*Chromolaena odorata*)占优势，于 2005 年开始人工放养紫胶虫。

5.2.2 研究方法

于 2006～2007 年利用网扫法在各试验地内每隔半月进行 1 次抽样调查，2 名调查人员在每个试验地内分别沿平行线扫网 200 次，将采集到的所有蝗虫成虫标本用 75%乙醇溶液保存，带回实验室根据《蝗虫分类学》及相关资料(郑哲民，1993；梁铬球和郑哲民，1998；郑哲民和夏凯龄，1998)将标本鉴定到亚科、属、种。

各试验地中蝗虫优势种及常见种依据其个体数占试验地蝗虫群落个体总数的百分比确定：>10%为优势种；5%～10%为常见种。群落多样性测度采用物种丰富度及 Margalef

稳定性指数(R)、Shannon-Wiener 多样性指数(H')、Simpson 优势度指数(C)、Pielou 均匀度指数(E)(马克平和刘玉明，1994)。24 次的数据合并进行处理。本书 Margalef 指数为：$D=(S-1)/\ln N$，式中 N 为所有种类的个体数之和，S 为物种数。Shannon-Wiener 指数为：$H'=-\Sigma P_i\ln P_i\ (i=1,2,3\cdots S)$，式中 P_i 为第 i 个种类的个体数和 N 之比，S 同上。Simpson 优势度指数为：$C=\Sigma P_i^2\ (i=1,2,3\cdots S)$，式中 P_i、S 同上。Pielou 指数为：$J_{sw}=(-\Sigma P_i\ln P_i)/\ln S\ (i=1,2,3\cdots S)$，式中 P_i、S、N 同上。

5.3　结果与分析

5.3.1　主要类群及数量

经过初步鉴定和数量统计，在紫胶林-农田复合生态系统中共采集蝗总科(Acridoidea)标本 1426 号，隶属 5 科 21 属，计 33 种(表 5-1)。其中，锥头蝗科(Pyrgomorphidae) 1 属 1 种，斑腿蝗科(Catantopidae) 14 属 25 种，斑翅蝗科(Oedipodidae) 3 属 3 种，网翅蝗科(Arcypteridae) 1 属 2 种，剑角蝗科(Acrididae) 2 属 2 种。从物种组成上来看，农田成分的种类如赤胫伪稻蝗、黄股稻蝗，以及林地成分的耐干旱种类大斜翅蝗、大斑外斑腿蝗及长角佛蝗等数量丰富，均超过了 100 头。

表 5-1　试验地蝗虫种类及数量

序号	科名	种名	数量
1	锥头蝗科(Pyrgomorphidae)	短额负蝗(*Atractomorpha sinensis*)	80
2	斑腿蝗科(Catantopidae)	小稻蝗(*Oxya intricata*)	3
3		黄股稻蝗(*O. flavefemura*)	111
4		长翅稻蝗(*O. velox*)	38
5		云南稻蝗(*O. yunnana*)	2
6		无齿稻蝗(*O. adentata*)	13
7		中华稻蝗(*O. chinensis*)	27
8		宁波稻蝗(*O. ningpoensis*)	1
9		短翅稻蝗(*O. brachyptera*)	62
10		稻蝗 1 (*Oxya* sp.1)	1
11		稻蝗 2 (*Oxya* sp.2)	1
12		稻蝗 3 (*Oxya* sp.3)	64
13		赤胫伪稻蝗(*Pseudoxya diminuta*)	280
14		云南卵翅蝗(*Caryanda yunnana*)	6
15		小卵翅蝗(*C. elegans*)	17

续表

序号	科名	种名	数量
16		长翅板胸蝗(*Spathesternum prasiniferum*)	5
17		棉蝗(*Chondracris rosea*)	2
18		长翅凸额蝗(*Traulia aurora*)	19
19		罕蝗(*Ecphanthacris mirabilis*)	3
20		大斜翅蝗(*Eucoptacra binghami*)	263
21		长翅十字蝗(*Epistaurus aberrans*)	1
22		西姆拉斑腿蝗(*Catantops simlae*)	10
23		长角直斑腿蝗(*Stenocatantops splendens*)	10
24		大斑外斑腿蝗(*S. splendens*)	159
25		紫胫长夹蝗(*Choroedocus violaceipes*)	2
26		斑腿脊背蝗(*Tectiacris maculifemura*)	5
27	斑翅蝗科(Oedipodidae)	长翅踵蝗(*Pternoscirta longipennis*)	1
28		大异距蝗(*Heteropternis robusta*)	2
29		疣蝗(*Trilophidia annulata*)	46
30	网翅蝗科(Arcypteridae)	青脊竹蝗(*Ceracris nigricornis*)	50
31		黑翅竹蝗(*C. fasciata*)	4
32	剑角蝗科(Acrididae)	长角佛蝗(*Phlaeoba antennata*)	135
33		中华蚱蜢(*Acrida cinerea*)	3

5.3.2 优势种及常见种分析

根据昆虫个体数占群落中总虫数的百分率大小统计该昆虫的优势度(昆虫学名词审定委员会，2001)。各试验地优势种和常见种及它们的优势度见表 5-2。

表 5-2 各试验地蝗虫优势种及常见种

蝗虫群落	优势种或常见种	优势度(SD)
I	赤胫伪稻蝗	34.323±13.024
	黄股稻蝗	16.061±5.373
	长翅稻蝗	6.357±8.483
	短额负蝗	6.357±1.030
	疣蝗	5.563±3.336
	稻蝗 3	5.325±9.224
	短翅稻蝗	5.216±3.457

续表

蝗虫群落	优势种或常见种	优势度(SD)
II	大斜翅蝗	20.612±11.351
	大斑外斑腿蝗	19.960±7.068
	长角佛蝗	16.255±10.468
	赤胫伪稻蝗	14.269±17.954
	短翅稻蝗	8.563±6.395
	疣蝗	5.202±4.316
III	青脊竹蝗	29.970±5.555
	短额负蝗	12.438±10.399
	长翅凸额蝗	12.120±6.829
	长角佛蝗	10.946±3.695
	大斜翅蝗	9.181±10.587
	小卵翅蝗	7.556±1.099
	大斑外斑腿蝗	6.903±4.969
	云南卵翅蝗	5.085±7.191
IV	大斜翅蝗	49.111±9.513
	大斑外斑腿蝗	21.024±2.572
	长角佛蝗	16.610±5.543

注：I～IV分别表示稻田、旱地、天然紫胶林、人工紫胶林。

表 5-2 显示，稻田中的优势种只有 2 种，其中赤胫伪稻蝗优势度突出，在稻田中的分布比较均匀；黄股稻蝗优势度较突出且分布较均匀。常见种较多，有 5 种，其中短额负蝗在不同地块中分布均匀，疣蝗及短翅稻蝗分布不太均匀，而长翅稻蝗及稻蝗 3 分布很不均匀。

旱地中的优势种有 4 种，其中大斜翅蝗优势度突出，但较高的标准误值显示出该种在旱地中的分布并不均匀，即该种在有的地块数量较多，而在有的地块数量较少；大斑外斑腿蝗优势度突出且分布较均匀；长角佛蝗及赤胫伪稻蝗优势度低于前两者，而在不同地块的分布都不均匀，尤以赤胫伪稻蝗为甚。常见种有 2 种，即短翅稻蝗及疣蝗，它们在不同地块的分布亦不均匀。

天然紫胶林中的优势种有 4 种，其中典型林栖性的青脊竹蝗优势度突出且分布均匀；短额负蝗、长翅凸额蝗及长角佛蝗优势度均不突出，在不同地块中的分布呈递增趋势。对照 1 中的常见种有 4 种，其中大斜翅蝗在不同地块中的分布很不均匀，小卵翅蝗分布均匀，大斑外斑腿蝗分布不太均匀，而云南卵翅蝗分布很不均匀。

人工紫胶林中的优势种有 3 种，其中大斜翅蝗优势度极突出，分布较均匀；大斑外斑腿蝗优势度突出且分布均匀；长角佛蝗优势度较突出，分布较均匀。对照 2 中无常见种。

比较紫胶林-农田复合生态系统中不同土地利用生境蝗虫群落的物种组成，显然，试验地Ⅰ已经形成了以斑腿蝗科伪稻蝗属和稻蝗属、锥头蝗科的短额负蝗和网翅蝗科的疣蝗为主要成分的农田蝗虫群落；试验地Ⅱ的蝗虫群落则由林地成分的耐干性物种和一些农田成分的物种共同组成，其中前者所占比例远大于后者，而大多数种类在不同地块中的分布很不均匀；试验地Ⅲ以林地成分的物种占绝对优势，但农田成分的短额负蝗也有渗透；试验地Ⅳ在优势种组成上和试验地Ⅱ有较多的共有种，可以看出由旱地退耕还林后，人工林的蝗虫群落正在发生变化，原有的一些农田成分如赤胫伪稻蝗、短翅稻蝗等已经从群落中消失，耐干旱的种类如大斜翅蝗、大斑外斑腿蝗等优势度增强，而林栖性的种类如青脊竹蝗尚未壮大。长角佛蝗是旱地、天然紫胶林和人工紫胶林中共有的优势种，大斜翅蝗和大斑外斑腿蝗是旱地与人工紫胶林中共有的优势种，天然紫胶林中的常见种，在所有物种中，它们具有较强的生态适应性。

5.3.3 物种多样性分析

各试验地蝗虫群落物种多样性见表 5-3。

表 5-3 各试验地蝗虫群落多样性指标

蝗虫群落	个体数	物种丰富度(S)	Margalef 指数(R)	Simpson 指数(C)	Shannon-Wiener 指数(H')	Pielou 指数(E)
Ⅰ	223.33±101.30	16.33±1.16	2.87±0.17	0.20±0.06	2.03±0.18	0.73±0.05^{aAB}
Ⅱ	84.33±28.01	13.00±4.58	2.27±0.21	0.19±0.02	1.98±0.17	0.79±0.04^{aAB}
Ⅲ	77.50±26.16	11.00±1.41	2.34±0.51	0.17±0.01	1.98±0.04	0.83±0.03^{aAC}
Ⅳ	174.00±32.53	12.00±0.00	2.14±0.08	0.32±0.08	1.49±0.25	0.60±0.10^{bC}

注：Ⅰ～Ⅳ分别表示稻田、旱地、天然紫胶林、人工紫胶林的蝗虫群落。表中数字后面的英文字母为 LSD 多重比较的检验结果，a、b、c 表示在 P<0.05 水平上差异显著，A、B、C 表示在 P<0.01 水平上差异显著。

从表 5-3 可以看出，试验地Ⅰ的蝗虫个体数和种类在所有试验地中最丰富，R 值、H' 值最高，C 值和 E 值分别位居第 2 和第 3，显示出稻田蝗虫群落具有最高的多样性，但均匀性略低于对照 1 和试验地Ⅱ；试验地Ⅱ的蝗虫个体数较少，种类较丰富但不同地块种类的丰欠不太一致，R 值、H'值、C 值较低，均位居第 3，E 值较高，位居第 2，显示出旱地蝗虫群落多样性较低，而均匀性稍高；试验地Ⅲ的蝗虫个体数和种类最少，R 值、H'值较高，位居第 2，C 值最低，E 值最高，显示出天然紫胶林蝗虫群落具有较高的多样性，最高的稳定性；试验地Ⅳ的蝗虫个体数和种类较丰富，R 值、H'值和 E 值最少，C 值最高，显示出人工紫胶林蝗虫群落具有最低的多样性、均匀性和稳定性。方差分析及多重比较结果显示，试验地之间只是均匀度存在显著差异，而其他指标不存在统计学差异；对均匀度进行多重比较分析显示，天然紫胶林与人工紫胶林之间存在显著差异(P< 0.05)，旱地与人工紫胶林之间存在极显著差异(P< 0.01)，稻田与人工紫胶林之间也存在极显著差异(P< 0.01)，其他试验地之间差异不显著。

5.3.4　共有物种分析

表 5-2 中将 4 个类型的试验地中的共有物种列出，并进行种群数量的方差分析和多重比较，得如下结果(表 5-4)。

表 5-4　各试验地共有蝗虫种群比较

蝗虫种群	赤胫伪稻蝗	大斜翅蝗	大斑外斑腿蝗	疣蝗	长角佛蝗
Ⅰ	77.00±46.49	6.67±8.33[a]	8.33±0.17[a]	10.33±4.51[b]	9.00±4.58[a]
Ⅱ	13.67±18.50	17.33±12.74[a]	16.00±0.21[a]	3.67±2.31[a]	12.00±5.29[a]
Ⅲ	0.50±0.71	8.50±10.62[a]	6.00±0.51[a]	0.50±0.71[a]	8.00±0.00[a]
Ⅳ	3.50±0.71	87.00±32.53[b]	37.00±0.08[b]	1.50±0.71[a]	18.00±4.24[b]

注：Ⅰ～Ⅳ分别表示稻田、旱地、天然紫胶林、人工紫胶林。表中数字后面的英文字母为 LSD 多重比较的检验结果，a、b、c 表示在 $P<0.05$ 水平上差异显著。

从表 5-4 可以看出，虽然这 5 种蝗虫皆为共有种，但不同种类在 4 个类型试验地中的种群数量存在差异。赤胫伪稻蝗在 4 个类型试验地中的种群不存在显著差异。大斜翅蝗、大斑外斑腿蝗和长角佛蝗在 4 个类型试验地间存在显著差异；其中人工紫胶林与其他 3 个类型试验地之间都存在显著差异，其他 3 个类型试验地之间不存在显著差异。疣蝗在 4 个类型试验地间也存在显著差异：其中稻田与其他 3 个类型试验地之间都存在显著差异，其他 3 个类型试验地之间不存在显著差异。

5.3.5　蝗虫群落多样性

5.3.5.1　物种累积曲线

在利用 Estimate S 软件对紫胶林-农田复合生态系统 24 次抽样的蝗虫数据进行分析的基础上，分别以个体数和抽样次数为横坐标，以物种数为纵坐标，绘制物种累积曲线，结果如图 5-1 所示。

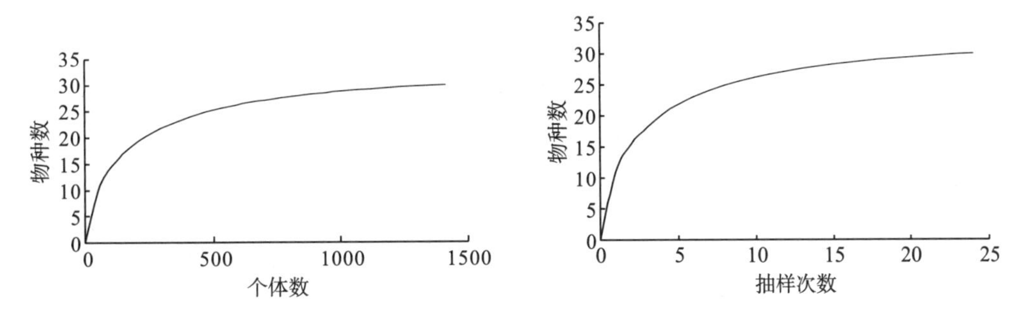

图 5-1　调查样地的蝗虫物种累积曲线

从图 5-1 可以看出，在个体数低于 600 头、抽样次数低于 10 次前，物种累积速率较快，曲线表现为急剧上升，群落中的大量蝗虫物种被发现；当个体数达到 600 头以上、抽样次数达到 10 次以上时，物种累积速率变得缓慢，曲线趋于平缓，表明本研究中抽样充分。

运用该物种累积曲线对整个调查的物种丰富度进行预测，Chao 1 值是 30.75(±1.40)，即群落中 97.56%的物种被抽到；Chao 2 值是 30.58(±1.13)，即群落中 98.10%的物种被抽到；Jack 1 值是 32.88(±2.11)，即群落中 91.24%的物种被抽到；Jack 2 值是 32.12(±0.00)，即群落中 93.40%的物种被抽到。这 4 个不同的物种丰富度估计方法共同显示出：在本研究中，实际采集到的蝗虫物种超过全部种类(即物种丰富度估计值)的 90%。

5.3.5.2 物种多度分布

用 $\log_3$ 标尺对整个调查样地个体数进行并组，倍程 1、2、3、4 等分别对应个体数为 1、2～4、5～13、14～40 等，根据并组后的数据进行物种多度分布曲线绘制，结果如图 5-2 所示。

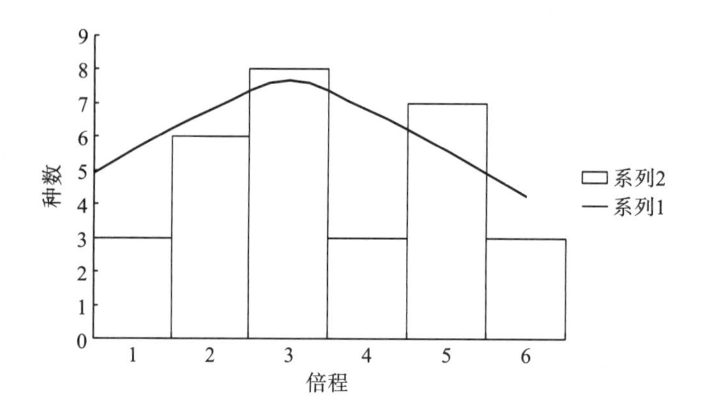

图 5-2 紫胶林-农田复合生态系统蝗虫物种多度曲线

根据倍程数的大小及每一倍程内物种数的多少，可以看出紫胶林-农田复合生态系统蝗虫生物量并不是很丰富，稀疏种在群落中占据一定优势，富集种较少。分别运用对数级数模型、对数正态模型和分割线段模型对紫胶林–农田复合生态系统蝗虫物种多度曲线进行拟合，结果显示紫胶林-农田复合生态系统蝗虫物种多度曲线用对数正态模型进行拟合效果[$X^2 = 4.154 < X^2(4,\ 0.05) = 8.488$；$R^2 = 0.580$]优于对数级数模型和分割线段模型，其拟合公式是：$S(R)=8\times\exp-[0.020(R-3)]^2$，体现出紫胶林-农田复合生态系统蝗虫的环境条件较好，因而该节肢动物群落表现为物种较丰富且分布较均匀。

5.3.5.3 物种组成和优势种分析

对紫胶林-农田复合生态系统各样地灌草层的蝗虫个体数和优势度进行方差分析和多重比较，结果见表 5-5 和表 5-6。

从表 5-5 可以看出，在所采集到的 33 种蝗虫中，有 16 种蝗虫在不同样地中的个体数分布有显著差异，14 种蝗虫没有显著差异。其中，小卵翅蝗(*Caryanda elegans*)、长翅凸额蝗(*Traulia aurora*)、斑腿脊背蝗(*Tectiacris maculifemura*)和青脊竹蝗(*Ceracris nigricornis*)在天然紫胶林中的个体数显著高于其他样地；罕蝗(*Ecphanthacris mirabilis*)、大斑外斑腿蝗(*Stenocatantops splendens*)和长角佛蝗(*Phlaeoba antennata*)在人工紫胶林中的个体数显著高于其他样地；黄股稻蝗(*Oxya flavefemura*)、无齿稻蝗(*O. adentata*)、中华稻蝗(*O. chinensis*)、赤胫伪稻蝗(*Pseudoxya diminuta*)、长翅板胸蝗(*Spathesternum prasiniferum*)和疣蝗(*Trilophidia annulata*)在稻田中的个体数显著高于其他样地；长翅十字蝗(*Epistaurus aberrans*)在旱地中的个体数显著高于其他样地。

表 5-5　紫胶林-农田复合生态系统不同样地中的蝗虫个体数(M±SD)

种名	样地			
	I	II	III	IV
黄股稻蝗 (*Oxya flavefemura*)	25.00±15.00[b]	2.00±1.00[a]	0.00±0.00[a]	1.00±1.70[a]
短翅稻蝗 (*O. brachyptera*)	11.00±4.70[b]	5.70±8.10[ab]	0.30±0.60[a]	0.00±0.00[a]
无齿稻蝗 (*O. adentata*)	2.70±1.20[b]	0.00±0.00[a]	0.00±0.00[a]	0.00±0.00[a]
中华稻蝗 (*O. chinensis*)	3.70±1.50[b]	0.00±0.00[a]	0.7±0.60[a]	0.30±0.60[a]
赤胫伪稻蝗 (*Pseudoxya diminuta*)	30.00±11.00[b]	5.30±5.10[a]	0.00±0.00[a]	2.70±1.50[a]
小卵翅蝗(*Caryanda elegans*)	1.00±1.00[b]	1.00±1.70[b]	5.00±2.60[a]	0.30±0.60[b]
长翅板胸蝗 (*Spathesternum prasiniferum*)	2.00±2.00[b]	0.00±0.00[a]	0.00±0.00[a]	0.00±0.00[a]
长翅凸额蝗(*Traulia aurora*)	0.00±0.00[b]	0.00±0.00[b]	6.70±3.10[a]	0.30±0.60[b]
罕蝗(*Ecphanthacris mirabilis*)	0.00±0.00[a]	0.00±0.00[a]	0.00±0.00[a]	1.30±0.60[b]
大斜翅蝗(*Eucoptacra binghami*)	6.70±3.10[a]	23.00±16.00[b]	15.00±13.00[a]	68.00±29.00[b]
长翅十字蝗 (*Epistaurus aberrans*)	0.00±0.00[a]	0.70±0.60[b]	0.00±0.00[a]	0.00±0.00[a]
大斑外斑腿蝗 (*Stenocatantops splendens*)	1.70±0.60[a]	6.30±2.10[a]	6.70±4.90[a]	26.00±6.00[b]
斑腿脊背蝗(*Tectiacris maculifemura*)	0.30±0.60[b]	0.00±0.00[b]	1.30±0.60[a]	0.00±0.00[b]
疣蝗(*Trilophidia annulata*)	18.00±9.50[b]	7.00±5.30[a]	0.30±0.60[a]	2.70±2.50[a]
青脊竹蝗(*Ceracris nigricornis*)	0.30±0.60[b]	1.00±1.70[b]	32.00±15.00[a]	1.30±1.50[b]
长角佛蝗(*Phlaeoba antennata*)	16.00±10.00[a]	17.00±5.70[a]	12.00±5.80[a]	46.00±16.00[b]

注：I～IV分别表示稻田、旱地、天然紫胶林、人工紫胶林。不具备相同字母表示在 P<0.05 水平上显著；M 表示平均值，SD 表示标准差；无显著差异的物种未列出。

从表 5-6 可以看出，有 14 种蝗虫在不同样地的优势度有显著差异。其中，长翅凸额蝗、斑腿脊背蝗和青脊竹蝗在天然紫胶林中的优势度显著高于其他样地；罕蝗在人工紫胶林中的优势度显著高于其他样地；小稻蝗、黄股稻蝗、长翅稻蝗、无齿稻蝗、中华稻蝗、赤胫伪稻蝗和长翅板胸蝗在稻田中的优势度显著高于其他样地；长翅十字蝗在旱地中的优势度显著高于其他样地。

表 5-6 紫胶林-农田复合生态系统不同样地中的蝗虫优势度（M±SD）

种名	样地			
	Ⅰ	Ⅱ	Ⅲ	Ⅳ
小稻蝗(*Oxya intricata*)	0.46±0.45^{b}	0.00±0.00^{a}	0.00±0.00^{a}	0.00±0.00^{a}
黄股稻蝗(*O. flavefemura*)	17.21±6.63^{b}	2.58±0.97^{a}	0.00±0.00^{a}	0.79±1.36^{a}
长翅稻蝗(*O. velox*)	7.84±5.81^{b}	0.82±1.43^{a}	0.00±0.00^{a}	0.00±0.00^{a}
无齿稻蝗(*O. adentata*)	1.86±0.05^{b}	0.00±0.00^{a}	0.00±0.00^{a}	0.00±0.00^{a}
中华稻蝗(*O. chinensis*)	2.82±1.69^{b}	0.00±0.00^{a}	0.90±0.82^{a}	0.26±0.45^{a}
赤胫伪稻蝗(*Pseudoxya diminuta*)	22.34±8.74^{b}	6.19±5.01^{a}	0.00±0.00^{a}	1.68±0.93^{a}
长翅板胸蝗(*Spathesternum prasinifernum*)	1.26±1.09^{b}	0.00±0.00^{a}	0.00±0.00^{a}	0.00±0.00^{a}
长翅凸额蝗(*Traulia aurora*)	0.00±0.00^{b}	0.00±0.00^{b}	8.67±6.67^{a}	0.26±0.45^{b}
罕蝗(*Ecphanthacris mirabilis*)	0.00±0.00^{a}	0.00±0.00^{a}	0.00±0.00^{a}	0.81±0.21^{b}
大斜翅蝗(*Eucoptacra binghami*)	5.54±3.56^{ac}	27.67±14.43^{ab}	14.80±14.10^{ac}	41.21±9.47^{b}
长翅十字蝗(*Epistaurus aberrans*)	0.00±0.00^{a}	0.76±0.67^{b}	0.00±0.00^{a}	0.00±0.00^{a}
斑腿脊背蝗(*Tectiacris maculifemura*)	0.16±0.27^{b}	0.00±0.00^{b}	1.71±1.31^{a}	0.00±0.00^{b}
疣蝗(*Trilophidia annulata*)	12.62±2.37^{b}	10.08±8.16^{bc}	0.54±0.93^{a}	1.93±1.97^{ac}
青脊竹蝗(*Ceracris nigricornis*)	0.32±0.55^{b}	1.23±2.14^{b}	34.32±4.50^{a}	0.88±0.93^{b}

注：Ⅰ～Ⅳ分别表示稻田、旱地、天然紫胶林、人工紫胶林。不具备相同字母表示在 P<0.05 水平上显著；M 表示平均值，SD 表示标准差；无显著差异的物种未列出。

综上可以看出，长翅凸额蝗、斑腿脊背蝗和青脊竹蝗在天然紫胶林中的个体数和优势度都显著高于其他样地，显示出长翅凸额蝗、斑腿脊背蝗和青脊竹蝗偏爱天然紫胶林，是天然紫胶林的代表物种；罕蝗在人工紫胶林中的个体数和优势度显著高于其他样地，显示出罕蝗偏爱人工紫胶林，是人工紫胶林的代表物种；黄股稻蝗、无齿稻蝗、中华稻蝗、赤胫伪稻蝗和长翅板胸蝗在稻田中的个体数和优势度显著高于其他样地，这些差异显示出黄股稻蝗、无齿稻蝗、中华稻蝗、赤胫伪稻蝗和长翅板胸蝗偏爱稻田样地，是稻田生境的代表物种；长翅十字蝗在旱地中的个体数和优势度显著高于其他样地，显示出对旱地的喜爱胜于其他样地，是干旱生境的适应者，是旱地生境的代表物种。

从优势种组成来看，天然紫胶林的蝗虫群落优势种是大斜翅蝗和青脊竹蝗；人工紫胶林的优势种是大斜翅蝗；稻田种中的优势种是黄股稻蝗和疣蝗；旱地的优势种是大斜翅蝗和疣蝗。大斜翅蝗在 3 个样地的蝗虫群落中所占的比例较高，显示出在紫胶林-农田复合生态系统蝗虫群落中大斜翅蝗具有较大的生态适应性。

5.3.5.4　群落间物种多样性

对紫胶林-农田复合生态系统不同样地中的蝗虫物种多样性进行分析，结果见表 5-7。

表 5-7　紫胶林-农田复合生态系统不同样地中的蝗虫多样性（M±SD）

样地	个体数	物种丰富度	Chao 1 指数	Fisher α 指数	Shannon-Wiener 指数	Simpson 指数
Ⅰ	142.67±60.12^{ab}	16.33±1.15^{b}	18.67±2.93^{a}	4.93±0.73^{a}	2.26±0.12^{b}	7.68±1.17^{b}
Ⅱ	75.67±21.51^{b}	13.00±4.00^{ab}	16.83±6.33^{a}	4.60±1.77^{a}	1.91±0.28^{b}	5.01±1.14^{a}
Ⅲ	91.67±30.01^{a}	10.33±1.15^{a}	12.33±2.08^{a}	3.13±0.83^{a}	1.83±0.07^{a}	4.95±0.48^{a}
Ⅳ	161.00±33.51^{ab}	10.67±2.52^{a}	16.67±10.26^{a}	2.66±0.98^{a}	1.52±0.24^{a}	3.57±0.75^{a}

注：Ⅰ～Ⅳ分别表示稻田、旱地、天然紫胶林、人工紫胶林。不具备相同字母表示在 $P<0.05$ 水平上显著；M 表示平均值，SD 表示标准差；无显著差异的物种未列出。

从表 5-7 可以看出，天然紫胶林蝗虫个体数不丰富，种类最贫乏，多样性最低；人工紫胶林蝗虫个体数最丰富，种类较贫乏，但多样性水平仅略高于天然紫胶林；稻田蝗虫个体数较高，种类在所有样地中最丰富，多样性最高；旱地的蝗虫个体数最少，种类贫乏，但多样性水平仅低于稻田而居第 2。方差分析及多重比较结果显示，在蝗虫个体数上天然紫胶林蝗虫显著高于旱地；在物种丰富度和 Simpson 指数上，稻田蝗虫种类显著多于其他样地；在 Shannon-Wiener 指数上，稻田和旱地蝗虫多样性都分别显著高于天然紫胶林和人工紫胶林。可见，紫胶林-农田复合生态系统不同样地蝗虫物种丰富度和多样性都表现为：稻田>旱地>天然紫胶林>人工紫胶林。

5.4　结论与讨论

从本研究的设计来看，不能完全分割开土地利用变化和互利关系对蝗虫群落多样性的影响。但是有一点是明确的，即在土地利用变化的背景下，紫胶虫蚂蚁互利关系明显地压制了蝗虫群落的多样性，而且这种压制作用十分显著。紫胶林-农田复合生态系统蝗虫多样性总体较低，系统内不同农业土地利用生境蝗虫群落具有各自不同的物种组成及多样性特点，农田中稻田比旱地能容纳更多的蝗虫种类和数量，其蝗虫群落多样性高，均匀性和稳定性一般；天然紫胶林中蝗虫群落多样性较高，群落稳定性强；而人工紫胶林中蝗虫群落多样性低、群落不稳定。系统内不同土地利用生境中蝗虫群落之间存在物种的交流，稻田与旱地、天然紫胶林与人工紫胶林、旱地和林地之间的交流丰富，而稻田与林地之间的交流很有限。从上述结论可以看出，无论是天然紫胶林还是人工紫胶林，由于互利关系的存在，蚂蚁群落对林地内的蝗虫群落有明显的压制作用，导致这两类土地利用方式下的蝗虫群落比农田还低。另外，互利关系的强度和作用范围也与蝗虫多样性相关。天然紫胶林和人工紫胶林的区别是紫胶虫寄主树的密度和数量，相对于天然紫胶林，人工紫胶林中紫胶虫种群数量远远高于天然紫胶林，因此，紫胶虫与蚂蚁建立的互利关系的作用范围也较天然紫胶林大。因此，不难理解人工紫胶林中的蝗虫群落多样性明显低于天然紫胶林蝗虫群落的现象。

土地利用是指人类通过一定的活动，以土地为劳动对象(或手段)，利用土地的特性，来满足自身需要的过程，主要包括农业、林业、渔业、畜牧业、矿业、旅游和城市化等方面；土地利用破坏了自然的生态关系，导致生物多样性大量丧失(梁玉斯等，2007；马克平，2011)。土地利用方式对土壤质量、土壤动物及微生物、植物多样性等产生影响，进而影响动物多样性(龙健等，2005；王葆芳等，2002；吴东辉等，2006；姚槐应等，2003)。随着世界人口的不断膨胀，土地的不合理利用日益突出，导致土地退化加剧和生物多样性丧失日益严重。如何解决保护和利用之间的矛盾，寻求在农业土地利用必须存在的前提下，控制或改变不合理的土地利用方式，从而实现生物多样性保护，是社会发展亟待解决的问题。

紫胶林-农田复合生态系统作为一种农林复合种植模式，包括了耕地和林地两种土地利用方式，因而其蝗虫群落物种组成上具有农田成分的物种和林地成分的物种并存的特点；在该系统中，土地利用方式的不同对蝗虫群落物种组成及多样性产生了影响，该结果与 Kemp 等(1990)得出的生境类型影响物种的存在与否及相对多度类似。调查显示，无论从物种数量(Sovell，2006)还是多样性指数(Magurran，1988)上来看，绿春县紫胶林-农田复合生态系统中蝗虫多样性总体较低，印证了土地利用导致生物多样性丧失的结论。

土地利用变化伴随着节肢动物群落的栖境和食物资源受到破坏。有研究显示，土地利用强度越大，生物多样性损失则越严重(Moguel and Toledo，1999；Philpott et al.，2006)。本研究亦显示出蝗虫多样性因土地利用强度的不同而存在一定差异。从土地利用强度来看，稻田和旱地的利用强度显然高于紫胶林，但其蝗虫群落的多样性并不低于后者，这是否说明土地利用强度与生物多样性之间的关系并不是一元化的，换言之，对于一些物种而言，土地利用强度越大，其多样性损失越大；而对于有些物种而言，这种关系并不成立。这一结论还需要更细致的研究来证明。

研究结果反映出紫胶林-农田复合生态系统中不同农业土地利用生境蝗虫群落具有各自不同的物种组成及物种多样性特点，从农田生境来看，稻田比旱地能容纳更多的蝗虫种类和数量，其蝗虫群落具有更高的多样性，这是由于稻田的种植面积远大于旱地，因而能为蝗虫提供更大的栖境和食料，并且稻田中的蝗虫在其生活史和习性上已经形成了与水稻生长发育相一致的适应机制。稻田和旱地的蝗虫群落具有相接近的均匀性和稳定性，究其原因，绿春县牛孔乡农民在作物种植中几乎不使用农药，保证了自然天敌在维持稻田生态系统稳定方面发挥积极的作用。

从紫胶林-农田复合生态系统中的林地生境来看，天然紫胶林由于植物群落相对稳定，其蝗虫群落也比较稳定，在这种生境中蝗灾发生的风险极低；而人工紫胶林尽管主要树种组成和天然紫胶林相似，除了互利关系的作用外，可能与造林时间较短，林下种植粮食作物或杂草被清理，蝗虫群落表现出多样性低、群落不稳定的特点。本研究所得出的人工紫胶林蝗虫群落多样性低的结论与滕兆乾(2002)、李巧等(2006)的研究结果存在差异，可能是由于本研究中人工紫胶林物种组成单一，林下草本植物稀少造成的。

从农田和林地生境蝗虫群落的共同优势种或常见种可以看出彼此之间物种的交流，相同性质的生境如稻田与旱地、天然紫胶林与人工紫胶林之间蝗虫物种的交流丰富，表现为稻田的主要优势种会进入旱地成为次要优势种之一，几个常见种也会成为旱地的常见种；天然林中耐干的种类会进入人工紫胶林而成为主要优势种。不同性质生境蝗虫的交流情况主要表现为邻近林地的农田成分的蝗虫种类如短额负蝗会进入到林地，而邻近农田的林地成分的蝗虫种类如大斜翅蝗、大斑外斑腿蝗等也会进入农田，但稻田与林地之间蝗虫种类的交流很有限，旱地和林地之间蝗虫物种的交流更丰富。这些交流暗示，农田和林地均不是孤立的生境，而是紫胶林-农田复合生态系统这一混农林生态系统的组分，保障该系统的健康，实现最大的经济效益，必须从混农林生态系统的层面上而非农田或林地生境认识昆虫群落。虽然物种在不同类型试验地之间可以交流，但方差分析显示，不同物种交流的程度存在差异，有些物种的种群数量在不同类型试验地之间没有显著差异，而有的物种的种群数量在不同类型试验地之间却有显著差异，多重比较的结果进一步显示这些物种比较偏好其中的栖境，可以此来指示环境的变化。

近年来，随着退耕还林政策的实施，各地区紫胶产业发展迅猛，旱地被更多的人工紫胶林所取代，这使得人工紫胶林所面临的生物多样性较低、昆虫群落不稳定问题继续蔓延，这种蔓延可能给该地区包括紫胶林-农田复合生态系统在内的混农林生态系统带来隐患，如旱地中的赤胫伪稻蝗等农田成分可能会因栖境的丧失而进入稻田，加重对稻田的危害；而旱地中的耐干性物种也会由于同样的原因进入人工紫胶林或天然紫胶林，使得人工紫胶林蝗虫群落优势度更突出，群落稳定性更低，从而面临蝗灾发生的风险，或影响天然紫胶林蝗虫群落，导致其稳定性下降。解决问题的前提是加强对群落动态变化的研究。

第6章　互利关系对半翅目昆虫多样性的影响

6.1　引　　言

地球上物种种类繁多，物种间的相互关系也十分复杂。不同物种之间的相互作用所形成的关系即种间关系。物种间的相互作用也有不同的分类方式，从相互作用的紧密性可以分为直接的和间接的。从相互作用的后果又可进行不同的划分，例如，这种影响或作用对相互作用的物种可能是有害的，也可能是有利的。互利关系(mutualism)定义为两个物种间的正相互作用，可以增加其中一个或两个生物的个体适合度和种群密度。互利关系作为一种普遍的、重要的生态关系而越来越受到重视，成为当今国际重大科学前沿领域之一(Boucher et al.，1982；Bronstein，1994；Stachowicz，2001；Christian，2001；Edelman，2012)。互利关系普遍存在于自然生态系统中，多种生物间都会存在互利关系，如昆虫、鸟类对植物的传粉和传播种子，根瘤菌与豆科植物互利共生等，涉及的植物范围也非常广泛，包括草本植物、灌木、藤本植物及乔木等(Way et al.，1999；Moya-Raygoza and Nault，2000；Renault et al.，2005)。

世界上许多科研工作者之所以关注昆虫及昆虫与其他物种之间的互利关系，是由于昆虫类群的特有属性。昆虫属于节肢动物，是地球上最大的生物类群，迄今为止，人类发现和定名的生物种类有180万～240万种，其中植物、除昆虫外的动物、微生物等大约有80万种，昆虫种类有100万～160万种，占已知地球上生物种类的2/3以上。据专家估计，地球上的昆虫种类有3000万～5000万种(Erwin，1982，1997)。昆虫不但种类多，而且种群数量大，生长繁殖迅速，生态适应性广，几乎在地球的每一个角落都能发现昆虫。

半翅目昆虫是昆虫纲中比较大的一个类群。半翅目昆虫体小至大型，体扁平。口器刺吸式，与同翅目相同，但着生在头的前部。胸部具两对翅，后翅膜质，前翅基半部坚硬，端半部膜质，称半鞘质，这是本目的主要区别特征。在这个类群中多数种类为植食性昆虫，在取食过程中，这些昆虫通过针状的刺吸式口器从韧皮部吸取汁液，它们的取食部位多样化，包括蚜、蕾、花、果、叶、枝、干、根等。受半翅目昆虫取食危害后，寄主植物被害部位呈现不同程度的受害状，包括花斑或叶片卷曲、幼芽凋萎等影响植物生活力的症状；比较严重的情况下，可能导致植物被害部位如枝条枯死，甚至整棵植物死亡。在取食危害的同时，半翅目昆虫可能传毒致病；个别的能排泄蜜露诱发煤污病。因此这些半翅目昆虫能影响植物的正常生长发育和产品的品质，是农林业的害虫，也是城市生活过程中让人头疼的害虫之一。有些类群则危害动物，如吸血蝽类为害人体及家禽家畜，并传染疾病；水生种类捕食蝌蚪、其他昆虫、鱼卵及鱼苗。这个类群中也有些种类被人类褒奖，如猎蝽、姬蝽、花蝽等捕食各种害虫及螨类，是多种害虫的重要天敌。因此，从整个类群角度来看，半翅目昆虫在农林生态系统及城市生态系统中的作用和意义都十分突出，值得深入开展研究。

从植物的角度看，植食性的半翅目昆虫确实是害虫，但是从利用的角度看，结果不一定是这样的。目前的情况是：植物保护者或者其他有关作物保护的工作者，以及绝大多数昆虫学者研究昆虫都是从有害生物的概念出发，研究目的在于想尽一切办法控制昆虫种群数量，甚至完全消灭这些昆虫。基于这种认识，在现实生活中，在人与昆虫争夺生存资源的斗争中，采用各种手段打败昆虫这种行为和观念并不少见；到目前为止，这种与昆虫为敌的理念在人的思维中仍占统治地位。事实上，在地球上所发现和记载的数量庞大的数以万计的昆虫中，在农林业、城市园林、医学卫生上真正有害的种类数量不多，严重危害的只有几十种。与发现的昆虫物种相比较，“害虫”所占比例非常小，绝大多数昆虫对人类而言是中性的，很多种类是有益而无害的。因此，在面对这些昆虫时，应该采取一种辩证的思维模式，看看昆虫能否给人类提供哪种资源，或者考虑昆虫的行为或作用在生态系统中的作用和功能，如昆虫在维护生态平衡上具有重要的作用。昆虫为适应其生存环境积累了许多奇妙的科学结构和功能，可供人类学习和借鉴。

基于这种理念，许多学者提出了资源昆虫的概念，并发展出资源昆虫学科。资源昆虫具有的价值是多样的，既具有经济价值，也具有生态价值和社会价值。资源昆虫的经济价值源于其资源性及可利用，通过各种方式最终变成商品产生经济效益。这类昆虫一般种群数量和生物量巨大，能被作为资源开发利用，而且可以通过人类技术干预，培育为新的生物资源。生态价值则是利用昆虫本身在生态系统中的作用，因为不同的昆虫在生态系统中有着不同的作用，有些扮演着重要角色，或具备对生态系统和环境有益的行为或功能。在这方面的研究有：利用粪金龟清除草原畜牧粪便；利用昆虫作为环境指示生物；利用天敌昆虫控制虫害、减少环境污染等；传粉昆虫促进植物之间基因交流、维护生态平衡等。但昆虫在森林生态系统中的作用和维护森林生态系统稳定等方面的研究尚属空白。科学价值是指昆虫的遗传、行为、结构和功能中蕴含的科学原理，通过学习和借鉴，将昆虫具有某种重要的科学价值应用于科学技术领域，促进社会进步。如借鉴昆虫的结构和功能，进行仿生学研究，利用果蝇作为遗传学研究的模式材料等。

上述提及的资源昆虫中，半翅目昆虫的一些种类就具有重要的价值，是重要的资源昆虫。这些半翅目昆虫中，有些类群在寄生寄主植物过程中，能产生大量的分泌物，或者刺激寄主植物组织增生，在它们的生活史过程中，由于与寄主植物的长期协同进化，彼此互相适应，都达到了各自能接受的适合度。在这种平衡状态下，寄主植物不会因为半翅目昆虫的寄生而死亡，半翅目昆虫的种群也得到了极大的发展和壮大。人类观察到这一类现象，并加以利用的历史十分悠久（邹树文，1982）。

紫胶虫就是其中一种重要的半翅目昆虫。紫胶虫（*Kerria* spp.）隶属于半翅目（Hemiptera）胶蚧科（Lacciferidae）胶蚧属（*Kerria*），其寄生在寄主植物上以吸取植物的汁液为生，雌虫通过腺体分泌紫胶（袁锋，2006）。紫胶是一种天然树脂，具有黏结性强、绝缘、防潮、涂膜光滑等优良特征，而且无毒、无味，是迄今为止仍不能被人工合成品代替的重要天然林产化工原料，被广泛应用于日用化工、国防军工、电子电器、食品医药、油漆涂料、塑料橡胶、出版印刷等行业和部门（陈晓鸣，2005）；同时，紫胶虫的寄主植物种类繁多，世界上约有400种植物能被紫胶虫寄生，其中包括较多具有经济、医药及公益价值的种类，因此，培育和利用紫胶虫不仅带来经济价值，更能提高森林的覆盖率，保护山地农业生态经济系统的安全和促进生物多样性的保护(Sharma et al.，1997，2006)。为更好地发展紫胶，我国学者除对紫胶虫本身进行了深入的研究外，在紫胶虫与其他生物间的关系方面也做了一定的研究工作，包括紫胶虫寄生对寄主植物生长、营养成分、氨基酸及无机盐含量的影响(陈又清和王绍云，2006c，2006d；陈又清等，2004a，2004b，2005)，紫胶虫捕食性和寄生性害虫的研究，紫胶虫与蚂蚁互利关系的行为机制(陈又清和王绍云，2006a)。

上述这些研究是从紫胶虫—寄主植物—天敌的角度出发的，十分必要。然而，在紫胶虫培育的栖境中，还生活着大量的其他节肢动物，其中就包括半翅目昆虫。这些类群与蚂蚁，以及与紫胶虫之间如何作用，进而影响其他的类群，最后影响这个生态系统值得关注。这些半翅目昆虫或者与紫胶虫一样也取食植物汁液，是紫胶虫寄主植物的害虫，与紫胶虫存在食物竞争关系。然而由于紫胶虫一旦固定取食后，在整个生活史过程中，不再移动，在遭遇其他物种与其竞争食物资源时，紫胶虫如何响应？前期的研究发现，紫胶虫与访问的蚂蚁建立了兼性互利关系。虽然紫胶虫不能直接与其他竞争物种发生相互作用，但是可以通过其分泌的蜜露资源数量和质量来吸引更多的蚂蚁(包括种类和个体数)访问。蚂蚁在寄主植物上活动寻找蜜露资源时，或者在访问紫胶虫获取蜜露资源的同时，增加了与其他节肢动物相遇的机会，其中包括其他危害寄主植物的半翅目昆虫。这些半翅目昆虫中，有些是可以分泌蜜露资源的，则其与紫胶虫之间就可以通过蜜露资源的差异性来竞争蚂蚁的照顾，一旦蚂蚁照顾这些半翅目昆虫，则有利于这些种类的发展和壮大，造成对相同的寄主植物的生理代谢压力增大，是对寄主植物的伤害；当然，有些种类的半翅目昆虫是不能分泌蜜露资源的，那么这些种类就纯粹是寄主植物的害虫，蚂蚁与这些半翅目昆虫的相互作用，可能驱赶或捕食这些种类，有利于寄主植物减轻虫害。另外，部分半翅目昆虫是捕食性的，可能直接作用于植物上的害虫，也有利于减轻紫胶虫寄主植物上的害虫。因此，紫胶虫与蚂蚁的互利关系能直接和间接影响栖境中的半翅目昆虫群落。在紫胶虫培育过程中，调查栖境中半翅目昆虫多样性具有重要的理论和实践价值。本文选取紫胶虫生境蝽类昆虫群落作为研究对象，旨在考察紫胶虫生境的蝽类昆虫群落物种组成及多样性的基本信息，探讨放养紫胶虫后，在紫胶虫与蚂蚁形成兼性互利关系后，在局域尺度上对其生境蝽类昆虫群落的影响，以期为紫胶虫生境生物资源的合理利用提供部分参考。

6.2 研 究 方 法

6.2.1 调查地点

样地选择在云南省绿春县(22°53′N，101°56′E)，海拔1000～1300 m地段，该地段属于亚热带气候类型，年平均气温大于18℃，年降水量在1500 m以下，气候干燥，相对湿度50%～80%(陈又清和王绍云，2007a)。根据林分性质和紫胶虫的放养时间设置4块样地(Ⅰ～Ⅳ)，其中Ⅰ样地为天然紫胶林，以思茅黄檀(*Dalbergia szemaoensis*)和钝叶黄檀(*Dalbergia obtusifolia*)为主要树种，紫胶虫的放养时间为 5 年；Ⅱ样地～Ⅳ样地为退耕造林地，造林时间为 7 年，造林树种为南岭黄檀(*Dalbergia balansae*)和聚果榕(*Ficus racemosa*)为主，并散生有少量的钝叶黄檀和偏叶榕(*Ficus cunia*)等适宜紫胶虫寄生的树种，紫胶虫放养时间分别为 3 年、1 年和未放养紫胶虫的对照样地。各样地林下藤本及草本植物种类不多，以飞机草(*Eupatorium odoratum*)占主要优势，地上腐殖质较少。每样地调查面积约为 1 hm^2。

6.2.2　调查及分析方法

于 2006 年 5 月至 2007 年 5 月每隔半月进行一次共 24 次野外调查。调查时在各样地内沿既定线路用网扫和震落等方法进行标本采集，将采集到的标本投入 75%乙醇溶液中带回实验室进行整理，根据形态分类学方法对标本进行分类鉴定。

数据处理：采用采样的累计值来计算。群落内的多样性测度采用物种丰富度指数、物种多样性指数、物种优势度指数和均匀度指数(马克平和刘玉明，1994)。物种丰富度指数采用物种丰富度 S，即物种的数目；物种多样性指数采用 Shannon-Wiener 指数 H'，即 $H'=-\Sigma P_i\ln P_i\,(i=1,2,3\cdots S)$，式中 P_i 为第 i 个种类的个体数和所有种类的个体数之和 N 之比，S 为物种数；物种优势度采用 Simpson 优势度指数 C，即 $C=\Sigma P_i^2\ (i=1,2,3\cdots S)$,式中 P_i、S 同上；均匀度指数采用 Pielou 指数 J_{sw}，即 $J_{sw}=(-\Sigma P_i\ln P_i)/\ln S\,(i=1,2,3\cdots S)$，式中 P_i、S、N 同上。群落间的多样性测度采用 Jaccard 指数进行测度，Jaccard 指数利用 Estimate S(Version 7.5.0)软件计算。

本研究的结果包括 2 个部分，其中第一部分强调紫胶虫生境，第二部分从整个复合生态系统的角度比较，因此第一部分采用的是部分采样结果，第二部分采用的是所有抽样数据。

6.3　结果与分析

6.3.1　紫胶虫蝽类多样性比较

6.3.1.1　紫胶虫生境蝽类物种组成

经过鉴定和数量统计，共采集蝽类昆虫标本 423 号，计 47 种，分属 7 科。其中，龟蝽科(Plataspidae)2 属 2 种，蝽科(Pentatomidae)13 属 16 种，异蝽科(Urostylidae)1 属 1 种，缘蝽科(Coreidae)9 属 13 种，长蝽科(Lygaeidae)3 属 3 种，红蝽科(Pyrrhocoridae)2 属 2 种，猎蝽科(Reduviidae)9 属 10 种。种类及数量的分布情况见表 6-1。

表 6-1 紫胶虫生境蝽类种类及数量

种类	数量			
	Ⅰ	Ⅱ	Ⅲ	Ⅳ
筛豆龟蝽(*Megacopta cribraria*)	0	1	0	0
多变圆龟蝽(*Coptosoma variegate*)	0	1	0	0
丽盾蝽(*Chrysocoris grandis*)	0	0	0	6
九香虫(*Asopongopus chinensis*)	0	0	1	0
大皱蝽(*Cyclopelta obscura*)	1	0	1	0
短角瓜蝽(*Megymenum brevicornis*)	1	0	0	1
平尾梭蝽(*Megarrphamphus truncates*)	0	0	1	0
黑益蝽(*Picromerus griseus*)	6	0	1	3
厉蝽(*Cantheconidea concinna*)	2	0	1	0
叉角厉蝽(*C. furcellata*)	0	0	1	2
稻赤曼蝽(*Menida histrio*)	0	0	1	1
岱蝽(*Dalpada oculata*)	5	1	2	0
全蝽(*Homalogonia obtuse*)	0	0	1	0
广二星蝽(*Stollia ventralis*)	0	0	0	2
红角二星蝽(*S. rosaceus*)	6	1	4	2
二星蝽(*S. guttiger*)	4	5	8	9
珀蝽(*Plautia fimbriata*)	0	0	0	3
茶翅蝽(*Halyomorpha picus*)	2	0	0	0
橘盾盲异蝽(*Urolabida histrionica*)	0	1	0	1
红背安缘蝽(*Anoplocnemis phasiana*)	0	1	0	0
菲缘蝽(*Physomerus grossipes*)	0	0	0	1
狄达缘蝽(*Dalader distanti*)	1	0	0	0
黑边同缘蝽(*Homoeocerus simiolus*)	1	1	0	0
纹须同缘蝽(*H. striicornis*)	1	0	0	0
并斑同缘蝽(*H. subjietus*)	6	21	0	10
阔肩同缘蝽(*H. humeralis*)	2	0	0	0
云曼缘蝽(*Manocoreus yunnanensis*)	0	1	0	0
稻棘缘蝽(*Cletus punctiger*)	0	0	2	3
禾棘缘蝽(*C. granminis*)	0	6	0	1
条棘缘蝽(*Cletomorpha insignis*)	56	2	6	0
大稻缘蝽(*Leptocorisa acuta*)	1	13	3	5
条蜂缘蝽(*Riptortus linearis*)	2	0	0	3
箭痕腺长蝽(*Spilostethus hospes*)	0	0	0	1
淡角缢胸长蝽(*Paraeucosmetus pallicornis*)	1	0	0	0
长足长蝽(*Dieuches femoralis*)	5	0	15	24
泛光红蝽(*Dindymus rubiginosus*)	0	6	0	1
联斑棉红蝽(*Desdercus poecilus*)	0	20	16	5
双环普猎蝽(*Oncocephalus breviscutum*)	0	0	0	2

续表

种类	数量			
	Ⅰ	Ⅱ	Ⅲ	Ⅳ
锥盾菱猎蝽(*Isyndus reticulates*)	0	1	0	0
结股角猎蝽(*Macranthopsis nodipes*)	3	0	2	4
彩纹猎蝽(*Euagoras plagiatus*)	24	0	0	0
黄带犀猎蝽(*Sycanus croceovittatus*)	0	1	0	0
革红脂猎蝽(*Velinus annulatus*)	30	0	2	2
环勺猎蝽(*Cosmolestes annulipes*)	7	0	0	3
真猎蝽待定种 1(*Harpactor* sp.1)	2	0	1	0
真猎蝽待定种 2(*Harpactor* sp.2)	2	2	0	1
小壮猎蝽(*Biasticus mimus*)	1	0	0	1

注：Ⅰ～Ⅳ分别表示稻田、旱地、天然紫胶林、人工紫胶林。

6.3.1.2　紫胶虫生境狭适种及优势种分析

狭适种也称狭幅种，是指适应环境条件的幅度较狭窄的昆虫种类(昆虫学名词审定委员会，2000)，在本书指仅存在于 1 个样地中的种类。4 个样地中的蝽类昆虫均有狭适种，其中Ⅱ狭适种最丰富，有 6 种；Ⅰ和Ⅳ次之，有 5 种；Ⅲ最少，仅有 3 种。反映了不同的紫胶虫放养时间其生境的蝽类种类组成具有明显的不同。

优势种指物种个体数占样地个体总数大于 10%的种类(徐正会，2002)。从表 6-1 可以看出，除Ⅳ外其余样地的蝽类优势种均为 3 种，从各样地的优势种组成来看，Ⅰ的优势种与其他样地均不相同，Ⅱ、Ⅲ和Ⅳ之间分别各共有 1 个优势种；从各样地的优势种总的个体数来看，Ⅰ的个体数最多，Ⅳ次之，Ⅱ和Ⅲ最少。

6.3.1.3　紫胶虫生境群落内多样性比较

从各样地蝽类物种多样性来看，4 个样地的物种丰富度介于 18～26，Shannon-Wiener 多样性指数介于 2.213～2.772，体现了紫胶虫生境蝽类物种多样性低的特点；作为对照，Ⅳ的 Shannon-Wiener 物种多样性指数和 Pielou 均匀度指数最高，而 Simpson 优势度指数最低，体现了紫胶虫的放养对紫胶虫生境的蝽类多样性起到了一定的抑制作用(表 6-2)。

表 6-2　紫胶虫生境蝽类群落多样性

样地编号	个体数	物种丰富度	Shannon-Wiener 指数	Simpson 指数	Pielou 均匀度指数
Ⅰ	172	25	2.340	0.165	0.727
Ⅱ	85	18	2.213	0.156	0.766
Ⅲ	69	19	2.397	0.133	0.814
Ⅳ	97	26	2.772	0.099	0.851

注：Ⅰ～Ⅳ分别表示稻田、旱地、天然紫胶林、人工紫胶林。

6.3.1.4 紫胶虫生境群落间相似性分析

依据各生境蜂类的有无进行 Jaccard 相似性分析。4 个样地的相似性系数介于 0.194～0.375，为中等不相似或极不相似水平，体现了紫胶虫生境蜂类群落的高度异质性；在人工紫胶林中，Ⅲ和Ⅳ的相似水平最高，为中等不相似水平；Ⅱ和Ⅳ次之，稍大于极不相似水平；Ⅱ和Ⅰ及Ⅱ和Ⅲ的最低，为极不相似水平，反映出紫胶虫生境的蜂类因紫胶虫的放养干扰而逐渐减少(表 6-3)。

表 6-3 紫胶虫生境蜂类群落 Jaccard 相似性系数

样地编号	Ⅰ	Ⅱ	Ⅲ
Ⅱ	0.229		
Ⅲ	0.375	0.194	
Ⅳ	0.342	0.257	0.324

注：Ⅰ～Ⅳ分别表示稻田、旱地、天然紫胶林、人工紫胶林。

6.3.2 紫胶混农林系统中蜂类多样性

6.3.2.1 物种累积曲线

在利用 Estimate S 软件对紫胶林-农田复合生态系统 24 次抽样的蜂类昆虫数据进行分析的基础上，分别以个体数和抽样次数为横坐标，以物种数为纵坐标，绘制物种累积曲线，结果如图 6-1 所示。

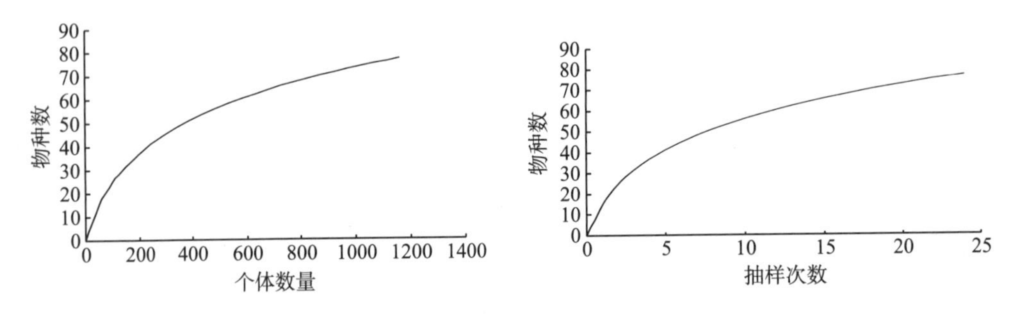

图 6-1 调查样地的蜂类昆虫物种累积曲线

从图 6-1 可以看出，在个体数到 970 头、抽样次数到 20 次时，物种累积速率一直较快，曲线表现为急剧上升，群落中的大量蜂类昆虫物种被发现；当个体数达到 970 头以上、抽样次数达到 20 次以上时，物种累积速率变得缓慢，曲线趋于平缓，表明本研究中抽样充分。

运用该物种累积曲线对整个调查样地的物种丰富度进行预测，Chao 1 值是 93.50(±8.32)，即群落中 82.35%的物种被抽到；Chao 2 值是 97.54(±9.59)，即群落中 78.94%的物种被抽到；Jack 1 值是 100.96(±5.62)，即群落中 76.27%的物种被抽到；Jack 2 值是 112.48(±0.00)，即群落中 68.46%的物种被抽到。这 4 个不同的物种丰富度估计方法共同显示出：在本研究中，实际采集到的蝽类昆虫物种超过了全部种类(即物种丰富度估计值)的 65%。

6.3.2.2　物种多度分布

用 $\log_3$ 标尺对整个调查样地个体数数据进行并组，倍程 1、2、3、4 等分别对应个体数为 1、2～4、5～13、14～40 等，根据并组后的数据进行物种多度分布曲线绘制，结果如图 6-2 所示。

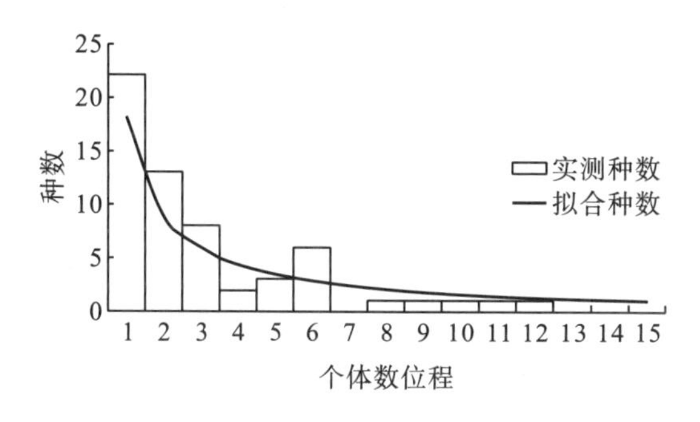

图 6-2　紫胶林–农田复合生态系统蝽类昆虫物种多度曲线

根据倍程数的大小及每一倍程内物种数的多少，可以看出紫胶林-农田复合生态系统蝽类昆虫生物量并不是很丰富，稀疏种在群落中占据一定优势，富集种较少。分别运用对数级数模型、对数正态模型和分割线段模型对紫胶林-农田复合生态系统蝽类昆虫物种多度曲线进行拟合，结果显示紫胶林–农田复合生态系统蝽类昆虫物种多度曲线用对数级数模型进行拟合的效果[$X^2(6,0.05)=12.592<X^2=13.6507<X^2(7,0.05)=14.067$；$R^2=0.887$]优于对数正态模型和分割线段模型，其拟合公式是：$S=18.4966\times\ln(1+N/18.4966)$，体现出紫胶林-农田复合生态系统蝽类昆虫的环境条件恶劣，因而该昆虫群落表现为物种较少且分布较不均匀。

6.3.2.3　物种组成和优势种分析

对紫胶林-农田复合生态系统各样地灌草层蝽类昆虫的个体数和优势度进行方差分析和多重比较，结果见表 6-4 和表 6-5。

从表 6-4 可以看出，在所采集到的 47 种蝽类昆虫中，有 22 种蝽类昆虫在不同样地中的个体数分布有显著差异，25 种没有显著差异。其中，巨蝽(*Eusthenes robustus*)、短角瓜蝽(Megymenum brevicornis)、削疣蝽(*Cazira frivaldskyi*)、厉蝽(Eocanthecona concinna)、茶翅蝽(*Halyomorpha picus*)、纹须同缘蝽(*Homoeocerus striicornis*)、阔肩同缘蝽(*H. humeralis*)、革红脂猎蝽(*Velinus annulatus*)和环勺猎蝽(*Cosmolestes annulipes*)在天然紫胶林中的个体数显著高于其他样地；叉角厉蝽(*Eocanthecona furcellata*)、橘盾盲异蝽(*Urolabida histrionica*)、长足长蝽(*Dieuches femoralis*)和联斑棉红蝽(*Dysdercus poecilus*)在人工紫胶林中的个体数显著高于其他样地；广二星蝽(*Eysarcoris ventralis*)、稻绿蝽(*Nezara viridula*)、长肩棘缘蝽(*Cletus trigonus*)和大稻缘蝽(*Leptocorisa acuta*)在稻田中的

个体数显著高于其他样地；双环猛猎蝽(*Sphedonolestes annulipes*)在旱地中的个体数显著高于其他样地。

表 6-4 紫胶林-农田复合生态系统不同样地中的蝽类昆虫个体数(*M*±SD)

种名	样地			
	Ⅰ	Ⅱ	Ⅲ	Ⅳ
巨蝽(*Eusthenes robustus*)	0.00±0.00[b]	0.00±0.00[b]	0.67±0.58[a]	0.00±0.00[b]
短角瓜蝽(*Megymenum brevicornis*)	0.33±0.58[b]	0.00±0.00[b]	1.33±0.58[a]	0.33±0.58[b]
削疣蝽(*Cazira frivaldskyi*)	0.00±0.00[b]	0.00±0.00[b]	1.00±1.00[a]	0.00±0.00[b]
黑益蝽(*Picromerus griseus*)	1.33±1.53[b]	0.67±0.58[b]	0.08±0.29[a]	3.67±2.52[ab]
厉蝽(*Eocanthecona concinna*)	0.00±0.00[b]	0.33±0.58[b]	1.33±0.58[a]	0.33±0.58[b]
叉角厉蝽(*E. furcellata*)	0.00±0.00[a]	0.00±0.00[a]	0.00±0.00[a]	0.67±0.58[b]
广二星蝽(*Eysarcoris ventralis*)	3.67±2.89[b]	0.00±0.00[a]	0.00±0.00[a]	0.67±1.15[a]
红角二星蝽(*E. rosaceus*)	0.00±0.00[b]	0.67±0.58[ab]	3.33±2.52[a]	2.33±1.53[ab]
二星蝽(*E. guttiger*)	11.33±5.03[b]	9.00±6.93[ab]	2.67±1.53[a]	6.67±2.31[ab]
稻绿蝽(*Nezara viridula*)	3.33±3.21[b]	0.33±0.58[ab]	0.00±0.00[a]	0.00±0.00[a]
茶翅蝽(*Halyomorpha picus*)	0.00±0.00[b]	0.00±0.00[b]	1.00±1.00[a]	0.00±0.00[b]
橘盾盲异蝽(*Urolabida histrionica*)	0.00±0.00[a]	0.00±0.00[a]	0.00±0.00[a]	0.67±0.58[b]
纹须同缘蝽(*Homoeocerus striicornis*)	0.00±0.00[b]	0.00±0.00[b]	1.00±1.00[a]	0.00±0.00[b]
阔肩同缘蝽(*H. humeralis*)	0.00±0.00[b]	0.00±0.00[b]	6.33±3.79[a]	0.00±0.00[b]
长肩棘缘蝽(*Cletus trigonus*)	10.00±7.81[b]	2.67±4.62[ab]	0.00±0.00[a]	0.00±0.00[a]
大稻缘蝽(*Leptocorisa acuta*)	37.33±10.97[b]	0.67±0.58[a]	0.67±0.58[a]	3.67±1.15[a]
长足长蝽(*Dieuches femoralis*)	1.00±1.00[a]	0.00±0.00[a]	0.67±0.58[a]	7.67±0.58[b]
联斑棉红蝽(*Dysdercus poecilus*)	0.00±0.00[a]	1.33±1.15[a]	0.33±0.58[a]	13.33±6.66[b]
结股角猎蝽(*Macranthopsis nodipes*)	0.00±0.00[b]	1.00±0.00[ab]	3.00±1.00[a]	2.00±2.00[ab]
革红脂猎蝽(*Velinus annulatus*)	0.33±0.58[b]	1.00±1.73[b]	20.00±8.72[a]	1.33±1.15[b]
环勺猎蝽(*Cosmolestes annulipes*)	0.33±0.58[b]	0.00±0.00[b]	5.33±2.08[a]	0.33±0.58[b]
双环猛猎蝽(*Sphedonolestes annulipes*)	0.00±0.00[a]	1.00±1.00[b]	0.67±0.58[a]	0.00±0.00[a]

注：Ⅰ～Ⅳ分别表示稻田、旱地、天然紫胶林、人工紫胶林。不具备相同字母表示在 $P<0.05$ 水平上显著；*M* 表示平均值，SD 表示标准差；无显著差异的物种未列出。

从表 6-5 可以看出，有 17 种蝽类昆虫在不同样地的优势度有显著差异。其中，巨蝽、茶翅蝽、阔肩同缘蝽、条棘缘蝽、革红脂猎蝽和环勺猎蝽在天然紫胶林中的优势度显著高于其他样地；叉角厉蝽、橘盾盲异蝽、长足长蝽和联斑棉红蝽在人工紫胶林中的优势度显著高于其他样地；长肩棘缘蝽和大稻缘蝽在稻田中的优势度显著高于其他样地；而旱地中蝽类优势度均不突出。

表 6-5　紫胶林-农田复合生态系统不同样地中的蝽类昆虫优势度（M±SD）

种名	样地			
	Ⅰ	Ⅱ	Ⅲ	Ⅳ
巨蝽(*Eusthenes robustus*)	0.00±0.00[b]	0.00±0.00[b]	0.97±0.90[a]	0.00±0.00[b]
短角瓜蝽(*Megymenum brevicornis*)	0.40±0.69[ab]	0.00±0.00[b]	1.54±0.83[a]	0.51±0.89[ab]
厉蝽(*Eocanthecona concinna*)	0.00±0.00[b]	0.18±0.32[b]	1.37±0.36[a]	0.55±0.95[ab]
叉角厉蝽(*E. furcellata*)	0.00±0.00[a]	0.00±0.00[a]	0.00±0.00[a]	1.05±0.92[b]
岱蝽(*Dalpada oculata*)	0.00±0.00[a]	4.35±2.81[b]	2.30±2.23[ab]	1.54±1.65[ab]
红角二星蝽(*Eysarcoris rosaceus*)	0.00±0.00[b]	1.19±1.61[ab]	2.93±1.01[ab]	3.66±2.66[a]
茶翅蝽(*Halyomorpha picus*)	0.00±0.00[b]	0.00±0.00[b]	1.00±0.91[a]	0.00±0.00[b]
橘盾盲异蝽(*Urolabida histrionica*)	0.00±0.00[a]	0.00±0.00[a]	0.00±0.00[a]	0.99±0.87[b]
并斑同缘蝽(*Homoeocerus subjectus*)	0.98±1.24[ab]	0.00±0.00[b]	2.41±2.09[a]	0.00±0.00[b]
阔肩同缘蝽(*H. humeralis*)	0.00±0.00[b]	0.00±0.00[b]	8.50±6.65[a]	0.00±0.00[b]
长肩棘缘蝽(*Cletus trigonus*)	6.59±4.75[b]	1.47±2.55[a]	0.00±0.00[a]	0.00±0.00[a]
条棘缘蝽(*Cletomorpha insignis*)	0.40±0.69[b]	1.01±1.75[b]	10.31±6.59[a]	2.08±2.54[b]
大稻缘蝽(*Leptocorisa acuta*)	30.92±15.96[b]	1.16±1.56[a]	0.80±0.91[a]	5.54±1.92[a]
长足长蝽(*Dieuches femoralis*)	0.98±1.24[a]	0.00±0.00[a]	0.57±0.56[a]	11.52±1.38[b]
联斑棉红蝽(*Dysdercus poecilus*)	0.00±0.00[a]	2.33±3.13[a]	0.60±1.03[a]	19.72±9.09[b]
革红脂猎蝽(*Velinus annulatus*)	0.19±0.32[b]	3.03±5.25[b]	20.39±4.00[a]	2.12±1.84[b]
环勺猎蝽(*Cosmolestes annulipes*)	0.19±0.32[b]	0.00±0.00[b]	5.44±1.19[a]	0.51±0.89[b]

注: Ⅰ～Ⅳ分别表示稻田、旱地、天然紫胶林、人工紫胶林。不具备相同字母表示在 $P<0.05$ 水平上显著；M 表示平均值，SD 表示标准差；无显著差异的物种未列出。

综上可以看出，巨蝽、茶翅蝽、阔肩同缘蝽、革红脂猎蝽和环勺猎蝽在天然紫胶林中的个体数和优势度都显著高于其他样地，显示出巨蝽、茶翅蝽、阔肩同缘蝽、革红脂猎蝽和环勺猎蝽偏爱天然紫胶林，是天然紫胶林的代表物种；叉角厉蝽、橘盾盲异蝽、长足长蝽和联斑棉红蝽人工紫胶林中的个体数和优势度显著高于其他样地，显示出叉角厉蝽、橘盾盲异蝽、长足长蝽和联斑棉红蝽偏爱人工紫胶林，是人工紫胶林的代表物种；大稻缘蝽在稻田中的个体数和优势度显著高于其他样地，这些差异显示出大稻缘蝽偏爱稻田样地，是稻田的代表物种；而在旱地中未存在个体数和优势度都与其他样地有显著差异的蝽类昆虫。

从优势种组成来看，天然紫胶林形成了以捕食性蝽类占主要优势、植食性的缘蝽占次要优势的林地蝽类昆虫群落；人工紫胶林则以刺吸南岭黄檀汁液的联斑棉红蝽为优势种；稻田以喜食禾本科水稻的大稻缘蝽为主要优势种；旱地却由于相对干旱及除草耕作和秸秆焚烧等农事活动，导致刺吸类昆虫食物的匮乏而缺乏优势物种。

6.3.2.4　物种多样性

对紫胶林-农田复合生态系统不同样地中的蝽类昆虫物种多样性进行分析，结果见表 6-6。

表 6-6 紫胶林-农田复合生态系统不同样地中的蜂类昆虫多样性(M±SD)

样地	个体数	物种丰富度	Chao 1 指数	Fisher α 指数	Shannon-Wiener 指数	Simpson 指数
I	103.00±54.67[a]	24.00±2.65[a]	32.62±6.96	11.24±3.42[a]	2.67±0.23[a]	11.60±3.40
II	67.00±7.21[a]	20.00±2.00[a]	41.98±18.70[a]	9.86±2.14[a]	2.54±0.22[ab]	11.01±3.82
III	133.33±47.17[a]	20.67±6.43[a]	36.92±19.03[a]	7.02±2.33[a]	2.05±0.19[b]	5.07±1.35
IV	82.67±85.16[a]	17.33±6.51[a]	26.60±11.98	9.05±4.45[a]	2.07±0.50[b]	8.42±8.48

注：Ⅰ～Ⅳ分别表示稻田、旱地、天然紫胶林、人工紫胶林；数据为 Mean ± SE，同行不同小写字母表示在 $P<0.05$ 水平上差异显著。

从表 6-6 可以看出，天然紫胶林蝽类昆虫个体数较丰富，物种丰富度和多样性最高，显示出天然紫胶林蝽类昆虫群落具有最高的多样性，较高的稳定性；人工紫胶林蝽类昆虫个体数最少，物种丰富度和多样性居第 2，显示出人工紫胶林蝽类昆虫群落具有较高的多样性；稻田蝽类昆虫个体数最丰富，Fisher α 指数和 Shannon-Wiener 指数最低，显示出稻田蝽类昆虫群落具有最低的多样性；旱地蝽类昆虫个体数居中，物种丰富度最低，Fisher α 指数和 Shannon-Wiener 指数位居第 3，显示出旱地蝽类昆虫群落多样性稍高于稻田而低于人工紫胶林和天然紫胶林。方差分析及多重比较结果显示，样地之间 Shannon-Wiener 指数存在显著差异，而其他指标不存在统计差异；天然紫胶林的蝽类昆虫群落多样性显著高于稻田和旱地。可见，紫胶林-农田复合生态系统不同样地蝽类昆虫物种丰富度的排序为天然紫胶林>人工紫胶林>稻田>旱地；多样性的排序为天然紫胶林>人工紫胶林>旱地>稻田。

6.4 结论与讨论

从本研究的设计来看，不能完全分割开土地利用变化和互利关系对半翅目昆虫群落多样性的影响。但是有一点是明确的，即在土地利用变化的背景下，紫胶虫蚂蚁互利关系明显地压制了蝽类群落的多样性，而且这种压制作用十分显著。在群落多样性方面，未放养紫胶虫的人工林蝽类群落多样性水平最高，其次为放养紫胶虫 1 年的人工林，而放养紫胶虫 3 年的人工林多样性最低，放养紫胶虫 5 年以上的天然紫胶林次之，反映出紫胶虫生境的蝽类因紫胶虫与蚂蚁互利关系的强度和广度而逐渐减少。这个结果与之前的猜测基本吻合，即由于紫胶虫与蚂蚁的互利关系，导致蚂蚁在寄主植物上巡防，驱赶或取食了危害寄主植物的半翅目昆虫，而且这些半翅目昆虫很多是不分泌蜜露资源的。这个结果与前人的研究结果一致。前人的研究发现，当互利关系的双方——蚂蚁及其照顾的半翅目昆虫同时存在，能降低不排泄蜜露的半翅目昆虫(Suzuki et al.，2004；Kaplan and Eubanks，2005)和其他食草节肢动物(Grover et al.，2008)的存活率与多度，增加排泄蜜露的半翅目昆虫的多度(Fowler and Macgarvin，1985)。

由于紫胶虫蚂蚁的互利关系压制了许多物种在放养紫胶虫的样地中出现，因此不同样地间的半翅目群落结构也存在一定的差异。4 个样地的相似性系数介于 0.194～0.375，说明伴随紫胶虫的放养，蚂蚁与半翅目昆虫的互利关系使其生境内的昆虫多样性发生一定的变化，4 个样地蝽类群落间的相似性系数为中等不相似或极不相似水平，体现了紫胶虫生境间蝽类群落的高度异质性。这虽然对大多数植食性蝽类昆虫极其不利，但对于保护紫胶虫寄主植物是有利的，也在一定程度上对于提高具有重要经济价值的紫胶产量无疑是有利的。

这种差异性与前面论述的半翅目昆虫的食性有关。紫胶虫蚂蚁的互利关系压制的多是植食性不产生蜜露的种类，而捕食性的种类不在作用范围内。本研究结果显示，从紫胶虫生境蝽类的物种组成来看,以缘蝽科和猎蝽科的数量最多，而种类则以蝽科和缘蝽科最为丰富；其中放胶时间最长的天然次生林以蝽科和缘蝽科类群为主，放养紫胶虫时间较长的人工林主要以缘蝽科类群为主，而放养紫胶虫 1 年或单纯由紫胶虫寄主树组成的人工林则以蝽科为主。比较 3 块人工林蝽类群落物种组成，显示了伴随紫胶虫的放养，其生境的蝽类优势类群从蝽科逐渐向缘蝽科变化的趋势。

除了互利关系影响半翅目昆虫群落的多样性外，还有其他许多因子，在本研究中土地利用变化是最重要的因子。从紫胶虫生境蝽类群落多样性结果来看，显示了紫胶虫生境蝽类多样性贫乏的特点。其中作为对照样地——未放养紫胶虫的人工林蝽类群落多样性水平最高，究其原因可能为其样地为退耕还林地上种植的豆科植物，土壤肥力较好，树木生长较快，加之暂无经济效益，人为干扰也较小，为农林昆虫和其他动物提供了适宜的栖境，有利于蝽类群落的繁育；而作为放养紫胶虫的生境，由于经营的需要，对树木进行修枝剪形，破坏了部分蝽类昆虫原有的生存环境，降低了蝽类群落的物种丰富度。天然次生林有较好的封育措施，生境较为稳定，放养紫胶虫已达 5 年之久，有利于蚂蚁多样性的保护，因此有利于与紫胶虫形成较为稳定的互利关系，不利于蝽类的繁育生存。因为蝽类大多数为刺吸式口器的昆虫，一方面是蚂蚁打压的对象；另一方面单纯从与紫胶虫的竞争来看，紫胶虫也是半翅目昆虫，紫胶虫能分泌蜜露、蜡丝、胶被等保护性物质，随着紫胶虫放养时间的加长，其蜜露、蜡丝、胶被等保护性物质逐渐将树木的枝条覆盖，这些覆盖不利于其他以吸取植物汁液为生的刺吸式口器的半翅目昆虫生存和发展，因此与紫胶虫在食物链中形成的竞争关系中，紫胶虫在竞争中占有明显的优势（萧采瑜等，1977；萧采瑜，1981；陈晓鸣，2005）。

综上可以看出，随着紫胶虫的放养，紫胶虫与蚂蚁形成的互利关系，以及由于紫胶虫的生存对策和蚂蚁对半翅目昆虫的压制，紫胶虫在紫胶虫生境的食物链中占有极其重要的地位，对紫胶虫生境中半翅目昆虫群落的生存和演替具有举足重轻的影响，印证了紫胶虫生境中的节肢动物群落与紫胶虫息息相关，与紫胶虫蚂蚁的互利关系密切相关。如果降低或散失了紫胶虫，就会导致这种互利关系丧失，就会改变相关的节肢动物类群（Varshney，1976；Sharma et al.，2006）。从生物多样性保护的角度看，虽然紫胶林对半翅目昆虫不利，但是从整个复合生态系统的角度来经营管理土地利用，则可在一定程度上缓解这种矛盾或者完全解决这个问题。因为斑块镶嵌的多种景观有机结合，则能为不同的类群提供有效的栖境和保护地。因此，我们提倡保护天然次生林，不在天然次生林中发展紫胶等经济作物；采用不同的发展紫胶模式，尽量采用乡土寄主植物及不同的寄主植物混交；尽量保护紫胶林下的植被，为更多的节肢动物提供栖境。

第7章 互利关系对林地中蚂蚁群落多样性的影响

7.1 引言

生物多样性是生物及其与环境形成的生态复合体，以及与此相关的各种生态过程的总和，是人类赖以生存和发展的物质基础，对于维持全球生态系统平衡具有十分重要的意义(陈灵芝，1993)。随着人口数量的日益剧增，人类生产生活对环境产生的影响越来越大，生物多样性丧失速度日益加快，保护生物多样性的形势日趋严峻(马克平，1993；马克平和钱迎倩，1998)，生物多样性减少和生态系统功能退化已成为一种全球性的威胁(联合国环境规划署，2007)。

昆虫是自然界中种类最多的动物，据估算，昆虫种类约占整个地球生物总量的65%，是生物多样性的重要组成部分并占据主导地位，昆虫在生态系统中参与物质和能量循环过程，为植物传播花粉、控制农林害虫种群，部分昆虫还可入药或作为工业原料，具有非常重要的生态系统服务价值(尤民生，1997；Zou et al.，2011；张茂林和王戎疆，2011)，对于维持全球生态系统平衡起到关键作用。蚂蚁为膜翅目(Hymenoptera)蚁科(Formicidae)昆虫，是生物量巨大、分布十分广泛的昆虫类群，除地球两极外几乎所有陆地生态系统中均有分布。蚂蚁能够改良土壤，分解有机质，提高土壤肥力，蚂蚁可用于生物防治，部分种类蚂蚁能帮助植物传播种子，一些种类蚂蚁还具有食用和药用价值(徐正会，2002)。蚂蚁是生态系统的重要组成部分，参与生态系统中关键的生态过程，对其他动物类群产生重要影响(Hölldobler and Wilson，1990；Gómez et al.，2003)。

7.1.1 蚂蚁多样性研究概况

7.1.1.1 国内外蚂蚁物种多样性研究概况

全世界已知蚂蚁有9538种，隶属于16亚科296属(Bolton，1994)，据Hölldobler和Wilson(1990)估计，全球约有蚂蚁2万种。人类对蚂蚁的分类研究开始于17世纪，林奈在《自然系统》中首次建立蚁科的模式属——*Formica*。进入18世纪后，西方大多数国家的蚂蚁分类研究进入高潮，代表人物有Mayr G和Smith F。19世纪，许多国家和地区初步完成了蚂蚁区系研究，针对主要类群进行区域性或世界性系统修正，Hölldobler和Wilson于1990年出版综合性专著*The Ants*，Bolton于1994年和1995分别出版专著*Identification*

Guide to the Ant Genera of the World 及 *A New General Catalogue of the Ants of the World*。随着分子生物学的兴起，利用分子水平进行传统蚂蚁分类结果的验证，尝试进行蚂蚁起源及系统发育探讨，已经取得了很多重要的突破与成就(Crozier et al.，1997；Caterino et al.，2000)。

中国蚂蚁物种多样性研究起步较晚，开始阶段的工作主要由外国学者，如美国 Wheeler W M、法国 Santchi F 和 Fored A 等开展；1982 年，唐觉和李参率先对国内蚂蚁开展研究，此后吴坚和王常禄(1995)对我国蚂蚁开展了较为系统的采集鉴定工作，出版《中国蚂蚁》；周善义(2001)对广西蚂蚁进行了系统研究，出版《广西蚂蚁》；徐正会(2002)对我国西南地区的蚂蚁进行了大量研究报道，比较了不同植被类型蚂蚁群落多样性、蚁科昆虫生态位及社会结构，探讨了蚁科昆虫生物量及生态功能，著有《西双版纳自然保护区蚁科昆虫生物多样性研究》；黄建华(2005)对湖南省蚂蚁分类进行了系统研究；王维(2009)研究报道了湖北省蚂蚁，著有《湖北省蚁科昆虫分类研究》。蚂蚁物种多样性研究的丰硕成果为蚂蚁生物指示研究奠定了坚实的基础。

7.1.1.2　国内外蚂蚁多样性及其影响因素研究概况

生物多样性除物种多样性层次外，还包括基因多样性和群落多样性(马克平，1993)。本文主要关注群落多样性研究方面。群落多样性是指生物群落在组成、结构、功能和动态方面表现出的丰富多彩的差异(马克平，1993)。

国内蚂蚁群落多样性研究中，根据个体数占全部个体数的比例判断优势种、常见种和稀有种(徐正会，2002)，直接采用样本内的物种数实测值来表现蚂蚁群落的物种丰欠状况(杨效东等，2001；张智英等，2005；李巧等，2007)，除物种丰富度外，Shannon-Wiener 指数、Simpson 指数、Pielou 均匀度指数及 Jaccard 指数也被广泛用于蚂蚁群落多样性研究。在国外蚂蚁群落研究中，物种累积曲线被广泛用于判断抽样量是否充分(Longino，2000；Ulrich，2006)，并运用物种累积曲线对物种丰富度进行估计(Andersen，1997a)，或者使用 ACE、ICE、Chao 1、Chao 2 等估计方法对实际物种数进行估计，降低对实际物种数的过低估计的可能。此外，采用物种在样本中出现的频次表示蚂蚁相对多度，使得不同种类蚂蚁间的种群数量差异得到很好的修正(Osborn et al.,1999；Watt et al.，2002)。

蚂蚁群落多样性受到多种因素的影响，主要包括环境因素、植物群落、人为干扰等，此外，产蜜露昆虫及生物入侵等因素也对蚂蚁群落多样性产生影响。

蚂蚁群落多样性受到环境因素的影响。Cushman 等(1993)通过编制多个地区蚂蚁总物种名录来量化纬度梯度对蚂蚁多样性的影响，揭示了蚂蚁多样性随纬度增加而降低。国内学者则更注重海拔对蚂蚁多样性的影响，徐正会等(2001a，2001b)研究了高黎贡山自然保护区垂直带蚂蚁群落特点，结果显示随着海拔的增加，优势度指数普遍递增，物种多样性指数和均匀度指数则递减。在各垂直带上，个体密度随海拔的升高、气温的降低而减少(郭萧等，2007)。温湿度变化影响蚂蚁群落多样性，温度和降雨量也显著影响蚂蚁群落多样性(Andersen，1995)。多数蚂蚁物种具有明显趋阳性生境特点(杨忠文等，2009)，蚂蚁的物种丰富度、个体密度和物种多样性主要受小生境积温和森林结构制约，结构良好、积温较高的小生境拥有更高的物种丰富度和物种多样性，积温较高的阳性小生境拥有更高的蚂蚁个体密度(张继玲等，2009)。

蚂蚁群落多样性与植物种类和结构多样性密切相关(杨效东等，2001；Schnell et al.，2003)，生境的异质性影响蚂蚁群落多样性(刘红等，2002；陈友等，2007)。徐正会等(1999)对比了西双版纳不同季节、不同植被类型下的蚂蚁群落，季节变化和植被变化对蚂蚁多样性影响显著，蚂蚁优势种及在植被亚型中所占的比例各不相同。西双版纳片段季雨林蚂蚁群落研究显示不同植被类型下蚂蚁群落多样性差异显著(徐正会等，1999；张智英等，2000，2005；李巧等，2007，2009e)。蚂蚁群落结构和多样性还受到片段化雨林面积、隔离程度及状态的影响(杨效东等，2001)。

人为干扰显著影响蚂蚁群落的多样性(刘红等，2002；郭萧等，2006)。土地利用行为如过度放牧、耕作、灌溉、火烧、采矿等均会降低蚂蚁群落的多样性(Majer，1985；Andersen，1991；Hoffmann and Andersen，2003)。蚂蚁群落多样性在人为干扰的各种生境中变化较大(张智英等，2005；王玉玲，2008)，农田、果园和人居环境的蚂蚁多样性要低于其他类型生境(刘缠民和马捷琼，2007；朱朝芹等，2010)。人为干扰越强的生境，蚂蚁群落多样性指数越低，质量和异质性越高的生境，蚂蚁群落多样性指数越高(王玉玲和李淑萍，2009)。

产蜜露昆虫通过蜜露资源影响蚂蚁群落多样性。卢志兴等(2012a)报道了不同龄期云南紫胶虫(*Kerria yunnanensis* Ou et Hong)栖境下地表蚂蚁群落的变化特点，蜜露对蚂蚁群落多样性产生了影响。此外，外来入侵物种也会影响蚂蚁群落多样性。红火蚁(*Solenopsis invicta* Buren)的入侵直接导致本地蚂蚁的个体数及多样性水平降低，优势度指数升高(沈鹏等，2007)。

7.1.1.3 蚂蚁生物指示研究概况

蚂蚁分布广泛，几乎存在于各种类型陆地栖境中，并且能够使用简便采集方法快速采集；蚂蚁群落的变化可对其他生物类群产生直接或间接的影响，其群落多样性水平能够反映栖境的生态环境质量与压力，因此，蚂蚁是生物指示研究中重要的指示生物类群(李巧等，2006；李巧，2011)。在国外，蚂蚁很早就被作为指示生物进行植被恢复评价(Andersen，1990；Osborn et al.，1999；Hoffmann and Andersen，2003；Hamburg et al.，2004)，蚂蚁对于过度放牧、农业生产、采矿、火干扰、植被变化等环境压力变化及干扰强度具备快速响应的特点，被认为是十分理想的指示生物(李巧等，2006；李巧，2011)。

除了利用蚂蚁群落多样性进行生物指示研究外，蚂蚁功能群落研究也被用于指示环境压力、干扰生态系统恢复等(Andersen，1995，1997a，1997b；King et al.，1998)。功能群在生态学研究中使用广泛，蚂蚁功能群最早由Greenslade(1978)根据蚂蚁属级水平竞争关系和生境要求进行划分，随后Andersen(1990)根据蚂蚁属级水平上的竞争关系、生境要求和行为优势将蚂蚁类群划分为7个功能群，并对各功能群与植物群落及环境压力之间的关系进行了研究(Andersen，1995，1997a，1997b)。我国功能群研究多集中于植物类群，包括植物类群功能群的划分、功能多样性与生态系统资源动态关系和稳定性关系，以及物种多样性对群落生产力的促进作用等(孙国钧等，2003)，尚未开展蚂蚁功能群研究。全球范围内蚂蚁群落功能群研究还十分欠缺(李巧等，2009d)。

随着全球蚂蚁生物指示研究的深入，我国将迎来蚂蚁群落多样性及生物指示研究的高潮。

7.1.2　紫胶虫栖境节肢动物研究概况

国外研究了紫胶虫生态系统中的物种多样性(Varshney，1979)、昆虫多样性(Sah，1990)及与紫胶虫关系密切的昆虫的种群时空动态(Srivastava and Chauhan.，1984)，得出紫胶虫栖境对生物多样性保护和农业生态系统安全具有保障作用(Saint-Pierre and Ou，1994)。

国内学者先后研究了紫胶虫栖境下的蜻类、甲虫、蝗虫、蜘蛛等节肢动物群落特点。在天然紫胶林、人工紫胶林及紫胶林-农田复合生态系统的蜻类和蝗虫研究显示，天然紫胶林与人工紫胶林蜻类和蝗虫的昆虫群落多样性高、稳定性较强，紫胶林-农田复合生态系统蜻类及蝗虫昆虫个体数大、优势度高，但多样性和稳定性较低(李巧等，2009c，2009d)，李巧等(2009d)和陈又清等(2009)对比了种级水平与科级水平天然紫胶林、人工紫胶林、紫胶林-农田复合生态系统及稻田甲虫群落的特点，揭示了甲虫在栖境质量变化中的指示作用，紫胶林对于维持甲虫群落多样性具有重要作用。放养紫胶虫提高了节肢动物类群数量，有助于捕食性类群构建复杂食物链(陈彦林等，2008)。

此外，陈又清和王绍云(2006a)报道了蚂蚁与紫胶蚧互利关系，蚂蚁光顾可为紫胶虫驱赶天敌，增加紫胶虫的虫体重和泌胶量，对紫胶生产有促进作用。王思铭等(2009)报道了云南紫胶虫两种寄主植物胶被上的蚂蚁活动规律及空间分布特点，一天内蚂蚁有两个活动高峰，植物类型显著影响蚂蚁种类、数量及活动高峰期出现时间，蚂蚁由于紫胶虫分泌的蜜露影响而呈聚集分布。紫胶虫栖境下的紫胶虫与蚂蚁互利关系及蚂蚁共存机制也得到了关注。王思铭等(2011)研究了粗纹举腹蚁与云南紫胶虫的互利关系，粗纹举腹蚁建立保护膜垄断蜜露资源，保证其种群的快速繁殖。紫胶虫为粗纹举腹蚁提供了食物，蚂蚁在取食蜜露的同时为紫胶虫驱赶捕食性天敌(王思铭等，2010a)和寄生性天敌，二者形成兼性互利关系。栖境异质性、蚂蚁身体大小及掌握食物资源的能力差异实现紫胶虫栖境下蚂蚁共存(王思铭等，2010b)。

目前，放养紫胶虫对节肢动物多样性影响已有少量报道，但紫胶虫对节肢动物群落结构、多样性动态的深层次的影响机制揭示还较少，而节肢动物群落在紫胶生产中的作用研究也有待深入。本研究在土地利用的大背景下，探讨放养紫胶虫后，紫胶虫与蚂蚁形成互利关系对蚂蚁群落多样性的影响。

7.1.3　研究目的及意义

近年来，蚂蚁与半翅目昆虫之间的关系已成为昆虫生态学的一个研究热点(Molnár et al.，2000；Queiroz et al.，2001；Eastwood，2004；Perfecto and Vandermeer，2006)。半翅目昆虫排泄的蜜露中含有糖类、氨基酸、蛋白质等物质(Fischer et al.，2002)，蜜露能使树栖蚂蚁维持更高的种群密度(Davidson and Oliveira，2003)，影响蚂蚁的空间分布，蜜露还能为运动能力强的蚂蚁提供更多的能量(Davidson，1998)，蜜露被认为是蚂蚁与同翅目昆虫发生复杂关系的纽带(Del-Claro and Oliveira，1996)，现有研究只是针对具体的蚂蚁种类和同翅目昆虫之间的互利关系，两者相互作用下蚂蚁群落的变化特点鲜有报道(Helms and Vinson，2008；Brightwell and Silverman，2009)，目前，国内外对紫胶虫生境蚂蚁群落的研究甚少，紫胶虫对蚂蚁群落的影响较少被关注。

本研究在前人工作的基础上，研究了紫胶虫栖境下蚂蚁群落特点，分析地表蚂蚁和树栖蚂蚁多样性及群落结构动态变化，从群落水平上揭示互利关系有无及互利关系强度和广度变化对蚂蚁群落结构与多样性产生的影响，并分析蚂蚁在群落结构变化中的生物指示作用。结合云南省经济发展现状，探讨互利关系在蚂蚁多样性保护乃至生态环境保障中的作用，为当地生物多样性保护提供参考。

7.2 研究地区与研究方法

7.2.1 研究地区

7.2.1.1 自然概况

墨江县地处云贵高原西南边缘、横断山系纵谷区东南段，哀牢山脉中段。全县地形北部狭窄、南部较宽，似纺锤状，地势自西北向东南倾斜。境内山高谷深，河流纵横，最高点海拔 2278 m，最低点海拔 478.5 m。全县山区半山区占 99.8%，丘陵谷地仅占 0.1%，地貌类型复杂多样，全县属深切割中山山地地貌。

墨江县处于低纬度高海拔地区，全县 70%的地域位于北回归线以南，30%的地域位于北回归线以北，属南亚热带半湿润山地季风气候，四季不太分明，干湿季明显。全县年平均气温 17.8℃，最冷月为 1 月，平均气温 11.5℃；最热月为 6 月，平均气温 22.1℃。

墨江县雨量充沛，11 月至次年 4 月为干季，受大陆高原西部干暖气流的影响，空气干燥少雨。5～10 月为雨季，受印度洋孟加拉湾潮湿气流和北部湾太平洋潮湿气流的影响，降雨量多。年均降雨量 1338 mm，全年降雨量在季节上的分布是夏季多、冬季少。

全年总日照时数 2161.2 h，一年中 3 月日照时数最多，为 255.1 h；7 月最少，为 128 h，日照在季节分配上的特点是冬春多、夏秋少。年平均湿度 80%，年平均蒸发量 1696.7 mm，月平均蒸发量 141.4 mm，3～5 月蒸发量最大，合计 617.1 mm；10～12 月蒸发量最小，合计 301.3 mm。全县霜期平均 59 d，无霜期长达 306 d，霜日年均为 15.3 d(墨江哈尼族自治县志编纂委员会，2002)。

7.2.1.2 植被概况

墨江县林产资源丰富，林业用地面积 286 092 hm^2，占全县土地总面积的 53.7%，全县森林覆盖率为 49.3%，人均有林地 0.66 hm^2，远高于全省水平，具备良好的林业发展优势(郑天水，2000)。海拔 800 m 以下为河谷季雨林，海拔 800～1900 m 为思茅松(*Pinus kesiya* var. *langbianensis*)林和季风常绿阔叶林，优势树种包括壳斗科(Fagaceae)、樟科(Lauraceae)、木兰科(Magnoliaceae)等的植物，海拔 1900 m 以上为云南松(*Pinus yunnanensis*)林、亚热带常绿阔叶林，以壳斗科的树种为主(杨忠兴，2000)。有国家一级保护植物 3 种、二级保护植物 5 种、三级保护植物 10 种。

墨江县紫胶适生面积 19 万 hm^2，其中适宜种植紫胶寄主树面积 4.6 万 hm^2，有寄主树 20 多种 830 万株，可建立优质紫胶基地 2.67 万 hm^2(陈智勇，2009)。墨江县雅邑乡的紫胶种植园，土壤以赤红壤为主，植被类型多属于河谷季雨林次生林与灌木草丛，主要树种为火绳树(*Eriolaena spectabilis*)、钝叶黄檀(*Dalbergia obtusifolia*)、南岭黄檀(*Dalbergia balansae*)、苏门答腊金合欢(*Acacia glauca*)、思茅黄檀(*Dalbergia szemaoensis*)、景谷巴豆(*Croton laevigatus*)等。钝叶黄檀与苏门答腊金合欢具有较强的萌发能力及耐干旱贫瘠等特点，是紫胶虫优良寄主植物。

7.2.1.3　经济概况

墨江县总人口数为 36 万，境内有哈尼、汉、彝、拉祜、布朗等 25 个民族，少数民族人口占总人口数的 73%，其中哈尼族人口数为 21.24 万，占总人口数的 59%。至 2011 年，墨江县全年实现生产总值 27.6 亿元，实现农民年人均现金收入 3000 元，实现城镇居民年人均可支配收入 1.3 万元。全县山区和半山区面积占全县总面积的 99.98%，人均耕地面积 0.07 hm^2，可开发利用土地资源稀缺，地质环境恶劣，森林生态系统产值低下，严重制约了经济的发展，截至 2009 年末全县仍有贫困人口 14 万人。

墨江县坚持林业立县的战略定位，以循序渐进发展现代林业为目标，积极投入资金扶持农村积极发展，建设和保护高产稳产农田，积极引导和扶持以紫胶、橡胶、咖啡等产业为主的林产业的发展，重点发展茶产业和烤烟产业，近年来经济发展水平得到了较大提高。

7.2.1.4　紫胶生产概况

我国的紫胶产区主要位于云南省亚热带半干旱半湿润河谷及半山区，紫胶收入是当地农民主要经济收入之一。20 世纪 60 年代以前，我国紫胶需求依赖进口，随着我国经济快速发展，紫胶需求量剧增，紫胶产业也越来越被重视，目前已经发展为年产 3000 t 以上的规模，基本解决了国内紫胶的需求。

我国目前紫胶生产涉及云南、贵州、广东、广西、福建、江西、湖南、四川等省(自治区)，云南省紫胶产量一直占全国主导地位，2006 年云南省生产紫胶及紫胶产品 3000 t，占全国总量的 93%，紫胶产业在云南发展具有较大优势。云南省紫胶生产的主要虫种为云南紫胶虫，其分布广泛，应用价值高(欧炳荣和洪广基，1990)。云南紫胶虫主要分布于怒江流域及其支流、澜沧江流域及其支流、红河流域及其支流和伊洛瓦底江流域及其支流河谷两岸海拔 900～1500 m 区域(陈又清和王绍云，2007b)。云南省紫胶生产模式主要包括乔木纯林、灌木纯林、乔灌木混交林及农林复合模式，其中农林复合模式的产值要高于其余 3 种模式。

紫胶产业是墨江县长期以来重点发展的产业之一。墨江县发展紫胶产业具有丰富的气候资源、宜胶林地资源和寄主树资源，很好的区位优势和地理优势，当地群众发展紫胶生产的积极性较高且经验丰富，紫胶产量曾为全国之最，是全国有名的“紫胶之乡”(墨江哈尼族自治县志编纂委员会，2002)。墨江县内还建有两大紫胶加工厂，即墨江县虫胶厂和墨江县广生祥植物化工厂，为紫胶产业的稳步发展提供了重要保障(陈智勇，2009)。截至 2009 年，全县新增紫胶 966 hm^2，实现产值 189 万元。

7.2.2 研究方法

7.2.2.1 样地设置

试验地位于云南省普洱市墨江县雅邑乡(101°43′E，23°14′N)，海拔 1000～1056 m 地段。林地主要树种为钝叶黄檀，树龄约 5 年，树高 3～4 m，胸径 5～6 cm，乔木盖度 70%左右，能透射太阳光。地表草本层盖度 30%左右，以紫茎泽兰(*Eupatorium adenophorum*)、飞机草(*Eupatorium odoratum*)、扭黄茅(*Heteropogon contortus*)等占优势，土壤以赤红壤为主，腐殖质较少。试验区域各样地内植被、土壤、坡度、坡向等条件基本一致。试验地长期从事紫胶生产工作，林地内有大量蚂蚁栖息。

1. 地表蚂蚁

1) 放养紫胶虫对地表蚂蚁多样性的影响

在林地内划分两块样地(A 和 B)，各样地面积约为 0.2 hm^2，长方形，两块样地相距 50 m，样地 A 放养云南紫胶虫，放养量平均水平约为有效枝条(适于云南紫胶虫生产的枝条)的 30%，放虫密度基本一致，样地 B 为对照样地，不放养紫胶虫。

2) 紫胶虫种群数量对地表蚂蚁多样性的影响

在林地内划分 4 块样地(Ⅰ、Ⅱ、Ⅲ和Ⅳ)，每块样地面积约为 100 m×100 m，各样地间距 50 m。样地Ⅰ、Ⅱ和Ⅲ内放养云南紫胶虫，各样地内紫胶虫种群数量水平以紫胶虫在其寄主植物枝条上的寄生率表示，分别为有紫胶虫寄生的有效枝条(适宜云南紫胶虫生长发育的枝条)占寄主植物总有效枝条的 60%、30%和 10%。放养紫胶虫后，统计紫胶虫在枝条上的固定情况，抹去过多紫胶虫，不足的则补充放养。所选寄主植物的树龄、高度、胸径、冠幅、有效枝条数量及长度等性状基本一致，3 个样地所处的自然条件基本一致，各样地紫胶虫自然死亡率基本一致，在试验期内，紫胶虫种群数量比整体维持在 6∶3∶1。样地Ⅳ为对照样地，不放养紫胶虫。

2. 树栖蚂蚁

1) 放养紫胶虫对树栖蚂蚁多样性的影响

样地设置同本章 7.2.1.1 中样地设置，选取 30%紫胶虫放养量的样地Ⅱ为紫胶虫放养样地，选取样地Ⅳ为对照样地。

2) 紫胶虫种群数量对树栖蚂蚁多样性的影响

样地设置同本章 7.2.1.1 中样地设置。

7.2.2.2 抽样方法

1. 地表蚂蚁

于 2009 年 12 月至 2010 年 5 月采用陷阱法在各样地内进行地表蚂蚁群落的调查。具体方法如下。

1) 放养紫胶虫对地表蚂蚁多样性的影响

在样地 A 和样地 B 内采用“Z”字形取样法各选取 5 个小样方，样方间距 10 m；每个小样方内设置 10 个陷阱（陷阱为容积 50 mL、直径 3 cm 的塑料杯），小样方面积为 5 m×2 m，划分为 10 个 1 m×1 m 的小网格，网格分为 2 排，每排 5 个，陷阱设置于小网格左上方，陷阱间距 1 m，陷阱中放置 40%乙醇溶液作为保存液；陷阱上方设置防雨石板，48 h 后收集陷阱中的蚂蚁；每月调查 2 次，连续调查 6 个月，共计 12 次（Cech et al.，2007；李宁东等，2008；李巧等，2009e）。

2) 紫胶虫种群数量对地表蚂蚁多样性的影响

分别在样地Ⅰ、Ⅱ、Ⅲ和Ⅳ内设置 2 条样带，样带间距 30 m，样带长 50 m，每条样带设置 5 个陷阱（陷阱为容积 50 mL、直径 3 cm 的塑料杯），陷阱间距 10 m，陷阱中放置以 40%乙醇溶液作为保存液；上方设置防雨石板，48 h 后收集陷阱中的蚂蚁。每月调查 2 次，连续调查 6 个月，共计 12 次（Cech et al.，2007；李宁东等，2008；李巧等，2009e）。

2. 树栖蚂蚁

于 2009 年 12 月至 2010 年 5 月进行树栖蚂蚁调查。具体方法是：分别在样地Ⅰ、Ⅱ、Ⅲ和Ⅳ内进行调查，在 9:00～11:00（蚂蚁在树上活动的高峰期），以树为单位，采用目光搜寻法调查（Del-Claro and Oliveira，1996），两人同时进行，记录 2 min 内在每株钝叶黄檀上观察到的蚂蚁种类及数量，每个样地调查 30 株，所选取的钝叶黄檀株高、胸径、长势，紫胶虫放养量等条件基本一致，不考虑树冠顶层及树洞等部位未观察到的蚂蚁（Blüthgen et al.，2004）。不能识别的蚂蚁种类，采样并带回实验室。每月调查 1 次，连续调查 6 个月，共计 6 次。

7.2.2.3　物种鉴定

使用形态分类学方法依据相关文献（吴坚和王常禄，1995；徐正会，2002）将蚂蚁鉴定到种，并请相关专家进行标本鉴定结果进行核实。

7.2.2.4　数据分析

(1) 抽样充分性判断：利用 Estimate S（Version 8.2.0）软件（Colwell，2010）计算多样性指数，通过 Excel 绘制物种累积曲线（species accumulation curves），根据曲线的特征，并结合物种丰富度 *S* 值（物种数实测值）与 ACE 估计值（abundance-base coverage estimator）的相对大小进行抽样充分性判断（李巧等，2009e）。

(2) 物种组成和相对多度：根据蚂蚁种类鉴定结果整理出物种组成名录，采用物种在样本中出现的频数来表示蚂蚁相对多度（Osborn et al.，1999；Watt et al.，2002），以相对多度百分率>10%作为常见种的判断标准（李巧等，2009e）。

(3) 物种多样性：采用相对多度、物种丰富度 *S* 值与 ACE 估计值来度量蚂蚁多样性（Bestelmeyer et al.，2000；李巧等，2009e），利用 Estimate S（Version 8.2.0）软件完成 ACE 估计值的计算（Colwell，2009），利用 SPSS 16.0 中的 One-way ANOVA 对各月份紫胶林和对照样地蚂蚁群落相对多度、物种丰富度 *S* 和 ACE 估计值进行方差分析（比较前相对多度进行平方根转换、物种丰富度 *S* 和 ACE 估计值进行 ln 对数转换，方差分析前及数据转化后运用 Levene 检验方差的齐性)，利用 SPSS 16.0 中的 LSD multiple comparisons 分别对紫胶林和对照样地不同月份地表蚂蚁群落多样性进行多重比较。

(4)群落相似性：运用统计软件 R 语言中 Vegan 软件包进行主坐标分析(principal coordinate analysis，PCoA)，对各样地蚂蚁群落的物种组成相似性进行比较(R Development Core Team，2009)。

(5)指示物种分析：利用统计软件 R 语言中的 Labdsv 软件包计算各物种的 IndVal 值(R Development Core Team，2009)，参考相关研究以 IndVal 值≥0.7 作为标准确定指示物种(Nakamura et al.，2007)。

(6)功能群：依据 Willian 和 Brown(2000)的划分方法，根据蚂蚁竞争关系、生境要求和行为优势在属级水平上进行蚂蚁功能群划分，各蚂蚁功能群名称及特点描述见表 7-1。利用各个功能群相对多度百分率绘制柱状图反映各个功能群的组成情况。

表 7-1 蚂蚁功能群

功能群	代码	特征
优势臭蚁亚科	DD	数量丰富，活动能力和侵略性较强
从属弓背蚁族	SC	体型较大，通常与 DD 一同出席，但受到 DD 制约
气候专家	HCS CCS TCS	与气候相适应的特化类群，包括热气候专家(HCS)、冷气候专家(CCS)和热带气候专家(TCS)
隐蔽种类	CS	在土壤和枯落物层觅食
广义切叶蚁亚科	GM	由广布属类群组成
机会主义者	O	竞争能力较弱类群，明显受其他蚂蚁类群影响
专业捕食者	SP	由捕食性蚂蚁构成

7.2.3 试验材料

云南紫胶虫一年 2 代，5～10 月为夏代，约 150 d；10 月至翌年 4 月为冬代，约 210 d。1 龄幼虫从母体孵化后寻找适宜生活的枝条(有效枝条)固定，终生不再迁移，固虫密度在 180～230 头/cm^2，幼虫期泌胶量较少，成虫期泌胶量多，中期达到泌胶量最高峰。幼虫和雌成虫均能分泌蜜露，以成虫期分泌量最大(陈晓鸣，2005)。

云南紫胶虫寄主植物钝叶黄檀，属豆目(Fabales)蝶形花科(Papilionaceae)，主要分布于哀牢山以西、李仙江流域、澜沧江中游及怒江河谷地区，喜光耐干旱，更新能力强，是紫胶虫优良寄主植物之一(陈玉德和侯开卫，1980)。

于 2009 年 5 月放养云南紫胶虫，当年 10 月收胶，同时进行冬代紫胶虫放养，2010 年 5 月收胶。夏代冬代交替放养，夏代进行生产，冬代为夏代培育种胶，寄主植物轮流使用，减少持续生产对寄主植物产生的影响。

7.3　结果与分析

经过标本鉴定与数量统计，共采集地表蚂蚁标本10515头，隶属5科24属37种；记录树栖蚂蚁12312头，隶属4科14属22种。地表蚂蚁和树栖蚂蚁在各样地的物种名及相对多度见附表1、附表2和附表3。

7.3.1　放养紫胶虫对蚂蚁多样性的影响

7.3.1.1　地表蚂蚁

1. 抽样充分性判断

紫胶林和对照样地各月份地表蚂蚁群落的物种累积曲线如图7-1所示。紫胶林和对照样地中地表蚂蚁物种累积曲线在急剧上升后均趋于平缓，抽样较充分。从抽样效果来看，紫胶林与对照样地实际采集到的蚂蚁总数分别为估计值的94.4%、85.7%，抽样效果较好。

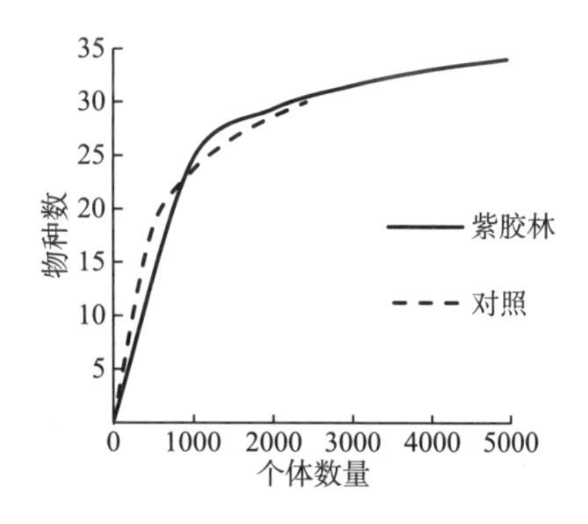

图7-1　基于个体数的地表蚂蚁物种累积曲线

2. 物种组成及相对多度

在紫胶林中采集蚂蚁标本4953头，隶属5亚科23属34种；在对照样地中采集蚂蚁标本2416头，隶属5亚科20属30种。各月份地表蚂蚁种类及相对多度见附表1。紫胶林地表蚂蚁相对多度总体高于对照样地，成虫期地表蚂蚁相对多度总体高于幼虫期。

两样地每月常见种的相对多度百分比见表7-2。各月份紫胶林地表蚂蚁的常见种组成均不同于对照样地。在紫胶林中，伊大头蚁(*Pheidole yeensis*)和棒刺大头蚁(*P. spathifera*)是最主要的常见种，伴随紫胶虫整个世代周期。随着紫胶虫蜜露分泌量的增加，地表蚂蚁常见种变化呈现一定的规律，常见种种类及出现的百分比均发生了变化。幼虫期地表蚂蚁中横纹齿猛蚁(*Odontoponera transversa*)不是常见种，成虫期地表蚂蚁中法老小家蚁(*Monomorium pharaonis*)和贝卡盘腹蚁(*Aphaenogaster beccarii*)不是常见种。

表 7-2 不同样地地表蚂蚁群落常见物种及相对多度百分比

样地	常见种	相对多度百分比/%					
		12 月	1 月	2 月	3 月	4 月	5 月
A	横纹齿猛蚁(*Odontoponera transversa*)	—	—	—	—	14.8	10.4
	法老小家蚁(*Monomorium pharaonis*)	—	14.0	—	—	—	—
	中华小家蚁(*Monomorium chinensis*)	—	18.0	20.5	25.1	—	—
	棒刺大头蚁(*Pheidole spathifera*)	—	10.0	14.6	12.1	11.8	13.4
	伊大头蚁(*Pheidole yeensis*)	19.0	19.0	24.3	26.0	16.9	18.2
	皮氏大头蚁(*Pheidole pieli*)	12.3	—	—	—	11.5	16.3
	贝卡盘腹蚁(*Aphaenogaster beccarii*)	21.3	14.0	—	—	—	—
B	横纹齿猛蚁(*Odontoponera transversa*)	—	—	10.5	—	30.3	17.9
	法老小家蚁(*Monomorium pharaonis*)	—	17.7	—	—	—	—
	中华小家蚁(*Monomorium chinensis*)	11.8	32.4	20.2	29.8	—	21.0
	棒刺大头蚁(*Pheidole spathifera*)	—	—	—	—	—	10.0
	伊大头蚁(*Pheidole yeensis*)	34.0	17.7	30.7	35.5	26.0	21.8
	皮氏大头蚁(*Pheidole pieli*)	19.6	—	—	—	—	10.0

注：A. 紫胶林；B. 对照。“—”：百分率低于 10%。

3. 多样性比较

相同月份紫胶林和对照单因素方差分析结果显示：①除 1 月外，各月紫胶林地表蚂蚁相对多度均高于对照样地，其中 12 月、2 月、3 月和 4 月有显著性差异(F=15.492，P<0.05；F=5.897，P<0.05；F=46.122，P<0.05；F=30.420，P<0.05)；②各月紫胶林地表蚂蚁物种数 S 和 ACE 值均高于对照样地，其中 3 月和 4 月紫胶林蚂蚁物种数 S 显著高于对照(F=11.827，P<0.05；F=17.513，P<0.05)，12 月、3 月和 4 月 ACE 估计值有显著差异(F=13.019，P<0.05；F=27.759，P<0.05；F=23.265，P<0.05)。紫胶林不同月份多重比较结果显示，紫胶林地内地表蚂蚁群落多样性指标在不同月份间均存在显著差异：在紫胶虫处于成虫期的 4 月和 5 月，地表蚂蚁相对多度和物种丰富度 S 均显著高于幼虫期的 2 月和 1 月，12 月和 5 月地表蚂蚁的 ACE 估计值较大。各月份紫胶林和对照样地的地表蚂蚁相对多度、物种丰富度实测值 S 和 ACE 估计值见表 7-3。

表 7-3　不同样地地表蚂蚁群落多样性指数多重比较（Mean ± SE）

时间	相对多度		物种丰富度 S 值(S)		ACE	
	A	B	A	B	A	B
12 月	$50.60±5.04^{bc}$	$30.60±0.68^{b}$	$2.83±0.10^{ab}$	$2.53±0.11^{ab}$	$3.16±0.10^{a}$	$2.72±0.06^{b}$
1 月	$20.00±1.84^{e}$	$20.40±2.40^{c}$	$2.65±0.14^{b}$	$2.37±0.13^{b}$	$3.08±0.15^{ab}$	$2.73±0.01^{ab}$
2 月	$37.00±2.17^{d}$	$24.80±4.53^{bc}$	$2.69±0.10^{b}$	$2.46±0.11^{ab}$	$2.88±0.06^{b}$	$2.69±0.10^{b}$
3 月	$44.60±2.18^{cd}$	$24.80±1.93^{bc}$	$2.83±0.09^{ab}$	$2.33±0.12^{b}$	$3.04±0.04^{ab}$	$2.52±0.09^{b}$
4 月	$78.20±4.05^{a}$	$50.80±2.87^{a}$	$3.00±0.07^{a}$	$2.52±0.09^{ab}$	$3.06±0.04^{ab}$	$2.70±0.06^{b}$
5 月	$61.40±6.47^{b}$	$45.80±3.65^{a}$	$3.03±0.09^{a}$	$2.79±0.12^{a}$	$3.15±0.07^{a}$	$2.96±0.12^{a}$

注：物种数和 ACE 估计值进行对数转换；不同字母表示不同月份间差异显著($P<0.05$)。

4. 群落相似性分析

各月份紫胶林和对照样地地表蚂蚁群落相似性分析结果如图 7-2 所示。主坐标分析结果显示，不同样地蚂蚁群落组成随月份而变化，12 月、4 月和 5 月大部分放养紫胶虫的样点彼此接近，而大多数未放养紫胶虫的样点聚在一起，说明是否放养紫胶虫对蚂蚁群落结构产生了影响，其中在紫胶虫分泌的蜜露资源量较少的 1～3 月，放养紫胶虫的样点与未放养紫胶虫的样点彼此混杂，蚂蚁群落结构较相似，而处于成虫期时的 4 月和 5 月紫胶林样地与对照样地样点分开，蚂蚁群落组成存在差异。

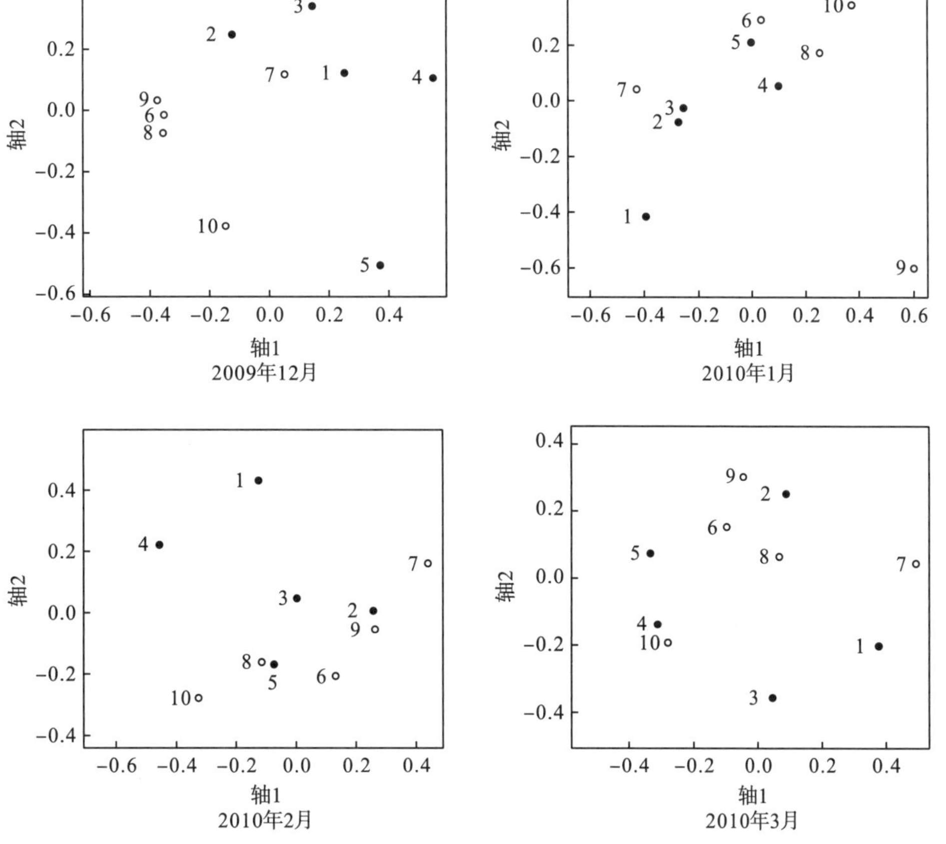

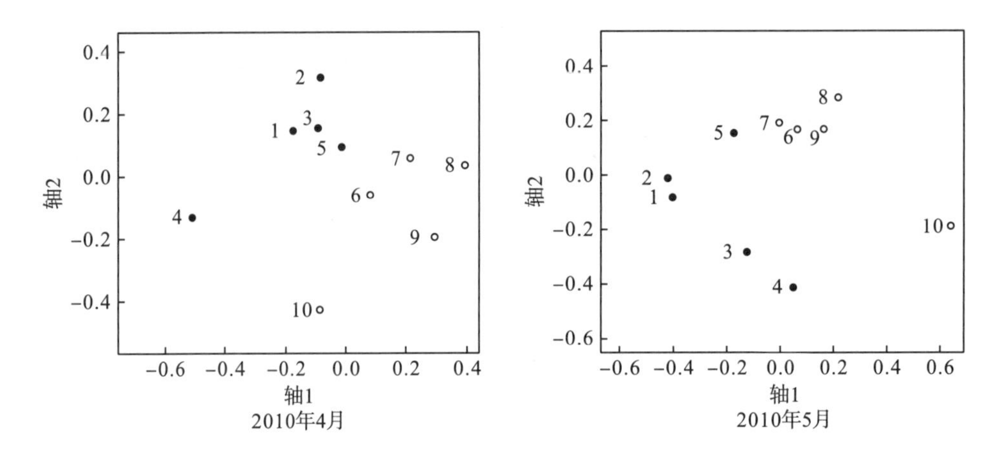

图 7-2 不同样地地表蚂蚁群落主坐标分析

注：1～5(实心点)，紫胶林样点；6～10(空心点)，对照样点。

5. 指示物种分析

各月份紫胶林和对照样地地表蚂蚁指示值分析结果见表 7-4。除 2 月外，紫胶林各月份均有指示物种。在紫胶虫幼虫期的 12 月和 1 月指示物种相同，均为切叶蚁亚科的贝卡盘腹蚁(*Aphaenogaster beccarii*)；在紫胶虫成虫期，3 月为臭蚁亚科的黑头酸臭蚁(*Tapinoma melanocephalum*)，4 月和 5 月指示物种有 4～5 种，均包括贝卡盘腹蚁、粗纹举腹蚁(*Crematogaster macaoensis*)和皮氏大头蚁(*Pheidole pieli*)。而对照样地仅 5 月具有指示物种，为切叶蚁亚科的中华小家蚁(*Monomorium chinensis*)，其余月份无指示物种。

表 7-4 不同样地地表蚂蚁群落指示值动态分析

样地	月份	物种	IndVal	*P*
A	12 月	贝卡盘腹蚁(*Aphaenogaster beccarii*)	0.9727	0.001
	1 月	贝卡盘腹蚁(*A. beccarii*)	0.7391	0.037
	3 月	黑头酸臭蚁(*Tapinoma melanocephalum*)	0.8000	0.001
	4 月	罗氏棒切叶蚁(*Rhoptromyrmex wroughtonii*)	0.9565	0.024
		粗纹举腹蚁(*Crematogaster macaoensis*)	0.9167	0.006
		贝卡盘腹蚁(*Aphaenogaster beccarii*)	0.8554	0.034
		皮氏大头蚁(*Pheidole pieli*)	0.8264	0.001
		长足光结蚁(*Anoplolepis gracilipes*)	0.8000	0.001
	5 月	贝卡盘腹蚁(*Aphaenogaster beccarii*)	0.9574	0.001
		粗纹举腹蚁(*Crematogaster macaoensis*)	0.8333	0.048
		皮氏大头蚁(*Pheidole pieli*)	0.8221	0.027
		大阪举腹蚁(*Crematogaster osakensis*)	0.7273	0.037
B	5 月	中华小家蚁(*Monomorium chinensis*)	0.8017	0.029

注：通过 R 语言 Labdsv 软件包的 duleg 功能进行指示值计算，其计算公式是 $IndVal_{ij} = A_{ij} \times B_{ij}$。*P* 是在 1000 次重复基础上得到的。仅列出具有统计学差异的指示物种。

7.3.1.2　树栖蚂蚁

1. 物种组成及相对多度

在紫胶林（Ⅱ）中记录蚂蚁 3301 头，隶属 4 亚科 12 属 18 种；在对照样地（Ⅳ）中记录蚂蚁 601 头，隶属 2 亚科 8 属 14 种。蚂蚁种类及相对多度见附表 3。紫胶林树栖蚂蚁的相对多度要高于对照样地。

不同月份紫胶林和对照样地树栖蚂蚁常见种见表 7-5。紫胶林树栖蚂蚁常见种有 5 种，其中飘细长蚁（*Tetraponera allaborans*）、粗纹举腹蚁（*Crematogaster macaoensis*）和立毛举腹蚁（*C. ferrarii*）在各月份出现比例较高，对照样地树栖蚂蚁常见种有 6 种，其中飘细长蚁和立毛举腹蚁在各月份出现的比例较高。两个样地中飘细长蚁和立毛举腹蚁出现的比例比较稳定。

表 7-5　不同样地树栖蚂蚁群落常见物种及相对多度百分比

样地	常见种	相对多度百分比/%					
		12 月	1 月	2 月	3 月	4 月	5 月
Ⅱ	飘细长蚁(*Tetraponera allaborans*)	14.7	13.3	37.8	32.4	23.4	40.0
	粗纹举腹蚁(*Crematogaster macaoensis*)	14.7	20.0	20.0	10.8	21.3	10.0
	立毛举腹蚁(*C. ferrarii*)	41.2	43.3	20	24.3	36.2	30.0
	黑可可臭蚁(*Dolichoderus thoracicus*)	—	13.3	11.1	10.8	—	—
	光胫多刺蚁(*Polyrhachis tibialis*)	—	—	—	16.2	—	—
Ⅳ	飘细长蚁(*Tetraponera allaborans*)	13.3	39.1	27.8	27.6	16.7	28.9
	粗纹举腹蚁(*Crematogaster macaoensis*)	13.3	—	—	13.8	—	—
	立毛举腹蚁(*C. ferrarii*)	40.0	34.8	44.4	41.4	38.1	42.2
	黑可可臭蚁(*Dolichoderus thoracicus*)	—	26.1	11.1	10.3	—	—
	光胫多刺蚁(*Polyrhachis tibialis*)	20.0	—	16.7	—	—	—
	巴瑞弓背蚁(*Camponotus parius*)	—	—	—	—	—	13.3

注：Ⅱ表示紫胶林；Ⅳ表示对照。“—”表示百分比低于 10%。

2. 多样性比较

对各月份紫胶林和对照样地树栖蚂蚁相对多度、物种丰富度实测值 S 和 ACE 估计值进行单因素方差分析，结果显示：①紫胶林树栖蚂蚁相对多度高于对照样地，其中 12 月和 1 月有显著差异（F=230.269，P<0.05；F=26.926，P<0.05）；②除 4 月外，紫胶林树栖蚂蚁物种丰富度和 ACE 估计值均高于对照样地，其中 2 月紫胶林树栖蚂蚁物种丰富度显著高于对照（F=39.196，P<0.05）；③对同一样地不同月份树栖蚂蚁相对多度、物种丰富度 S 值和 ACE 估计值进行多重比较（表 7-6），结果显示处于紫胶虫成虫期的 3 月、4 月、5 月树栖蚂蚁相对多度、物种丰富度和 ACE 估计值均高于处于紫胶虫幼虫期 12 月、1 月和 2 月。

表 7-6 不同样地树栖蚂蚁群落多样性指数多重比较(Mean ± SE)

时间	相对多度		物种丰富度 S		ACE	
	II	IV	II	IV	II	IV
12 月	4.12 ± 0.00^{b}	2.74 ± 0.09^{c}	1.78 ± 0.17^{ab}	1.50 ± 0.11^{bc}	1.94 ± 0.14^{a}	1.65 ± 0.14^{b}
1 月	3.86 ± 0.26^{b}	3.39 ± 0.07^{bc}	1.50 ± 0.11^{b}	1.10 ± 0.00^{c}	1.73 ± 0.35^{a}	1.10 ± 0.00^{c}
2 月	4.74 ± 0.05^{a}	2.98 ± 0.34^{bc}	1.87 ± 0.08^{ab}	1.39 ± 0.00^{c}	2.26 ± 0.31^{a}	1.50 ± 0.11^{bc}
3 月	4.30 ± 0.06^{b}	3.78 ± 0.46^{ab}	1.79 ± 0.00^{ab}	1.61 ± 0.00^{b}	1.83 ± 0.04^{a}	1.84 ± 0.24^{ab}
4 月	4.85 ± 0.15^{a}	4.57 ± 0.33^{a}	1.87 ± 0.08^{ab}	2.08 ± 0.00^{a}	2.18 ± 0.39^{a}	2.25 ± 0.05^{a}
5 月	5.00 ± 0.00^{a}	4.74 ± 0.26^{a}	1.94 ± 0.14^{a}	1.70 ± 0.09^{b}	2.30 ± 0.10^{a}	1.74 ± 0.13^{b}

注：相对多度进行平方根转换，物种数和 ACE 估计值进行对数转换，不同字母表示不同月份间差异显著($P<0.05$)。

3. 群落相似性分析

各月份紫胶林和对照样地树栖蚂蚁群落相似性分析结果如图 7-3 所示。主坐标分析结果显示，紫胶林和对照样地树栖蚂蚁群落相似性随月份发生变化，其中 12 月和 4 月紫胶林的样点距离较近，其余月份距离较远；在对照样地中，1 月、2 月和 5 月样点比较接近，其余月份距离较远，树栖蚂蚁群落结构变化较大。

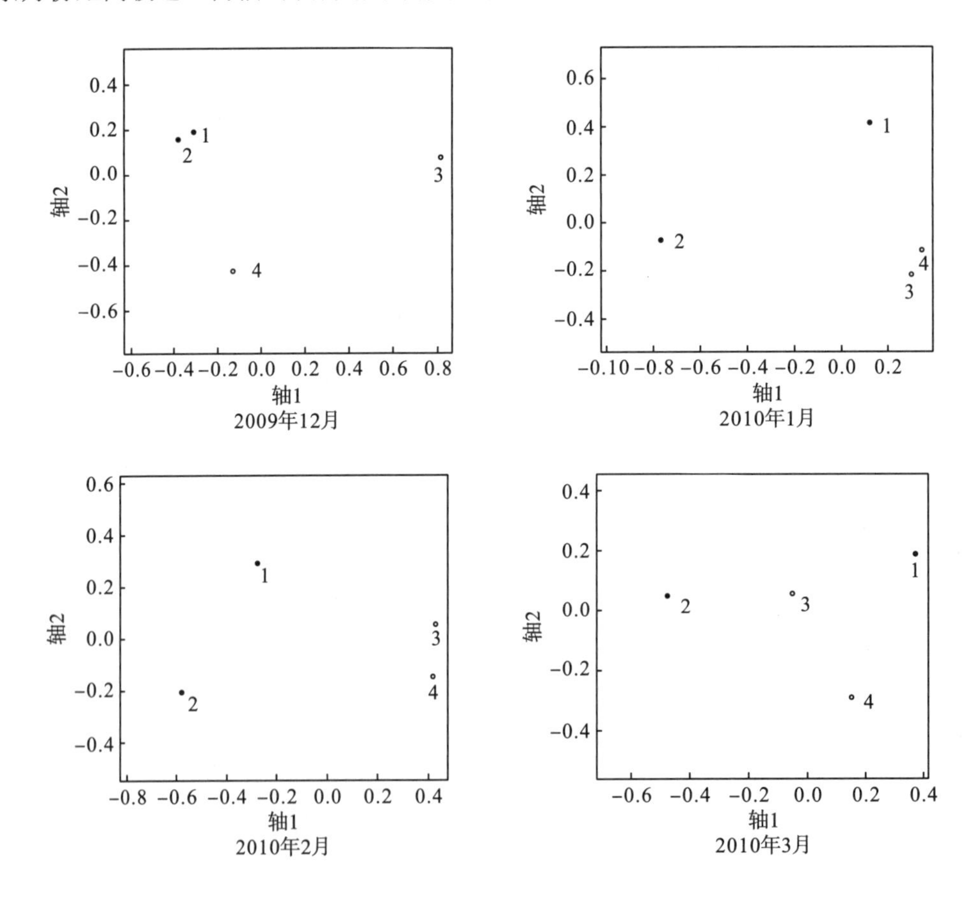

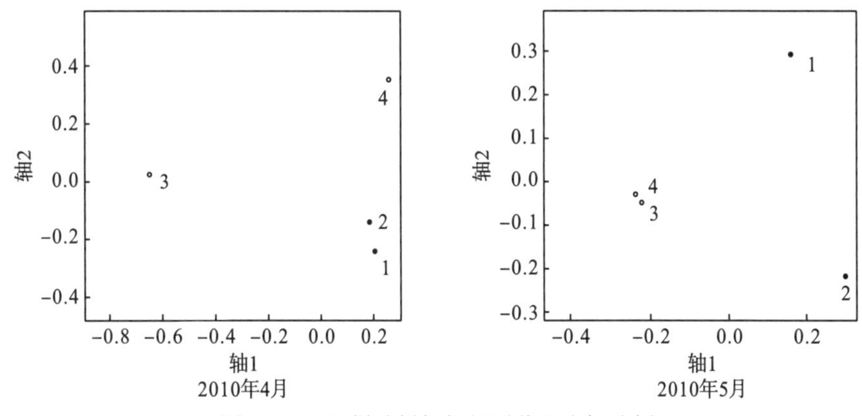

图 7-3　不同样地树栖蚂蚁群落主坐标分析

注：1、2(实心点)，紫胶林样点；3、4(空心点)，对照样点。

4. 指示物种分析

各月份紫胶林和对照样地树栖蚂蚁指示值分析结果见表 7-7。紫胶林中指示物种为粗纹举腹蚁、立毛举腹蚁、黑可可臭蚁(*Dolichoderus thoracicus*)和飘细长蚁，1 月、2 月和 4 月无指示物种。对照样地仅 5 月具有指示物种，为粒沟切叶蚁(*Cataulacus granulatus*)和巴瑞弓背蚁(*Camponotus parius*)，其余月份无指示物种。

表 7-7　不同样地树栖蚂蚁群落指示值动态分析

样地	月份	物种	IndVal	*P*
II	12 月	粗纹举腹蚁(*Crematogaster macaoensis*)	0.9860	0.001
		立毛举腹蚁(*C. ferrarii*)	0.8283	0.001
	3 月	黑可可臭蚁(*Dolichoderus thoracicus*)	0.8182	0.001
		飘细长蚁(*Tetraponera allaborans*)	0.6765	0.001
	5 月	粗纹举腹蚁(*Crematogaster macaoensis*)	0.9859	0.001
		飘细长蚁(*Tetraponera allaborans*)	0.7125	0.001
IV	5 月	粒沟切叶蚁(*Cataulacus granulatus*)	0.7692	0.001
		巴瑞弓背蚁(*Camponotus parius*)	0.7143	0.001

7.3.2　紫胶虫种群数量对蚂蚁多样性的影响

7.3.2.1　地表蚂蚁

1. 抽样充分性判断

4 个样地地表蚂蚁物种累积曲线在急剧上升后均趋于平缓(图 7-4)，样地 I 、样地 II 、样地III和样地IV实际采集到的地表蚂蚁物种数分别为估计值的 83.7%、72.8%、78.1%和 89.7%，抽样效果较好，抽样较充分。紫胶林中地表蚂蚁物种数和个体数均高于对照样地，3

个梯度紫胶虫种群数量样地蚂蚁物种数相近，样地Ⅰ和样地Ⅱ地表蚂蚁个体数高于样地Ⅲ。

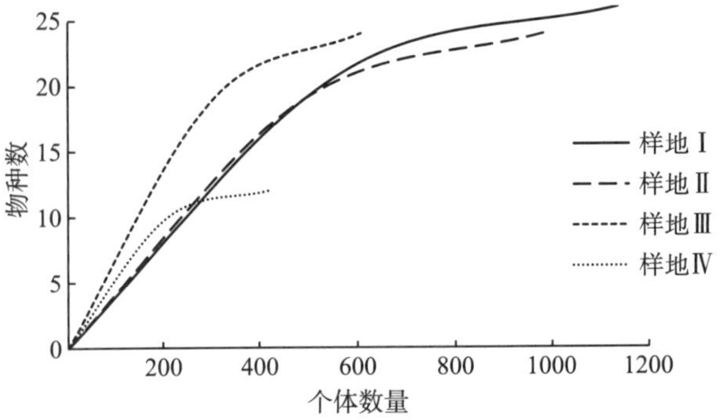

图 7-4 基于个体数的物种累积曲线

2. 物种组成及相对多度

在样地Ⅰ中采集蚂蚁标本 1136 头，隶属 4 亚科 18 属 26 种；在样地Ⅱ中共采集蚂蚁标本 984 头，隶属 4 亚科 15 属 24 种；在样地Ⅲ中采集蚂蚁标本 607 头，隶属 5 亚科 17 属 24 种；在样地Ⅳ中采集蚂蚁标本 419 头，隶属 4 亚科 9 属 12 种。各样地地表蚂蚁种类及相对多度见附表 2。

不同紫胶虫种群数量样地地表蚂蚁的常见种组成有一定差异（表 7-8）。样地Ⅱ中常见种为 5 种，样地Ⅰ、样地Ⅲ及样地Ⅳ中仅为 3 种；中华小家蚁、棒刺大头蚁和伊大头蚁分别在 3 个不同样地中出现；放养紫胶虫样地中地表蚂蚁常见种多为喜食蜜露种类，对照样地中出现捕食性的横纹齿猛蚁。

表 7-8 不同紫胶虫种群数量样地地表蚂蚁常见物种及相对多度百分比

常见种	相对多度百分比/%			
	Ⅰ	Ⅱ	Ⅲ	Ⅳ
横纹齿猛蚁(*Odontoponera transversa*)	—	—	—	13.20
粗纹举腹蚁(*Crematogaster macaoensis*)	—	—	10.73	—
中华小家蚁(*Monomorium chinensis*)	—	11.22	18.39	22.34
棒刺大头蚁(*Pheidole spathifera*)	15.48	12.24	14.18	—
伊大头蚁(*P. yeensis*)	18.58	22.11	—	37.06
皮氏大头蚁(*P. pieli*)	—	10.88	—	—
贝卡盘腹蚁(*Aphaenogaster beccarii*)	12.38	13.95	—	无

注：表中Ⅰ、Ⅱ、Ⅲ和Ⅳ分别代表紫胶虫寄生率为 60%、30%、10%样地和无紫胶虫的样地，“—”表示百分率低于 10%。

3. 多样性比较

不同紫胶虫种群数量的样地间地表蚂蚁相对多度差异显著，地表蚂蚁相对多度排序为Ⅰ＞Ⅱ＞Ⅲ＞Ⅳ；不同紫胶虫种群数量样地地表蚂蚁物种丰富度及 ACE 估计值无显著差异，但紫胶虫栖境样地显著高于对照（表 7-9）。

表 7-9　地表蚂蚁多样性多重比较

样地	相对多度	物种丰富度 *S* 值	ACE
Ⅰ	12.71±0.14[a]	3.15±0.11[a]	3.50±0.01[a]
Ⅱ	12.12±0.04[b]	3.06±0.12[a]	3.39±0.18[a]
Ⅲ	11.42±0.02[c]	3.06±0.12[a]	3.43±0.25[a]
Ⅳ	9.92±0.03[d]	2.39±0.09[b]	2.56±0.02[b]

注：表中Ⅰ、Ⅱ、Ⅲ和Ⅳ分别代表紫胶虫寄生率为 60%、30%、10%样地和无紫胶虫的样地。

4. 群落相似性分析

样地Ⅰ和样地Ⅱ各样带比较接近，群落结构比较相似；样地Ⅲ、样地Ⅳ总体与其余样地分开；对照样地与放养紫胶虫样地明显分开，主坐标 perMANOVA 分析各样地间相似性差异显著(F=5.12，P<0.05)。总体显示不同紫胶虫种群数量对地表蚂蚁群落结构产生了影响(图 7-5)。

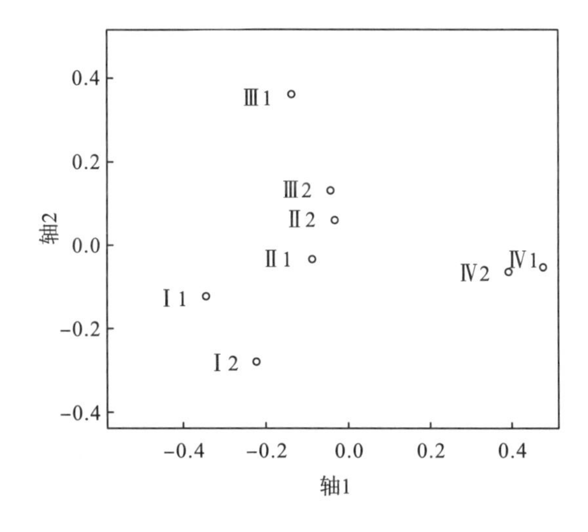

图 7-5　地表蚂蚁主坐标分析

注：图中Ⅰ、Ⅱ、Ⅲ和Ⅳ分别代表紫胶虫寄生率为 60%、30%、10%样地和无紫胶虫的样地；数字 1、2 分别代表样带 1、样带 2；图中坐标轴表示欧氏距离。

5. 指示物种分析

样地Ⅰ中为长足光结蚁(*Anoplolepis gracilipes*)和沃尔什铺道蚁(*Tetramorium walshi*)，样地Ⅲ中为二色狡臭蚁(*Technomyrmex bicolor*)，样地Ⅱ和样地Ⅳ无指示物种(表 7-10)。

表 7-10　各样地地表蚂蚁群落指示物种分析

样地	物种	IndVal	*P*
Ⅰ	长足光结蚁(*Anoplolepis gracilipes*)	0.8929	0.001
	沃尔什铺道蚁(*Tetramorium walshi*)	0.8333	0.001
Ⅲ	二色狡臭蚁(*Technomyrmex bicolor*)	0.8333	0.001

注：表中Ⅰ、Ⅲ分别代表紫胶虫寄生率为 60%、10%样地。

7.3.2.2 树栖蚂蚁

1. 抽样充分性判断

4 个样地树栖蚂蚁物种累积曲线如图 7-6 所示，样地Ⅰ、样地Ⅱ、样地Ⅲ和样地Ⅳ实际采集到的树栖蚂蚁物种数分别为估计值的 100%、92.3%、100%和 97.7%，抽样效果较好，抽样较充分。

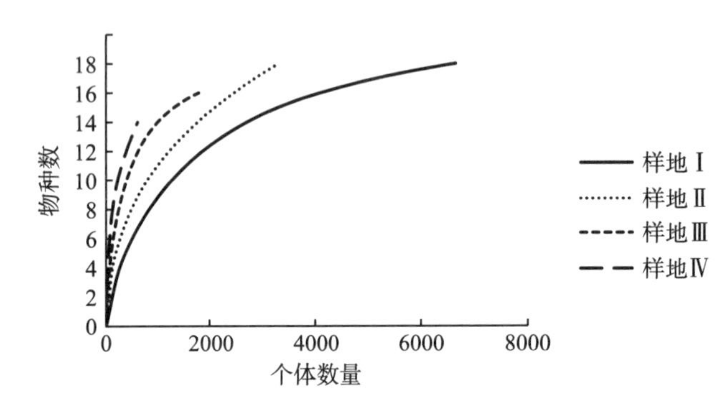

图 7-6 基于个体数的物种累积曲线

2. 物种组成及相对多度

在样地Ⅰ中记录蚂蚁 6646 头，隶属 3 亚科 11 属 18 种；在样地Ⅱ中记录蚂蚁 3301 头，隶属 4 亚科 12 属 18 种；在样地Ⅲ中记录蚂蚁 1764 头，隶属 4 亚科 10 属 16 种；在样地Ⅳ中记录蚂蚁 601 头，隶属 2 亚科 8 属 14 种。各样地蚂蚁种类及相对多度见附表 3。

不同紫胶虫种群数量样地树栖蚂蚁常见种组成有一定差异(表 7-11)。4 个样地中均有飘细长蚁出现，且各样地出现的比例相差不大，粗纹举腹蚁为紫胶林样地常见种，在样地Ⅰ中的出现比例较高，除样地Ⅰ外，立毛举腹蚁为其余 3 个样地的常见种，在对照样地中出现的比例较高。

表 7-11 不同紫胶虫种群数量样地树栖蚂蚁常见种及相对多度百分比

常见种	相对多度百分率/%			
	Ⅰ	Ⅱ	Ⅲ	Ⅳ
粗纹举腹蚁(*Crematogaster macaoensis*)	47.4	16.1	20.4	—
立毛举腹蚁(*C. ferrarii*)	—	31.7	26.4	40.1
飘细长蚁(*Tetraponera allaborans*)	20.3	28.4	27.7	25.6

注：表中Ⅰ、Ⅱ、Ⅲ和Ⅳ分别代表紫胶虫寄生率为 60%、30%、10%样地和无紫胶虫的样地。

3. 多样性比较

紫胶林各样地间树栖蚂蚁相对多度差异不显著，但均显著高于对照，树栖蚂蚁相对多度排序为Ⅰ＞Ⅱ＞Ⅲ＞Ⅳ；不同紫胶虫种群数量样地地表蚂蚁物种丰富度及 ACE 估计值无显著差异，但紫胶林样地均高于对照(表 7-12)。

表 7-12 树栖蚂蚁多样性多重比较

样地	相对多度	物种丰富度 S	ACE
I	11.20±0.11[a]	2.73±0.16[a]	2.81±0.23[a]
II	11.02±0.02[a]	2.60±0.11[a]	2.76±0.25[a]
III	10.84±0.07[a]	2.63±0.14[a]	2.76±0.28[a]
IV	9.27±0.27[b]	2.39±0.09[a]	2.51±0.20[a]

注：表中 I 、II、III和IV分别代表紫胶虫寄生率为 60%、30%、10%样地和无紫胶虫的样地。

4. 群落相似性分析

主坐标分析结果显示各样地中的各样带接近，各样地间可划分为 4 组，主坐标 perMANOVA 分析各样地间相似性差异显著(F=4.36，P<0.05)，不同样地树栖蚂蚁群落结构存在差异，不同紫胶虫种群数量对树栖蚂蚁群落结构产生了影响(图 7-7)。

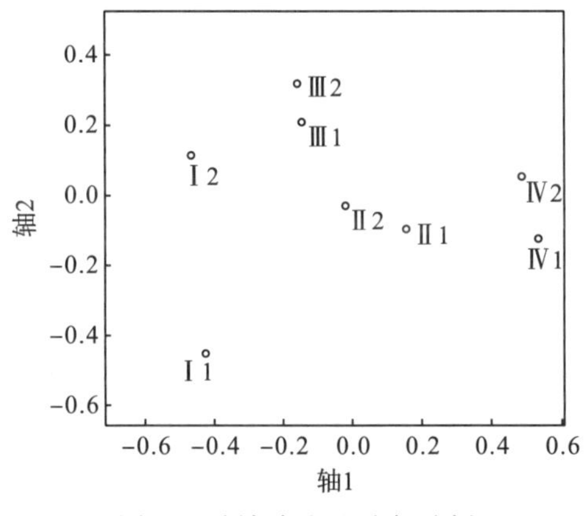

图 7-7 树栖蚂蚁主坐标分析

注：图中 I 、II、III和IV分别代表紫胶虫寄生率为 60%、30%、10%样地和无紫胶虫的样地；数字 1、2 分别代表样带 1、样带 2；图中坐标轴表示欧氏距离。

5. 指示物种分析

样地 I 中指示物种为印度酸臭蚁(*Tapinoma indicum*)，样地 II 中指示物种为狭唇细长蚁(*Tetraponera attenuata*)和立毛举腹蚁，样地III和样地IV无指示物种(表 7-13)。

表 7-13 各样地树栖蚂蚁群落指示物种分析

样地	物种	IndVal	P
I	印度酸臭蚁(*Tapinoma indicum*)	0.8873	0.001
II	狭唇细长蚁(*Tetraponera attenuata*)	0.8800	0.001
	立毛举腹蚁(*Crematogaster ferrarii*)	0.6341	0.001

注：表中 I 和 II 分别代表紫胶虫寄生率为 60%和 30%。

7.3.3 蚂蚁功能群

7.3.3.1 蚂蚁功能群划分

对样地Ⅰ、样地Ⅱ、样地Ⅲ和样地Ⅳ内的地表蚂蚁和树栖蚂蚁进行功能群划分(表 7-14)。有 10 属只在地表出现，有 5 属只在树上出现，有 10 属在地面和树上均有出现。其中，优势臭蚁亚科(DD)包括 2 属[(酸臭蚁属(*Tapinoma*)、虹臭蚁属(*Iridomyrmex*)]，广义切叶蚁亚科(GM)包括 3 属[(举腹蚁属(*Crematogaster*)、小家蚁属(*Monomorium*)、大头蚁属(*Pheidole*)]，隐蔽种类(CS)包括 1 属[(光结蚁属(*Anoplolepis*)]，机会主义者(O)包括 6 属[(大齿猛蚁属(*Odontomachus*)、铺道蚁属(*Tetramorium*)、心结蚁属(*Cardiocondyla*)、盘腹蚁属(*Aphaenogaster*)、狡臭蚁属(*Technomyrmex*)、立毛蚁属(*Paratrechina*)]，从属弓背蚁族(SC)包括 2 属[多刺蚁属(*Polyrhachis*)、弓背蚁属(*Camponotus*)]，专业捕食者(SP)包括 3 属[修猛蚁属(*Pseudoneoponera*)、细颚猛蚁属(*Leptogenys*)、齿猛蚁属(*Odontoponera*)]，热带气候专家(TCS)包括 5 属[曲颊猛蚁属(*Gnamptogenys*)、细长蚁属(*Tetraponera*)、沟切叶蚁属(*Cataulacus*)、穴臭蚁属(*Bothriomyrmex*)、臭蚁属(*Dolichoderus*)]，其他包括 3 属[巨首蚁属(*Pheidologeton*)、棒切叶蚁属(*Rhoptromyrmex*)、刺结蚁属(*Lepisiota*)]。

表 7-14 地表蚂蚁功能群划分

属	种名	所属类型	功能群
大齿猛蚁属(*Odontomachus*)	山大齿猛蚁(*O. monticola*)	G	O
曲颊猛蚁属(*Gnamptogenys*)	双色曲颊猛蚁(*G. bicolor*)	G	TCS
修猛蚁属(*Pseudoneoponera*)	红足修猛蚁(*P. rufipes*)	G+A	SP
细颚猛蚁属(*Leptogenys*)	光亮细颚猛蚁(*L. lucidula*)	G	SP
齿猛蚁属(*Odontoponera*)	横纹齿猛蚁(*O. transversa*)	G	SP
细长蚁属(*Tetraponera*)	飘细长蚁(*T. allaborans*)	G+A	TCS
	狭唇细长蚁(*T. attenuata*)	A	TCS
沟切叶蚁属(*Cataulacus*)	粒沟切叶蚁(*C. granulatus*)	A	TCS
举腹蚁属(*Crematogaster*)	粗纹举腹蚁(*C. macaoensis*)	G+A	GM
	立毛举腹蚁(*C. ferrarii*)	G+A	GM
	大阪举腹蚁(*C. osakensis*)	G+A	GM
盲切叶蚁属(*Carebara*)	近缘盲切叶蚁(*C. affinis*)	G	CS
小家蚁属(*Monomorium*)	法老小家蚁(*M. pharaonis*)	G	GM
	中华小家蚁(*M. chinensis*)	G+A	GM
铺道蚁属(*Tetramorium*)	罗氏铺道蚁(*T. wroughtonii*)	G+A	其他
	沃尔什铺道蚁(*T. walshi*)	G	O

续表

属	种名	所属类型	功能群
大头蚁属(*Pheidole*)	棒刺大头蚁(*P. spathifera*)	G	GM
	卡泼林大头蚁(P.capellini)	G	GM
	伊大头蚁(*P. yeensis*)	G+A	GM
	皮氏大头蚁(*P. pieli*)	G+A	GM
心结蚁属(*Cardiocondyla*)	罗氏心结蚁(*C. wroughtonii*)	A	O
盘腹蚁属(*Aphaenogaster*)	贝卡盘腹蚁(*A. beccarii*)	G	O
穴臭蚁属(*Bothriomyrmex*)	罗氏穴臭蚁(*B. wroughtonii*)	A	TCS
狡臭蚁属(*Technomyrmex*)	二色狡臭蚁(*T. bicolor*)	G	O
酸臭蚁属(*Tapinoma*)	吉氏酸臭蚁(*T. geei*)	G	DD
	黑头酸臭蚁(*T. melanocephalum*)	G+A	DD
	印度酸臭蚁(*T. indicum*)	G+A	DD
臭蚁属(*Dolichoderus*)	黑可可臭蚁(*D. thoracicus*)	A	TCS
虹臭蚁属(*Iridomyrmex*)	扁平虹臭蚁(*I. anceps*)	A	DD
刺结蚁属(*Lepisiota*)	开普刺结蚁(*L. capensis*)	G	其他
	尖齿刺结蚁(*L. acuta*)	G	其他
光结蚁属(*Anoplolepis*)	长足光结蚁(*A. gracilipes*)	G+A	CS
尼氏蚁属(*Nylanderia*)	缅甸立毛蚁(*N. birmana*)	G	O
多刺蚁属(*Polyrhachis*)	光胫多刺蚁(*P. tibialis*)	A	SC
	邻居多刺蚁(*P. proxima*)	G+A	SC
弓背蚁属(*Camponotus*)	巴瑞弓背蚁(*C. parius*)	G+A	SC
	平和弓背蚁(*C. mitis*)	G+A	SC

注：表中 G 和 A 分别代表地表蚂蚁和树栖蚂蚁。

7.3.3.2　蚂蚁功能群比较

地表蚂蚁、树栖蚂蚁不同功能群在不同紫胶虫种群数量样地组成比例(图 7-8，图 7-9)：①地表蚂蚁和树栖蚂蚁功能群均以 GM 所占比例最高，地表蚂蚁 GM 相对要高于树栖蚂蚁；②地表蚂蚁中 DD 和 CS 组成比例较小，树栖蚂蚁中 DD、CS、O 和 SP 组成比例较小；③与树栖蚂蚁相比，地表蚂蚁中 O 和 SP 所占比例较高，TCS 所占比例较低；④在地表蚂蚁中，随着紫胶虫种群数量降低，GM 和 SP 呈上升趋势，而 O 和 SC 呈下降趋势；⑤在树栖蚂蚁中，各样地 GM、SC 和 TCS 比例比较接近。

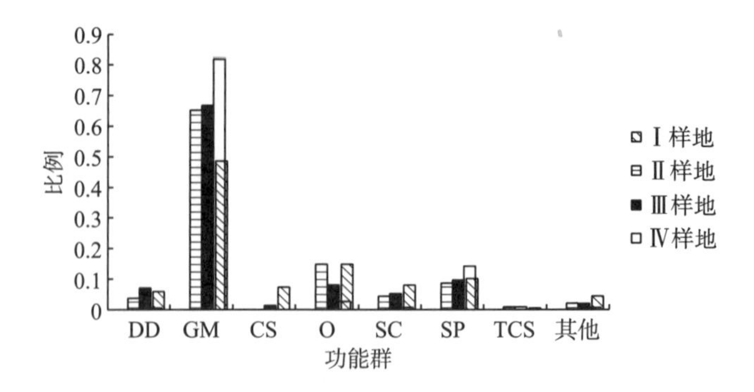

图 7-8 不同紫胶虫种群数量样地地表蚂蚁功能群组成

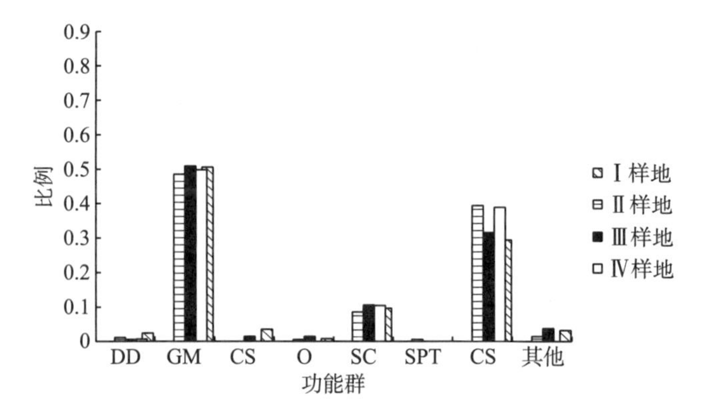

图 7-9 不同紫胶虫种群数量样地树栖蚂蚁功能群组成

7.4 结论与讨论

7.4.1 结论

7.4.1.1 互利关系有无对蚂蚁多样性的影响

互利关系蚂蚁物种组成、多度、多样性及群落结构均产生了影响。

(1) 首先，增加了地表蚂蚁的绝对多度(个体数)及相对多度，提高了地表蚂蚁的多样性，物种数提高了 13.3%，改变了地表蚂蚁群落的物种组成，常见种种类及相对多度发生变化，出现了紫胶虫栖境的指示物种，表明紫胶虫分泌的蜜露在地表蚂蚁群落水平上产生了积极的影响。其次，不同龄期紫胶虫对地表蚂蚁群落产生了影响。与大部分半翅亚目昆虫一样，紫胶虫不同龄期分泌的蜜露量存在差异，其成虫期分泌的蜜露量要高于幼虫期。在蜜露量少的紫胶虫幼虫期，地表蚂蚁常见种不同于蜜露量大的成虫期；在蜜露量大的紫胶虫成虫期，地表蚂蚁相对多度、物种丰富度 *S* 值和 ACE 这 3 个多样性指数值均高于蜜露量少的紫胶虫幼虫期；在蜜露量少的紫胶虫幼虫期，地表蚂蚁群落无显著变化，在蜜露量大的紫胶虫成虫期，则出现了大量喜食蜜露的指示物种。

(2) 增加了大部分树栖蚂蚁的个体数和相对多度，影响了树栖蚂蚁群落物种的组成，常见种相对多度发生变化，紫胶虫栖境指示物种不同于对照。维持了树栖蚂蚁多样性稳定，多重比较结果显示出不同月份紫胶林树栖蚂蚁相对多度、物种丰富度 *S* 值和 ACE 估计值前后变化差异较小，而对照样地则前后差异较大。

7.4.1.2　互利关系强度和广度对蚂蚁多样性的影响

紫胶虫种群数量越大，形成的互利关系在广度或者强度上有一定程度的增加。互利关系的强度和广度对提高蚂蚁多样性无直接影响，但改变了蚂蚁群落结构。

(1) 不同紫胶虫种群数量的 3 个样地地表蚂蚁物种丰富度 *S* 值和 ACE 估计值均无显著差异，提高紫胶虫种群数量仅改变了蚂蚁个体数及活动频次。同时紫胶虫种群数量影响地表蚂蚁群落结构，地表蚂蚁群落结构相似程度在不同紫胶虫种群数量样地间有一定差异。指示物种差异也反映紫胶虫种群数量对地表蚂蚁群落结构产生的影响，在蜜露丰富时(样地Ⅰ)，蚂蚁通过提高活动量获取新鲜优质蜜露资源，优质蜜露有利于蚂蚁种群维持。

(2) 不同紫胶虫种群数量对树栖蚂蚁物种丰富度 *S* 值和 ACE 估计值均无显著影响，但提高了树栖蚂蚁绝对多度和相对多度。各样地常见种及指示物种变化反映了紫胶虫种群数量对树栖蚂蚁群落结构产生了一定影响。

7.4.1.3　互利关系对蚂蚁功能群的影响

(1) 放养紫胶虫后，影响地表蚂蚁和树栖蚂蚁功能群。紫胶虫的放养有利于一些功能群的出现，紫胶虫栖境地表蚂蚁、树栖蚂蚁的 DD、CS、O，以及地表蚂蚁 SC 所占比例均要高于对照样地，认为放养紫胶虫增加了系统内的食物资源，能够容纳更多类型的蚂蚁生存，如一些隐蔽物种、更多的机会主义者及食量较大的从属弓背蚁族。

(2) 紫胶虫种群数量对地表蚂蚁产生影响，对树栖蚂蚁影响较小。对于地表蚂蚁，GM 占据较大比例，随着紫胶虫种群数量的降低其所占比例在增加，而 O 和 SC 则表现为下降趋势。GM 上升的原因可能为紫胶虫种群数量直接影响林地内蜜露量，显著提高了蚂蚁的绝对多度及相对多度(表 7-9)，蚂蚁的种间竞争限制了种群的发展，一些种群数量占优势的蚂蚁如小家蚁属、大头蚁属等类群在竞争压力较小的群落中反而发展空间更大。而 O 和 SC 下降则是由于随着食物资源的减少、生存压力的增大限制了该类群的发展。各样地树栖蚂蚁主要功能群 GM、SC 和 TCS 的组成比例比较接近，紫胶虫对其功能群的影响较小。

(3) 对比地表蚂蚁和树栖蚂蚁功能群组成比例，地表蚂蚁中 O 和 SP 所占比例较高，TCS 所占比例较低。地表能提供更广阔、更复杂的生存空间，相较植物，机会主义者蚂蚁在地表生存机会更大，由于食物资源更多，捕食性蚂蚁组成比例也大大提高。植物上 TCS 比地表高，可能原因为植物与气候环境因素紧密关联，一些生活在树上的蚂蚁类群也与植物生长条件、气候等因素相关，而对地表蚂蚁则影响较小。

7.4.2 讨论

7.4.2.1 互利关系对蚂蚁类群的影响

紫胶虫分泌的蜜露含有糖类、氨基酸等多种营养物质，是蚂蚁的重要食物资源之一，能为蚂蚁提供更多的能量(Davidson，1998)，吸引蚂蚁光顾(陈又清和王绍云，2006a；王思铭等，2010a)。放养紫胶虫对地表蚂蚁群落产生影响，是由于蜜露的存在，容易吸引蚂蚁光顾，形成互利关系。地表蚂蚁直接取食蜜露，或间接受益于蜜露。放养紫胶虫能够显著增加地表蚂蚁和树栖蚂蚁的绝对多度及相对多度，但不同紫胶虫种群数量对地表蚂蚁和树栖蚂蚁物种丰富度及 ACE 估计值无显著影响，说明互利关系未必对系统内每个类群的多样性均有提高作用。蚂蚁对不同性质的营养物质均有需求，蚁王产卵及幼虫发育需要蛋白质资源(Pontin，1958)，蜜露只是为工蚁提供能量资源。因此，蜜露不能直接增加蚂蚁物种多样性。

互利关系对地表蚂蚁群落的影响强度要大于对树栖蚂蚁群落的影响。紫胶虫以喷射方式分泌蜜露，大部分蜜露掉落到地面枯落物及地面植物上，在寄主植物上积累的量反而较少，地面活动蚂蚁可直接在地表获取食物。植物上所能容纳的供蚂蚁生存的场所要远远小于地表，对于树栖蚂蚁，一类是以种群数量建立垄断优势，如粗纹举腹蚁、立毛举腹蚁等，另一类则是通过体型大小、活动节律的不同形成生态位分化实现共存，如飘细长蚁、粒沟切叶蚁等，地面筑巢的部分活动能力较强的蚂蚁种类如长足光结蚁、邻居多刺蚁及巴瑞弓背蚁等也经常到树上紫胶虫生活区域取食蜜露，可能与高质量蜜露需求及蚂蚁食量有关，树栖蚂蚁种类中包括大量地表蚂蚁，但种类和数量要小于地表蚂蚁，因此，互利关系对地表蚂蚁的影响强度要高于树栖蚂蚁。

不同种类的蚂蚁由于食性和体型的差异、食物资源发现及掌握能力差异，导致生态位分化。体型大的种类生活于简单栖境，体型小的种类生活于复杂栖境，实现共存(王思铭等，2010b)。相同或相似生态位的蚂蚁竞争同一栖境食物资源往往导致物种替换。多个物种在同一时间出现或不同时间更替变化导致样地内无指示物种出现。以地表蚂蚁为例，在蜜露资源较少时(样地III)，蚂蚁增加觅食工蚁数量获取维持种群的食物资源，指示物种二色狡臭蚁频次多度比为样地内最低(0.19)(附表 2)，换算为 5.26 头工蚁/次，该蚂蚁以数量优势获取蜜露资源。蜜露量适宜时(样地 II)，多个喜食蜜露的常见种共同出现(表 8)。

7.4.2.2 互利关系对蚂蚁功能群的影响

在生态系统中，有一类能够直接或间接地改变其他物种所需资源的状态，从而导致生态系统结构和功能发生改变的物种，称为关键物种(Paine，1969；韩兴国等，1995)。包括对生态系统具有积极的、重要作用的物种，一旦受到严重干扰，很多依赖它们而生存的物种也将受到严重的威胁或消失；以及对生态系统具有巨大的潜在消极作用的物种，当生态系统受到严重干扰时，它们便会迅速发展，使原来生态系统的绝大多数物种消失(许再富，1995)。关键物种与生态系统运作稳定、高生物多样性维持及生态系统服务功能的关系研究，一直是生态学研究和关注的热点(Paine，1969；Gove et al.，2007；Ness et al.，2009)。在紫胶生产系统中，紫胶虫就是关键物种。紫胶虫成为关键种后之所以能影响蚂蚁功能群，主要有两个方面的原因：其一，紫胶虫与蚂蚁群落建立的互利关系，直接和间接影响了蚂蚁的功能群；其二，在未建立互利关系的情况下，紫胶虫通过为系统提供食物资源的方式，直接或间接影响了蚂蚁功能群。

紫胶虫影响了蚂蚁功能群的组成比例，紫胶虫分泌的蜜露为各个蚂蚁类群种群稳定增长提供了保障，地表蚂蚁中，增加了一些隐蔽物种(CS)和机会主义者(O)的生存空间，体型较大的蚂蚁(SC)食物量也得到满足，食物资源及生态位的竞争导致部分种蚂蚁(GM)种群数量被抑制，这种限制也随着紫胶虫影响力的降低而解除，GM 所占的比例也大大增加，各样地捕食者类群比例则比较接近，不受紫胶虫的影响。

树栖蚂蚁各功能群组成比例差异较小，反映了紫胶虫对树栖蚂蚁的作用强度要弱于地表蚂蚁，树栖蚂蚁功能群以热带气候和广义切叶蚁亚科为主。体型较大、活动能力强的弓背蚁属、多刺蚁属等蚂蚁类群在树栖蚂蚁中所占的比例相对地表蚂蚁也较高，可能原因有二：一是对食物量及蜜露质量的需求；二是在树上遇到危险时，它们往往会从树上跳落而逃脱危险，捕食者类群则很少到树上活动。

7.4.2.3　互利关系对蚂蚁群落影响在紫胶生产中的指导意义

紫胶虫分泌蜜露吸引蚂蚁照顾，这种互利关系有利于紫胶生产(王思铭等，2011)，但过高的紫胶虫种群数量下，掉落在植物、地上或枯落物上的蜜露不能完全被蚂蚁取食，蜜露大量积累导致霉菌滋生，降低了食物质量(陈又清和王绍云，2006a)。蜜露超出蚂蚁及其他昆虫类群需求而积累导致煤污病的发生，也不利于紫胶生产，实际调查也发现样地 I 的煤污病比样地 II 和样地III严重。选取适度的紫胶虫放养比例，使得紫胶虫分泌的蜜露能被蚂蚁类群适度消耗而不大量积累，降低煤污病的发生，提高紫胶虫寄主植物健康状况，进而提高紫胶产量。实现蚂蚁与紫胶虫互利关系最大化，有利于建立优质高产紫胶生产模式。蚂蚁多样性研究结果也显示，在适度的紫胶虫放养量下，无论是地表蚂蚁还是树栖蚂蚁，均保持较高的多度及多样性水平，可见，适度放养紫胶虫，对维持农林业发展和生物多样性保护之间的平衡具有积极作用。如何实现适度放养应是紫胶生产需要解决的问题。

7.4.3　展望

贫困和环境问题是目前云南生物多样性保护的难题。云南省山区和半山区分布有大量坡地，据 2007 年土地调查结果显示，云南省坡地面积占全省旱地面积的 62.18%。坡地种植作物产量不高、耕作条件极差，极易造成水土流失，甚至导致生态退化等问题，是云南省生态安全的重要威胁。云南省是中国生物多样性最丰富的地区之一，但云南省贫困人口数高达 1005 万，云南省土壤贫瘠、水土流失严重，农业生产受到限制，人均可生产土地拥有量较低，可替代生计选择性少，导致人们生活水平低下、生产水平落后。随着扶贫、脱贫进程的加快，经济快速发展与生态环境保护之间的矛盾日趋激烈，生态环境脆弱—贫困—掠夺式开发利用—生态环境更脆弱。目前，云南省是全国水土流失严重的省份之一，沙漠化速度在加快，导致耕地面积减少和质量下降，森林生态系统呈数量型增长但质量下降的不合理发展趋势(孟广涛等，2006)，如何把握经济发展与生态环境保护的平衡点意义重大。

在紫胶生产系统中，寄主植物既是紫胶虫的食物资源，也可以起到绿化荒山、发挥生态效益的作用。把紫胶生产系统与生态林体系建立结合在一起，除经济效益外，还可以产生巨大的生态效益，紫胶林的存在对于植被保护、水土保持、保蓄土壤养分和水分具有积极作用，对维护山区脆弱的农业生态系统意义重大(Saint-Pierre and Ou，1994；Chen et al.，2010)。我国传统的紫胶生产模式存在结构简单、功能单一、效益不高等弊端，建立新的紫胶生产体系要注意发挥寄主植物的功能和作用，注重紫胶林-农田复合生态系统模式的发展，利用多个自然分布的树种进行紫胶生产，发挥最大生态经济效益。

已有的研究反映紫胶生产中，由于紫胶虫本身及紫胶虫与蚂蚁建立的互利关系的存在对昆虫群落高生物多样性的维持与保护具有积极作用(Chen et al.，2010，2011)。紫胶林的存在，有利于水土保持，能为林下植被提供一定的保护作用，防止土壤养分流失、保持土壤水分。紫胶虫寄主植物枝条萌发能力强，多余枝条可用于薪柴，减少森林砍伐。相对传统农业，紫胶生产所需劳动量较少。目前紫胶生产多结合粮食生产进行，紫胶林-农田复合生态系统具备双重经济效益。紫胶虫本身及寄主植物散发的信息素能够吸引大量的天敌昆虫光顾，这些天敌类群中，也包括一些寄生粮食害虫的类群，紫胶虫栖境充当了天敌类群的库，对粮食生产中害虫的生物控制也起到了积极作用，另外也间接保护了天敌昆虫多样性。

生物多样性保护是一项需要长期坚持、投入巨大的艰巨工程，我们应该认清紫胶生产模式所产生的经济效益与生态效益，通过发展紫胶生产，带动云南省山区和半山区贫困地区经济发展，实现短期生态经济补偿，减轻生态环境对经济发展的承载压力。深入开展紫胶经济系统研究，探寻优质紫胶生产技术与模式，研究紫胶生产中多样性保护的积极因素与矛盾，对云南省生物多样性保护、退化生态系统恢复工作及贫困山区增收脱贫具有积极意义。

附　图

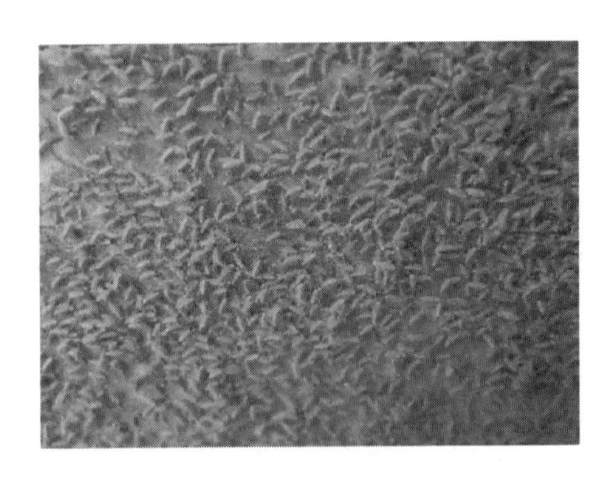

云南紫胶虫 *Kerria yunnanensis*

云南紫胶虫

紫胶

紫胶

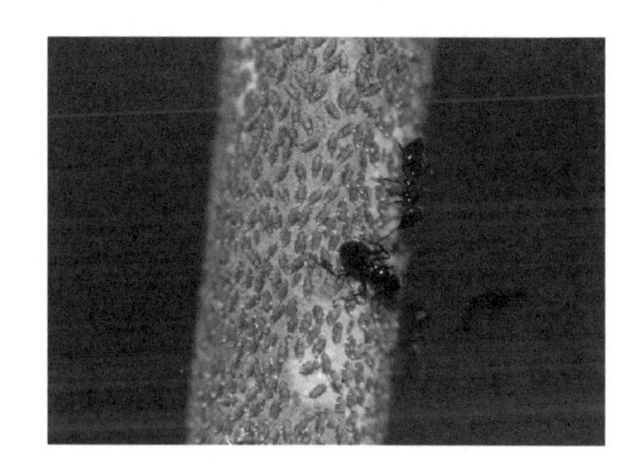

蚂蚁取食蜜露

蚂蚁取食蜜露

双色曲颊猛蚁 *Gnamptogenys bicolor*

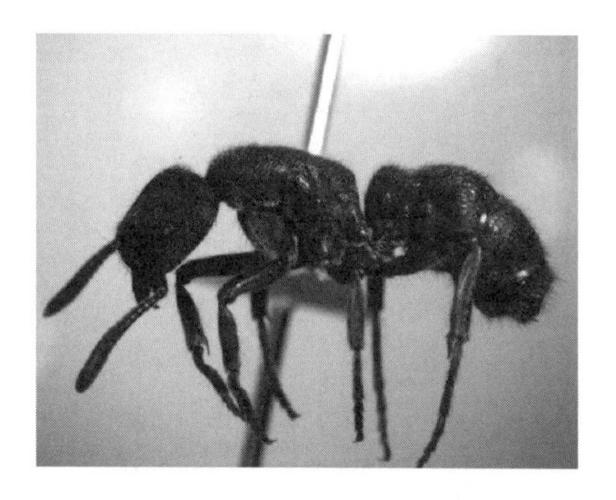

红足修猛蚁 *Pseudoneoponera rufipes*

光亮细颚猛蚁 *Leptogenys lucidula*

横纹齿猛蚁 *Odontoponera transversa*

粒沟切叶蚁 *Cataulacus granulatus*

粗纹举腹蚁 *Crematogaster macaoensis*

立毛举腹蚁 *Crematogaster ferrarii*

罗氏铺道蚁 *Tetramorium wroughtonii*

沃尔什铺道蚁 *Tetramorium walshi*

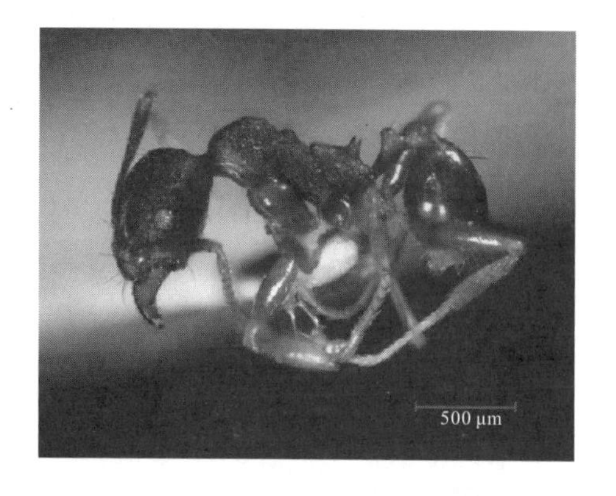

卡泼林大头蚁 *Pheidole capellinii*

棒刺大头蚁 *Pheidole spathifera*

伊大头蚁 *Pheidole yeensis*

皮氏大头蚁 *Pheidole pieli*

罗氏心结蚁 *Cardiocondyla wroughtonii*

贝卡盘腹蚁 *Aphaenogaster beccarii*

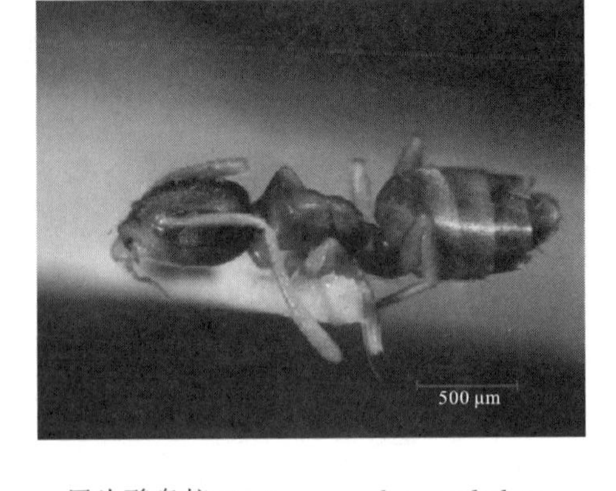

黑头酸臭蚁 *Tapinoma melanocephalum*

黑可可臭蚁 *Dolichoderus thoracicus*

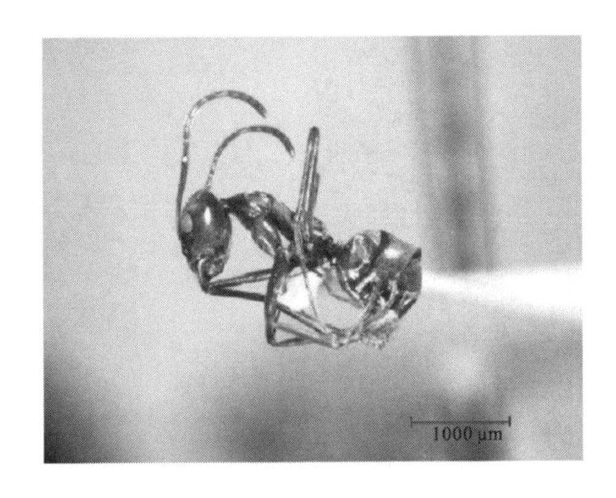

扁平虹臭蚁 *Iridomyrmex anceps*

长足光结蚁 *Anoplolepis gracilipes*

缅甸尼氏蚁 *Nylanderia birmana*

光胫多刺蚁 *Polyrhachis tibialis*

邻居多刺蚁 *Polyrhachis proxima*

巴瑞弓背蚁 *Camponotus parius*

平和弓背蚁 *Camponotus mitis*

第8章　互利关系对紫胶林-农田复合生态系统中蚂蚁群落多样性的影响

8.1　引　　言

互利关系作为当今国际重大科技领域中的热点，在生态关系中拥有不可缺少的重要地位。互利关系是指两个物种的个体间在相互作用时都受益，这种关系被认为是普遍而重要的生态学关系(Styrsky and Eubanks, 2007)。互利关系普遍存在于自然生态系统中，多种生物间都会存在互利关系，比如昆虫、鸟类对植物的传粉和传播种子，根瘤菌与豆科植物互利共生等，其中最著名的就是蚂蚁和产蜜露昆虫间的以食物换保护的互利关系。这种互利关系多为兼性互利关系，即发生关系的两物种之间的任何一方均能独立存活和发展，两者仅是机会的或者非专性的互利共生(James et al., 1999；Eubanks, 2001)。蚂蚁与产蜜露昆虫之间的相互关系是一种十分常见的互利关系：蚂蚁取食昆虫的蜜露并保护其免受天敌的危害(Heil and McKey，2003)，关于蚂蚁-半翅目昆虫互利关系的调查研究已有100多年历史，早期的研究多是对互利关系中蚂蚁和半翅目昆虫本身的探讨，而现在越来越多的研究证明这种互利关系在群落层面也有重要的生态影响。这种互利关系通常是植物为蚂蚁提供食物或巢穴，从而保护寄主植物免受植食性动物、病原体和其他侵入植物的危害。许多蚂蚁与半翅目昆虫的互利关系也会对植物产生一定的益处或害处，从而影响植物的适合度，即蚂蚁在与半翅目昆虫形成互利关系时，也会对寄主植物产生不同的影响。因此，在以蚂蚁-半翅目昆虫互利关系为“基石作用”的生态系统中，蚂蚁，半翅目昆虫和寄主植物三者之间会形成多样的耦合关系，而这些关系又会进一步引发更为复杂的生态影响。

蚂蚁-产蜜露昆虫互利关系对两种参与者的影响已经得到了广泛的研究。长久以来，互利关系一直被认为是一种持续、稳固的相互作用，然而现在一些研究认为蚂蚁与昆虫的互利关系应该是一种成本-收益权衡模型(cost-benefit balance model)，当参与相互关系的一种或者双方的回报都超过付出时，这种互利关系才能持续下去。研究发现，以蜜露为纽带，云南紫胶虫和蚂蚁之间形成兼性互利关系(王思铭等, 2013)。已有的研究还发现，紫胶虫与蚂蚁形成的兼性互利关系对群落层面产生影响，在蟒类(李巧等, 2009b)、甲虫(李巧等, 2009c；陈又清等, 2009)、蝗虫(李巧等, 2009a)和地表蚂蚁(卢志兴等, 2012a, 2012b)等类群的研究中，发现存在蚂蚁-紫胶虫兼性互利关系的紫胶林能够维持较高的节肢动物群落多样性。

蚂蚁在生态系统中扮演着捕食者、互利者和生态系统的工程师等重要角色(Heil and Mckey，2003；Styrsky and Eubanks，2007；Trager et al.，2010)。蚂蚁群落多样性受土地利用强度(Roth et al.，1994；Bestelmeyer and Wiens，1996；Philpott and Armbrecht，2006)、人为干扰(Vasconcelos，1999)、植被类型及盖度(Schulz and Wagner，2002；Schonberg et al.，2004；Klimes et al.，2012)、海拔(Samson et al.，1997)、生境变化(Suarez et al.，1998)等多种因素的制约，总体而言，互利关系对其影响的报道较少(卢志兴等，2012a)。

前面章节我们研究和讨论了紫胶虫与蚂蚁的互利关系对林地中的蚂蚁群落的影响，从结果上看，效果是显著的，即互利关系影响林地中树冠层活动蚂蚁和地表活动蚂蚁群落的多样性。但是由于人们怀疑互利关系作用效果的时间和空间尺度，毕竟已有的研究实例还十分有限，目前只有几例。另外，人们知道大多数蚂蚁的活动范围十分有限，即在 10～20 m，在林地中对蚂蚁群落产生一定的影响可以理解。但是在混农林系统中，紫胶虫寄主植物分布分散，放养的紫胶虫数量和空间分布也十分有限。因此，形成的互利关系在空间上和时间上有一定的限制性，这种情况下，互利关系是否也仍然对地表和树栖的蚂蚁群落产生影响？回答这个科学问题则十分必要。本研究以紫胶-砂仁混农林系统为对象，调查是否放养紫胶虫及紫胶虫寄主放养频次不同样地中的地表蚂蚁群落和紫胶虫寄主植物上活动的蚂蚁群落，探讨兼性互利关系在时间和空间上的生物多样性保护效应。

本研究选择农林复合生态系统作为研究对象，除了探讨上文述及的科学问题之外，更重要的原因是混农林系统在我国乃至世界上陆地生态系统中的重要性。农林复合生态系统作为生态农业的一种形式，在我国，经过多年的发展，已经成为农业、林业、水土保持、土壤、生态环境、社会经济及其他应用学科等多学科交叉研究的前沿领域，是集农林业所长的一种持续发展实践。农林复合生态系统作为一种多物种、多层次、多时序和多产业的人工复合经营系统，在改善生态环境、提高自然资源利用效率、促进生态与经济持续协调发展等方面具有强大的生命力(孟平等，2003)。

就生物多样性研究而言，我国在农林复合生态系统生物多样性方面做了大量研究，报道了荔枝-牧草复合系统内节肢动物群落的多样性(刘德广和罗玉钏，1999；刘德广和熊锦君，2001)；研究了套种印度豇豆(*Vigna sinensis*)、羽叶决明(*Chamaecrista nictitans*)、圆叶决明(*Chamaecrista rorundifolia*)和平托花生(*Arachis pintoi*)对枇杷(*Eriobotrya japonica*)园节肢动物群落的影响(占志雄和邱良妙，2005a，2005b)；开展了不同间作枣园的害虫群落结构(师光禄和赵利蔺，2005)及间种牧草对枣园节肢动物的影响(师光禄和常宝山，2006；师光禄和王有年，2006)；研究了农林复合生态系统内的猎型蜘蛛种群动态及影响因素(张永国等，2007)；调查了枣-麦混作生态系统内的节肢动物群落多样性，发现以枣-草间作的节肢动物多样性指数最高(曾利民等，2008)；探讨了不同农林复合生态系统防护林斑块边缘效应对节肢动物的影响(汪洋等，2011)。在植物多样性方面，探讨了西双版纳不同类型混农林业实践对农业生物多样性的影响(曾益群等，2001)；调查了高黎贡山核桃和板栗混农林系统的生物多样性，发现具有较高物种丰富度的混农林系统同时具有较高的经济效益(刀志灵等，2001)；研究了不同农林复合生态系统的植物多样性，得出杨树林下植物多样性比松树林低的结论(王江丽等，2008)。大多数研究都表明，农林复合生态系统对于维持节肢动物群落的多样性有积极作用。

国外也在混农林复合生态系统中开展了大量的生物多样性调查和研究，但比我国研究要早一些。对农林复合生态系统的研究始于 19 世纪 50 年代(梁玉斯等，2007)。相比于传统的农业耕作，农林复合生态系统的很多益处来自系统多样性的增加(Holloway and Stork，1991)。Costello(1998)研究了美国加利福尼亚州的葡萄园中保留地面覆盖物对蜘蛛多样性的影响，研究显示，保留地面覆盖物在总体上增加了复合生态系统内蜘蛛的物种多样性，但是对葡萄树上蜘蛛丰富度的作用相对较小。Akbulut 等(2003)研究了土耳其地区田篱间作措施对节肢动物群落多样性的影响，得出农林复合生态系统能提高节肢动物多样性的结论。Klein 等(2006)对印度尼西亚苏拉威西岛中部的不同农林复合生态系统的膜翅目昆虫进行了研究，发现系统内的膜翅目昆虫物种数受到系统与树林之间距离增大的负面影响，但膜翅目物种总数目却随系统中光强度的增加而增加。Varon 等(2007)在哥斯达黎加州地区比较了不同植被多样性系统内切叶蚁(*Atta cephalotes*)取食咖啡的情况，结果表明单一种植模式的咖啡种植系统内切叶蚁采集的咖啡叶片的生物量比例最高。国外研究表明，农林复合生态系统内昆虫群落受植被多样性的影响。

紫胶林-农田复合生态系统是广泛分布于西南山区的农林复合种植模式，仅云南省适宜面积超过 3.78×10^6 hm^2，实际利用面积超过 6.0×10^5 hm^2(陈晓鸣等，2008；李巧等，2009a)。紫胶虫的寄主植物自然分布于海拔 800～1500 m 地段，或零星分布于房屋四周、田间地头、水库周围、沟谷两旁，或稀疏分布于山坡上(200～300 株/hm^2)。农田多为稻田或旱地，稻田中梯田占一定比例，其中元阳梯田世界闻名。零星及连片的紫胶虫寄主树和周围的农田形成了一种较为独特的混农林生态系统——紫胶林-农田复合生态系统。紫胶林-农田复合生态系统这种广泛分布于西南山区的农林复合种植模式，在解决农林争地矛盾、协调资源合理利用、改善与保护生态环境等方面发挥着重要作用(李巧等，2009b)。

在紫胶林的小生态环境中，国外很早就研究了紫胶林中与紫胶虫关系密切的昆虫的种群时空动态、多样性及紫胶林的物种多样性(Varshney，1979；Srivastava and Chauhan，1984；Sah，1990)，得出紫胶虫生境对生物多样性保护和农业生态系统安全可能具有保障作用的结论(Saint-Pierre and Ou，1994)。

我国对紫胶林-农田复合生态系统节肢动物研究涉及的类群包括蚂蚁、蜘蛛、蝗虫、蜂象等的多样性。紫胶林-农田复合生态系统部分节肢动物类群多样性的研究共同反映出系统中不同土地利用生境间存在着物种的交流，这些交流显示，农田和林地均不是孤立的生境，而是紫胶林-农田复合生态系统这一混农林生态系统的组分，保障该系统的健康，实现最大的经济效益，必须从混农林生态系统的层面上而非农田或林地生境认识节肢动物群落(李巧等，2009a，2009b)。弄清紫胶虫与其他节肢动物之间的关系，对于充分发挥紫胶虫的经济效益、生态效益和社会效益具有重要意义。

从上述有关混农林生物多样性的研究来看，重点是围绕土地利用变换、经营管理等对系统内生物多样性的影响，这些研究都未从物种间的相互关系对多样性的影响进行探讨。虽然混农林复合生态系统内土地利用变化始终是研究的重点，但是在这个主题下，深入探讨物种关系变化对系统内多样性的影响，进而探讨对于维持混农林生态系统的整体生态服务十分必要。

8.2　材料与方法

8.2.1　研究地概况

8.2.1.1　地表蚂蚁群落研究样地概述

分别选取砂仁(*Amomum villosum* Lour)地(Ⅰ)、从未放养过紫胶虫的样地(Ⅱ)、短期(3年)放养过紫胶虫但本次不放虫的样地(Ⅲ)和放养紫胶虫的样地(Ⅳ)4 种类型试验地，样地Ⅲ和样地Ⅳ相距大于 30 m，两者与样地Ⅰ和样地Ⅱ相距 1500 m 以上。样地海拔：样地Ⅰ为(861±5)m；样地Ⅱ为(840±5)m；样地Ⅲ为(935±5)m；样地Ⅳ为(949±5)m。样地面积：样地Ⅰ为 2.4 hm^2；样地Ⅱ和样地Ⅲ均为 1.4 hm^2；样地Ⅳ为 2 hm^2。4 个样地均种植砂仁，密度基本一致，砂仁间距为 2 m×2 m。样地Ⅰ为纯砂仁地，无紫胶虫寄主植物，样地Ⅱ、样地Ⅲ和样地Ⅳ均为紫胶-砂仁混农林模式，样地Ⅱ中紫胶虫的寄主植物为钝叶黄檀[*Dalbergia obtusifolia* (Baker) Prain]，还有少量火绳树[*Eriolaena spectabilis* (DC.) Planch. ex Mast.]和聚果榕(*Ficus racemosa* L.)，样地Ⅲ除钝叶黄檀外，还有少量景谷巴豆(*Croton laevigatus* Vahl)，样地Ⅳ仅分布有钝叶黄檀。紫胶-砂仁混农林类型样地中植物的平均密度约为 525 株/hm^2，平均树高 2.5～3.0 m，胸径 5～8 cm。所选取样地的坡度、坡向、土壤特点等条件基本一致。

8.2.1.2　树冠层活动蚂蚁群落研究样地概述

研究地位于云南省墨江县雅邑镇(101°34′E～101°46′E，23°12′N ～23°30′N)。该地区属于南亚热带半湿润山地季风气候，干湿季节明显，年均气温 17.8℃，年平均降水量 1315.4 mm，年平均日照时数 2161.2 h(王思铭等，2010a，2011)。该区域的典型特征是景观异质性强，山地由旱地、不同的经济林以及混农林系统镶嵌构成。本研究选取紫胶砂仁混农林系统作为研究对象，选取 3 块面积大于 1 hm^2 的样地作为调查样地，紫胶砂仁混农林均以钝叶黄檀[*Dalbergia obtusifolia* (Baker) Prain]为主要紫胶虫寄主植物，各样地情况见表 8-1。3 块样地的砂仁种植密度一致(2 m×2 m)，砂仁管理强度基本一致。3 块样地中紫胶虫寄主植物的平均密度约为 525 株/hm^2，树高 2.5～3.5 m，胸径 5～8 cm。所选择的 3 块样地均为阳坡，在坡度、地表覆盖情况和土壤等条件基本一致。曾放养过及持续放养紫胶虫的样地间距约 20 m，二者与从未放养过紫胶虫的样地间距 1500 m。

8.2.2　研究方法

8.2.2.1　地表蚂蚁群落调查方法

于 2015 年 5 月和 10 月采用陷阱法对 4 种不同类型的样地进行地表蚂蚁群落调查，共调查 2 次。由于不同类型样地可用面积不一致，因此样地Ⅰ共设置 4 个重复，样地Ⅱ共设置 2 个重复，样地Ⅲ共设置 2 个重复，样地Ⅳ共设置 3 个重复，每个重复样地的面积大于 100 m^2，各重复样地间距 30 m 以上。每个样地设置 5×3 网格状的 15 个陷阱，陷阱间距为 10 m。样地

Ⅰ设陷阱 60 个，样地Ⅱ设陷阱 30 个，样地Ⅲ设陷阱 30 个，样地Ⅳ设陷阱 45 个。陷阱为直径 60 mm、高 90 mm 的塑料杯，以 50 ml 50%的乙二醇溶液为陷阱溶液。放置 48 h 后收集陷阱内蚂蚁并保存于装有 75%乙醇溶液的离心管中，带回实验室参照相关蚂蚁鉴定工具书进行种类鉴定，不能鉴定到种的以形态种对待(吴坚和王常禄，1995；徐正会，2002)。

8.2.2.2 紫胶虫寄主植物上活动的蚂蚁群落调查方法

于 2015 年 5 月(紫胶虫幼虫期)和 9 月(紫胶虫成虫期)，在 3 种类型样地内对紫胶虫寄主植物上的蚂蚁群落进行调查。具体方法是：选择样地中树高大于 3 m 的紫胶虫寄主植物，在每株树距离地面 1.5 m 处设置树冠层活动蚂蚁诱集陷阱，以浓度为 50%的乙二醇作为陷阱溶液，诱集陷阱中使用金枪鱼和蜂蜜混合物作为诱饵以提高诱集效果。48 h 后收集陷阱中的蚂蚁，将蚂蚁标本保存在含有 70%乙醇溶液的离心管中，带回实验室进行鉴定核实(吴坚和王常禄，2000；徐正会，2002)。最终，两次调查样地Ⅰ、样地Ⅱ、样地Ⅲ获得的样本数量分别为 23 个、23 个、32 个。

8.2.2.3 树冠层活动蚂蚁群落分析方法

(1)抽样充分性判断：利用 Excel 对蚂蚁多度数据进行整理，然后用 R 语言中的 iNEXT 软件包进行基于个体数的物种稀疏和预测曲线的绘制，根据曲线的特征判断抽样充分性(Chao et al.，2014)。

(2)物种组成和多度：将蚂蚁标本鉴定后，根据种类鉴定结果整理出物种组成名录。

(3)多样性比较：以植株为单位，统计每个陷阱中的蚂蚁物种丰富度和相对多度来表示树冠层蚂蚁群落多样性。使用 6 级评分方法(1 分：1 头；2 分：2～5 头；3 分：6～10 头；4 分：11～20 头；5 分：21～50 头；6 分：＞50 头)将蚂蚁多度数据转换为相对多度数据，以防止在个别样本中对某些种类的蚂蚁大量计数(Andersen，1991；Hoffmann and Kay，2009)，然后用 SPSS 18.0 中的单因素方差分析(One-way ANOVA)，对 3 种处理的树冠蚂蚁群落的物种丰富度和相对多度差异显著性进行分析，分析前检验方差齐同发现，转换后的多度数据及物种丰富度原始数据方差整齐，可直接进行数据分析，使用 LSD 多重比较方法比较不同处理间的差异。

(4)群落结构相似性及主要特征种类：用 PRIMER v7 中的非度量多维尺度分析(nMDS)方法分析树冠蚂蚁群落结构相似性，使用群落结构相似性(ANOSIM)方法比较不同处理间的群落结构差异的显著性(Clarke and Gorley，2006)。运用 Excel 中 RAND 函数进行随机分组(7～8 个陷阱为一组)，样地Ⅰ、样地Ⅱ、样地Ⅲ分别为 3 组、3 组和 4 组(陈青山等，2009；卢志兴等，2013)，然后使用 PRIMER v7 中的相似百分比(SIMPER)方法分析各处理中不同蚂蚁对群落结构相似性的贡献率，将贡献率≥5%的蚂蚁定义为主要特征种类(李圣法等，2007；杜飞雁等，2011)。

8.2.3 地表蚂蚁分析方法

将两次数据合并整理得到物种名录，同时采用 6 级评分(1 分：1 头；2 分：2～5 头；

3 分：6～10 头；4 分：11～20 头；5 分：21～50 头；6 分：>50 头）对蚂蚁多度数据进行转换，以防止某些种类导致个别样本中出现大量个体所导致的误差（Andersen，1991）。

①抽样充分性：使用 R 语言的 iNEXT 软件包绘制基于个体数的物种稀疏和预测曲线，以曲线特征判断抽样是否充分（Chao et al.，2014）。②物种多样性：以单个陷阱为重复，统计各样地中每个陷阱中蚂蚁的物种丰富度和相对多度，利用 PASW Statistics 18.0 中的单因素 ANOVA 方法分析 4 种类型样地地表蚂蚁的物种丰富度和相对多度的差异显著性，使用 LSD 多重比较方法进行不同类型样地蚂蚁物种丰富度和相对多度的比较。③群落结构相似性：统计各重复样地的蚂蚁物种组成及多度，使用有无数据（0/1）进行 4 种不同模式地表蚂蚁群落结构的非度量多维度排序（nMDS，Non-metric Multi-Dimensional Scaling），使用群落相似性分析方法（ANOSIM，Analysis of Similarities）分析不同类型样地地表蚂蚁群落结构差异的显著性，使用统计软件 PRIMER v7 完成以上分析（Clarke and Gorley，2006）。④指示物种：采用统计软件 R 语言中的 Labdsv 软件包计算各物种的 IndVal 值，$\text{IndVal}_{ij}=A_{ij}\times B_{ij}$，$A_{ij}$ 表示物种 i 在样地 j 中的特异性，B_{ij} 表示物种 i 在样地 j 中的保真度。参考相关研究以 IndVal≥0.7 作为标准确定指示物种（Nakamura et al.，2007）。

8.3　结果与分析

8.3.1　地表蚂蚁群落物种组成及多度

两次调查共采集蚂蚁 1843 头，隶属于 7 亚科 23 属 39 种（表 8-2）。在样地Ⅰ中共采集蚂蚁 400 头，隶属 5 亚科 16 属 23 种；样地Ⅱ共采集蚂蚁 382 头，隶属 4 亚科 11 属 15 种；样地Ⅲ共采集蚂蚁 406 头，隶属 4 亚科 13 属 18 种；样地Ⅳ共采集蚂蚁 655 头，隶属 6 亚科 16 属 23 种。4 种类型样地的物种曲线在显著上升后逐渐趋于平缓，抽样较为充分，由虚线部分可以看出各样地蚂蚁物种丰富度大小为：Ⅳ＞Ⅰ＞Ⅱ＞Ⅲ（图 8-1）。

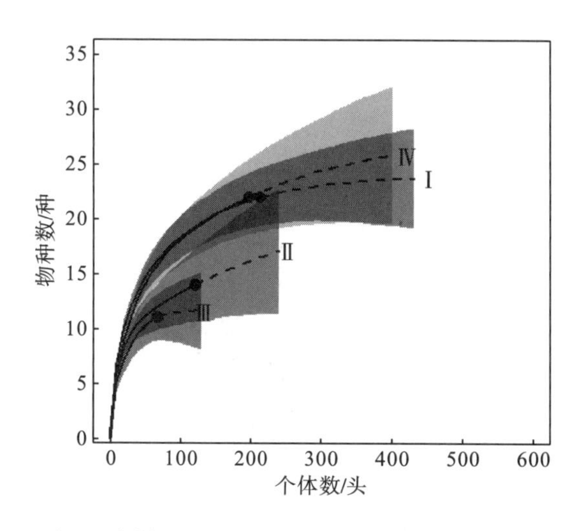

图 8-1　不同调查样地地表蚂蚁基于个体数的物种稀疏和预测曲线

8.3.2 地表蚂蚁群落多样性比较

4 种类型样地中蚂蚁物种丰富度和相对多度有显著差异[$F_{(3,\ 153)}$=5.351，P=0.002；$F_{(3,\ 153)}$=9.085，P<0.01]：①地表蚂蚁物种丰富度排序为Ⅳ>Ⅲ>Ⅱ>Ⅰ，样地Ⅳ与样地Ⅱ、样地Ⅰ存在显著差异，与样地Ⅲ无差异；样地Ⅲ与样地Ⅰ存在显著差异，与样地Ⅱ无差异；②相对多度排序为Ⅲ>Ⅳ>Ⅱ>Ⅰ，样地Ⅲ与样地Ⅱ、样地Ⅰ存在显著差异；样地Ⅳ和样地Ⅰ存在显著差异，与样地Ⅱ无差异(表 8-3)。

表 8-2 不同样地地表蚂蚁群落的物种组成

物种	Ⅰ	Ⅱ	Ⅲ	Ⅳ
猛蚁亚科(Ponerinae)				
环纹大齿猛蚁［*Odontomachus circulus* (Wang)］		2	1	
小眼钩猛蚁［*Anochetus subcoecus* (Forel)］		1		
格拉夫钩猛蚁［*Anochetus graeffei* (Mayr)］			1	
混杂钩猛蚁［*Anochetus mixtus* (*Radchenko*)］				1
双色曲颊猛蚁［*Gnamptogenys bicolor* (Emery)］			1	
黄足短猛蚁［*Brachyponera luteipes* (Mayr)］	42	6	1	5
红足修猛蚁［*Pseudoneoponera rufipes* (Jerdon)］			7	1
安南扁头猛蚁［*Ectomomyrmex annamita* (Andre)］	4			
爪哇扁头猛蚁［*Ectomomyrmex javana* (Mayr)］	35	1	43	16
扁头猛蚁属 sp.1 (*Ectomomyrmex* sp.1)	2			
费氏中盲猛蚁［*Centromyrmex feae* (Emery)］	1			
缅甸细颚猛蚁［*Leptogenys birmana* (Forel)］	3			
中华细颚猛蚁［*Leptogenys chinensis* (Mayr)］		205	16	69
横纹齿猛蚁［*Odontoponera transversa* (Smith)］	58	12	166	225
行军蚁亚科(Dorylinae)				
里氏粗角蚁［*Cerapachys risii* (Forel)］	6			
锡兰双节行军蚁［*Aenictus ceylonicus* (Mayr)］				12
伪切叶蚁亚科(Pseudomyrmecinae)				
缅甸细长蚁［*Tetraponera birmana* (Forel)］				2
切叶蚁亚科(Myrmicinae)				
罗思尼举腹蚁［*Crematogaster rothneyi* (Mayr)］				1
大阪举腹蚁［*Crematogaster osakensis* (Forel)］	1			
近缘盲切叶蚁［*Carebara affinis* (Jerdon)］	58	29		3
法老小家蚁［*Monomorium pharaonis* (Linnaeus)］			1	4
中华小家蚁［*Monomorium chinensis* (Santschi)］	60	1	4	9
茸毛铺道蚁［*Tetramorium lanuginosum* (Mayr)］	2	22		1
毛发铺道蚁［*Tetramorium ciliatum* (Bolton)］	12			

续表

物种	I	II	III	IV
棒刺大头蚁［*Pheidole spathifera*(Forel)］				1
卡泼林大头蚁［*Pheidole capellini*(Emery)］		26		1
伊大头蚁［*Pheidole yeensis*(Forel)］	14	4	130	128
沃森大头蚁［*Pheidole watsoni*(Forel)］	11			
皮氏大头蚁［*Pheidole pieli*(Santschi)］	27	13	7	9
大头蚁属 sp.1 (*Pheidole* sp.1)	20	9	2	7
臭蚁亚科(Dolichoderinae)				
白足狡臭蚁［*Technomyrmex albipes* (Smith)］				2
黑头酸臭蚁［*Tapinoma melanocephalum* (Fabricius)］	4			
黑可可臭蚁［*Dolichoderus thoracicus* (Smith)］	33	50	9	12
蚁亚科(Formicinae)				
长足光结蚁［*Anoplolepis gracilipes* (Smith)］			5	14
普通拟毛蚁［*Pseudolasius familiaris* (Smith)］	1			
黄足立毛蚁［*Paratrechina flavipes* (Smith)］	1			
伊劳多刺蚁［*Polyrhachis illaudata*(Walker)］			1	
巴瑞弓背蚁［*Camponotus parius*(Emery)］	2		10	122
平和弓背蚁［*Camponotus mitis* (Smith)］	3	1	1	10
总计	400	382	406	655

表 8-3　4 种不同类型样地的地表蚂蚁多样性比较

样地类型	物种丰富度	相对多度
I	2.54 ± 1.42^{b}	2.68 ± 1.56^{c}
II	2.97 ± 1.59^{ab}	3.38 ± 1.74^{bc}
III	3.62 ± 1.57^{a}	4.43 ± 2.08^{a}
IV	3.63 ± 1.63^{a}	4.23 ± 1.91^{ab}

注：表中数值为均值±标准误，同列不同小写字母表示在 $P<0.05$ 水平上差异显著。

8.3.3　地表蚂蚁群落结构相似性

4 种类型样地地表蚂蚁群落结构有差异(ANOSIM Global R=0.773，P=0.003)，样地Ⅳ和样地Ⅲ群落结构相似，但与样地Ⅰ和样地Ⅱ地表蚂蚁群落结构不相似(图 8-2)。

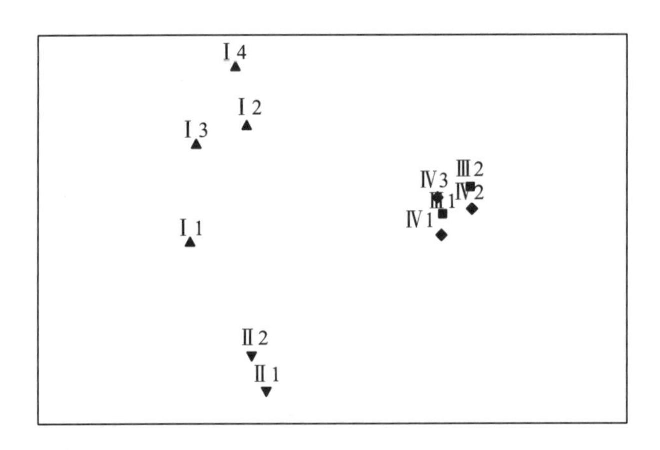

图 8-2 4 种不同类型样地的地表蚂蚁群落结构相似性比较

8.3.4 不同样地类型地表蚂蚁群落蚂蚁指示物种

4 种类型样地地表蚂蚁指示物种有差异。样地Ⅰ中有 1 种，为毛发铺道蚁；样地Ⅱ中有 2 种，分别为卡泼林大头蚁和茸毛铺道蚁；样地Ⅲ和样地Ⅳ有 1 种共同指示物种，为巴瑞弓背蚁(表 8-4)。

表 8-4 各样地地表蚂蚁群落指示物种分析

样地	物种	IndVal	*P*
Ⅰ	毛发铺道蚁(*Tetramorium ciliatum* Bolton)	1.000	0.008
Ⅱ	卡泼林大头蚁(*Pheidole capellini* Emery)	0.987	0.033
	茸毛铺道蚁(*Tetramorium lanuginosum* Mayr)	0.964	0.017
Ⅲ和Ⅳ	巴瑞弓背蚁(*Camponotus parius* Emery)	0.995	0.009

8.3.5 树冠层活动蚂蚁群落的物种组成和多度

3 类样地中共采集蚂蚁 1486 头，隶属 5 亚科 18 属 32 种。其中样地Ⅰ中蚂蚁标本 277 头，隶属 5 亚科 11 属 14 种；样地Ⅱ中蚂蚁标本 324 头，隶属 5 亚科 12 属 16 种；样地Ⅲ中蚂蚁标本 885 头，隶属 4 亚科 17 属 22 种。3 类样地中树冠层蚂蚁群落的物种稀疏和预测曲线表明：与样地Ⅰ和样地Ⅱ相比，样地Ⅲ的预测曲线部分更趋于平缓，表明样地Ⅲ的抽样效果要好于样地Ⅰ和样地Ⅱ，但 3 类样地都满足抽样较充分的要求(图 8-3)。

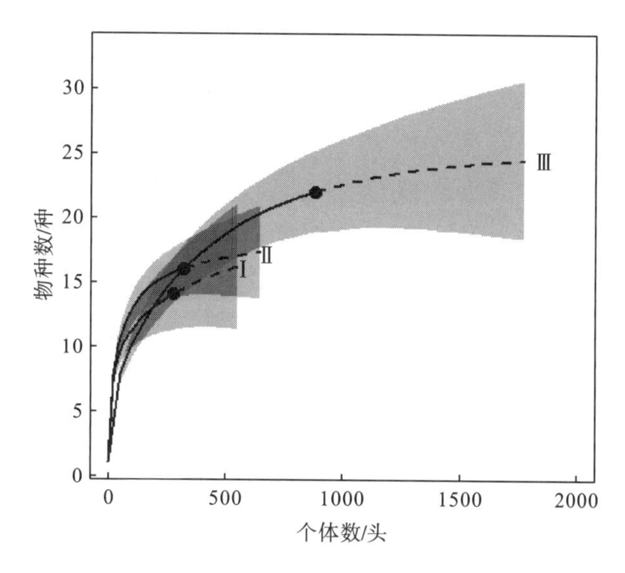

图 8-3　3 类样地树冠层蚂蚁群落基于个体数的物种稀疏和

注：预测曲线实线部分为实际曲线，虚线部分为预测曲线。

8.3.6　树冠层活动蚂蚁群落多样性比较

3 类样地树冠层蚂蚁物种丰富度有极显著差异[$F_{(2,75)}$=12.963，P<0.01]，其中样地Ⅱ和样地Ⅲ间差异不显著，而二者显著高于样地Ⅰ；3 类样地树冠层蚂蚁相对多度有极显著差异[$F_{(2,75)}$=11.909，P<0.01]，其中样地Ⅲ树冠层蚂蚁群落相对多度显著高于样地Ⅱ和样地Ⅰ，样地Ⅱ显著高于样地Ⅰ(表 8-5)。

表 8-5　3 类样地蚂蚁群落多样性比较

样地	物种丰富度	相对多度
Ⅰ	2.00±0.19^{b}	4.00±0.54^{c}
Ⅱ	3.17±0.27^{a}	6.17±0.57^{b}
Ⅲ	3.72±0.25^{a}	8.03±0.61^{a}

注：表中数值为平均每株寄主树上的均值±标准误；同列不同小写字母表示在 P<0.05 水平上差异显著。

8.3.7　树冠层活动蚂蚁群落结构相似性及主要特征种类

3 类样地间群落结构存在极显著差异(ANOSIM Global R=0.271，P<0.01)。整体上，同类样地的样点彼此接近，说明采样时间对树冠层蚂蚁群落结构影响较小，两次采样的群落结构相似性差异不明显；对于不同处理类型，样地Ⅱ和样地Ⅲ的样点明显混杂在一起，而样地Ⅰ的样点则处于其他两样地样点聚集的外侧，表明样地Ⅱ和样地Ⅲ的树冠层蚂蚁群落结构较为相似，二者与样地Ⅰ不相似(图 8-4)。

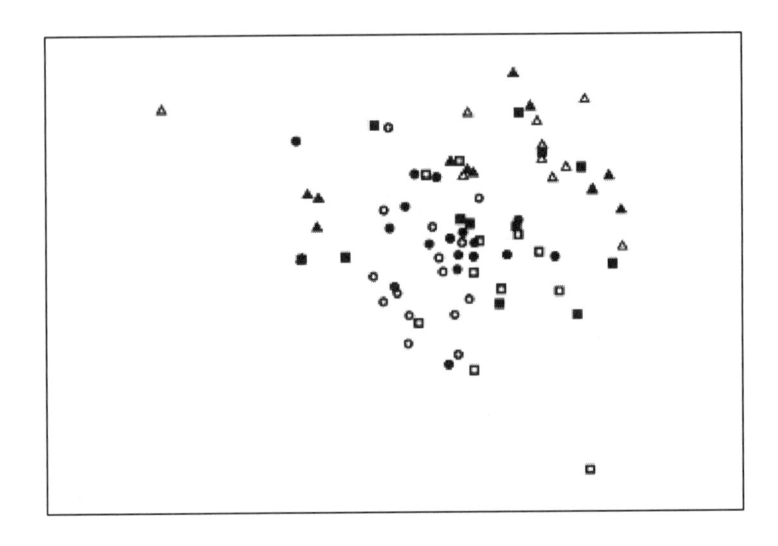

图 8-4 3 种不同类型样地的树冠层蚂蚁群落结构相似性比较

注：图中实心图形为 5 月采样，空心图形为 9 月采样。三角形为样地 I，正方形为样地 II，圆形为样地III。

黑可可臭蚁与平和弓背蚁为 3 种样地共同出现的特征种；巴瑞弓背蚁是放养过和正在放养紫胶虫样地中的特征种，而且其多度在现在放养紫胶虫的样地显著高于放养过紫胶虫的样地；大头蚁属 sp.1 是从未放养过紫胶虫样地的特征种；横纹齿猛蚁是放养过紫胶虫样地的特征种；中华小家蚁是正在放养紫胶虫样地的特征种（表 8-6）。

表 8-6 SIMPER 分析得到的各样地群落类型中对平均相似性的贡献率≥5%的主要特征种

物种	平均贡献率/%		
	I	II	III
巴瑞弓背蚁 *Camponotus parius* (Emery)	无	29.83	45.34
横纹齿猛蚁 *Odontoponera transversa* (Smith)	无	10.16	<5
黑可可臭蚁 *Dolichoderus thoracicus* (Smith)	76.89	40.36	11.86
大头蚁属 sp.1 *Pheidole* sp.1	5.75	无	<5
平和弓背蚁 *Camponotus mitis* (Smith)	13.58	8.11	9.60
中华小家蚁 *Monomorium chinensis* (Santschi)	<5	<5	30.26

8.4 结论与讨论

8.4.1 兼性互利关系对混农林系统中地表蚂蚁群落的作用

兼性互利关系对混农林系统中蚂蚁群落的物种丰富度、相对多度和群落结构具有明显的积极影响，并且这种兼性互利关系对生物多样性保护有一定的时空效应。分泌蜜露的昆虫，能提供蚂蚁所需的多种营养物质，从而吸引蚂蚁的照顾(Buckley and Gullan，1991；Del-Claro and Oliveira，2000；Moya-Raygoza and Nault，2000；陈又清和王绍云，2006a)。蚂蚁与产蜜露昆虫之间的相互作用可以提高蚂蚁等节肢动物的生物多样性(Jackson，1984a，1984b；Fisher，1999；Yanoviak and Kaspari，2000)。本次研究发现，互利关系可以显著提高地表蚂蚁群落的相对多度和物种丰富度，与前人研究结果一致。另外，已有研究发现，兼性互利关系并不是短暂和局部的，这种相互作用对其他群落的影响具有一定的时间和空间作用范围(Wimp and Whitham，2001；Van Zandt and Agrawal，2004)。然而，目前这种报道仅有 2 篇，而且其研究结果显示这种时空效应的作用尺度十分有限，其中时间尺度约为 3 个月，空间尺度为 3～5 m。本次调查结果显示云南紫胶虫与蚂蚁的兼性互利关系作用的时间和空间尺度显著大于目前的报道。

相对于蚂蚁物种丰富度，蚂蚁群落结构最难改变(Dunn et al.，2009a)。本研究结果显示，曾经放养过紫胶虫的紫胶-砂仁混农林样地(III)和放养紫胶虫的紫胶-砂仁混农林样地(IV)的地表蚂蚁群落结构与纯砂仁地(I)和从未放养紫胶虫的紫胶-砂仁混农林样地(II)的群落结构不相似，样地III和样地IV的地表蚂蚁群落结构相似(图 8-2)，说明紫胶虫-蚂蚁兼性互利关系改变了蚂蚁的群落结构，而且这种影响具有一定的时间和空间效应，长期放养紫胶虫的样地地表蚂蚁的物种丰富度和相对多度均要高于没有兼性互利关系的样地，即使短期内这种兼性互利关系不存在的情况下，也能维持较高的地表蚂蚁多样性，群落结构变化也较小。在物种层面，兼性互利关系实质上是对其中关键物种产生显著影响，由物种组成(表 8-2)及指示物种来看，这种互利关系增加了横纹齿猛蚁[*Odontoponera transversa* (Smith)]、红足修猛蚁[*Pseudoneoponera rufipes* (Jerdon)]、巴瑞弓背蚁［*Camponotus parius* (Emery)］、长足光结蚁[*Anoplolepis gracilipes* (Smith)]等种类的相对多度。其中巴瑞弓背蚁、长足光结蚁喜食蜜露资源，这些蚂蚁的种群数量均明显高于无兼性互利关系的样地(Schilman and Roces，2005)。此外，横纹齿猛蚁、红足厚结猛蚁为典型的捕食性种类(O'Dowd et al.，1999)，这些蚂蚁在兼性互利关系的样地中的多度也明显高于无兼性互利关系的样地，可能是兼性互利关系增加了栖境中其他节肢动物类群多样性，间接为它们提供了更多的食物资源。是否放养紫胶虫的样地之间的指示物种也说明了栖境之间存在一定差异性。从未放养紫胶虫的样地II的指示物种为卡泼林大头蚁和茸毛铺道蚁，而这 2 种蚂蚁喜欢开放、干扰、生态位狭窄的生境(Hoffmann，2003；Chen et al.，2014)；而曾经放养过和正在放养紫胶虫的样地(III和IV)的指示物种为巴瑞弓背蚁，该蚂蚁是典型的喜食蜜露的种类，指示栖境蜜露资源曾经较为丰富(Wetterer，2010)。

曾经放养过紫胶虫的紫胶-砂仁混农林和放养紫胶虫的紫胶-砂仁混农林对地表蚂蚁多样性保护具有一定的积极作用，显著增加了地表蚂蚁物种丰富度和多度，对蚂蚁群落产生了积极的影响。这说明兼性互利关系有利于保护地表蚂蚁多样性和群落结构，其生态学效益存在一定的时空影响，其中时间尺度约 3 年，空间尺度超过 30 m。

8.4.2 兼性互利关系对混农林系统中树冠层活动蚂蚁群落的作用

兼性互利关系对树冠层蚂蚁群落的物种丰富度、相对多度和群落结构具有积极影响，并且其作用效果具有一定的时间和空间尺度。研究表明，蚂蚁与产蜜昆虫之间的相互作用，可以显著提高蚂蚁等节肢动物的群落多样性(Jackson，1984a，1984b；Yanoviak and Kaspari，2000)。本研究结果与前人的研究结果一致，兼性互利关系能够明显增加树冠层蚂蚁群落的物种丰富度、相对多度，改变其群落结构。

目前有 2 篇文献报道互利关系的生态学效应有一定的时间和空间作用尺度，但结果显示这种作用的时空效应有限，其中时间尺度仅为 3 个月，空间尺度范围仅为 3～5 m(Wimp and Whitham，2001；Van Zandt and Agrawal，2004)。本研究结果表明兼性互利关系能在一定时间和空间尺度上维持较高的生物多样性，其中时间尺度为 3 年，空间尺度为 20 m，显著高于之前的报道，而且其时间和空间尺度可能更大。

群落中具有较高比例的物种，在一定程度上可以反映出群落的特征(卢志兴等，2013)。本研究结果显示，3 种类型样地的树冠层蚂蚁群落结构有显著差异。3 种处理样地共有的特征种为黑可可臭蚁和平和弓背蚁，二者在从未存在互利关系的样地中比例较高，在有互利关系的样地中偏低，说明兼性互利关系抑制了这两种蚂蚁的种群发展，这种抑制可能是通过兼性互利关系增强其他蚂蚁的竞争能力来实现；巴瑞弓背蚁是有兼性互利关系样地中的特征种，这种蚂蚁喜食蜜露(卢志兴等，2012b)，存在兼性互利关系样地中的比例明显高于无兼性互利关系的样地。中华小家蚁是存在兼性互利关系的样地中的特征种，这种蚂蚁体型小、种群数量低，兼性互利关系增强了其竞争能力，提高了其比例；横纹齿猛蚁是曾经存在兼性互利关系样地的特征种，该蚂蚁为捕食性蚂蚁，兼性互利关系促进其他类群节肢动物的发展，间接为其提供了食物资源，也证明了兼性互利关系产生的生态效应具有一定的时间和空间效性。

曾经放养过和正放养紫胶虫的紫胶-砂仁混农林系统的树冠层活动蚂蚁的多度和物种丰富度受到兼性互利关系的积极影响，显著增加，但对不同物种的影响不同。该影响具有一定的时间和空间效应，时间尺度为 3 年，空间尺度为 20 m，并能维持群落结构的稳定。兼性互利关系在对生物多样性保护时空方面独立作用效果、影响因子及作用机制值得更深入的研究，以期为保护生物多样性提供一定的依据。

综上所述，兼性互利关系在混农林系统中依然能对地表和树冠层活动的蚂蚁群落产生积极的影响。这种影响对于维持混农林系统的生态系统服务具有积极的作用。目前普遍接受的有关生态系统服务的划分主要包括 4 个层面，分别是：第一，提供服务(provisioning services，PS)，指由有机物直接提供的影响人类安宁的各种物质；第二，调节服务(regulating services，RS)，指调节生态系统过程，或维持生态系统的完整性的内禀特性；第三，支持服务(supporting services，SS)，指维持包括生态系统功能在内的其他形式的生态服务；第四，文化服务(cultural services，CS)，指从生态系统中获得的非物质利益。紫胶虫与蚂蚁的兼性互利关系能在混农林系统内提高生态系统服务多个层面的表现。首先，蚂蚁是重要的生物类群，这种互利关系能提供蚂蚁的生物多样性，维持较高的生物多样性是生态系统服务关注的焦点之一。另外，蚂蚁是重要的捕食者，高度的物种多样性和多度的蚂蚁群落对于维持系统内的农林害虫处于较低的种群数量具有积极作用，有利于提高系统内目标产物的产量，减少环境污染等，而这是生态系统服务多个层面关注的焦点。其次，蚂蚁是生态系统的工程师，参与到生态系统中的许多过程，与生态系统服务密切相关。最后，蚂蚁与许多物种发生相互作用，高的蚂蚁物种多样性对于处于系统中的食物链和食物网上的物种均产生影响，这无疑提高了生态系统服务的多个层面的效应。

第9章　互利关系对地表蚂蚁功能多样性的影响

9.1　引　　言

人类活动在世界范围内引起了广泛的生物多样性丧失(Flynn et al., 2009)，特别是土地利用变化作为全球变化中的重要组成部分，这一过程中生物多样性变化是否导致生态系统功能改变引起了研究者的关注(Wilcove et al., 2013; Barnes et al., 2014)，生物多样性与生态系统功能的关系因此成为国际关注的重点领域(Brophy et al., 2017)。也正因为这样，生物多样性与生态系统功能的关系是当前备受生态学关注的焦点，在变动的景观中，生物多样性与生态系统功能间的关系十分复杂(Brose and Hillebrand, 2016)。首先，干扰影响生物多样性与生态系统的功能关系(Fischer et al., 2016)，如不同管理强度的草原及不同土地利用方式下生物多样性与生态系统的功能关系结果变异较大(Minden et al., 2016; Drescher et al., 2016)。其次，研究的尺度影响生物多样性与生态系统功能的关系，例如，在不同空间尺度上，这种关系中作为生态系统功能的驱动者存在变化(Barnes et al., 2014)，稀有种也可能是某个生态系统功能的主要驱动者(Jain et al., 2014; Soliveres et al., 2016)；但在时间尺度上，这种关系有时候比较稳定(Allhoff and Drossel, 2016; Yasuhara et al., 2016)。另外，生物多样性和生态系统的功能关系与具体的环境条件和选择的生态系统的具体功能指标有关(Flores-Moreno et al., 2016; Wright et al., 2016)。

生态系统的扰动能引起生物多样性变动(Chen et al., 2010, 2011)，然而，在生态学研究中，生物多样性与生态系统功能关系备受关注，特别是不同的有机物对生态系统提供的服务(或功能)所做的贡献(Kremen, 2005; Suding et al., 2008; Luck et al., 2009)。生态系统功能的形成可能与群落中的物种组成有关，而与物种的数量多样性的关系较小，在生物多样性与生态系统功能的研究中，多数研究使用物种数来代替生物多样性。由于不同物种在生理、生态特征上存在极大差异，仅通过物种多样性很难反映出由物种具有的功能特征决定的生态系统功能及过程。功能多样性(functional diversity)是用来评价生态系统中物种间资源利用的互补程度，功能多样性丰富程度能够体现出生态系统的运行效率，决定了物种多样性与生态系统功能的关系强度和形式(Díaz and Cabido, 2001)，群落内的各物种通过功能特征的差异而对生态系统产生影响。尽管生物多样性与生态系统功能的关系复杂，系统中不同的有机物对生态系统提供的服务(或功能)所做的贡献仍然是关注的热点(Kremen, 2005; Suding et al., 2008; Luck et al., 2009; Winfree et al., 2015)。试验、综述及大尺度的数据分析结果均显示，功能多样性是目前反映生态系统功能最好的预测因子

(Griffin et al.，2009)，已逐渐成为生物多样性的一个重要方面，因为它决定了物种多样性与生态系统功能关系的强度和形式，其中功能冗余水平尤为重要(Díaz and Cabido，2001)。因此，多样性的重新定义也从物种数转向群落内或生态系统内功能特征的变动，原因在于分类上的物种丰富度只能较弱地影响生态系统功能，特别是在相对较大的尺度上更是如此(Thompson and Starzomski，2007；Reiss et al.，2009)。虽然有时候，测定功能特征比统计物种数更难，但是，测定较小数量的特征值比鉴定整个群落中的每个物种更有效(Cadotte et al.，2011)。

Tilman(2001)定义功能多样性为影响生态系统功能的物种及有机物的特征值与范围。因此，功能多样性的测定实质上是功能特征的测定(Luck et al.，2009)。特征是指可影响个体表现和适合度的任何可测定的特性，包括物理的(如植物的分枝类型、捕食者的牙齿形态学特性)、行为的(如夜间或者白天觅食、雌性蚕食雄性)、时间上的或节律上的(如开花时间、幼期时间长度)等。因此特征决定物种在哪里生存，与其他物种如何相互作用，甚至是对生态系统功能的贡献(Cadotte et al.，2011)。

当我们获得几种功能特征的数据时，无论采用哪种模型方法，都能在一定程度上说明每个特征对于系统总产量的相对贡献(Flynn et al.，2011)，目前广泛被认可的是 Villéger 等(2008)提出的 3 个功能多样性指数，即功能丰富度指数(functional richness index，FR_{ic})、功能均匀度指数(functional evenness index，FE_{ve})和功能离散度指数(functional divergence index，FD_{iv})。其中，FR_{ic} 是指物种在群落中所占据的功能空间的大小；FE_{ve} 是指群落内物种功能特征在生态空间分布的均匀程度，可体现群落内物种对有效资源全方位的利用效率；FD_{iv} 表示群落内特征值的异质性，反映群落内随机抽取的两个物种特征值相同的概率有多少，同时也体现出物种间的生态位互补程度。此外，功能特征多样性指数(functional fttribute diversity，FAD)、功能分散指数(functional dispersion，FD_{is})、Rao 指数、Pechey-Gaston 指数、CWM 指数等也被用于功能多样性测定(Walker et al.，1999；Laliberté and Legendre，2010；江小雷和张卫国，2010)。例如，FD 已经被应用于研究物种丰富度和多样性与生态系统的功能关系(Flynn et al.，2011)，以及多样性对于环境压力和干扰的响应(Suding et al.，2008)。

从目前的研究来看，许多研究在测定和分析功能多样性时都有一定的局限性，到底采用哪些指数依赖于数据本身的特点及比较的测量单位。例如，定性功能特征的测定宜选择 FD_{is}；而比较系统发生的多样性时，则宜采用 Pechey-Gaston 指数(Cadotte et al.，2011)。如何科学合理地评价功能多样性，需要发展功能多样性指数。另外，发展新的分析方法研究功能特征与环境变量的关系也十分必要，如基于 R 语言发展的四角分析就为分析物种的功能特征与数量诸多的环境特征之间的关系提供了新的手段(Brown et al.，2014)。

国内外对功能多样性的研究主要集中在植物及微生物群落。植物群落功能多样性研究主要关注功能多样性对生态系统、群落生产力及资源利用动态的短期效应，以及对生态系统稳定性和抵抗性的长期效应研究(江小雷和张卫国，2010；张金屯和范丽宏，2011)，研究以植物形态及生理特征、植物碳和水流量、生物量、叶面积、生活周期及枯落物等作为功能特征属性，结果显示功能组成和功能丰富度比物种丰富度对生态系统的影响作用更大(Tilman and Kareiva，1997；Díaz and Cabido，2001；Petchey et al.，2004；孙慧珍等，2004；

宋彦涛等，2011）。微生物功能多样性的研究多集中在土壤微生物的生理、生化、酶活性及物质循环等方面的研究，通过微生物的功能多样性指标评价土壤健康状况（Olander and Vitousek，2000；Tscherko et al.，2003；滕应等，2004；徐华勤等，2007；侯晓杰等，2007），揭示植物、土壤及微生物关系（Waldrop et al.，2000；Sinsabaugh et al.，2002）。

9.1.1 物种丰富度与功能多样性的关系

物种丰富度和功能丰富度的相关性在理论上应该是从可忽略不计到一对一关系，但对于大多数自然系统，物种丰富度和功能丰富度之间的精确关系仍未弄清楚（Cadotte et al.，2011）。有关植物、大型底栖无脊椎动物、鸟类、昆虫等物种丰富度与功能多样性正相关的结论均有报道（Forrester and Pretzsch，2015；Martins et al.，2015；Schmera et al.，2017）。例如，在不同树龄梯度的林分中，功能丰富度和功能多样性随蚂蚁物种丰富度与多样性的增加而增加（Bihn et al.，2010）。但是，功能多样性也可能独立于物种多样性振荡，例如，功能独特的物种在某个环境建立领地，将导致功能冗余的物种丧失（Mayfield et al.，2010）。

物种丰富度与功能多样性的关系受多种因素影响。例如，物种丰富度与功能多样性之间的关系受系统中可获得的营养成分的影响（Lambers et al.，2010），功能多样的群落在营养增加的时候易于产生群落组成变动及增加多度，因为这样的群落更有可能包括具备开拓新增资源功能特征的物种（Wang et al.，2010）。在营养成分吸收和利用策略方面，群落功能多样性高，则土壤营养成分不良也能供养高的物种多样性（Lambers et al.，2010）。物种丰富度与功能多样性之间的关系还受到扰动的影响（Mayfield et al.，2005）。Mayfield 等(2005)对造林地和重度干扰的毁林地的研究发现，在造林地中一些特征的功能丰富度的增加要比物种增加得更为迅速，但同时另一些特征则呈现相反的趋势。Biswas 和 Mallik(2010)发现，在中等干扰程度的温带高地和河岸生态系统，物种多样性、功能丰富度和功能多样性都最大化；然而在适度干扰到强度干扰的一系列河岸生态系统的样地中，物种多样性和物种丰富度持续增加，而功能丰富度下降。Mayfield 等(2010)提出，在群落响应土地利用方式改变方面，物种多样性与功能多样性关系变动广泛；干扰改变了物种多样性和功能丰富度之间的联系，观察到的关系取决于考虑的特征。

因此，物种丰富度与功能多样性的关系十分复杂，这种关系可能是正相关、负相关、有相关性和无相关性，取决于环境条件和受干扰强度（Song et al.，2014）。并且还与选择的多样性指数、分析方法等有关。例如，Poos 等(2009)发现，在两者相互关系中，功能冗余、测定的特征值、环境过滤器、计算方法及物种丰富度都能影响功能多样性指数。

9.1.2 功能多样性与生态系统的功能关系

生态系统的功能包括生态系统过程、生态系统特性和生态系统稳定性。目前关于功能多样性对生态系统功能的影响的假说主要包括多样性假说和质量比假说。这两种假说并不互相矛盾，只是从不同侧面说明了功能多样性与生态系统功能的关系（Song et al.，2014）。相比其他的生态系统，在农业生态系统内，功能多样性与生态系统之间的关系研究较少

(Martins et al., 2015)。已开展的研究均显示无论是植物还是动物、昆虫、微生物等的功能特征与生态系统的功能密切相关(Conti and Díaz, 2013; Lavorel, 2013; Kaiser et al., 2014; Gagic et al., 2015)，并且功能多样性指数在季节间的变动能反映出生态系统功能的波动(Frainer et al., 2014)。但并不是采用的功能特征的指数越多，就越能反映对生态系统功能的影响；有时候单一功能特征与生态系统功能之间的关系超过多个特征组合的功能多样性(Butterfield and Suding, 2013)。功能多样性作用于生态系统功能的效果与非生物因子、干扰和管理活动等有关。

从本质上说，功能多样性作用于生态系统的功能是通过资源利用的巨大差异，即功能多样性导致生态系统的功能增加来实现的(Cadotte et al., 2011)。例如，当不同物种具备相互补充的功能特征，它们将占据互不交叉的空间生态位，而且随着物种多样性的增加，整个生态位将被占满(Loreau, 1998)。Díaz 和 Cabido(2001)也发现关于功能多样性对生态系统功能的影响的最好解释之一是：在异质化的栖境中，功能特征多样性高，增加了资源利用效率。除了在物种的层面上，在更低分类层面上的功能多样性也影响生态系统的功能，包括种内层面，甚至基因层面(Bolnick et al., 2011)。

9.1.3　功能多样性在实践中的应用

功能多样性影响生态系统的功能受多个机制同时影响(Chiang et al., 2016)，因此弄清楚每个机制的相对重要性有利于我们充分认识功能多样性在生态系统功能中的作用，从而更好地指导生产实践。无论是哪种类型的生态系统，生态恢复的目的都是建立稳定的、具功能的生态系统(Thorpe and Stanley, 2011)。在管理或恢复的生态系统中，随着时间的延续，高的功能多样性导致高的稳定性；因为多个功能特征有利于系统抵御非生物因子的变动(Walker et al., 1999)。

我国是一个多山国家，山地面积占国土面积的 2/3；其中，西南地区以丘陵山地为主，山高谷深，全区丘陵山地面积占土地总面积的 92.6%(胡庭兴，2011)。山地地貌的特殊性带来了山地生态环境的敏感性和脆弱性，同时山地多处于江河流域和湖泊集水区的中上游，其生态环境的影响将波及中下游广阔的区域(胡庭兴，2011)。我国西南山地土地利用正显示一个重要的变化：以云南为例，土地利用强度高度分离，农业转变已经导致一个高度多样性的景观——包括从耕作的土地到封山育林的由不同土地利用演替构成的镶嵌结构(Chen et al., 2010, 2011)。而农业景观的变换能极大降低功能多样性，旨在恢复物种丰富度的管理策略可能无法充分保护功能多样性，因为物种丰富度和功能多样性对经营管理活动的反应极为不同(Devictor et al., 2010)。因此，基于不同物种对生态系统的功能变化幅度非常大，我们应把保护的重点放在功能多样性而不是物种丰富度上。在土地利用变化中，营建人工林是目前世界上兼顾生态效益和经济效益的重要举措。人工林在一定程度上减缓了全球森林面积急剧减小的趋势。但是，目前人工林的生态效益仍然存在争议，特别是人工林的生物多样性保护问题。经营得当的人工林有助于生物多样性的保护(张念念等，2013; Lu et al., 2016)，但关于人工林对生态系统功能的保护作用少有研究。

相比较群落的物种丰富度和多度，功能多样性更能反映生态系统的功能(Hooper et

al.，2002；Flynn et al.，2009）。功能多样性(functional diversity)是群落功能特征的值、变异及分布(Song et al.，2014)。功能多样性计算以物种为基础，在群落水平上区分不同物种的功能特征，揭示其在生态系统中功能的大小、范围和分布，进而获知生态空间的利用程度、生态位分化和竞争情况等(Cadotte et al.，2011)，特别是生态系统功能的冗余水平(Díaz and Cabido，2001)，高功能冗余将有助于生态系统在多样性变化中保持稳定和健康(Mayfield et al.，2010)。功能多样性通过动植物功能特征的分布、范围及数量关系，反映出土地利用变化对生态系统功能的影响(Luck et al.，2013；Barbaro et al.，2014；Sitters et al.，2016)。在同等物种多样性水平上，功能多样性的变化程度能更好地揭示生态系统功能的变化(Petchey et al.，2004；Song et al.，2014)。但目前功能多样性研究仍未形成共识，原因是功能特征涉及生物的多个层面，如行为学、物候学、遗传学、生理学及生活史等(Yates et al.，2014)，实际上，与植物群落相比，动物群落与生态系统功能的关系更为密切(Cardinale et al.，2012)，不仅是因为动物群落分布在不同的营养级，同时不同类群的功能特征差异非常大(Chillo et al.，2017)。无脊椎动物种类占全球物种丰富度的一半以上(Strong et al.，1984)，在功能多样性研究中忽视该类群的研究其结果是不可靠的(Rosenberg et al.，1986；Taylor and Doran，2001)。进一步扩大研究领域和研究对象，将有助于完善功能多样性研究。

9.1.4 发展趋势

生物多样性与生态系统功能关系的研究是当今国际重大科学前沿领域之一。人类生产活动通常引起物种多样性降低(Biswas and Mallik，2010)。生物多样性是生产力的驱动者(Lewandowska et al.，2016)，生物多样性降低，生物量减少，在自养生物、消费者和分解者上都找到了证据(Reich et al.，2012；Handa et al.，2014；Bardgett and van der Putten，2014；Grace et al.，2016)。但传统的多样性测定只关注测定物种的多样性，即仅仅提供某个物种是否存在及其多度，然而多样性影响生态系统的功能通过其特征及物种的生态位，或者是营养物质的利用和储存实现。由于在消费者-资源的能量流动与生态系统过程之间的紧密联系，生物多样性丧失在营养级间的影响更为强烈(Barnes et al.，2014)。因此，更应该在多个营养级间的食物网背景下分析多样性变化的生态系统功能后果(Galiana et al.，2014)。甚至有研究者提议还应关注营养级间的非摄食关系(Kefi et al.，2015)，例如，捕食者存在能降低猎物的多度，但是当多个捕食者存在时，猎物的降低程度要小许多(Katano et al.，2015)。

事实上，除了保护多样性本身，人类保护和管理生态系统的目的就是希望保护生态系统提供的服务和功能，其中生态系统的功能必须优先保护，因为人类的生存依赖于生态系统提供的服务，如储存碳(Bunker et al.，2005；Lavorel et al.，2011；Lavorel and Grigulis，2012)、生产食物(Clough et al.，2011)等。相对于传统的多样性指数，功能多样性指数能较好地预测生态系统的功能(Schleuning et al.，2015)。功能多样性的研究是当前生物多样性与生态系统功能关系研究发展的趋势(Griffin et al.，2009)。其中基于功能特征是一个重要的描述食物网功能结构的途径(Gravel et al.，2016)。功能多样性在最近之所以引起广泛的关注，主要是因为它充分考虑各个物种在生态系统中的功能作用，克服了物种多样性指数同等对待每个物种的不足；相对于物种多样性指数，功能多样性指数与生态系统功能之间具有更强的相关性(Cadotte et al.，2011)。

蚂蚁广泛分布在不同的陆地生态系统中，它们具有多个重要的生态系统功能，如有机质分解、搬运和改良土壤、提高土壤肥力及传播种子等(徐正会，2002；Lach et al.，2010)。蚂蚁作为生态系统中重要的组成成分，其群落多样性能够响应土地利用变化(de Castro Solar et al.，2016)，而且由于对栖境变化敏感，是十分重要的指示生物类群(Anderson et al.，2002)，甚至能够反映生态系统功能的变化。使用蚂蚁功能特征及功能多样性的研究才刚起步，如蚂蚁身体大小、眼大小、腿长和营养级功能特征的功能多样性随着次生林的演替而发生变化(Bihn et al.，2010)；如北美地区使用蚂蚁头长、相对眼大小和相对腿长的功能多样性预测气候变化导致的生态系统影响(Del Toro et al.，2015)；如栖境的环境因子能够筛选蚂蚁功能特征的分布、决定功能多样性等(Yates et al.，2014)。在人工林中使用蚂蚁群落功能多样性来揭示生态系统功能变化的研究仍然很少。

综上所述，国内外学者十分关注生物多样性与生态系统功能的关系，特别是生物的功能多样性与生态系统的功能之间的关系。然而目前的研究重点关注的是生态系统扰动或者干扰背景下两者的关系，对于具体的影响因子研究有待加强。土地利用变化是重要的人为干扰方式，但是在这个过程中，会导致许多物种间的关系发生变化，而这种关系变化对生态系统功能多样性产生影响，进而影响生态系统的功能，遗憾的是这方面的研究极少。本研究是在土地利用变化的大背景下，研究互利关系对地表蚂蚁功能多样性的影响。拟通过调查天然次生林、桉树林、橡胶林、紫胶林、紫胶林-玉米混农林、玉米地和农田 7 种类型样地的地表蚂蚁群落，测定蚂蚁功能特征，选取头长、头宽、胸长和后足腿节长 4 个指标(反映蚂蚁资源消耗)计算功能多样性指数，通过比较不同季节不同类型样地蚂蚁功能丰富度、功能均匀度和功能离散度的差异及旱雨季变化，分析各功能多样性指数与物种丰富度及环境变量的关系，通过蚂蚁群落揭示不同类型样地生态系统功能的变化，探讨以下问题：①不同人工林蚂蚁功能多样性如何变化。②哪些人工林对蚂蚁功能多样性及生态系统功能具有保护作用，如何保护。为今后生物多样性保护中的人工林经营和利用提供理论依据。

9.2　材料与方法

9.2.1　研究地概况

研究地点位于云南省绿春县大兴镇、牛孔乡和大黑山乡。绿春县位于云南省南部，总面积 3096 km^2，县境内多为山区，最高海拔为 2630 m，最低海拔为 320 m，海拔高差较大。年平均气温为 17.9℃，年平均降水量为 2230 mm，属亚热带山地季风气候，旱雨季分明，相对湿度 50%～80%，土壤多为红色黏土，pH 5.5～6.5，微酸性；冬季有轻霜，昼夜温差大。县境内 80%以上的可用土地为山地，包括多种类型的生物产业种植园，主要类型包括茶园、八角园、草果园、紫胶林、橡胶林、花椒园等，也包括部分从事粮食生产的旱地和农田。绿春县生态条件良好，森林覆盖率为69%，森林植被保护较好。

9.2.2 样地设置

分别选取天然次生林、桉树林、紫胶林、紫胶林-玉米混农林、橡胶林、玉米地和农田各2块，每块面积大于1 hm^2，同种类型的两块样地间距1 km以上。同种植被类型的2块样地植被、郁闭度、土壤条件、枯落物情况等基本一致。天然次生林主要树种为麻栎(*Quercus acutissima*)、栓皮栎(*Q. variabilis*)、云南松(*Pinus yunnanensis*)、红皮水锦树(*Wendlandia tinctoria*)，林下地表有大量枯落物覆盖，乔木郁闭度约为0.7。桉树林为3～5年生巨桉(*Eucalyptus grandis*)，林分不密，林下灌草层发达，地表有部分枯落物覆盖。紫胶林为人工种植的钝叶黄檀(*Dalbergia obtusifolia*)，树上轮流放养云南紫胶虫(*Kerria yunnanesis*)，林分不密，乔木郁闭度约为0.6，林下草本层发达，有少量灌木分布。紫胶林-玉米混农林为复合模式，紫胶虫寄主植物散生在林地内，乔木郁闭度约为0.4，林下在雨季种植玉米(*Zea mays*)，会简单除草，旱季则撂荒，撂荒时草本层发达。橡胶林为20年以上树龄的橡胶树(*Hevea brasiliensis*)，乔木郁闭度0.9以上，橡胶按行种植，行间有草本和少量的小灌木分布，地表有枯落物覆盖。玉米地为山坡上开垦的荒地，在雨季种植玉米，玉米盖度约为70%，旱季则撂荒；撂荒期草本层发达，草本盖度约80%。农田为弃耕1～2年的水田，原先种植过水稻，调查时样地内有少量草本，草本盖度约为10%，土壤板结，蚂蚁在田埂上筑巢，到田中活动。

9.2.3 调查方法

于2012年10月和2013年4月使用陷阱法调查了以上7种植被类型的地表蚂蚁群落。在每块样地内设置15个陷阱(陷阱为直径60 mm、高90 mm的塑料杯；3条样带，样带间距10 m)，每个陷阱内倒入50 mL乙二醇溶液(50%)作为陷阱溶液，放置48 h后收集其内的蚂蚁。所有采集到的蚂蚁保存于含有75%乙醇溶液的离心管中，带回实验室根据相关资料将蚂蚁鉴定到种，不能鉴定到种的，按形态种对待(吴坚和王常禄，2000；徐正会，2002)。

完成标本鉴定核实工作后，根据蚂蚁形态学测量标准方法(Hölldobler and Wilson，1990；徐正会，2002)完成蚂蚁身体数据采集，主要指标包括：①头长。头部正面观，唇基前缘至后头缘的垂直长度，如果唇基前缘和后头缘凹陷，则以唇基两侧角和后头角之间的垂直长度为准。②头宽。正面观头部的最大宽度，不包括复眼。③胸长。侧面观前胸背板前上角至并胸腹节后下角的直线长度。④后足腿节长。后足腿节的直线长度。测量所选择的蚂蚁要求个体数大于等于5头，即该物种具有一定的生物量，能够实现一定的生态功能(Bihn et al.，2010)。

环境变量调查：完成陷阱法后，在离陷阱1 m处设置1 m×1 m的小样方，统计样方内的草本植物物种数和个体数，同时，统计小样方内的空地比例、石头盖度比例、枯落物盖度、枯落物厚度及植物盖度(乔灌草植物的垂直投影盖度)作为环境变量。

9.2.4　数据分析

①不同样地蚂蚁功能多样性指标比较：进行不同样地蚂蚁群落基于头长、头宽、胸长和后足腿节长的功能多样性指数计算：包括功能丰富度指数(FR_{ic})、功能均匀度指数(FE_{ve})、功能离散度指数(FD_{iv})的计算，每块样地以样带为重复，每种类型样地共 6 个重复，分为雨季和旱季。使用统计软件 R 语言(3.2.2)中的 FD 软件包完成以上功能多样性指数的计算(Laliberté et al.，2014)，使用 SPSS 中的单因素方差分析比较不同样地不同功能多样性指数的差异，使用 LSD 方法进行多重比较。②蚂蚁功能多样性与物种丰富度关系：使用 SPSS 中的曲线估计方法拟合不同功能多样性指数与蚂蚁物种丰富度的关系。③不同功能多样性指数与环境因子的关系：先使用 SPSS 中的相关分析进行不同功能多样性指数与环境因子的相关性，再使用 R 语言中的 mgcv 软件包中的广义可加模型拟合功能丰富度与环境因子的关系(Wood S N and Wood M S，2016)。

9.3　结果与分析

9.3.1　不同样地蚂蚁功能多样性变化

共采集蚂蚁标本 16704 头，隶属 8 亚科 44 属 106 种。符合测定要求的蚂蚁共 82 种，隶属 6 亚科 37 属。不同类型样地不同季节蚂蚁物种丰富度及多度统计见表 9-1。

表 9-1　不同样地不同季节蚂蚁物种丰富度及多度统计

样地类型	物种丰富度		多度	
	雨季	旱季	雨季	旱季
天然次生林	34	49	318	1288
紫胶林	31	53	220	2188
紫胶林-玉米混农林	35	43	624	3175
桉树林	40	29	806	499
橡胶林	33	22	683	167
玉米地	30	32	700	3514
农田	10	17	207	474

注：表中仅统计符合测量标准的物种。

不同类型样地地表蚂蚁功能丰富度指数 FR_{ic} 有显著差异(雨季：F=4.475，P=0.002；旱季：F=7.717，P<0.001)，雨季，天然次生林、桉树林和橡胶林功能丰富度指数较高，旱季，天然次生林、紫胶林和紫胶林-玉米混农林较高；雨季旱季农田均最低。雨季紫胶林和紫胶林-玉米混农林蚂蚁功能丰富度明显低于旱季，橡胶林则相反，其余样地旱雨季

相差不大(图 9-1)。

不同类型样地地表蚂蚁功能均匀度指数 FE_{ve} 无显著差异(雨季：F=2.106，P=0.078；旱季：F=2.093，P=0.079)，雨季除桉树林和玉米地较低外，其余样地差异不大。农田雨季蚂蚁功能均匀度要高于旱季(图 9-1)。

不同类型样地地表蚂蚁功能离散度指数 FD_{iv} 有显著差异(雨季：F=2.577，P=0.036；旱季：F=3.969，P=0.004)，橡胶林雨季和旱季的蚂蚁功能离散度指数均最高，天然次生林和农田则较低。所有样地旱雨季蚂蚁功能离散度差异不大(图 9-1)。

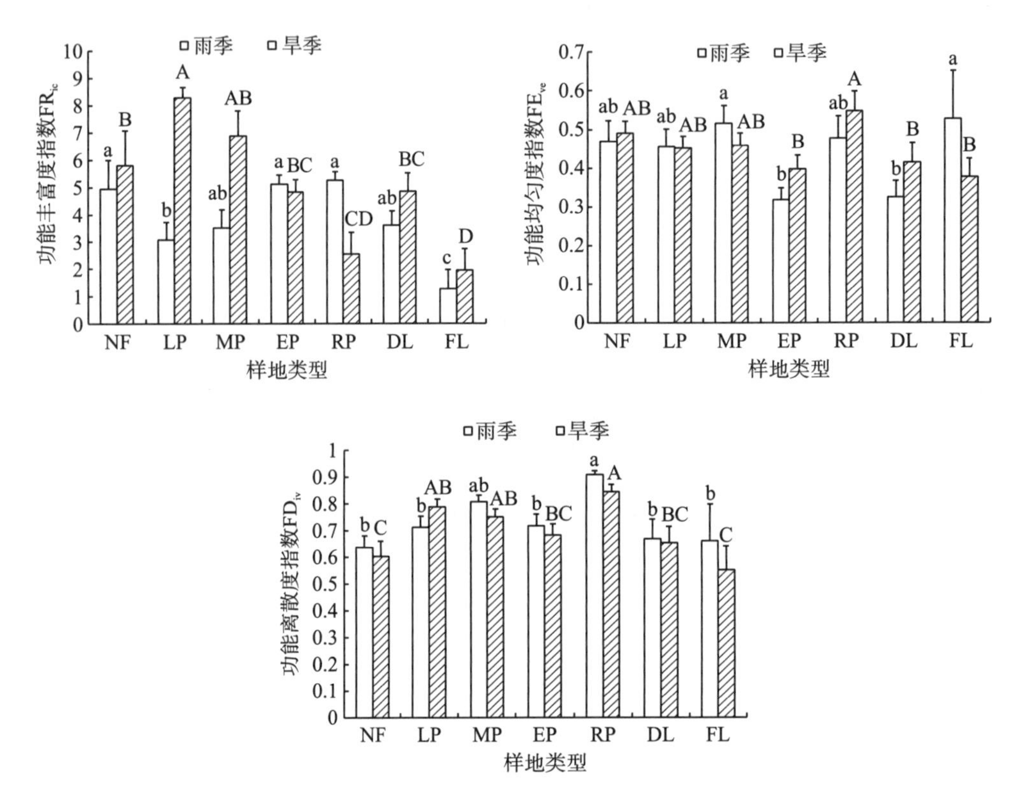

图 9-1 不同样地不同功能多样性指数比较

注：图中不同小写字母表示不同样地在雨季有显著差异，不同大写字母表示不同样地在旱季有显著差异。

9.3.2 蚂蚁功能多样性与物种丰富度的关系

地表蚂蚁功能丰富度指数与蚂蚁物种丰富度显著相关(雨季：Pearson=0.461，P=0.002；旱季：Pearson=0.854，P<0.001)，功能丰富度随着物种丰富度的增加而显著增加(线性模型，雨季：F=10.533，P=0.002；旱季：F=107.387，P<0.001)(图 9-2)。地表蚂蚁功能均匀度指数与蚂蚁物种丰富度无显著相关性(雨季：Pearson=−0.284，P=0.072；旱季：Pearson=0.048，P=0.763)。地表蚂蚁功能离散度指数与蚂蚁物种丰富度无显著相关性(雨季：Pearson=0.103，P=0.522；旱季：Pearson=0.089，P=0.577)。

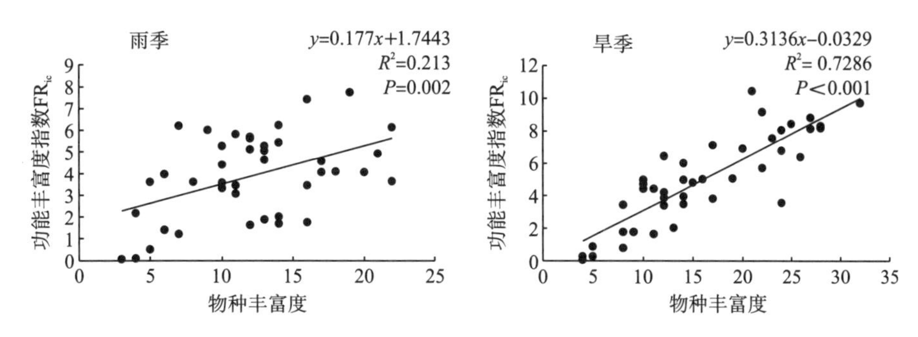

图 9-2　地表蚂蚁物种丰富度与功能丰富度回归图

9.3.3　蚂蚁功能多样性与环境变量关系

环境变量对蚂蚁功能多样性有显著影响，整体来看，雨季和旱季地表蚂蚁的大多数功能多样性指数与草本植物多度、空地比例及植物盖度存在负相关关系，仅雨季的蚂蚁功能丰富度指数与枯落物厚度存在正相关关系(表 9-2)。

表 9-2　不同季节不同功能多样性指数与环境变量相关分析

季节	项目	草本植物多度	空地比例	枯落物厚度	植物盖度
雨季	功能丰富度 FR_{ic}	—	−0.315*	0.465**	—
	功能均匀度 FE_{ve}	−0.320*	—	—	−0.385*
	功能离散度 FD_{iv}	—	−0.468*	—	—
旱季	功能丰富度 FR_{ic}	—	−0.437**	—	—
	功能离散度 FD_{iv}	—	−0.488**	—	—

注：表中数值为 Pearson 相关系数，“*”表示在 0.05 水平上显著相关，“**”表示在 0.01 水平上极显著相关，“—”表示无显著相关性。

进一步对地表蚂蚁功能丰富度指数与环境变量关系拟合，结果显示，雨季，枯落物厚度显著影响地表蚂蚁功能丰富度(F=11.407，P=0.001)，在一定范围内，地表蚂蚁功能丰富度指数随着枯落物厚度的增加而增加(图 9-3)。

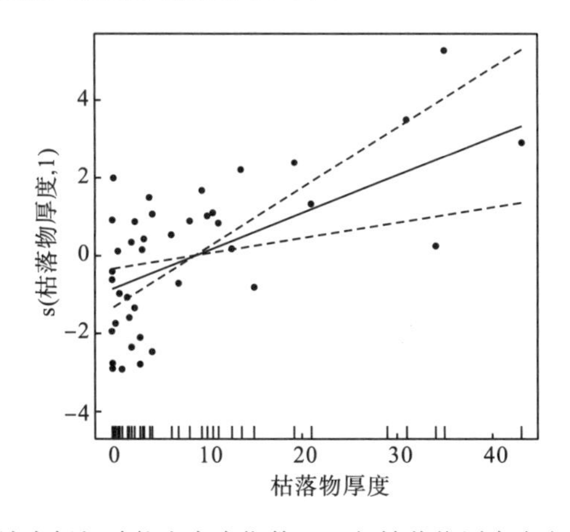

图 9-3　雨季地表蚂蚁功能丰富度指数 FR_{ic} 与枯落物厚度广义可加模型拟合

旱季，空地比例、枯落物厚度和植物盖度显著影响地表蚂蚁功能丰富度(空地比例：F=6.740，P=0.013；枯落物厚度：F=4.428，P=0.017；植物盖度：F=9.041，P<0.001)，蚂蚁功能丰富度随着空地比例增加而水平降低(图 9-4A)，随着枯落物厚度增加先下降再升高(图 9-4B)，随着植物盖度增加先上升后下降(图 9-4C)。

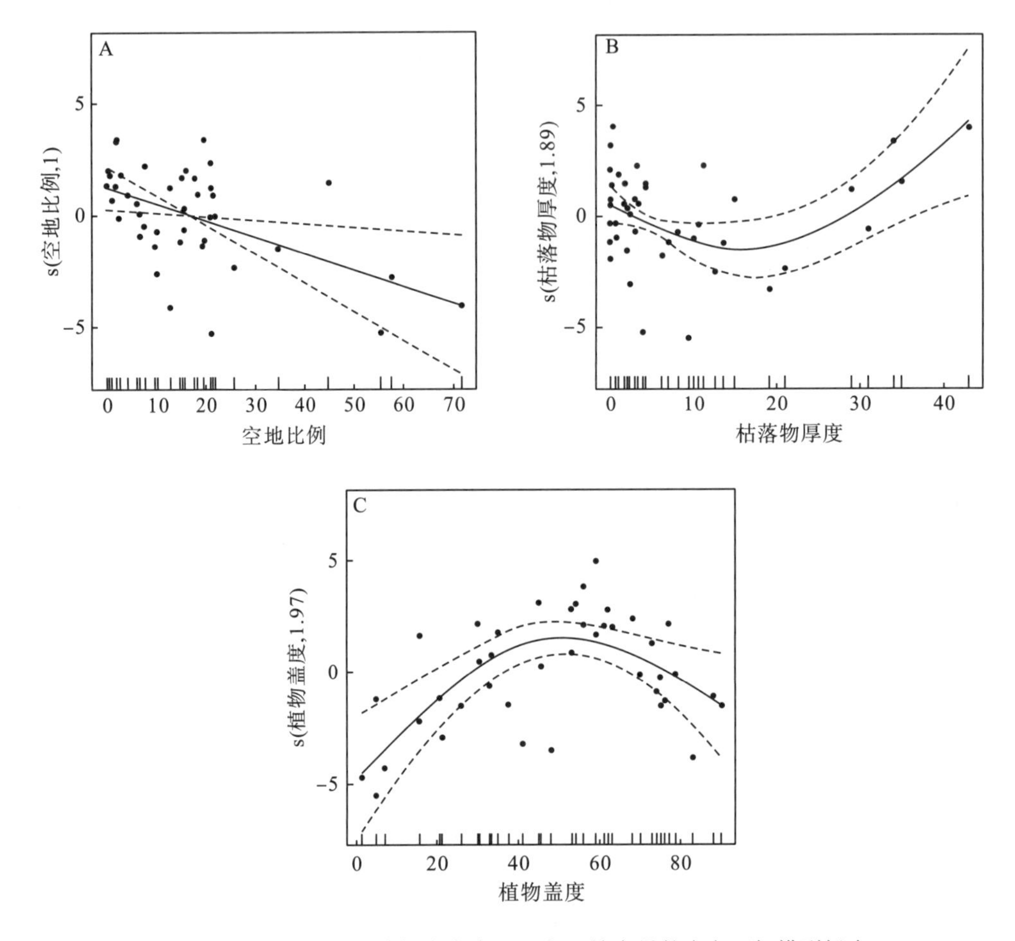

图 9-4 旱季地表蚂蚁功能丰富度 FR_{ic} 与环境变量的广义可加模型拟合

9.4 结论与讨论

为了揭示土地利用变化背景下，互利关系对生态系统功能的保护作用，我们使用陷阱法调查了云南省绿春县天然次生林、桉树林、橡胶林、紫胶林、紫胶林-玉米混农林、玉米地和农田 7 种类型样地的地表蚂蚁群落，测定了 82 种蚂蚁的头长、头宽、胸长和后足腿节长的功能特征，并计算和比较不同类型样地蚂蚁功能丰富度指数、功能均匀度指数和功能离散度指数的差异。从目前获得的结果来看，不同类型样地蚂蚁功能丰富度 FR_{ic} 有显著差异(雨季：F=4.475，P=0.002；旱季：F=7.717，P<0.001)，雨季天然次生林、桉树林和橡胶林，以及旱季的天然次生林、紫胶林和紫胶林-玉米混农林功能丰富度指数较高，

雨季旱季农田均最低。不同类型样地地表蚂蚁功能均匀度指数 FE_{ve} 无显著差异(雨季：F=2.106，P=0.078；旱季：F=2.093，P=0.079)。不同类型样地地表蚂蚁功能离散度指数 FD_{iv} 有显著差异(雨季：F=2.577，P=0.036；旱季：F=3.969，P=0.004)，旱雨季橡胶林蚂蚁功能离散度均指数最高，天然次生林和农田则较低。地表蚂蚁功能丰富度指数与蚂蚁物种丰富度显著相关(雨季：Pearson=0.461，P=0.002；旱季：Pearson=0.854，P<0.001)且为线性模型(雨季：F=10.533，P=0.002；旱季：F=107.387，P<0.001)。地表蚂蚁功能均匀度指数及功能离散度指数与蚂蚁物种丰富度无显著相关性。雨季蚂蚁功能丰富度随枯落物厚度增加而增加；旱季蚂蚁功能丰富度随着空地比例增加而降低，随着枯落物厚度增加先下降再升高，随着植物盖度增加先升高后下降。土地利用变化及旱季和雨季变化导致的栖境异质性降低能降低蚂蚁群落的功能丰富度，但对功能均匀度和功能离散度影响不明显。土地利用中降低人工林的干扰、人为增加栖境复杂程度将为蚂蚁提供生存空间，降低蚂蚁竞争程度，有利于生态系统功能多样化及功能保护。紫胶虫与蚂蚁的互利关系的建立，改变了栖境中的功能多样性指数，有利于生态系统功能的增强。

生物多样性在复杂栖境转变为简单栖境的土地利用变化中丧失(Gibson et al.，2011，Sitters et al.，2016)，引起功能多样性水平降低(Mumme et al.，2015)，最终导致生态系统功能发生变化(Sterk et al.，2013)。在枯落物层蚂蚁功能多样性研究中，人为改变天然或次生植被导致了蚂蚁功能丰富度下降，进而影响这些蚂蚁实现的生态功能(Bihn et al.，2010)。本研究中，选取蚂蚁的头长、头宽、胸长和后足腿节长 4 个与身体大小显著相关的功能特征，反映蚂蚁资源利用上的功能变化。功能丰富度是体现生态空间利用程度的指标，功能丰富度越高，生境中的功能特征越多样化，生境提供的生态空间越丰富。互利关系和栖境异质性可以提高蚂蚁功能多样性水平。天然次生林蚂蚁功能丰富度水平较高，表明该种生境能够为不同类型蚂蚁提供充足的资源，如不同体型蚂蚁所需的活动空间都能满足。紫胶林和紫胶林-玉米混农林及桉树林、橡胶林蚂蚁功能丰富度明显高于栖境简单的农田。与天然次生林相比，雨季的桉树林和橡胶林、旱季的紫胶林和紫胶林-玉米混农林也具有较高的蚂蚁功能丰富度水平，表明人工林也能够为蚂蚁提供一定的资源，支持不同类型的物种，如雨季，食物充足的情况下，桉树林和橡胶林中乔木及快速生长的灌草层，能为蚂蚁提供与天然次生林相似的复杂生境。旱地玉米地蚂蚁功能丰富度水平也不低，可能是撂荒期长有大量的草本和小灌木，生境的异质性较高。互利关系能减缓由于季节变化而导致的功能丰富度变化。随着雨季进入旱季，桉树林和橡胶林栖境变得简单，蚂蚁功能丰富度水平下降，而紫胶林和紫胶林-玉米混农林变化不明显。主要原因是旱季这种互利关系的存在能改变节肢动物的群落；另外，在旱季的紫胶林和紫胶林-玉米混农林中，紫胶虫分泌的蜜露会喷射到植物和地面上，增加了栖境异质性(卢志兴等，2012a，2012b，2013)。

功能均匀度是通过多度量化生态功能空间如何被填充的指标，是不同功能特征分布均匀程度的指标，功能均匀度越高，生境内功能特征的互补性越高。整体来看，不同样地地表蚂蚁功能均匀度差异不大，可能与小尺度范围内蚂蚁群落的物种组成相对较为相似有关(卢志兴等，2016；Arnan et al.，2017)。功能离散度指数体现群落生态位分化和资源竞争程度，功能离散度指数越高，功能特征的分布差异越大，生态位分化越明显。整体来看，互利关系有利于增加功能离散度指数，紫胶林-玉米混农林中地表蚂蚁的生态位分化程度较高、资源竞争程度相对较弱，而栖境简单、干扰强的农田则竞争较强。综合来看，土地利用变化背景下，互利关系有无及旱雨季变化影响蚂蚁功能多样性，紫胶林、紫胶林-玉米混农林对蚂蚁功能多样性具有保护作用，特别是环境压力较大的旱季，紫胶虫分泌的蜜露可以提高地表蚂蚁功能多样性。同时，减少生境干扰、增加生境的复杂性可以为不同蚂蚁提供更多的可利用空间，提高功能多样性水平，进而增加生境的生态功能。

土地利用变化对资源有分割作用，异质性栖境能够支持更多和范围更广的生态系统功能(Taylor and Doran，2001；Sitters et al.，2016)。栖境的环境条件(如火干扰、水分变化、植被变化等)对蚂蚁功能特征具有筛选作用从而影响蚂蚁功能多样性(Arnan et al.，2014，2017；Retana et al.，2015)，本研究中，蚂蚁功能丰富度与环境变量的相关分析可以看出，蚂蚁功能多样性水平高低与生态系统的栖境复杂程度明显相关，栖境越复杂，地表蚂蚁功能多样性越高，如蚂蚁功能丰富度指数随着枯落物厚度的增加而显著增加，而随着空地比例的增加而显著下降，简单栖境(农田)的蚂蚁功能丰富度要显著低于栖境相对复杂的天然次生林和人工林，可能是开放栖境影响了蚂蚁活动节律(Arnan et al.，2014)；这也表明人工林可以通过保护林下灌草丛增加栖境复杂程度，提高蚂蚁功能多样性，进而保护这些蚂蚁实现的生态系统功能，结果与鸟类功能多样性研究一致(Sitters et al.，2016)。

物种丰富度和多度是生态系统功能的基础，而生态功能的实现则依赖物种所具有的功能特征(Tilman，2001)。因此，生态系统功能并不依赖于有多少个物种，而是由物种所具有的功能特征决定(Hooper and Vitousek，1997)；高的功能多样性能够实现更高效率的生态功能，增加生产力和恢复力(Mason et al.，2003)，同时，生态位重叠也增加了生态功能冗余，提高了生态系统的稳定性(Song et al.，2014；Liu et al.，2016)。本研究中，地表蚂蚁功能丰富度指数在雨季和旱季均随着物种丰富度的增加而直线上升(P<0.05)，而旱季上升的斜率明显要高于雨季，这种关系与在枯落物蚂蚁的研究中一致(Bihn et al.，2010)。桉树林和橡胶林被普遍认为影响生物多样性，而对于地表蚂蚁，本研究中这两种类型样地整体上功能多样性水平并不低，功能均匀度和离散度也处于中间水平，表明在干扰较小的情况下，这两种人工林中的蚂蚁群落具有一定的生态功能冗余。

本研究选取蚂蚁的头长、头宽、胸长和后足腿节长 4 个功能特征计算蚂蚁功能多样性，这些功能特征在已有报道中能够与蚂蚁的大小或是生物量显著相关，目的是体现蚂蚁资源消耗这一重要的功能，该功能多样性指数的变化能体现土地利用变化中生态系统功能的变化。然而不同功能特征组合所反映的生态功能变化是未知的，如触角长度、眼大小、腿长度与食物发现或是进入复杂栖境的能力等及其所代表的生态功能还需要深入探讨。

第 10 章　互利关系对蜘蛛多样性的影响

10.1　引　　言

蜘蛛在人类的现实生活中随处可见，事实上，蜘蛛是节肢动物较大的一个类群，隶属节肢动物门(Arthropoda)蛛形纲(Arachnida)蜘蛛目(Araneae)，全世界已知 111 科 3879 属 43 244 种，中国记述蜘蛛 67 科 674 属 3714 种(Platnick，2012)。已知的物种总是占较小的比例，据估计全世界的蜘蛛种类可能在 60000～170000 种(Coddington and Levi，1991)。因为蜘蛛物种丰富，在自然和人工生态系统中都广为分布，并且生态位广，具有多样化的生存和捕食对策，一直以来，被认为是自然生态系统中的重要捕食生物类群(Nyffeler，2000；宋大祥等，2001)，基于这一特性，蜘蛛在生态系统中能对不同的营养级产生直接和间接的影响，如对昆虫类群的调控作用(Riechert and Lockley，1984；Riechert and Bishop，1990；Wise，1993；Skerl and Gillespie，1999；Nyffeler，2000；Lawrence and Wise，2000)。除此之外，与其他类群一样，蜘蛛的形态学特征、生理性特征、行为特征等功能特征能对生境变化做出响应(Nyffeler and Benz，1987)，是重要的指示生物。

生物指示物主要用于指示生物多样性、生态过程及生态系统的健康程度，国外学者在此方面做了大量的工作。对于蜘蛛类群而言，主要是有关蜘蛛群落多样性的变化与生物群落变化之间的关系，从而指示群落生物丰度和生物群落健康的变化(Kremen et al.，1993；Colwell and Coddington，1994；Norris，1999)；以及群落多样性变化与自然保护区生态过程之间的关系，指示自然保护和管理的生态过程(Churchill，1997；Maelfait and Hendrickx，1998；Norris，1999)。在这些研究过程中，抽样方案的标准化尤为重要，Coddington 和 Levi(1991)倡导发展标准的抽样草案和参考估计来快速评估热带雨林样地蜘蛛多样性。以期能够在不同地区、不同时间尺度上获得更大的数据库，实现在更为广阔的空间和时间尺度上对不同的生境或地区物种丰富度、分类学组成和功能群进行比较，更好地了解蜘蛛群落的生态适应性、动态变化及其与环境之间的相互联系(Coddington et al.，1996；Silva and Coddington，1996；Dobyns，1997)，实现科学地评估蜘蛛多样性和研究蜘蛛生态学。在利用蜘蛛作为生物指示物研究过程中，物种层面存在一定的缺陷，除了鉴定上的困难外，物种的分布范围也是重要的限制因子。因此逐渐发展出了功能群层面的生物指示，这是一个重要的生物指示指标，因为不同的功能群组成物种的形态、生理和行为特征的特异性不同；而在同一个功能群中，组成的物种不是一种，而是多种，并且它们具有相似的功能特征组合，导致相同的功能群内的物种选择相同的生境，不同的功能群对生境的偏好性不同(Turnbull，1973；Wise，1993)。因此功能群通常是蜘蛛群落生态研究有效的工具(Jaksić，

1981；Pianka，1994）；并对世界不同地区的蜘蛛群落描述比较有重要的意义(Gotelli and Graves，1996)。因为功能群由不同的物种组成，因此分类单元的选择会导致功能群的分组变化，例如，Uetz等(1999)提到可以在科级水平上对蜘蛛功能群进行分组，Dias等(2010)对新热带地区蜘蛛功能群进行了精炼；无论在哪个分类单元上对蜘蛛的功能群进行划分，选择的区域面积都会影响分组的结果，因此在功能群划分过程中出现了局域和全球的差别；Cardoso等(2011)对全球模式蜘蛛功能群划分进行了修订。蜘蛛功能群划分后，基于这种方法研究蜘蛛群落结构大量涌现(Höfer and Brescovit，2001；Rinaldi and Ruiz，2002；Rinaldi et al.，2002；Baldissera et al.，2004；Souza and Martins，2004)。与指示物种一样，功能群也在多样性、生态过程、栖境质量等方面得到广为应用。如被作为指标来监测雨林片段生物多样性质量(Jocqué et al.，2005)和监测生境破碎对蜘蛛的影响(Rego et al.，2005，2007；Mestre and Gasnier，2008)。

我国蜘蛛生态学研究主要是从农田复合生态系统开始的，因为要服务于农业产品的高质高产。在研究过程中，蜘蛛生态学研究与农田“以蛛治虫”研究都得到了相应的发展，蜘蛛的生态学研究更好地服务于利用天敌控制害虫发生(王洪全，1981；李代芹和赵敬钊，1993)。随着研究深度和广度的推进，种群生态学的研究方法在研究中得到应用，如在20世纪70～80年代，我国许多学者就对农田复合生态系统中的蜘蛛实验种群和自然种群进行了大量的研究；蜘蛛的种类也得到了归纳，胡金林(1984)所著的《中国农林蜘蛛》(天津科学技术出版社)对我国农林蜘蛛种类进行过较全面的报道。

随着蜘蛛生态学研究的深入，关注更高分类单位是意料之中的。进入20世纪80年代中期以后，我国蜘蛛生态学研究开始进入群落水平，重点还是农业生态系统，特别是把蜘蛛类群在农田中的分布、发生及数量消长作为一个整体来研究，以研究其群落结构和演变。随着更多学者的关注和时间积累，研究逐渐全面丰富，如赵敬钊(1993)所著的《中国棉田蜘蛛》(武汉出版社)总结了我国20世纪70～80年代棉田蜘蛛群落动态研究。

继农业生态系统之后，学者开始关注其他的生态系统中蜘蛛群落多样性的状况，特别是自然生态系统中天然林蜘蛛群落的研究。不同地区如湖南、江西、河北、四川、贵州等地都开展了相应研究，对区域内自然保护区中的蜘蛛群落多样性状况进行了报道(宋大祥等，1992；陈连水等，2005；王洪全，2006；朱立敏等，2007；张志升等，2010)。自然保护区只占自然生态系统的较小比例，在我国，人工林面积十分广阔，自然生态系统也受到不同程度的干扰。近年来，我国学者逐渐开始关注林业管理措施对人工林生物多样性的影响(杨效东等，2001；李巧等，2006；Yu et al.，2006；郑国等，2009)；蜘蛛群落研究方面，李巧等(2009f)对普洱市亚热带季风常绿阔叶林区蜘蛛多样性研究显示：不同空间层面的蜘蛛群落多样性受到的影响存在差异，与植被关系的密切程度也存在差异。其中灌草层蜘蛛亚群落最能代表蜘蛛群落的多样性状况，其物种丰富度S值与植物多样性显著相关。因此，从生物指示角度看，灌草层蜘蛛亚群落能够很好地指示出植物多样性。

从上述研究不难发现，目前国内外对蜘蛛生态学的研究主要集中在物种和群落层面，关注的生态因子也主要是栖境特征的变化，如植物多样性及干扰程度的变化。事实上，生态系统的变化十分复杂，除了某个环境因子或多个环境变化之外，物种之间的关系缺失或变化产生的生态效应是联动的。而这种物种之间的关系变化比某个环境因子的变化带来的生态效应可能还要大和复杂，然而遗憾的是，目前国内外学者对此还没有足够关注。

除极少数种类以外，绝大多数蜘蛛是农林害虫和卫生害虫的重要天敌，对控制害虫发生和危害具有重要的作用。与蜘蛛一样，许多蚂蚁是生态系统中重要的捕食者，与蜘蛛在食性上存在重叠，存在一定的竞争关系。蚂蚁喜欢取食紫胶虫分泌的蜜露，从而与紫胶虫建立互利关系。那么这种互利关系的有无是否对蜘蛛群落多样性产生影响，以及如何影响是十分有趣的问题，也对于探讨如何维持自然生态系统中捕食群落多样性具有现实的价值。本研究比较了西南山地放养紫胶虫的林地、紫胶混农林系统、旱地、农田等不同系统中蜘蛛群落多样性变化，以期探讨紫胶虫蚂蚁互利关系对山地蜘蛛群落多样性的影响。

10.2　研究地区概况与研究方法

10.2.1　自然概况

研究地点选择在云南省绿春县。绿春县位于云南省东南部，红河哈尼族彝族自治州南部，哀牢山南出支脉西南端(22°33′N～23°08′N，101°48′E～102°39′E)，最高海拔 2637 m，最低海拔 320 m，属亚热带山地季风气候，主要特点是立体气候，雨热同季，干湿季分明，高湿低温，冬暖夏凉，四季如春，年平均气温 16.6℃，无霜期 317 d，年降雨量 1792.9～2042.3 mm，年平均雨日 118.6 d，年平均相对湿度 79%以上，是典型的湿热地区之一。总面积 6.5×10^5 hm^2 的国家级自然保护区——黄连山横贯县境中部，孕育了丰富多样的动植物资源(云南省绿春县志编纂委员会，1992)。

10.2.2　社会经济概况

绿春县总面积 3096.86 km^2，总人口数 21.58×10^5 人，少数民族人口占 98.2%，属典型的少数民族聚居的边境山区贫困县。近年来政府积极开展帮扶活动，经济的自我发展能力逐年提升。至 2007 年，全县实现生产总值 64 697×10^5 元，财政总收入完成 6121×10^5 元，其中地方财政收入完成 4800×10^5 元，实现农民人均纯收入 1406 元。根据发展紫胶产业的条件，绿春县依托退耕还林大力发展紫胶项目，在退耕还林中集中连片发展紫胶，项目实施 7 年，紫胶寄主树长势良好，初见成效，实现年经济收入 109 万元，户均增收 5860 元，人均增收 106 元。

10.2.3　植被概况

由于绿春县内海拔高差悬殊、气候多样，形成了多种地带性植被类型。其中主要以热带北缘雨林、季雨林、亚热带常绿阔叶林、落叶阔叶林和温带高山苔藓林为常见类型。全县宜林面积占总面积的 45%；宜农面积占总面积的 7.25%。林地以防护林为主，占 50.5%，特种用途林占 32.5%，用材林、经济林、薪炭林等占 17.0%。近年来由于退耕还林的实施，旱地被人工林所取代，人工林面积逐渐增加；农业土地利用类型以耕地为主，包括水田、旱田、水浇地、旱地、轮歇地等(朱志鸿和施锋祥，2013)。

10.2.4 研究方法

10.2.4.1 样地设置及调查方法

1)样地设置

调查样地位于绿春县牛孔乡(22°53′N，101°56′E)，海拔1000～1300 m地段。年平均气温不低于18℃，年降雨量在1500 mm以下，天气干燥，相对湿度50%～80%，冬季有轻霜，日夜温差很大，在冬季可达20℃，土壤多为红色黏土，pH 在5.5～6.5，属微酸性(陈又清，2007a)。在紫胶林-农田复合生态系统中根据土地利用类型的不同设置4个样地Ⅰ～Ⅳ，每个样地设3个重复。各样地大小约1 hm^2。其中，Ⅰ为天然紫胶林，以思茅黄檀(*Dalbergia szemaoensis*)为主要树种，平均树高9 m，平均胸径19 cm，郁闭度0.6，草本以紫茎泽兰(*Eupatorium adenophorum*)占优势，腐殖质较少，于2002年开始人工放养紫胶虫；Ⅱ为人工紫胶林，于2001～2002年在退耕地上造林，造林树种为南岭黄檀(*D. balansae*)，平均树高7 m，平均胸径11 cm，郁闭度0.7，草本植物中飞机草(*Chromolaena odorata*)占优势，于2005年开始人工放养紫胶虫；Ⅲ为水稻田，3月下旬至8月中旬为种植季节，其余时间闲置；种植前半月左右进行翻地以待耕作；Ⅳ为旱地，以种植玉米为主，3月下旬至8月中旬为种植季节，于5月下旬进行中耕除草，其余时间为闲置地，在种植前半个月左右将秸秆和杂草等进行焚烧，并进行翻地以待耕作。

2)调查方法

于2006年5月至2007年4月由2名调查人员进行每个月2次的抽样调查。分别运用网扫法和陷阱法对灌草层和地表层节肢动物进行抽样调查。

(1)网扫法。用柄长115 cm、直径40 cm的捕虫网在每个样地内扫网200次(一个来回为1次)，将采集到的节肢动物标本用75%乙醇溶液保存，带回实验室进行整理。

(2)陷阱法。在每个样地内设置口径80 mm、高150 mm的诱杯10个，分为2组，分别以乙二醇和糖醋液作为诱剂，糖醋液为白糖、食醋、酒精及水的混合液，其质量比约为1∶2∶2∶20；同组诱杯间距10 m，两组间相距20 m；每个诱杯上方放置防雨的石板，每次诱集5d，将采集到的节肢动物标本用75%乙醇溶液保存，带回实验室进行整理。

10.2.4.2 标本鉴定及数据分析

1)标本鉴定

根据形态分类学方法对野外采集的节肢动物标本进行初步分类，根据不同的类群，联系国内知名分类专家或学者对各类群进行鉴定。

2)数据分析

利用Estimate S(Version 7.5.0)软件(Colwell，2010)对24次抽样调查数据进行分析，计算物种累积曲线，并通过Excel进行曲线的绘制，通过曲线的特征判断抽样量是否充分；

运用 Chao 1、Chao 2、Jack 1 和 Jack 2 等方法对紫胶林—农田复合生态系统所采集的各节肢动物群落物种丰富度进行估计，比较物种丰富度实测值与估计值的相对大小。

根据紫胶林-农田复合生态系统中各样地各物种的实际数量进行物种多度分布分析，按倍程对数据进行分组，利用对数级数模型、对数正态模型和分割线段模型（孙儒泳，2001；彭少麟，2003）对各样地节肢动物群落物种分布曲线进行拟合，通过模型拟合精度的对比确定最佳物种多度模型，利用 Excel 进行相关数据分析和处理。

根据昆虫个体数占群落中总个体数的百分比计算该昆虫的优势度（昆虫学名词审定委员会，2001）。依据调查样地个体数占群落个体总数的百分比确定优势种：>10％为优势种。利用 SPSS 13.0 中的 One-way ANOVA 程序对不同物种在各样地中的个体数和优势度进行方差分析及 LSD 多重比较。

物种多样性测度采用物种丰富度 S、Fisher α 指数、Shannon-Wiener 多样性指数和 Simpson 优势度指数（马克平，1994）。运用 Chao 1 方法对物种丰富度 S 进行估计，利用 Estimate S（Version 7.5.0）软件完成各项指数的计算（Colwell，2005）。利用 SPSS 13.0 中的 One-way ANOVA 程序对各组数据进行方差分析及 LSD 多重比较。

10.3　结果与分析

10.3.1　物种累积曲线

10.3.1.1　灌草层物种累积曲线

在利用 Estimate S 软件对紫胶林-农田复合生态系统 24 次抽样的灌草层蜘蛛数据进行分析的基础上，分别以个体数和抽样次数为横坐标，以物种数为纵坐标，绘制物种累积曲线，结果如图 10-1 所示。

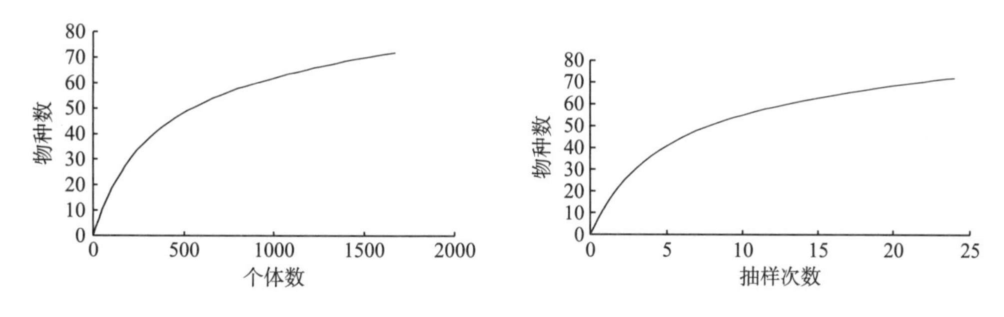

图 10-1　调查样地的灌草层蜘蛛物种累积曲线

从图 10-1 可以看出，在抽样初期，采集的个体数逐渐增加，物种累积速率一直较快，曲线表现为急剧上升，群落中的大量灌草层蜘蛛物种仍被发现；当个体数达到 1049 头、抽样次数达到 15 次时，物种累积速率变得缓慢，曲线趋于平缓，表明本研究中抽样充分。

运用该物种累积曲线对整个调查样地的物种丰富度进行预测，Chao 1 值是

80.08(±5.20)，即群落中 89.91%的物种被抽样到；Chao 2 值是 87.17(±8.03)，即群落中82.60%的物种被抽样到；Jack 1 值是 91.17(±5.48)，即群落中 78.97%的物种被抽样到；Jack 2 值是 99.86(±0.00)，即群落中 72.10%的物种被抽样到。这 4 个不同的物种丰富度估计方法共同显示出：在本研究中，实际采集到的灌草层蜘蛛物种超过了全部种类(即物种丰富度估计值)的 70%。

10.3.1.2 地表层物种累积曲线

在利用 Estimate S 软件对紫胶林-农田复合生态系统 24 次抽样的地表层蜘蛛数据进行分析的基础上，分别以个体数和抽样次数为横坐标，以物种数为纵坐标，绘制物种累积曲线，结果如图 10-2 所示。

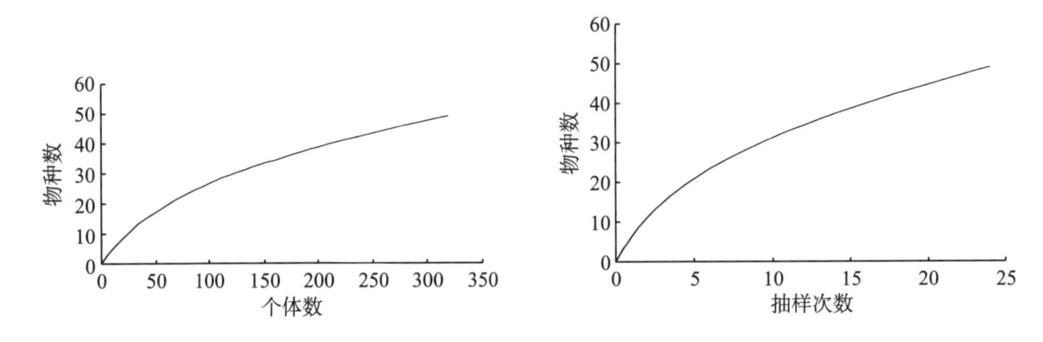

图 10-2 调查样地的地表层蜘蛛物种累积曲线

从图 10-2 可以看出，与灌草层不同，在地表蜘蛛群落整个抽样过程中，物种累积曲线一直处于较快上升的过程，即使在个体数为 319 头、抽样次数为 24 次时，物种累积速率也存在，曲线表现为上升状态而不是平缓，群落中的大量地表层蜘蛛物种仍被发现，表明本研究中抽样未充分。

运用该物种累积曲线对整个调查样地的物种丰富度进行预测，Chao 1 值是70.11(±10.83)，即群落中 69.89%的物种被抽样到；Chao 2 值是 90.07(±18.18)，即群落中54.40%的物种被抽样到；Jack 1 值是 72.96(±5.27)，即群落中 67.16%的物种被抽样到；Jack 2 值是 90.61(±0.00)，即群落中 54.08%的物种被抽样到。这 4 个不同的物种丰富度估计方法共同显示出：在本研究中，实际采集到的地表层蜘蛛物种超过了全部种类(即物种丰富度估计值)的 50%。

10.3.2 物种多度分布

10.3.2.1 灌草层物种多度分布

用 $\log_3$ 标尺对整个调查样地个体数进行并组，倍程 1、2、3、4 等分别对应个体数为 1、2～4、5～13、14～40 等的物种，根据并组后的数据进行物种多度分布曲线绘制，结果如图 10-3 所示。

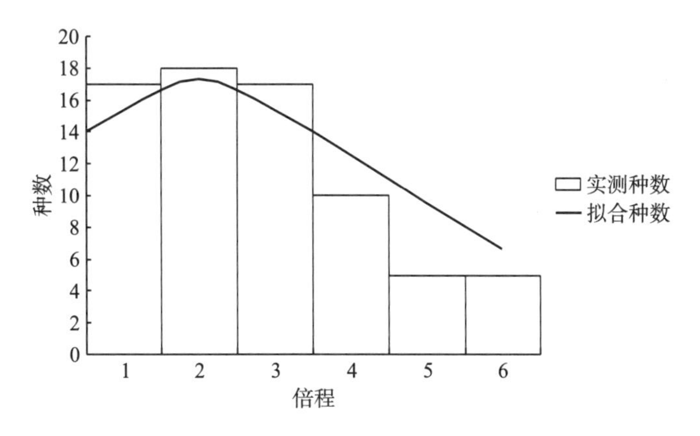

图 10-3　紫胶林-农田复合生态系统灌草层蜘蛛物种多度曲线

根据倍程的大小及每一倍程内物种数的大小，可以看出紫胶林-农田复合生态系统灌草层蜘蛛生物量并不很丰富，稀疏种在群落中占据一定的优势，富集种较少。分别运用对数级数模型、对数正态模型和分割线段模型对紫胶林-农田复合生态系统灌草层蜘蛛物种多度曲线进行拟合，结果显示紫胶林-农田复合生态系统灌草层蜘蛛物种多度曲线用对数正态模型进行拟合，效果[$X^2=3.432<X^2_{(4,\ 0.05)}=8.488$；$R^2=0.812$]优于对数级数模型和分割线段模型，其拟合公式是：$S(R)=18\times\exp-[0.02(R-2)]^2$，体现出紫胶林-农田复合生态系统灌草层蜘蛛的环境条件较好，因而该节肢动物群落表现为物种较丰富且分布较均匀。

10.3.2.2　地表层物种多度分布

用 $\log_3$ 标尺对整个调查样地个体数进行并组，倍程 1、2、3、4 等分别对应个体数为 1、2～4、5～13、14～40 等的物种，根据并组后的数据进行物种多度分布曲线绘制，结果如图 10-4 所示。

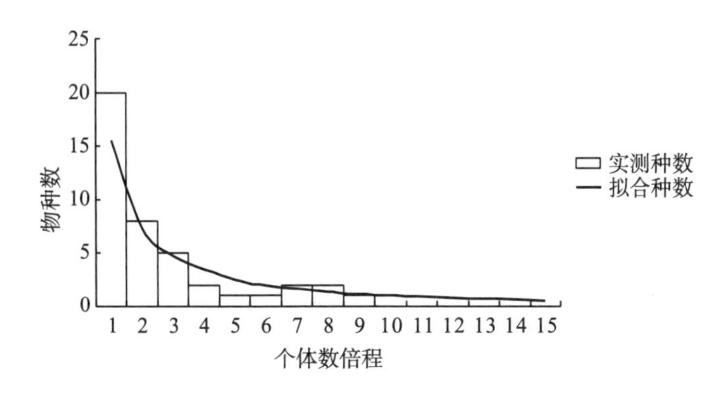

图 10-4　紫胶林-农田复合生态系统地表层蜘蛛物种多度曲线

根据倍程的大小及每一倍程内物种数的大小，可以看出紫胶林-农田复合生态系统地表层蜘蛛生物量并不很丰富，稀疏种在群落中占据一定优势，富集种较少。分别运用对数级数模型、对数正态模型和分割线段模型对紫胶林-农田复合生态系统地表层蜘蛛物种多度曲线进行拟合，结果显示紫胶林-农田复合生态系统地表层蜘蛛物种多度曲线用对数级数模型进行拟合，效果[X^2=3.580<$X^2_{(4,\ 0.05)}$=8.488；R^2 = 0.929]优于对数正态模型和分割线段模型，其拟合公式是：S=16.3573×ln(1+N/16.3573)，体现出紫胶林-农田复合生态系统地表层蜘蛛的环境条件恶劣，因而该节肢动物群落表现为物种较稍且分布较不均匀。

10.3.3 物种组成和优势种分析

10.3.3.1 灌草层物种组成和优势种分析

对各样地灌草层的蜘蛛个体数和优势度进行方差分析及多重比较，结果见表 10-1 和表 10-2。

表 10-1 紫胶林-农田复合生态系统不同样地中的灌草层蜘蛛个体数(Mean±SD)

种名	样地			
	I	II	III	IV
方格银鳞蛛(*Leucauge tessellata*)	1.67±0.58	1.67±1.15^{a}	0.67±1.15^{ab}	0.00±0.00^{b}
锥腹肖蛸(*Tetragnatha maxillosa*)	0.00±0.00^{a}	0.00±0.00^{a}	109.67±93.72^{b}	0.00±0.00^{a}
南丹肖蛸(*T. nandan*)	0.00±0.00^{a}	0.00±0.00^{a}	32.70±24.80^{b}	0.00±0.00^{a}
长螯肖蛸(*T. mandibullata*)	0.00±0.00^{a}	0.00±0.00^{a}	7.33±5.51^{b}	0.00±0.00^{a}
高居金蛛(*Argiope aetheroides*)	0.00±0.00^{a}	2.00±1.73^{b}	0.67±1.15^{ab}	0.00±0.00^{a}
棒络新妇(*Nephila clavata*)	18.00±0.00^{a}	3.33±3.06^{b}	0.00±0.00^{c}	0.00±0.00^{c}
园蛛(*Araneus* sp.)	0.33±0.58^{a}	1.67±0.58^{b}	0.00±0.00^{a}	0.00±0.00^{a}
拟环纹豹蛛(*Pardosa pseudoannulata*)	0.00±0.00^{a}	0.00±0.00^{a}	5.33±4.93^{b}	0.00±0.00^{a}
爪哇猫蛛(*Oxyopes javanus*)	4.00±5.29^{a}	22.67±20.84^{a}	19.67±19.14^{b}	20.33±23.29^{a}
拟斜纹猫蛛(*O. sertatoides*)	1.33±0.58^{a}	5.00±7.81^{a}	32.30±12.70^{b}	9.67±9.61^{a}
壮蟹蛛(*Stiphropus* sp.)	0.67±0.58^{a}	0.00±0.00^{b}	0.00±0.00^{b}	0.00±0.00^{b}
美丽顶蟹蛛(*Camaricus formosus*)	0.67±1.15^{a}	3.33±0.58^{b}	0.00±0.00^{a}	0.00±0.00^{a}
蝇犬(*Pellenes* sp.)	7.67±2.08^{a}	0.67±0.58^{b}	0.00±0.00^{b}	0.00±0.00^{b}
阿贝宽胸蝇虎(*Rhene albigera*)	0.00±0.00^{a}	1.00±1.00^{b}	0.00±0.00^{a}	0.00±0.00^{a}
宽胸蝇虎(*Rhene* sp.)	6.33±3.06^{a}	0.00±0.00^{b}	0.00±0.00^{b}	0.00±0.00^{b}
山形兜跳蛛(*Ptocasius montiformis*)	7.67±4.62^{a}	2.67±2.52^{b}	0.00±0.00^{b}	0.00±0.00^{b}
波氏缅蛛(*Burmattus pococki*)	2.00±1.00^{a}	1.00±1.73^{ab}	0.33±0.58^{ab}	0.00±0.00^{b}
纽蛛(*Telamonia* sp.)	3.33±1.15^{a}	0.00±0.00^{b}	0.00±0.00^{b}	0.00±0.00^{b}
角菱头蛛(*Bianor angulosus*)	0.00±0.00^{a}	0.00±0.00^{a}	1.67±1.53^{b}	0.00±0.00^{a}
菱头蛛(*Bianor* sp.)	7.67±5.03^{a}	1.00±1.00^{b}	0.33±0.58^{b}	0.67±0.58^{b}

注：数据为 Mean ± SE，同行不同小写字母表示在 P<0.05 水平上差异显著。

表 10-2　紫胶林-农田复合生态系统不同样地中的灌草层蜘蛛优势度(Mean±SD)

种名	样地			
	I	II	III	IV
方格银鳞蛛(*Leucauge tessellata*)	1.61±0.34^{a}	1.770.80^{a}	0.16±0.27^{b}	0.00±0.00^{b}
银鳞蛛(*Leucauge* sp.)	14.49±3.33^{a}	10.77±14.09^{ab}	0.00±0.00^{b}	0.34±0.59^{b}
锥腹肖蛸(*Tetragnatha maxillosa*)	0.00±0.00^{a}	0.00±0.00^{a}	32.38±16.56^{b}	0.00±0.00^{a}
南丹肖蛸(*T. Nandan*)	0.00±0.00^{a}	0.00±0.00^{a}	9.93±7.38^{b}	0.00±0.00^{a}
长螯肖蛸(*T. mandibullata*)	0.00±0.00^{a}	0.00±0.00^{a}	2.19±1.09^{b}	0.00±0.00^{a}
爪哇肖蛸(*T.javana*)	0.00±0.00^{a}	0.86±1.49^{a}	4.31±3.10^{b}	0.00±0.00^{a}
高居金蛛(*Argiope aetheroides*)	0.00±0.00^{a}	1.66±1.44^{b}	0.32±0.56^{ab}	0.00±0.00^{a}
棒络新妇(*Nephila clavata*)	18.14±3.33^{a}	4.32±4.10^{b}	0.00±0.00^{b}	0.00±0.00^{b}
园蛛(*Araneus* sp.)	0.31±0.53^{a}	2.18±1.69^{b}	0.00±0.00^{a}	0.00±0.00^{a}
拟环纹豹蛛(*Pardosa pseudoannulata*)	0.00±0.00^{a}	0.00±0.00^{a}	1.55±0.92^{b}	0.00±0.00^{a}
拉蒂松猫蛛(*Peucetia latikae*)	0.00±0.00^{a}	1.21±1.07^{ab}	1.03±1.07^{ab}	2.94±2.55^{b}
猫蛛(*Oxyopes* sp.)	1.85±3.21^{a}	9.08±5.17^{ab}	5.05±7.82^{a}	26.80±20.62^{b}
壮蟹蛛(*Stiphropus* sp.)	0.60±0.52^{a}	0.00±0.00^{b}	0.00±0.00^{b}	0.00±0.00^{b}
蝇犬(*Pellenes* sp.)	7.69±2.13^{a}	0.95±1.03^{b}	0.00±0.00^{b}	0.00±0.00^{b}
宽胸蝇虎(*Rhene* sp.)	6.40±3.16^{a}	0.00±0.00^{b}	0.00±0.00^{b}	0.00±0.00^{b}
山形兜跳蛛(*Ptocasius montiformis*)	7.51±4.02^{a}	3.48±3.15^{ab}	0.00±0.00^{b}	0.00±0.00^{b}
波氏缅蛛(*Burmattus pococki*)	2.13±1.41^{a}	0.80±1.39^{ab}	0.08±0.14^{b}	0.00±0.00^{b}
纽蛛(*Telamonia* sp.)	3.45±1.58^{a}	0.00±0.00^{b}	0.00±0.00^{b}	0.00±0.00^{b}
角菱头蛛(*Bianor angulosus*)	0.00±0.00^{a}	0.00±0.00^{a}	0.48±0.41^{b}	0.00±0.00^{a}
菱头蛛(*Bianor* sp.)	7.74±4.75^{a}	1.63±2.16^{b}	0.16±0.28^{b}	1.22±1.11^{b}

注：数据为 Mean ± SE，同行不同小写字母表示在 $P<0.05$ 水平上差异显著。

从表 10-1 可以看出，在所采集到草灌层的 72 种蜘蛛中，有 20 种蜘蛛在不同样地中的个体数分布有显著差异，52 种灌草层蜘蛛没有显著差异。其中，棒络新妇(*Nephila clavata*)、壮蟹蛛(*Stiphropus* sp.)、蝇犬(*Pellenes* sp.)、宽胸蝇虎(*Rhene* sp.)、山形兜跳蛛(*Ptocasius montiformis*)、纽蛛(*Telamonia* sp.)和菱头蛛(*Bianor* sp.)在天然紫胶林中的个体数显著高于其他样地；园蛛(*Araneus* sp.)、美丽顶蟹蛛(*Camaricus formosus*)和阿贝宽胸蝇虎(*Rhene albigera*)在人工紫胶林中的个体数显著高于其他样地，棒络新妇在人工紫胶林中的个体数显著高于稻田和旱地；锥腹肖蛸(*Tetragnatha maxillosa*)、南丹肖蛸(*T. nandan*)、长螯肖蛸(*T. mandibullata*)、拟环纹豹蛛(*Pardosa pseudoannulata*)和拟斜纹猫蛛(*Oxyopes sertatoides*)在稻田中的个体数显著高于其他样地，旱地中未存在显著高于或低于其他样地的蜘蛛个体数。

从表 10-2 可以看出，有 20 种蜘蛛在不同样地的优势度有显著差异。其中，棒络新妇、壮蟹蛛、蝇犬、宽胸蝇虎、纽蛛和菱头蛛在天然紫胶林中的优势度显著高于其他样地；园蛛在人工紫胶林中的优势度显著高于农田和旱地；锥腹肖蛸、南丹肖蛸、长螯肖蛸、拟环纹豹蛛和角菱头蛛(*Bianor angulosus*)在稻田中的优势度显著高于其他样地；旱地中未存在显著高于或低于其他样地的蜘蛛优势度。

综上可以看出，棒络新妇、壮蟹蛛、蝇犬、宽胸蝇虎、纽蛛和菱头蛛在天然紫胶林中的个体数和优势度都显著高于其他样地，显示出棒络新妇、壮蟹蛛、蝇犬、宽胸蝇虎、纽蛛和菱头蛛偏爱天然紫胶林，是天然紫胶林生境的代表物种；园蛛在人工紫胶林中的个体数和优势度显著高于其他样地，显示出园蛛偏爱人工紫胶林，是人工紫胶林的代表物种；锥腹肖蛸、南丹肖蛸、长螯肖蛸、拟环纹豹蛛在稻田中的个体数和优势度显著高于其他样地，显示出锥腹肖蛸、南丹肖蛸、长螯肖蛸、拟环纹豹蛛偏爱稻田，是稻田的代表物种；旱地中未存在显著高于或低于其他样地的蜘蛛种类和优势度。

从优势种组成来看，天然紫胶林以银鳞蛛(*Leucauge* sp.)和棒络新妇为优势种；人工紫胶林以银鳞蛛为优势种；稻田以锥腹肖蛸为优势种；旱地以猫蛛(*Oxyopes* sp.)为优势种。

10.3.3.2 地表层物种组成和优势种分析

对紫胶林-农田复合生态系统、天然紫胶林、人工紫胶林和旱地中地表蜘蛛的个体数和优势度进行方差分析和多重比较，结果见表 10-3 和表 10-4。

表 10-3 紫胶林-农田复合生态系统不同样地中的地表层蜘蛛个体数(Mean±SD)

种名	样地		
	I	II	IV
金蛛(*Argiope* sp.)	0.00±0.00[a]	0.70±0.58[b]	0.00±0.00[a]
豹蛛(*Pardosa* sp.)	0.00±0.00[a]	0.70±0.58[b]	0.00±0.00[a]
齿蛛(*Odontodrassus* sp.)	0.00±0.00[a]	0.00±0.00[a]	0.70±0.58[b]
山形兜跳蛛(x*Ptocasius montiformis*)	0.00±0.00[a]	0.70±0.58[b]	0.00±0.00[a]
波氏缅蛛(*Burmattus pococki*)	0.00±0.00[a]	1.70±0.58[b]	0.00±0.00[a]
黄带猎蛛(*Evarcha flavocincta*)	0.00±0.00[a]	0.00±0.00[a]	0.70±0.58[b]

注：数据为 Mean ± SE，同行不同小写字母表示在 $P<0.05$ 水平上差异显著。

表 10-4 紫胶林-农田复合生态系统不同样地中的地表层蜘蛛优势度(Mean±SD)

种名	样地		
	I	II	IV
波氏缅蛛(*Burmattus pococki*)	0.00±0.00[a]	3.59±2.31[b]	0.00±0.00[a]
圆腹蛛(*Dipoena* sp.)	0.00±0.00[a]	2.00±0.86[b]	0.00±0.00[a]

注：数据为 Mean ± SE，同行不同小写字母表示在 $P<0.05$ 水平上差异显著。

从表 10-3 可以看出，在所采集到地表层的 49 种蜘蛛中，有 6 种蜘蛛在不同样地中的个体数分布有显著差异，43 种地表层蜘蛛没有显著差异。其中，在天然紫胶林中，未存在显著高于或低于其他样地的蜘蛛个体数；金蛛(*Argiope* sp.)、豹蛛(*Pardosa* sp.)、山形兜跳蛛和波氏缅蛛(*Burmattus pococki*)在人工紫胶林中的个体数显著高于其他样地；齿蛛(*Odontodrassus* sp.)和黄带猎蛛(*Evarcha flavocincta*)在旱地中的个体数显著高于其他样地。

从表 10-4 可以看出，有 2 种蜘蛛在不同样地的优势度有显著差异，以波氏缅蛛和圆腹蛛在人工紫胶林中的优势度显著高于天然紫胶林和旱地。

综上可以看出，波氏缅蛛在人工紫胶林中的个体数和优势度显著高于其他样地，显示出波氏缅蛛偏爱人工紫胶林，是人工紫胶林的代表物种。从优势种组成来看，3 个样地均未在优势种上有显著差异。

10.3.4 物种多样性

10.3.4.1 灌草层物种多样性

对紫胶林-农田复合生态系统、天然紫胶林、人工紫胶林和旱地中的蚂蚁昆虫物种多样性进行分析，结果见表 10-5。

表 10-5　紫胶林-农田复合生态系统不同样地中的灌草层蜘蛛多样性(Mean±SD)

样地	个体数	物种丰富度	Chao 1 指数	Fisher α 指数	Shannon-Wiener 指数	Simpson 指数
I	101.33±17.01[a]	25.00±4.58[a]	35.04±8.54[a]	10.82±2.79[a]	2.72±0.19[a]	12.18±2.08[a]
II	96.67±41.53[a]	22.33±7.02[a]	31.33±10.26[a]	11.11±6.19[a]	2.54±0.53[a]	12.17±7.78[a]
III	302.33±109.87[b]	21.66±4.16[a]	26.12±5.60[ab]	5.55±1.75[ab]	2.03±0.21[b]	5.11±1.69[ab]
IV	70.33±26.16[a]	10.67±2.08[b]	16.33±3.79[b]	3.72±1.21[b]	1.63±0.25[b]	3.69±0.53[b]

注：数据为 Mean ± SE，同行不同小写字母表示在 $P<0.05$ 水平上差异显著。

从表 10-5 可以看出，天然紫胶林灌草层蜘蛛个体数较丰富，物种丰富度和多样性最高，显示出天然紫胶林灌草层蜘蛛群落具有最高的多样性；人工紫胶林灌草层蜘蛛个体数较少，物种丰富度和多样性居第 2，显示出人工紫胶林灌草层蜘蛛群落具有较高的多样性；稻田蜘蛛个体数最丰富，物种丰富度、Fisher α 指数值和 Shannon-Wiener 指数值居第 3，显示出稻田蜘蛛群落多样性稍高于旱地而低于天然紫胶林和人工紫胶林；旱地灌草层蜘蛛的各个指标均为最低，显示出旱地灌草层蜘蛛群落最低。方差分析及多重比较结果显示，各样地之间灌草层蜘蛛在昆虫数量上，稻田蜘蛛个体数显著多于其他样地；在物种丰富度上，旱地灌草层蜘蛛种类显著少于其他样地；在多样性上，Fisher α 指数、Shannon-Wiener 指数和 Simpson 指数共同反映出旱地灌草层蜘蛛的多样性显著少于天然紫胶林和人工紫胶林。可见，紫胶林-农田复合生态系统不同样地灌草层蜘蛛物种丰富度和多样性指数表现为：天然紫胶林>人工紫胶林>稻田>旱地。

10.3.4.2 地表层物种多样性

对紫胶林-农田复合生态系统、天然紫胶林、人工紫胶林和旱地中的地表层蜘蛛物种多样性进行分析，结果见表 10-6。

表 10-6 紫胶林-农田复合生态系统不同样地中的地表层蜘蛛多样性(Mean±SD)

样地	个体数	物种丰富度	Chao 1 指数	Fisher α 指数	Shannon-Wiener 指数	Simpson 指数
I	22.00±3.61[a]	12.00±2.65[a]	24.50±15.60[a]	10.88±3.40[a]	2.24±0.20[a]	11.30±2.40[a]
II	56.33±23.03[b]	18.00±1.00[b]	28.92±7.84[a]	11.14±5.77[a]	2.50±0.28[a]	14.36±10.77[a]
IV	29.00±7.00[ab]	11.67±3.05[a]	20.25±7.95[a]	8.43±5.50[a]	2.12±0.22[a]	7.85±0.83[a]

注：数据为 Mean ± SE，同行不同小写字母表示在 $P<0.05$ 水平上差异显著。

从表 10-6 可以看出，天然紫胶林的地表蜘蛛个体数最少，其余各指标居第 2，显示出天然紫胶林地表蜘蛛群落具有较高的多样性；人工紫胶林地表蜘蛛在各个指标上最高，显示出人工紫胶林地表蜘蛛群落具有最高的多样性；旱地地表蜘蛛个体数居第 2，其余各指标均最低，显示出旱地地表蜘蛛多样性最低。方差分析及多重比较结果显示，样地之间在各指标上均无显著差异。紫胶林-农田复合生态系统不同样地地表蜘蛛物种丰富度和多样性的排序为：人工紫胶林>天然紫胶林>旱地。

10.4 结论与讨论

10.4.1 灌草层蜘蛛

本研究共采集灌草层蜘蛛 1678 头，隶属 9 科 72 种。从物种累积曲线对整个调查的物种丰富度进行预测的结果表明：本研究的抽样充分，实际采集到的灌草层蜘蛛物种超过了物种丰富度估计值的 70%。物种多度分布的结果显示灌草层蜘蛛物种多度符合对数正态模型，体现出该系统对灌草层蜘蛛的生存和繁衍条件有利。从物种组成和优势种可以看出，在天然紫胶林、人工紫胶林和农田中主要以结网型的蜘蛛为主要类群和优势种，而旱地则以游猎型的蜘蛛为主要类群和优势种。物种多样性指数排序为天然紫胶林>人工紫胶林>水稻田>旱地。从以上结果可以发现，在土地利用变化的背景下，互利关系在其中发挥着重要的作用，互利关系对蜘蛛群落存在一定的抑制作用。天然次生林虽然也进行了紫胶生产，但是由于紫胶虫寄主植物数量少，零星分布在天然次生林中，因此，土地利用强度较低，紫胶虫虽然与蚂蚁也能建立互利关系，但是这种互利关系的强度也比不上人工紫胶林。因此，天然紫胶林具有最高的灌草层蜘蛛群落多样性，而人工紫胶林，林下种植粮食作物或杂草被清理时都带来一定程度的人工干扰，另外，由于互利关系的强度高于天然紫胶林，互利关系的作用效果也体现出来，许多在树冠层活动的蜘蛛被蚂蚁驱赶。导致人工紫胶林具有较高的灌草层蜘蛛群落多样性，但还不能像天然紫胶林那样在维持蜘蛛群落稳定性上发挥积极的作用。稻田和旱地的灌草层蜘蛛群落多样性低，其主要原因为稻田和旱地的受人为干扰的强度显然高于林地，不利于蜘蛛群落的生存、繁衍。

10.4.2 地表层蜘蛛

本研究共采集地表层蜘蛛 319 头，隶属 8 科 49 种。从物种累积曲线对整个调查的物种丰富度进行预测的结果表明：本研究的抽样不充分，实际采集到的地表层蜘蛛物种超过了物种丰富度估计值的 50%。物种多度分布的结果显示地表层蜘蛛物种多度符合对数级数模型，体现出该系统对地表层蜘蛛的生存和繁衍条件有利。物种丰富度和多样性的排序：人工紫胶林>天然紫胶林>旱地。与灌草层不同的是，地表层蜘蛛群落在样地间的差异体现的是互利关系对多样性的积极作用。相对于灌草层蜘蛛群落，地表蜘蛛群落能更好地显示互利关系对蜘蛛群落的积极作用。天然紫胶林具有较好的栖境条件，人工干扰也较少，而人工紫胶林干扰较大，但是其物种多样性比人工紫胶林要低，说明互利关系的积极作用十分明显。原因就是人工紫胶林中紫胶虫种群数量较大，互利关系的强度和广度较天然紫胶林大。互利关系有利于提高节肢动物多样性在前面章节中已经论述，而许多节肢动物是蜘蛛的猎物，猎物的增加有利于招引其天敌。紫胶虫由于分泌蜜露而与蚂蚁建立互利关系，部分蜜露资源不能被蚂蚁利用，而是喷洒到寄主植物和地表。除了互利关系对节肢动物的积极作用外，这些蜜露资源也能直接吸引一些节肢动物前来，增加蜘蛛的猎物种类和数量。地表层蜘蛛群落以游猎型的蜘蛛为主要类群，由于上述作用而增加其多样性就容易理解。

综上可以看出，紫胶林-农田复合生态系统是包括耕地和林地的一种农林复合种植模式，而耕地又分为稻田和旱地两种利用方式，林地包括天然林和人工林两种利用方式，具有系统内土地利用方式多样化的特点，为保障该系统的健康，实现最大的经济效益，需要从混农林生态系统的层面上而非农田或林地生境认识互利关系对节肢动物的影响；该系统不同土地利用生境具有不同的节肢动物群落物种组成和群落多样性，这些不同的节肢动物物种组成和群落多样性对该系统的生物多样性保护无疑具有积极重要的作用。从灌草层蜘蛛群落研究的结果可以看出，互利关系的一方蚂蚁是捕食者，与蜘蛛在生态位上有一定的重叠，对于重叠的部分如草冠层活动的蜘蛛存在竞争关系，因此，互利关系对该蜘蛛群落有一定的抑制作用。也导致一些物种对特定栖境的偏好，揭示了优势物种所具有的生态学意义：结网型的蜘蛛可以用于指示林地和农田；而游猎型的蜘蛛用于指示旱地生境，它在栖息环境中发生的数量变化可以揭示生境性质或质量的变化。从对地表层蜘蛛群落研究的结果可以看出，只要不是直接的竞争关系，互利关系对节肢动物多样性具有积极的意义。同样这个结果也显示出一些物种对特定栖境的偏好，揭示了优势物种所具有的生态学意义：游猎型的蜘蛛用于指示旱地生境，它在栖息环境中发生的数量变化可以揭示生境性质或质量的变化。

第 11 章　互利关系对蚂蚁群落物种共存的影响

11.1　引　　言

介壳虫和许多蚂蚁物种之间存在互利关系，在这种关系中，介壳虫和蚂蚁双方都受益。半翅目昆虫排泄的蜜露由许多富含营养的成分组成，主要包括糖分、氨基酸、氨基化合物、蛋白质等（Auclair，1963）。虽然蜜露作为食物资源的重要性随蚂蚁种类的变化而变化（Hölldobler and Wilson，1990），蜜露资源肯定是许多蚂蚁种类餐谱中的主要食物组成（Carroll and Janzen，1973；Buckley，1987a，1987b；Rico-Gray，1993；Tobin，1995）。然而，半翅目昆虫及照顾它们的蚂蚁，并不一定需要彼此的存在才能生存和发展。虽然有许多证据证明蚂蚁的照顾能显著增加半翅目昆虫的存活率（Bristow，1984），但是没有蚂蚁存在的情况下，半翅目昆虫也能很好地存活发展（Hill and Blackmore，1980）。此外，大多数的蚂蚁-半翅目昆虫的相互关系一般被看作兼性的互利关系（Hill and Blackmore，1980；Buckley，1987a，1987b）。蚂蚁群落一直以来是许多研究关注的焦点，原因是基于该类群相当丰富的多度、在生态系统中重要的生态功能（Hölldobler and Wilson，1990；Stork，1991）及重要的经济价值（Way and Khoo，1992）。

种间竞争对蚂蚁群落组成有重要影响（Savolainen and Vepsäläinen，1988；Blüthgen and Fiedler，2004；Lach，2005）。这种由于食物、空间等资源有限而引起的竞争，其结果可能是一方取得了生存和发展的机会，而另一方则被淘汰；但更多的是物种在同一地方共存。在蚂蚁群落的镶嵌结构中，许多蚂蚁种类能与占主导地位的蚂蚁共存（Room，1971，1975；Majer，1976；Taylor and Adedoyin，1978）。这种共存的模式从行为上讲是由不同种类蚂蚁间不同的耐受水平控制的（Majer，1976；Hölldobler and Wilson，1990；Davidson，1998）。然而，目前关于这种耐受水平是否反映了在降低资源水平，而且不同物种之间存在资源利用交叉及种间竞争的实际仍然不清楚。在蚂蚁群落镶嵌结构中，建立和维持不同物种的领地涉及一定代价的策略，包括战斗中工蚁的减员、守卫蚁及大规模的招募系统等（Hölldobler and Lumsden，1980；Hölldobler and Wilson，1990）。因此，稳定的且值得防御的可获得资源就变得尤为关键（Jackson，1984b）。最近的研究显示，对于树栖蚂蚁群落而言，蜜露资源就代表这种类型的关键资源（Tobin，1995；Davidson，1997；Blüthgen et al.，2000，2003；Davidson et al.，2003）。然而，包含大量地表蚂蚁物种到树上觅食的树冠层蚂蚁群落如何受持续时间长，且数量十分巨大的蜜露资源的影响知道的十分有限。

栖境在不同质量和资源水平上的镶嵌，是促使蚂蚁共存的另一个主要原因（Hanski，1995；Palmer，2003）。栖境异质性不仅能提高生物多样性（Tilman and Kareiva，1997；Tokeshi，1999），也是蚂蚁群落生态学研究的一个重要方面（Sarty et al.，2006）。不同栖境条件下共存的蚂蚁，其发现及掌握食物资源的能力不同(Fellers，1987)，身体大小-环境粗糙度假说(the size-grain hypothesis，SGH)认为随着陆栖有机体身体的减小，其更适宜在粗糙的栖境中生存(Kaspari and Weiser，1999)；Sarty 等(2006)及 Farji-Brener 等(2004)验证了身体大小不同的蚂蚁共存于不同的栖境内，并预言后足长的蚂蚁，依靠其爬行速度优势，更易发现平坦栖境中的食物资源；而随着蚂蚁身体的减小，其穿过缝隙的能力增强，更容易发现粗糙栖境中的食物资源。而对于蚂蚁发现简单栖境和复杂栖境中食物资源的能力与身体大小的相关性及其如何共存未见报道。

紫胶虫(*Kerria* spp.)是一类具有重要经济价值的资源昆虫(陈晓鸣等，2008)，在分泌紫胶的同时，其排泄的蜜露吸引许多节肢动物光顾，其中蚂蚁是重要的类群。国内外对紫胶虫生境的蚂蚁研究甚少，陈又清和王绍云(2006a)报道了紫胶蚧(*Kerria lacca*)与蚂蚁之间的互利关系。蚂蚁照顾蚜虫能减少蚜虫捕食性和寄生性天敌，同时，减少霉病的发生(Dutcher et al.，1999；Bishop and Bristow，2001；Renault et al.，2005)。紫胶园中有多种蚂蚁取食紫胶虫分泌的蜜露，蚂蚁在取食蜜露的同时，能减少紫胶虫捕食性天敌的数量，间接保护紫胶虫(王思铭等，2010a)。蚂蚁在光顾紫胶虫的过程中，不同种类蚂蚁之间，以及蚂蚁与其他取食蜜露、或捕食、或寄生紫胶虫的节肢动物之间发生复杂的关系。本研究以在亚热带山地，特别是云南省山区的云南紫胶虫及与其建立兼性互利关系的蚂蚁群落为研究对象，调查紫胶园中异质栖境条件下共存的蚂蚁群落组成，比较不同种类蚂蚁发现及掌握食物资源的能力，测定蚂蚁身体大小，探讨蚂蚁身体大小与其在不同栖境类型中发现食物能力的相关性，探讨在互利关系下蜜露资源对蚂蚁群落与物种共存或物种替换的影响，以及蚂蚁利用蜜露资源的模式对蚂蚁群落结构和分布的影响，以及紫胶园中蚂蚁共存的机制。为研究蚂蚁与紫胶虫的关系打下基础，并为保护紫胶园中的节肢动物多样性(李巧等，2009a，2009b)及充分利用不同种类蚂蚁与紫胶虫之间的关系提高紫胶产量提供科学依据。

11.2　研究地区与研究方法

11.2.1　试验地概况

试验选在云南省墨江县雅邑乡紫胶园中进行。样地位于 23°14′N，101°43′E，海拔 1000～1056 m，面积为 2500 m^2。该地区年干湿季节分明，属南亚热带半湿润山地季风气候，年平均气温 17.8℃，年平均降水量 1315.4 mm，年平均日照时数 2161.2 h。

试验地放养云南紫胶虫(*Kerria yunnanensis* Ou et Hong)，其主要寄主植物为钝叶黄檀(*Dalbergia obtusifolia* Prain)，其间散生少量苏门答腊金合欢(*Acacia montana* Benth)、思茅黄檀(*Dalbergia szemaoensis* Prain)等。林地内有大量蚂蚁栖息，这些蚂蚁活动于地表、树干、枝条、叶片及树洞里，其主要种类为飘细长蚁[*Tetraponera allaborans*(Walker)]、粗纹举腹蚁(*Crematogaster macaoensis* Wheeler)、立毛举腹蚁(*Crematogaster ferrarii* Emery)、黑可可臭蚁[*Dolichoderus thoracicus*(Smith)]、邻居多刺蚁(*Polyrhachis proxima* Roger)和巴瑞弓背蚁(*Camponotus parius* Emery)等。选择树龄为 5 年生，树高 2.5～2.8 m，

胸径 5～7 cm，2008 年 10 月将云南紫胶虫人工放养于钝叶黄檀上，于 2009 年 4～5 月(冬代紫胶虫成虫末期)对蚂蚁群落进行调查。

同时，选取面积为 10 hm^2 的次生林作为试验样地，于 2009 年 10 月人工放养云南紫胶虫(*Kerria yunnanensis* Ou et Hong)，该虫 1 年 2 个世代，冬代从 10 月至翌年 5 月，其中 10 月初至翌年 2 月上旬为幼虫期，2 月至 5 月初为成虫期，幼虫和雌成虫均能分泌蜜露，以成虫期分泌量最大(陈晓鸣等，2008)。云南紫胶虫寄主植物为钝叶黄檀(*Dalbergia obtusifolia* Prain)，样地内乔木盖度 70%左右，能透射太阳光，灌草层盖度 30%左右。

在林地内选取 4 块样地(Ⅰ、Ⅱ、Ⅲ和Ⅳ)，每块样地面积为 100 m×100 m，样地间距 50 m 以上。所选择的 4 个样地坡度、坡向、海拔、地表植被类型、土壤条件、寄主植物种类及密度等基本一致，试验地长期放养紫胶虫从事紫胶生产活动。在样地Ⅰ、样地Ⅱ和样地Ⅲ内放养云南紫胶虫，各样地内紫胶虫种群数量水平以紫胶虫在其寄主植物枝条上的寄生率表示，分别为有紫胶虫寄生的有效枝条(适宜云南紫胶虫生长发育的枝条)占寄主植物总有效枝条的 60%、30%和 10%。放养紫胶虫后，统计紫胶虫在枝条上的固定情况，抹去过多紫胶虫，不足的则补充放养。由于所选的寄主植物的树龄、高度、胸径、冠幅、有效枝条数量及长度等性状基本一致，3 个样地所处的自然条件基本一致，各样地紫胶虫自然死亡率基本一致，因此，在试验期内紫胶虫种群数量比整体维持在 6∶3∶1。样地Ⅳ不放养紫胶虫。

11.2.2 蚂蚁群落调查

以植株为单位调查有云南紫胶虫寄生的钝叶黄檀上的蚂蚁群落组成。每个样点“Z”字形选择 18 株钝叶黄檀，共选择 90 株。于 9:00～11:00(蚂蚁在钝叶黄檀上的活动高峰期)，采用目光搜寻法(Del-Claro and Oliveira，1996)，记录 2 min 内在每株钝叶黄檀上观察到的蚂蚁种类及数量，不考虑树冠顶层及树洞等部位未观察到的蚂蚁(Blüthgen et al.，2004)，不能识别的蚂蚁种类，采样、带回实验室依据文献(吴坚和王常禄，1995；徐正会，2002)进行鉴定。

由于不同种类蚂蚁蚁巢大小、类型不同，仅用个体数方法进行树上蚂蚁类群的排序并确定优势种群是不合理的。本文参照土壤节肢动物群落结构研究方法(廖崇惠，2002)，采用寄主植物上每种蚂蚁的平均数量、频度，以及寄主植物上每种蚂蚁数量的变异系数的序号之和(平均数量和频度由大到小排序，变异系数由小到大排序)进行蚂蚁群落的排序，以表达各种蚂蚁在寄主植物上的重要性。并计算主要蚂蚁类群的相对多度和相对频度，其中相对多度为样方中某种蚂蚁的数量占样方中蚂蚁总量的百分比，相对频度为样方中某种蚂蚁出现次数占样方中蚂蚁总出现次数的百分比(Andersen，1991)。

11.2.3 蚂蚁发现食物资源的能力比较

试验设置两种栖境类型，即简单栖境和复杂栖境。在样地内随机标定 10 m×10 m 的样方 8 块，样方间距为 10 m。其中，4 块用于蚂蚁发现简单栖境中食物资源能力的试验，

4 块用于蚂蚁发现复杂栖境中食物资源能力的试验。每个样方以树为单位，“Z”字形选择 10 株钝叶黄檀(若树上有蚁巢，则不选；若树上有少量蚂蚁，清除后作为样本)，共选择 80 株。以面包屑作为诱饵。

在蚂蚁发现简单栖境中食物资源能力的试验中，将诱饵用双面胶轻贴于通直树干 1.5 m 处，每个样方 10 个样本，共 40 个。在蚂蚁发现复杂栖境中食物资源能力的试验中，将诱饵放入塑料诱杯底部中心位置(塑料杯杯口直径为 8 cm，容积为 400 ml)，用铁丝将诱杯挂放在树干 1.5 m 处，诱杯壁不直接接触树干，蚂蚁需通过铁丝才能到达诱杯，寻找到食物。每个样方挂放 10 个诱杯，共挂放 40 个。

试验开始后，每 15 min 记录一次每个样株上发现食物资源的蚂蚁种类及数量，连续观察 3 h(Sarty and Abbott，2006)。

11.2.4　蚂蚁掌握食物资源的能力比较

在蚂蚁发现食物资源能力的试验结束 5 h 后(食物资源被某一种或几种蚂蚁掌握)，统计掌握食物资源的蚂蚁种类和数量，将蚂蚁数量大于等于 10 头的种类确定为蚂蚁掌握了食物资源(Sarty and Abbott，2006)。

11.2.5　蚂蚁的形态测量

参考前人对身体大小-环境粗糙度假说(SGH)的验证方法(Farji-Brener et al.，2004；Sarty and Abbott，2006)，本次试验选择头宽和后足长作为蚂蚁形态指标，探讨蚂蚁形态特征与发现食物能力的关系。为了保证蚂蚁形态的完整性，在几种主要蚂蚁经常活动的地方，放置诱杯(装入乙二醇)，对其进行诱集。诱集到的蚂蚁(每种蚂蚁不少于 100 头)装入 75%乙醇溶液中保存，带回实验室，选择完整的标本，使用体视显微镜 XTL-2400 测量其头宽和后足长，每种蚂蚁测量 50 头。头宽与后足长的乘积作为蚂蚁身体大小指数(body size index，BSI) (Sarty and Abbott，2006)。

11.2.6　蚂蚁发现食物资源的能力与身体大小的相关性

分别将 6 种蚂蚁在简单栖境和复杂栖境下发现食物资源的实际次数转化为具有相同频度时所能发现食物资源的次数，即发现食物的相对次数(发现食物的相对次数=发现食物的实际次数/相对频度)，对 6 种蚂蚁发现食物的相对次数与其头宽、后足长、BSI 作相关性分析。

11.2.7　数据分析

本次试验数据使用 SPSS 16.0 进行分析。以样方为重复，对不同栖境下、不同种类蚂蚁发现和掌握食物资源的次数作二因素方差分析；蚂蚁形态测量的结果，采用 lg 对数据进行标准化处理后，作线性相关性分析及曲线回归；探讨蚂蚁共存机制时，则采用Spearman相关系数，对6种蚂蚁的相对发现食物的次数与其头宽、后足长、BSI作相关性分析。

11.3 结果与分析

11.3.1 蚂蚁群落组成及排序

有云南紫胶虫寄生的钝叶黄檀上的蚂蚁群落由 11 个种组成，隶属 4 亚科 8 属(表11-1)。按照蚂蚁群落的排序，钝叶黄檀上蚂蚁群落主要由飘细长蚁、粗纹举腹蚁、立毛举腹蚁、巴瑞弓背蚁、黑可可臭蚁和邻居多刺蚁组成。

6 种主要蚂蚁相对多度及相对频度见表 11-2。由表 11-2 可知，粗纹举腹蚁虽然在数量上占有绝对的优势，但从相对频度上看，并未占据所有的资源，从而给了其他种类蚂蚁获得资源的机会。

表 11-1 钝叶黄檀上蚂蚁群落组成及排序

亚科	属	蚂蚁种类	均值	变异系数/%	出现次数	排序号
伪切叶蚁亚科(Pseudomyrmecinae)	细长蚁属(*Tetraponera*)	飘细长蚁(*T.allaborans*)	1.50±0.13	42.67	26	1
切叶蚁亚科(Myrmicinae)	沟切叶蚁属(*Cataulacus*)	粒沟切叶蚁(*C.granulatus*)	1.25±0.25	40.00	4	7
	举腹蚁属(*Crematogaster*)	粗纹举腹蚁(*C. macaoensis*)	62.61±8.56	106.84	61	2
		立毛举腹蚁(*C. ferrarii*)	3.89±0.59	45.24	9	3
	小家蚁属(*Monomorium*)	中华小家蚁(*M. chinensis*)	5.40±3.20	132.59	5	9
臭蚁亚科(Dolichoderinae)	臭蚁属(*Dolichoderus*)	黑可可臭蚁(*D.thoracicus*)	17.14±5.77	89.09	7	5
蚁亚科(Formicinae)	光结蚁属(*Anoplolepis*)	长足光结蚁(*A. gracilipes*)	1.50±0.50	47.33	2	10
	多刺蚁属(*Polyrhachis*)	光胫多刺蚁(*P. tibialis*)	1.21±0.15	47.11	14	7
		邻居多刺蚁(*P. proxima*)	1.20±0.20	37.50	5	6
	弓背蚁属(*Camponotus*)	毛钳弓背蚁(*C. lasiselene*)	1.50±0.50	47.33	2	10
		巴瑞弓背蚁(*C. parius*)	1.39±0.12	41.73	23	3

注：以上值为以树为重复计算的结果，排序号由均值、出现次数、变异系数的序号(平均数量和频度由大到小排序，变异系数由小到大排序)之和确定。

表 11-2　样方中 6 种主要蚂蚁的相对多度及相对频度(Mean±SE)

蚂蚁种类	相对多度/%	相对频度/%
飘细长蚁(*T. allaborans*)	2.98±1.67	15.63±7.24
粗纹举腹蚁(*C. macaoensis*)	66.11±26.53	43.52±18.20
立毛举腹蚁(*C. ferrarii*)	4.82±4.01	7.76±4.48
黑可可臭蚁(*D. thoracicus*)	19.61±19.61	4.76±4.76
邻居多刺蚁(*P. proxima*)	0.57±0.45	3.44±1.37
巴瑞弓背蚁(*C. parius*)	3.38±2.32	13.70±5.70
其他(Others)	1.58±0.62	4.48±0.97

注：以样方为重复进行计算。

11.3.2　蚂蚁发现食物资源的能力

6 种主要蚂蚁对食物资源发现的次数见表 11-3。从表 11-3 可看出，在简单栖境中，发现食物资源的实际次数最多的是粗纹举腹蚁，黑可可臭蚁发现食物资源的实际次数最少；发现食物资源的相对次数最多的是邻居多刺蚁，飘细长蚁发现食物资源的相对次数最少。在复杂栖境中，发现食物资源的实际次数最多的是粗纹举腹蚁，邻居多刺蚁发现食物资源的实际次数最少；发现食物资源的相对次数最多的是立毛举腹蚁，巴瑞弓背蚁发现食物资源的相对次数最少。没有数量优势时，在简单栖境和复杂栖境中，许多种类的蚂蚁比粗纹举腹蚁具有更强的发现食物资源的能力。

表 11-3　不同栖境下蚂蚁发现食物资源的次数(Mean±SE)

蚂蚁种类	简单栖境(实际/相对)	复杂栖境(实际/相对)
飘细长蚁(*T. allaborans*)	0.75±0.25/4.80±1.60	5.75±1.11/36.79±7.09
粗纹举腹蚁(*C. macaoensis*)	3.00±0.58/6.89±1.33	7.75±3.07/17.81±7.04
立毛举腹蚁(*C. ferrarii*)	0.50±0.29/6.44±3.72	3.00±1.08/38.66±13.92
黑可可臭蚁(*D. thoracicus*)	0.25±0.25/5.25±5.25	1.50±0.65/31.51±13.56
邻居多刺蚁(*P. proxima*)	0.50±0.29/14.53±8.39	0.25±0.25/7.27±7.27
巴瑞弓背蚁(*C. parius*)	1.25±0.25/9.12±1.82	0.50±0.29/3.65±2.11

注：发现食物资源的相对次数=发现食物资源的实际次数/相对频度。

蚂蚁发现食物资源的实际次数和相对次数的二因素方差分析结果显示，不同的栖境类型对蚂蚁发现食物资源的实际次数有极显著影响($F_{1,36}$=11.98，P<0.01，n=48)，对蚂蚁发现食物资源的相对次数也有极显著影响($F_{1,36}$=12.01，P<0.01，n=48)；不同的蚂蚁种类发现食物资源的实际次数有极显著差异($F_{5,36}$=6.68，P<0.01，n=48)，发现食物资源的相对次数没有显著差异($F_{5,36}$=1.46，P>0.05，n=48)；栖境类型和蚂蚁种类两个因素的联合作用对蚂蚁发现食物资源的实际次数有显著影响($F_{5,36}$=2.76，P<0.05，n=48)，对蚂蚁发现食物资源的相对次数也存在有显著影响($F_{5,36}$=3.01，P<0.05，n=48)。不同种类蚂蚁在不同的栖境下，发现食物资源的能力存在差异。

11.3.3 蚂蚁掌握食物资源的能力

6 种主要蚂蚁对食物资源的掌握次数见表 11-4。从表 11-4 可看出，在简单栖境中，蚂蚁对食物资源的实际掌握次数最多的是粗纹举腹蚁，黑可可臭蚁对食物资源的实际掌握次数最少；在复杂栖境中，蚂蚁对食物资源的实际掌握次数最多的也是粗纹举腹蚁，邻居多刺蚁对食物资源的实际掌握次数最少。另外，在简单栖境中，粗纹举腹蚁与飘细长蚁共同分享食物 1 次，其他均为一种蚂蚁单独掌握；在复杂栖境中，飘细长蚁与粗纹举腹蚁共同分享食物 4 次，巴瑞弓背蚁分别与飘细长蚁和粗纹举腹蚁各分享食物 1 次。

表 11-4 不同栖境下蚂蚁掌握食物资源的次数(Mean±SE)

蚂蚁种类	简单栖境(实际)	复杂栖境(实际)
飘细长蚁(*T. allaborans*)	0.75±0.25	3.00±0.41
粗纹举腹蚁(*C. macaoensis*)	3.00±0.58	7.00±2.52
立毛举腹蚁(*C. ferrarii*)	0.50±0.29	2.50±1.19
黑可可臭蚁(*D. thoracicus*)	0.00±0.00	1.25±0.75
邻居多刺蚁(*P. proxima*)	0.50±0.29	0.00±0.00
巴瑞弓背蚁(*C. parius*)	0.75±0.25	0.50±0.29

蚂蚁实际掌握食物资源的次数二因素方差分析结果显示，不同的栖境类型对蚂蚁实际掌握食物资源的次数有极显著影响($F_{1,36}$=8.33，P<0.01，n=48)；不同的蚂蚁种类实际掌握食物资源的次数有极显著差异($F_{5,36}$=8.03，P<0.01，n=48)；栖境类型和蚂蚁种类两个因素的联合作用对蚂蚁实际掌握食物资源的次数没有显著影响($F_{5,36}$=1.85，P>0.05，n=48)。粗纹举腹蚁具有较强的垄断食物资源的能力。

11.3.4 蚂蚁的形态测量

6 种蚂蚁形态测量结果见表 11-5。按照身体大小指数，蚂蚁从大到小的顺序为：邻居多刺蚁>巴瑞弓背蚁>粗纹举腹蚁>黑可可臭蚁>飘细长蚁>立毛举腹蚁。

表 11-5 蚂蚁形态测量结果

蚂蚁种类	头宽/mm		后足长/mm		身体大小指数 BIZ
	范围	平均值	范围	平均值	
飘细长蚁 *T. allaborans*	0.95～1.20	1.08±0.01	3.85～4.15	3.97±0.01	4.27±0.04
粗纹举腹蚁 *C.macaoensis*	0.95～1.75	1.30±0.03	2.67～5.05	4.21±0.07	5.52±0.19
立毛举腹蚁 *C. ferrarii*	0.75～1.25	1.00±0.02	2.75～4.20	3.55±0.06	3.55±0.11

续表

蚂蚁种类	头宽/mm		后足长/mm		身体大小指数 BIZ
	范围	平均值	范围	平均值	
黑可可臭蚁 *D. thoracicus*	0.95～1.25	1.09±0.01	3.95～4.90	4.40±0.03	4.79±0.06
邻居多刺蚁 *P. proxima*	2.10～2.85	2.59±0.03	14.00～18.55	17.12±0.24	44.50±0.99
巴瑞弓背蚁 *C. parius*	1.35～2.90	1.64±0.04	10.00～11.90	10.67±0.06	17.57±0.51

6 种蚂蚁头宽和后足长相关分析结果显示，两者之间存在极显著相关性(r=0.95，P<0.01，n=300)；回归分析结果显示，头宽与后足长成异速生长关系，其回归方程为$Y=0.56+1.02X+5.97X_2-10.85X_3$($R^2$=0.89，$P$<0.01，$n$=300，$X$ 代表头宽，Y 代表后足长)。不同种类蚂蚁之间形态特征存在差异。

11.3.5　蚂蚁发现食物资源的能力与身体大小的相关性

在简单栖境中，6 种蚂蚁发现食物资源的相对次数从大到小依次为：邻居多刺蚁>巴瑞弓背蚁>粗纹举腹蚁>立毛举腹蚁>黑可可臭蚁>飘细长蚁；在复杂栖境中，其顺序为：立毛举腹蚁>飘细长蚁>黑可可臭蚁>粗纹举腹蚁>邻居多刺蚁>巴瑞弓背蚁(表 11-3)。

6 种蚂蚁发现食物资源的相对次数与其头宽、后足长、BSI 作相关性分析，结果显示：在简单栖境中，蚂蚁发现食物的次数与头宽(P<0.05)和 BSI 指数(P<0.05)之间存在显著正相关性，即头宽、身体大小指数大的蚂蚁发现简单栖境中食物资源的能力强；在复杂栖境中，蚂蚁发现食物的次数与其头宽(P<0.01)、后足长(P<0.05)、BSI 指数(P<0.01)之间均存在显著负相关性，即头窄、后足短、身体大小指数小的蚂蚁发现复杂栖境中食物资源的能力强。

11.3.6　蜜露资源数量对蚂蚁群落组成和多度的影响

在样地 I 中记录蚂蚁 6646 头，隶属 3 亚科 11 属 18 种；在样地 II 中记录蚂蚁 3301 头，隶属 4 亚科 12 属 18 种；在样地III中记录蚂蚁 1764 头，隶属 4 亚科 10 属 16 种；在样地IV中记录蚂蚁 601 头，隶属 2 亚科 8 属 14 种。切叶蚁亚科(Myrmicinae)的粗纹举腹蚁(*Crematogaster macaoensis*)、立毛举腹蚁(*C. ferrarii*)和伪切叶蚁亚科(Pseudomyrmecinae)的飘细长蚁(*Tetraponera allaborans*)是占优势的常见种；放养紫胶虫样地树栖蚂蚁常见种的物种数量要少于未放养紫胶虫样地；不同紫胶虫种群数量样地内，常见种组成百分率上差异较大，高紫胶虫种群数量样地中以粗纹举腹蚁占优势，中等和低紫胶虫种群数量样地则以粗纹举腹蚁和立毛举腹蚁占优势，但该两个样地立毛举腹蚁百分率整体要高于粗纹举腹蚁，对照样地中以立毛举腹蚁和飘细长蚁占优势。各样地树栖蚂蚁常见种见表 11-6。

表 11-6 不同月份各样地树栖蚂蚁常见物种

样地	常见种	百分比/%					
		12 月	1 月	2 月	3 月	4 月	5 月
I	飘细长蚁(*Tetraponera allaborans*)	—	—	—	14.74	—	21.71
	粗纹举腹蚁(*Crematogaster macaoensis*)	68.57	73.40	64.49	56.84	56.72	45.39
	黑头酸臭蚁(*Tapinoma melanocephalum*)	—	无	无	无	10.45	无
	黑可可臭蚁(*Dolichoderus thoracicus*)	—	—	—	13.68	—	—
II	飘细长蚁(*Tetraponera allaborans*)	—	—	21.51	21.95	14.53	29.91
	粗纹举腹蚁(*Crematogaster macaoensis*)	26.25	25.32	29.03	18.29	33.33	11.97
	立毛举腹蚁(*Crematogaster ferrarii*)	42.50	46.84	24.73	25.61	36.75	41.88
	罗氏铺道蚁(*Tetramorium wroughtonii*)	12.50	无	—	无	无	无
	黑可可臭蚁(*Dolichoderus thoracicus*)	—	16.46	12.90	15.85	—	—
	光胫多刺蚁(*Polyrhachis tibialis*)	无	无	—	10.98	无	无
III	飘细长蚁(*Tetraponera allaborans*)	—	10.53	16.39	28.57	16.67	34.38
	粗纹举腹蚁(*Crematogaster macaoensis*)	36.84	31.58	22.95	21.43	26.32	13.54
	立毛举腹蚁(*Crematogaster ferrarii*)	28.95	31.58	44.26	21.43	27.19	30.21
	罗氏铺道蚁(*Tetramorium wroughtonii*)	20.18	11.84	无	无	—	无
	皮氏大头蚁(*Pheidole pieli*)	无	无	无	无	14.91	无
IV	飘细长蚁(*Tetraponera allaborans*)	11.54	28.21	27.59	25.00	10.71	23.46
	粗纹举腹蚁(*Crematogaster macaoensis*)	—	无	无	11.36	14.29	—
	立毛举腹蚁(*Crematogaster ferrarii*)	42.31	35.90	41.38	45.45	38.10	55.56
	皮氏大头蚁(*Pheidole pieli*)	无	无	无	无	10.71	无
	黑头酸臭蚁(*Tapinoma melanocephalum*)	19.23	无	无	无	无	无
	黑可可臭蚁(*Dolichoderus thoracicus*)	—	35.90	20.69	13.64	—	无
	光胫多刺蚁(*Polyrhachis tibialis*)	11.54	无	10.34	—	无	无

注：“—”表示评分后多度百分比低于 10%。

各样地物种累积曲线急剧上升后趋于平缓(图 11-1)，样地Ⅰ～样地Ⅳ的实际物种数与 ACE 估计值的百分比分别为 98.2%、90.4%、100%、91.5%，均超过 90%，抽样充分。

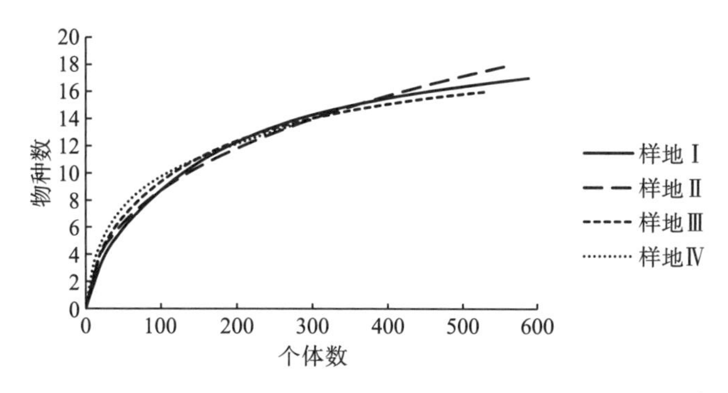

图 11-1　基于评分后个体数的树栖蚂蚁物种累积曲线

11.3.7　蜜露资源数量对蚂蚁群落多样性的影响

组间效应检验结果显示树栖蚂蚁多度、物种丰富度 *S* 及 ACE 估计值与样地类型和月份存在显著线性关系(表 11-7)，有必要进行协方差分析。放养紫胶虫显著提高了树栖蚂蚁群落多样性，放养紫胶虫的 3 个样地中，树栖蚂蚁多度、物种丰富度 *S* 及 ACE 估计值均显著高于未放养紫胶虫样地(表 11-3)。紫胶虫种群数量梯度主要对树栖蚂蚁多度产生影响，高紫胶虫种群数量样地(60%)树栖蚂蚁多度显著高于其余样地，中等(30%)及较少紫胶虫种群数量样地(10%)间的树栖蚂蚁多度无显著差异，紫胶虫对树栖蚂蚁多度产生影响需要建立在较高的种群数量上；紫胶虫种群数量变化对树栖蚂蚁物种丰富度无显著影响，放养紫胶虫的 3 个样地中，树栖蚂蚁物种丰富度 *S* 及 ACE 估计值均无显著差异(表 11-8)。

表 11-7　样地类型或月份对树栖蚂蚁多样性影响的协方差模型验证结果

		df	MS	*F*	*P*
多度	样地类型	3	14.98	26.19	<0.01
	月份	1	13.40	23.43	<0.01
	Error	67	0.57		
物种丰富度 *S*	样地类型	3	0.37	5.53	<0.01
	月份	1	0.78	11.60	<0.01
	Error	67	0.07		
ACE	样地类型	3	0.41	4.62	<0.01
	月份	1	0.96	10.81	<0.01
	Error	67	0.09		

注：置信区间为 0.05 水平。

表 11-8　不同样地树栖蚂蚁多样性比较(Mean ± SE)

样地	多度	物种丰富度 *S* 值	ACE
Ⅰ	6.13 ± 0.19^{a}	1.65 ± 0.16^{a}	1.68 ± 0.09^{a}
Ⅱ	5.56 ± 0.20^{b}	1.63 ± 0.11^{a}	1.66 ± 0.07^{a}
Ⅲ	5.38 ± 0.18^{b}	1.70 ± 0.14^{a}	1.75 ± 0.06^{a}
Ⅳ	3.98 ± 0.24^{c}	1.38 ± 0.09^{b}	1.41 ± 0.07^{b}

注：同列不同字母表示在 0.05 水平上差异显著。

11.3.8　不同蜜露资源数量斑块间群落相似性

放养紫胶虫及紫胶虫种群数量对树栖蚂蚁群落结构产生了影响(图 11-2，图 11-3)。首先，放养紫胶虫对树栖蚂蚁群落结构产生了影响，紫胶林样地和对照样地的树栖蚂蚁群落结构变化较大，各样地中各点组成可分为放养紫胶虫组和对照样地组，高紫胶虫种群数量样地和对照样地树栖蚂蚁群落结构不相似，中等及较少紫胶虫种群数量的样地总体与对照样地不相似(图 11-2)。其次，紫胶虫种群数量也对树栖蚂蚁群落结构产生了影响，随着紫胶虫发育，可将图 11-3 中各分图中的点大致分为 3 大组，高紫胶虫种群数量组、中等和较少紫胶虫种群数量组及对照组，不同月份间各组的相似性也存在较大变化，高紫胶虫种群数量样地与其余样地的相似性较低。此外，紫胶虫种群数量对树栖蚂蚁群落结构稳定性产生了影响，随着紫胶虫发育，高紫胶虫种群数量组各点的前后距离变化较少，稳定性较高，中等和较少紫胶虫种群数量样地的相似性有一定变化，群落稳定性次之，而对照样地的 3 个点随时间变化表现出较大的波动。

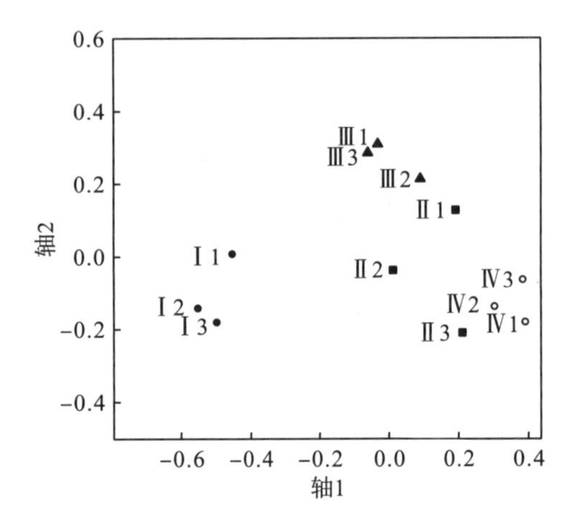

图 11-2　树栖蚂蚁主坐标分析

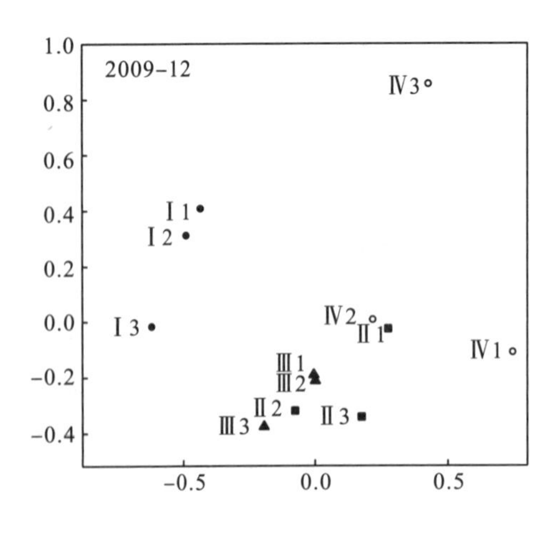

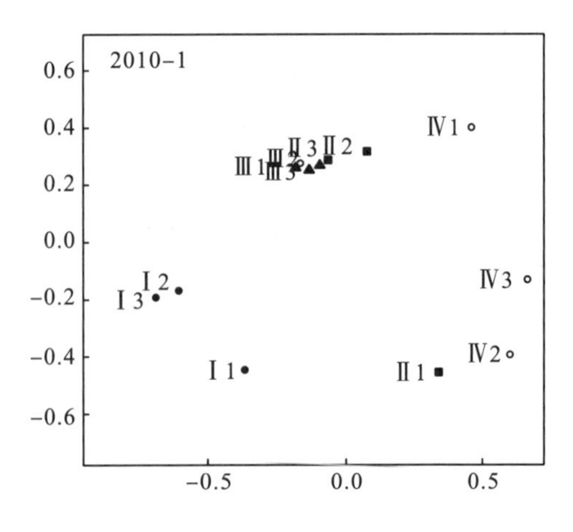

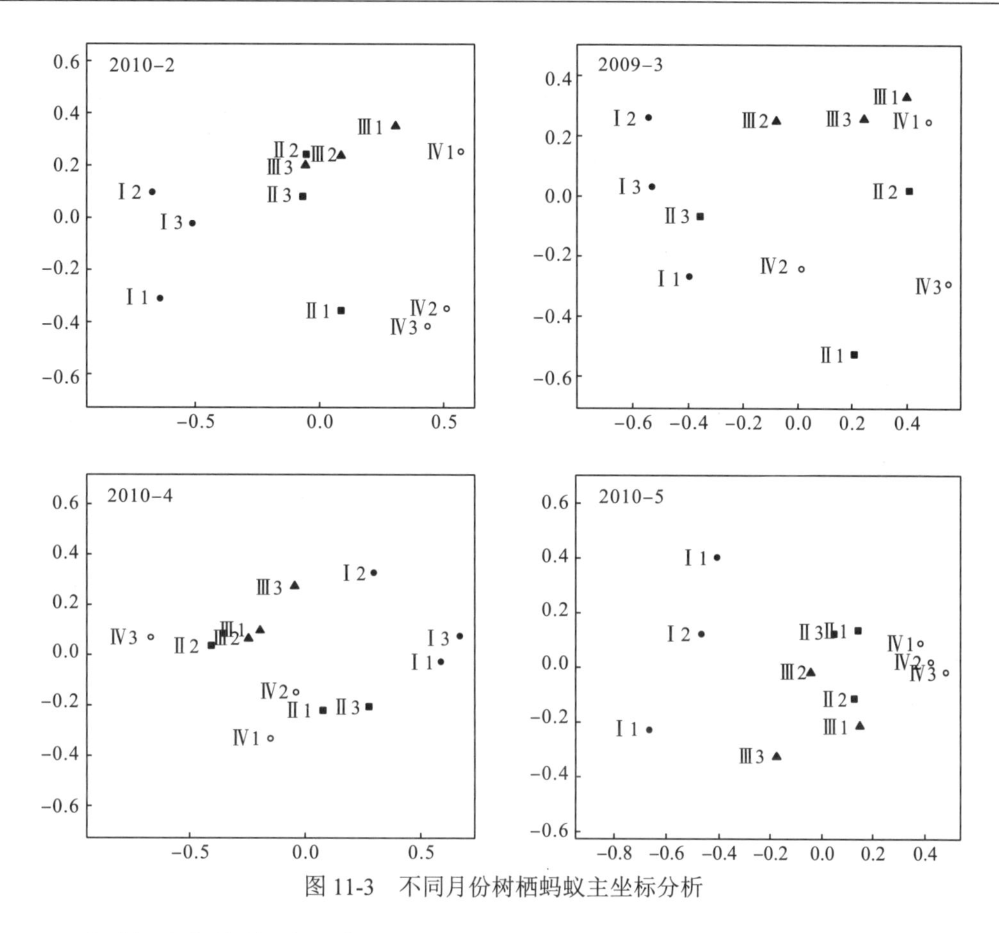

图 11-3　不同月份树栖蚂蚁主坐标分析

11.3.9　蚂蚁群落的物种共存与替换

不同的蚂蚁物种在相同的寄主植物上共存的现象十分普遍，但是并不是针对所有的蚂蚁(表 11-9)。其中 3 种优势种蚂蚁粗纹举腹蚁、立毛举腹蚁和飘细长蚁在相同的寄主植物上觅食，非优势种蚂蚁与这些蚂蚁物种分享相同的寄主植物资源。蚂蚁群落的镶嵌结构可以分成不同的组。虽然不同的紫胶虫放养强度对蚂蚁物种共存没有显著影响，但是在相同的紫胶虫放养强度下，2 种蚂蚁共存、3 种蚂蚁共存及 3 种以上蚂蚁共存的情况存在差异(One-way ANOVA)(F=82.84；P<0.01；n=142)(表 11-10)。

表 11-9　钝叶黄檀上蚂蚁物种共存的频次

蚂蚁物种	*Cre. mac.*	*Tet. all.*	*Cre. fer.*	*Cam. par.*	*Pol. pro.*	*Ano. gra.*	*Dol. tho.*	*Pol. tib.*	*Cat. gra.*	*Rho. wro.*	*Phe. pie.*	*Phe. aff.*	*Phe. yee.*	*Car. wro.*	*Tet. att.*
粗纹举腹蚁(*Crematogaster macaoensis*)	*														
飘细长蚁(*Tetraponera allaborans*)	152	*													
立毛举腹蚁(*Crematogaster ferrarii*)	24	111	*												
巴瑞弓背蚁(*Camponotus parius*)	43	41	27	*											

续表

蚂蚁物种	*Cre. mac.*	*Tet. all.*	*Cre. fer.*	*Cam. par.*	*Pol. pro.*	*Ano. gra.*	*Dol. tho.*	*Pol. tib.*	*Cat. gra.*	*Rho. wro.*	*Phe. pie.*	*Phe. aff.*	*Phe. yee.*	*Car. wro.*	*Tet. att.*
邻居多刺蚁(*Polyrhachis proxima*)	25	22	15	13	*										
长足光结蚁(*Anoplolepis gracilipes*)	7	8	3	2	3	*									
黑可可臭蚁(*Dolichoderus thoracicus*)	1	10	5	4	2	3	*								
光胫多刺蚁(*Polyrhachis tibialis*)	18	14	8	—	1	—	5	*							
粒沟切叶蚁(*Cataulacus granulatus*)	17	16	10	5	—	—	3	2	*						
罗氏铺道蚁(*Tetramorium wroughtonii*)	4	5	4	1	2	2	—	—	2	*					
Pheidole pieli	3	4	3	2	1	1	—	—	—	—	*				
近缘盲切叶蚁(*Carebara affinis*)	7	6	5	4	3	—	1	—	—	1	—	*			
伊大头蚁(*Pheidole yeensis*)	2	5	—	1	1	—	—	—	—	—	—	—	*		
罗氏心结蚁(*Cardiocondyla wroughtoni*)	1	3	—	—	—	—	—	—	1	—	—	—	1	*	
狭唇细长蚁(*Tetraponera attenuata*)	—	1	3	—	—	—	—	—	—	—	—	—	—	—	*
扁平虹臭蚁(*Iridomyrmex anceps*)	—	—	—	—	—	—	—	—	—	—	—	—	—	—	1
黑头酸臭蚁(*Tapinoma melanocephalum*)	5	6	5	2	1	1	—	1	1	—	—	—	—	—	—
卡泼林大头蚁(*Pheidole capellini*)	7	3	1	3	1	1	—	—	1	—	—	—	—	—	—
平和弓背蚁(*Camponotus mitis*)	5	2	—	1	2	1	1	—	—	—	1	—	—	—	—
中华小家蚁(*Monomorium chinensis*)	2	1	1	—	1	—	—	1	1	—	—	—	—	1	—
红足修猛蚁(*Pseudoneoponera rufipes*)	4	1	—	2	—	—	—	—	—	—	—	—	—	—	—
印度酸臭蚁(*Tapinoma indicum*)	—	5	1	—	—	—	—	—	—	—	—	—	—	—	—
罗氏穴臭蚁(*Bothriomyrmex wroughtoni*)	1	3	—	—	—	1	—	—	—	—	—	—	—	—	—
罗伯特大头蚁(*Pheidole roberti*)	—	1	2	—	1	—	—	—	—	—	—	—	—	—	—
双色曲颊猛蚁(*Gnamptogenys bicolor*)	1	—	1	—	1	—	—	—	—	—	—	1	—	—	—
西氏拟毛蚁(*Pseudolasius silvestrii*)	2	1	1	—	—	—	—	—	—	—	—	—	—	—	—
锡兰多刺蚁(*Polyrhachis ceylonensis*)	1	—	—	—	1	—	—	—	—	—	—	—	—	—	—
大阪举腹蚁(*Crematogaster osakensis*)	—	—	—	—	—	—	—	1	—	—	—	1	—	—	—
贝卡盘腹蚁(*Aphaenogaster beccarii*)	1	—	—	—	—	—	—	—	—	—	—	—	—	—	—

表 11-10　不同的紫胶虫放养强度下蚂蚁共存的类型比较

紫胶虫种群数量	N	树上 1 种蚂蚁的比例	树上 2 种蚂蚁的比例	树上 3 种蚂蚁的比例	树上 3 种以上蚂蚁的比例
60%枝条被紫胶虫寄生	336	52.68^{a}	31.85^{b}	13.10^{bc}	2.38^{c}
30%枝条被紫胶虫寄生	319	55.80^{a}	33.86^{ab}	9.09^{bc}	1.25^{c}
10%枝条被紫胶虫寄生	297	58.59^{a}	31.65^{b}	8.75^{c}	1.01^{c}
无紫胶虫寄生	253	65.22^{a}	28.06^{b}	5.93^{b}	0.79^{b}

注：表中数据后小写字母表示在相同的紫胶虫种群数量下 Tukey 多重比较的结果，字母相同表示无差异，字母不同表示有显著差异。

在蜜露资源对蚂蚁群落影响的调查试验中，我们发现观察到的 29 种蚂蚁，有 21 种蚂蚁与其他的物种共存(图 11-4)。3 种优势种与其他蚂蚁共存的频次最高，有 10 种蚂蚁在与 1 种蚂蚁、2 种蚂蚁和 2 种以上蚂蚁共存的频次之间存在差异(χ^2-test)。

不同的斑块之间蚂蚁替换的频次存在差异(One-way ANOVA)(F=3.94；P=0.014；n=48)。放养紫胶虫的斑块中蚂蚁替换比无紫胶虫放养的斑块显著增加。60%的枝条放养紫胶虫的斑块中未观察到蚂蚁替换(表 11-11)。

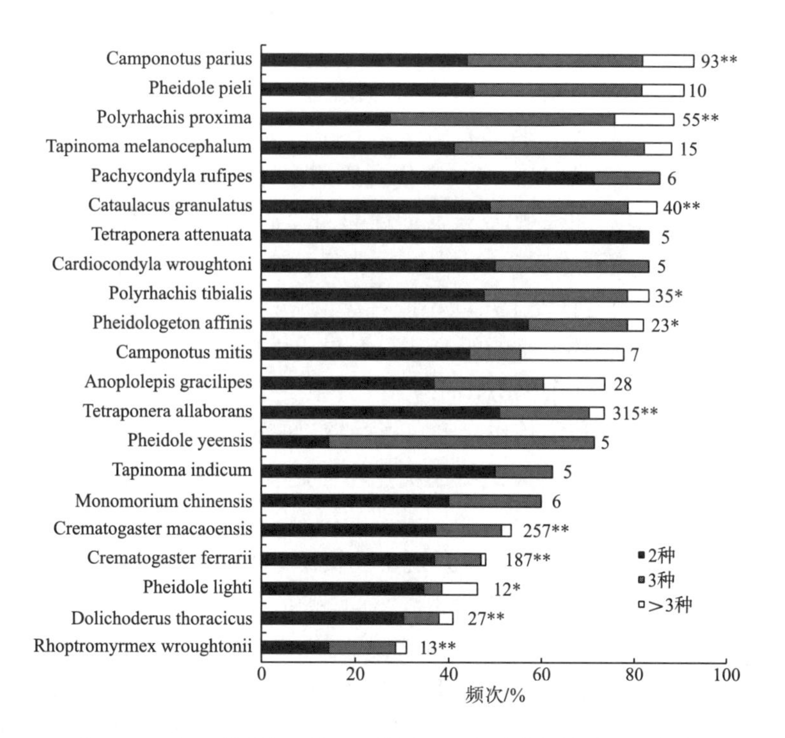

图 11-4　钝叶黄檀上 2 种、3 种以及 3 种以上蚂蚁共存的频次

表 11-11 钝叶黄檀上蚂蚁物种替换的频次

紫胶虫的种群数量	*N*	*R*=0	0<*R*<1	*R*=1	Turkey 多重比较
60% 枝条被紫胶虫寄生	12	0	100%	0	a
30%枝条被紫胶虫寄生	12	8.33%	91.67%	0	ab
10%枝条被紫胶虫寄生	12	8.33%	91.67%	0	ab
无枝条被紫胶虫寄生	12	58.33%	41.67%	0	b

注：表格中 *N* 表示调查的次数，*R* 表示物种替换的比例，最后一列中的字母表示不同行之间差异的显著性，表中的数据分析前进行了平方根转换。

11.4 讨 论

不同身体大小的蚂蚁类群生活于异质性栖境中，虽然资源被 1 种或 2 种数量占优势的蚂蚁所控制，但是数量占优势的蚂蚁不能占据所有栖境和资源，从而给了其他蚂蚁获得生存空间和食物资源的机会，实现共存。在紫胶虫的寄主植物钝叶黄檀上，粗纹举腹蚁的相对多度和相对频度均最大，其值分别为 66.11%和 43.52%。虽然个体数上占有绝对的优势，但从相对频度上看，粗纹举腹蚁并未占据所有的资源和空间。另外，邻居多刺蚁、巴瑞弓背蚁这类体型较大的蚂蚁多活动在树干和叶片上，依靠其腿长的优势，更容易获得简单栖境下的食物资源；而粗纹举腹蚁、飘细长蚁等体型较小者，则利用其钻缝隙的能力，活动于枝条及树洞里，更容易获得复杂栖境中的食物。在紫胶虫生境中，蚂蚁日常活动的简单栖境和复杂栖境类型多样，本文将通直树干作为简单栖境，用铁丝将塑料杯挂在树干上代表复杂栖境，存在一定的不足，不能完全代表蚂蚁在林地中活动的简单栖境和复杂栖境。但选择树干作为简单栖境，正是蚂蚁日常活动的简单栖境之一；对于复杂栖境的设置，则是蚂蚁必须通过铁丝才能到达塑料杯(铁丝模拟细小的分枝)，才能获得复杂栖境下的食物资源。该试验设计能在一定程度上反映不同种类的蚂蚁在不同类型的栖境中生存的情况。

采用 SGH 预测不同身体大小的蚂蚁共存于异质性栖境时，头宽与蚂蚁通过缝隙的能力密切相关(Sarty and Abbott，2006)，而身体大小和足长影响蚂蚁的爬行速度(Brightwell，2002)。本文利用蚂蚁头宽和足长作为形态指标探讨它们与蚂蚁在简单栖境和复杂栖境中发现食物资源的能力也是适用的。蚂蚁的头宽与后足长成异速生长关系的原因不清楚，尤其是头宽与后足长呈强烈的相关性。不同类型的栖境下，不同种类的蚂蚁发现食物资源的实际次数和相对次数均存在显著差异，发现食物资源的实际次数存在显著差异主要是由粗纹举腹蚁的数量优势引起的，而在排除粗纹举腹蚁的数量优势后，每种蚂蚁具有相同的频度时，所得出的不同栖境下不同种类的蚂蚁发现食物资源的相对次数存在显著差异的结论，才能真正揭示蚂蚁在不同栖境下发现食物资源的能力存在差别。前人讨论 SGH 理论时未考虑不同种类蚂蚁的种群数量等因素(Sarty and Abbott，2006)，而本研究在未将不同种类的蚂蚁发现食物资源的实际次数转化为具有相同频度时所能发现食物资源的次数之前，蚂蚁发现食物资源的能力与其身体大小没有相关性。实际上，林地中不同种类蚂蚁的种群大小不同，巢的位置及数量不同，其发现食物资源的机会不对等；而转化后的数据则假定每种蚂蚁发现食物资源的机会均等，其结果从本质上反映了蚂蚁形态特征与发现食物资源能力的关系。

除了身体大小与栖境复杂性的相关性能解释蚂蚁在异质性栖境中共存，生态位的竞争理论也能解释蚂蚁共存的现象。黑可可臭蚁和立毛举腹蚁等身体较小的蚂蚁，主要在细小的侧枝上取食，而邻居多刺蚁和巴瑞弓背蚁这类身体较大的蚂蚁，主要在叶片和主杆上取食。蚂蚁的空间生态位分化，减少了竞争，实现了共存。

在资源利用性竞争和相互干扰性竞争中，数量优势及招引同伴的能力对蚂蚁发现及掌握食物资源至关重要(Brightwell，2002；Lester and Tavite，2004)。阿根廷蚁[*Linepithema humile* (Mayr)]具有扭转并重新掌握食物资源的能力，这是由数量优势引起的(Holway，1999；Watanasit and Jantarit，2006)。Watanasit 和 Jantarit(2006)报道了黑褐举腹蚁[*Crematogaster rogenhoferi* (Mayr)]每巢工蚁数约 15000 头，而与黑褐举腹蚁同一属的粗纹举腹蚁在林地内平均每巢工蚁数量在 20000 头以上(个人统计)，故林地内粗纹举腹蚁的数量占有绝对优势。本书研究结果显示，粗纹举腹蚁无论在简单栖境中还是复杂栖境中，发现和掌握食物资源的实际次数均最多，应该也是由数量优势引起的。粗纹举腹蚁、飘细长蚁及黑可可臭蚁具有扭转并重新掌握食物资源的能力。这是因为蚂蚁招引同伴的能力与其掌握食物资源的能力，甚至驱赶先发现食物资源的蚂蚁而重新掌握食物资源的能力密切相关(Davidson，1998；Brightwell，2002；Lester and Tavite，2004)。在整个试验中，邻居多刺蚁和巴瑞弓背蚁通常最先发现食物资源，显示强的资源利用性能力，但由于其未能表现出明显的招引同伴的能力，掌握食物资源的事实往往被扭转；飘细长蚁通常也能迅速发现食物资源，但是招引同伴的能力相对较差(最多 10 头/次)，掌握的食物资源同样可被具有更强招引能力的蚂蚁所扭转。粗纹举腹蚁具有强的招引同伴的能力(最多可招引 100 头)，且招引迅速，可以扭转并重新掌握已被占据的食物资源，表现强的干扰性竞争，这也是粗纹举腹蚁成为林地内优势种的原因之一。

长足光结蚁是有扩散性危害的入侵种(Lester and Tavite，2004)，该蚂蚁在托克劳群岛与当地蚂蚁共存，利用其后足长的优势，迅速发现食物资源(Sarty and Abbott，2006)。本试验地内也存在长足光结蚁，但其数量不大，并没有达到造成危害的程度。但紫胶园中蜜露丰富，有利于蚂蚁种群的繁衍，特别是像长足光结蚁这些适于简单栖境中生活的个体较大、后足较长的类群。弄清长足光结蚁种群能否发展及如何发展是评价和控制其入侵的关键(Lester and Tavite，2004；Bos，2008)。

从蜜露资源的数量设置试验可以看出，蜜露资源引起的蚂蚁群落物种共存涉及不同的解释。大多数的蚂蚁物种至少是肉食性或腐蚀性的(Stradling，1978)，但是对树栖蚂蚁(Tobin，1995；Davidson，1997；Davidson et al.，2003)和地表层蚂蚁(Del-Claro and Oliveira，1996)而言，蜜露资源至少代表一种关键资源，因为相对于猎物资源，蜜露资源很明显是一种可预见的资源(Jackson，1984b；Yanoviak and Kaspari，2000)。从本研究中蜜露资源对于蚂蚁群落结构的影响，蜜露资源的重要性也可以得到证实。比较有无紫胶虫的斑块间的群落差异，可以推导出影响蚂蚁群落结构的相关机制。无紫胶虫寄生的寄主植物上蚂蚁群落明显不同：蚂蚁的多度和物种丰富度数量都少于有紫胶虫寄生的寄主植物上的数量。无紫胶虫寄生的寄主植物上的蚂蚁优势种与有紫胶虫寄生的寄主植物上的不同，无紫胶虫寄生的寄主植物上至少2种以上蚂蚁共存的频次，蚂蚁物种替换的频次也比有紫胶虫寄生的寄主植物上少。虽然不同的紫胶虫放养强度处理之间，蚂蚁共存无显著差异，但是较丰富的蜜露资源能同时吸引更多的蚂蚁取食。

2种蚂蚁共存、3种蚂蚁共存及3种以上蚂蚁共存的比例在不同的紫胶虫放养强度之间存在差异，随着蜜露资源的增加，2种以上蚂蚁共存的比例也增加。另外，粗纹举腹蚁的优势地位在60%的枝条被紫胶虫寄生的斑块内得到体现：更多的蚁巢能在植物上发现，每巢工蚁的数量在10000～100000，一些紫胶虫甚至被该蚂蚁垄断。

总而言之，本研究发现的蚂蚁物种共存及资源垄断现象，对于物种间的不对称竞争在影响蚂蚁群落结构中的作用提供强力支持，这种现象也在以前的一些试验设置(Fellers，1987；Savolainen and Vepsäläinen，1988；Andersen，1992；Perfecto，1994)和蚂蚁镶嵌研究(Room，1971，1975；Taylor and Adedoyin，1978；Jackson，1984a；Majer，1993)中有所发现。这种不对称性与蚂蚁群落间蚂蚁共存的物种数量及比例相关联，该研究中3种优势蚂蚁通常与其余的蚂蚁及这些蚂蚁的从属物种分享蜜露资源，而且这种共存的比例还较高。反过来，对于处于从属地位的蚂蚁物种，他们间的共存也是十分频繁的，许多能同时访问相同的紫胶虫寄主植物。因此，从本研究中发现，蚂蚁镶嵌并不是分成不同的组群，虽然有些种类在树上筑巢，而大多数在地表筑巢。

但是，蚂蚁竞争蜜露资源是事实存在的，只是有以下几个因素促进了不同蚂蚁物种在相同的蜜露资源上共存。

第一，紫胶虫寄主植物的形态结构差异促进蚂蚁共存。这种空间上的结构差异十分重要，因为紫胶虫能在寄主植物的主干、主枝、侧枝甚至叶柄上固定。而寄主植物的这些部分代表了蚂蚁觅食过程中不同水平的可接近性。一些蚂蚁物种包括邻居多刺蚁和巴瑞弓背蚁更愿意选择在较容易接近的微栖境中如本研究中的主干和主枝上觅食，很少在不易接近的微栖境如本研究中的侧枝和叶柄上觅食。有些蚂蚁如粗纹举腹蚁和飘细长蚁能利用这两种类型的微栖境。

第二，时间生态位的分化或许能有助于竞争者共存，如旱季和雨季蚂蚁群落的替换(Bernstein，1975)。本研究中，在有紫胶虫寄生的斑块内，蚂蚁群落在寄主植物上觅食季节性分化十分强烈，其中几个月寄主植物上蚂蚁物种十分少，而其他几个月则蚂蚁持续活动。主要原因就是紫胶虫分泌蜜露量的变化：大多数的蜜露资源是紫胶虫在成虫期分泌的(2～5月，7～10月)。

第三，物种间觅食策略的差异性也十分重要，能允许几种蚂蚁在相同的寄主植物上觅食蜜露资源，如邻居多刺蚁和巴瑞弓背蚁能很快在较容易接近的微栖境中发现新的食物资源，但是粗纹举腹蚁到达后，能替换掉这些蚂蚁。大多数情况下，超过3头的粗纹举腹蚁攻击先发现蜜露资源的蚂蚁，直到后者放弃食物资源，暗示一种权衡策略：较早地发现和较晚地掌握食物资源(Davidson，1998)。这种更替模式在一些研究的诱饵上也得到验证(Fellers，1987；Perfecto，1994)。

第四，在紫胶混农林生态系统中，获取蜜露资源的益处随着这种资源对于蚂蚁群落的可预见性的增加而增加。有报道称热带地区枯枝落叶层蚂蚁群落十分不稳定，物种间食物竞争几乎不存在(大多数是猎物)(Kaspari，1996；Yanoviak and Kaspari，2000)或者就是形成不同的互相排斥的领域(Jackson，1984b)。在亚热带紫胶混农林生态系统中，蜜露是其中可预见的、稳定的资源之一，此外在很大程度上，它能被蚂蚁所控制，在本研究中，大多数蚂蚁物种是地表层蚂蚁。

第五，食物的数量可能在分化蚂蚁照顾上具有关键的作用。蜜露的数量随着紫胶虫种群数量的变化而变化：较高的蜜露产量或许可以维持较高的蚂蚁物种多样性并吸引很多的蚂蚁个体数来照顾紫胶虫。然而，在 60%的枝条被紫胶虫寄生的斑块中，蚂蚁物种的数量比 30%的枝条被紫胶虫寄生的斑块少。蜜露资源是一种相对来说比较有营养和奖励性的资源，它的营养成分包含光谱的碳水化合物(单糖、二糖、三糖)和氨基酸(Douglas，1993)。因此垄断这种资源经济上代价小。总而言之，蚂蚁-紫胶虫这种兼性的互利关系有利于维持蚂蚁群落多样性，并且提供紫胶虫混农林复合生态系统中一种维持蚂蚁群落的机制。

第 3 部分　互利关系在生态系统层面的影响

1 引　言

生态系统这个概念人们十分熟悉，即：生态系统(ecosystem)指由生物群落与无机环境构成的统一整体。有关生态系统的内涵比较重要的就是其组成、结构等。生态系统的范围可大可小，相互交错，最大的生态系统是生物圈；最为复杂的生态系统是热带雨林生态系统，人类主要生活在以城市和农田为主的人工生态系统中。生态系统是开放系统，为了维系自身的稳定，生态系统需要不断输入能量，否则就有崩溃的危险；许多基础物质在生态系统中不断循环，其中碳循环与全球温室效应密切相关，生态系统是生态学领域的一个主要结构和功能单位，属于生态学研究的最高层次。生态系统的组成分为“无机环境”和“生物群落”两部分(生物部分和非生物部分)，其中，无机环境是一个生态系统的基础，生物群落反作用于无机环境，生物群落在生态系统中既在适应环境，也在改变着周边环境的面貌，各种基础物质将生物群落与无机环境紧密联系在一起，而生物群落的初生演替甚至可以把一片荒凉的裸地变为水草丰美的绿洲。生物群落又可以进一步划分生产者和消费者等，生产者与消费者通过捕食、寄生等关系构成的相互联系被称作食物链；多条食物链相互交错就形成了食物网。食物链(网)是生态系统中能量传递的重要形式，其中，生产者被称为第一营养级，初级消费者被称为第二营养级，以此类推。

从上述对有关生态系统知识的回顾，我们不难发现，由于生态系统内的物种通过食物链或食物网相互联系，只要对生态系统的某个物种或者某个群落产生影响，即能对生态系统产生影响。本书前面两个部分已经从物种层面和群落层面论述了紫胶虫与蚂蚁的互利关系能对它们产生积极影响，也就是说能对生态系统产生影响。但是这种互利关系能否在群落间传递还没有试验验证，这部分内容将是今后研究的重点。

从理论上讲，蚂蚁与产蜜露昆虫的互利关系对生态系统服务产生影响应该通过两个途径实现：第一个途径是通过食物网中的下行效应(top-down effect)实现的，即互利关系对节肢动物群落及植物适合度产生影响。下行效应是指在食物网中，高营养级的有机体通过捕食作用来控制或影响低营养级的结构(Michael et al.，1999；Shurin et al.，2002)。随着理论的不断发展，捕食者在食物网中向下产生的间接影响，也可以称作营养级联(trophic cascade)反应(Ripple et al.，2016)。营养级联最早被湖泊学家用来描述湖泊食物网中捕食者对浮游生物的影响(Hrbáčke et al.，1961；Brooks and Dodson，1965)，目前已经广泛应用于不同的生态系统中，且应用在陆地生态系统的研究所占的比重越来越大，营养级联已经成为了群落生态学一个新的分支(Duffy et al.，2005；Fukami et al.，2010；Ripple et al.，

2016)。早期营养级联研究专注于捕食者对消费者多度的限制性影响(Schmitz et al.,2004),这其中有一些反映了捕食者-消费者的联动变化同样会对植物群落造成影响——捕食者通过影响消费者的取食行为、种群大小等特征而间接改变了生产者-消费者相互关系，从而改变了植物群落的原初生产力(Schmitz and Suttle,2001;Schmitz,2003;Ripple and Beschta,2004)。第二个途径是通过植物实现的，以及生产者的多样性、植物生理生态变化而向消费者、捕食者等更高营养级传导。互利关系中的一方——产蜜露昆虫需要寄主植物提供栖息地和营养成分，而产蜜露昆虫如紫胶虫其寄主植物的种类是很多的，种类下的品种也存在一定的分化，这种差异性能导致寄主植物上的节肢动物群落产生差异，这为上行途径提供了物质基础。另外，产蜜露昆虫通过口针从植物的筛管吸取营养物质，对植物造成一定伤害，植物的防御系统要阻碍这种伤害，包括植物的机械防御(mechanical defence)和化学防御(chemical defence)。机械防御是植物通过改变形态结构(如叶片结构、厚度、表面茸毛、植物表皮、枝干结构)抵抗不利环境的防御方式(Blonder et al.，2011)，而化学防御是植物体内产生次生代谢物质(如单宁、类黄酮、总酚等)、防御蛋白及营养成分变化等来抑制幼虫的消化和发育(Feeny，1970；Forkner et al.，2004)。

蚂蚁的生物量占据了陆地生态系统总生物量的 1/3(Hölldobler and Wilson，1990)，在节肢动物群落中具有优势地位。作为一类顶极捕食者，蚂蚁在生态系统中的营养级联作用十分显著。一般来说，蚂蚁的捕食作用可以减少植食性昆虫的种群数量，从而间接增加植物的适合度，但是蚂蚁同样也会对其他捕食者造成不利影响，从而扰动食物网中的营养级联。目前已展开了一些对节肢动物群落的营养级联研究(Wang et al.，2014)，但是对于以蚂蚁-半翅目昆虫互利关系为核心的生态系统中的营养级联反应研究还较为稀少。

2　互利关系的下行效应

蚂蚁捕食对象的广泛性使得在有照顾半翅目蚂蚁的存在时,植食性昆虫整个群落的结构都会发生变化。例如，Fowler 和 Macgarvin(1985)研究发现，受蚂蚁照顾的毛斑(*Symydobius oblongus*)其丰富度要比无蚂蚁的高出 8200%。相反，不产生蜜露的刺吸式昆虫集群其物种丰富度降低了 28%，食叶毛虫的物种丰富度降低了 69%，总的植食性昆虫物种丰富度降低了 28%。另一项研究中(Fowler and Macgarvin，1985)，在有蚂蚁情况下植物上食叶甲虫数目降低了 61%，相反，另一种不怕蚂蚁捕食的鳞翅目幼虫其丰富度增加了 44%，其原因可能是蚂蚁捕食它的天敌，从而间接保护了这种幼虫。蚂蚁-产蜜露昆虫互利关系在影响消费者的同时，还会对节肢动物群落中其他捕食性昆虫产生影响。Wimp 和 Whitham(2001)研究发现，在没有蚜虫的树上，蚂蚁(*Formica propinqua*)舍弃了这些树，导致这些树木上的消费者群落增加了 76%，各种捕食者也增加了 76%，树上节肢动物的丰富度增加了 80%，总物种丰富度增加了 57%。同样，棉蚜虫与入侵红火蚁(*Solenopsis invicta*)的互利关系也强烈影响其他节肢动物的物种丰富度和分布，在大样地的试验中，这两种之间的关系使消费者类群降低了 27%～33%，捕食者类群降低了 40%～47%(Kaplan and Eubanks，2005)。Wang 等(2014)在研究黄猄蚁(*Oecophylla smaragdina*)对传粉昆虫的影响时发现，黄猄蚁偏向于捕食非传粉性的胡蜂，间接地促进了无花果树(*Ficus racemosa*)与传粉胡蜂的互利关系，对植物也产生了有利的影响。前人的这些研究充分证明了蚂蚁-半翅目昆虫互利关系是一种能够明显改变节肢动物群落结构的“关键因子”。在有产蜜露昆虫的存在时，照顾半翅目昆虫的蚂蚁改变了许多广谱性或者专性的捕食者、植食性昆虫及其他节肢动物的丰富度和种群分布，从而改变了群落的结构和组成。互利关系对群落层面的影响是十分普遍的，特别是当一些数量巨大又具有侵略性的蚂蚁参与到互利关系当中时，这种影响可能更加显著(Gaigher et al.，2011)。

产蜜露的半翅目昆虫与其形成互利关系对它们的寄主植物，也就是生态系统生产者也会产生一定的影响。许多整合分析证明，超过 70%的研究认为蚂蚁-半翅目昆虫的互利关系对植物有显著的保护作用，在一些其他的生态系统下，互利关系也会对寄主植物产生一定的负面影响(Styrsky and Eubanks，2007；Chamberlain and Holland，2009；Rosumek et al.，2009；张霜等，2010)。有一些研究指出蚂蚁对半翅目昆虫的照顾会导致半翅目害虫的暴发(Buckley，1987；Holway et al.，2002)，它们会吸食寄主植物的汁液并传播病害，从而对植物造成严重危害。Banks 和 Macaulay(1967)报道甜菜蚜(*Aphis fabae*)被黑毛蚁(*Lasius niger*)照顾时，导致其寄主植物蚕豆的种子数目发生了明显降低。同样，Renault 等(2005)研究发现在有弓背蚁属(*Camponotus*)蚂蚁照顾时，其寄主植物鬼针草(*Bidens pilosa*)会产生更多不可育的种子。在传播病害方面，Cooper(2005)研究发现在有入侵红火蚁照顾番茄(*Lycopersicon esculentum*)上的蚜虫时，从而导致番茄感染黄瓜花叶病毒(*Cucumber mosaic* virus)的植株明显增多。事实上，蚂蚁-半翅目昆虫互利关系对植物积极影响的研究更为广泛(Beattie，1985；Buckley，1987a；Way and Khoo，1992；Lach，2003)。这种积极影响多体现在蚂蚁在照顾半翅目昆虫时会对植物上其他更加有害的昆虫进行捕食和攻击，从而间接使植物受益。蚂蚁通过捕食作用减少了消费者的种群密度，或者改变了它们的行为、形态或者生理特性，从而间接影响了植物的生长、生物量及相应的生态系统功能(Eubanks and Styrsky，2006)。蚂蚁的保护可以降低植物的叶子遭受食叶昆虫的取食程度，使植物种子的质量或数量提高，还会提高植物的竞争能力(Messina，1981；Skinner and Whittaker，1981；Heil and Mckey，2003)。例如，一枝黄花属的一种植物(*Solidago* sp.)在有蚂蚁保护时植株更高，产的种子也更多，而且在害虫暴发时只有有蚂蚁照顾的植株才会开花结实(Messina，1981)。Whittaker 和 Warrington(1985)研究发现在有蚂蚁-蚜虫的相互关系存在下，美国梧桐的径相生长是无蚂蚁树的 2～3 倍。入侵红火蚁与蚜虫的互利关系增加蚜虫传播植物病毒的机会，因此会对一些农作物如番茄造成危害(Cooper，2005)，但是由于其对食草昆虫强力的压制，对棉花等植物反而有益(Styrsky，2006)。

一些研究关注蚂蚁-植物的互利关系对植物防御的影响，如植物会产生食物体(food body)、蚁菌穴(domatia)及花外蜜露(extrafloral nectar)等结构或物质来换取蚂蚁的保护作用(Frederickson，2008)。由于蚂蚁对植食性昆虫的捕食可以极大地降低植物来自害虫的胁迫，根据最佳防御假说，植物会减少对防御物质的产出而增加其营养和生殖生长。Jnathaniel 等(2009)利用该假说研究仙人掌科摩天柱属 *Pachycereus schottii* 与蚂蚁的互利关系，证明植物会权衡产出花外蜜露和化学防御物质，植物会通过较小的消耗(产生花外蜜露)来获得更佳的防御(吸引蚂蚁保护)，从而将资源更多地应用在自身的营养生长和生殖生长上。在蚂蚁-半翅目昆虫-寄主植物三者的相互关系中，这种权衡显得更加复杂——植物同时受到半翅目昆虫带来的侵害和蚂蚁的保护，其次生代谢物质含量及营养生长会是什么情况，目前还未有研究。以上大多数研究都是通过蚂蚁移除的试验处理来研究蚂蚁-半翅目昆虫互利关系对植物的影响，这种试验处理没有考虑到在仅有蚂蚁而无半翅目昆虫时植物是如何受到影响的。蚂蚁-产蜜露昆虫相互关系对植物造成的影响实际上是植物受到半翅目昆虫的直接伤害与受到蚂蚁保护的间接受益的一种权衡。许多因素都会影响这种权衡，从而使植物在受益或者受害之间转换，如蚁巢与植物之间的距离(Wimp and Whitham，2001)，某种蚂蚁与产蜜露昆虫形成相互关系的强度和持续时间(Del-Claro and Oliveira，2010)，其他有产蜜露昆虫寄生的植物对蚂蚁的转移影响(Cushman and Whitham，1991)，植物本身是否有花外蜜露(Buckley，1983)等。但是对于这种权衡是如何体现，互利关系是如何影响植物防御策略，如植物的生物量、植物体内总酚、抗氧化物质、可溶性糖等物质是如何变化的还少有研究。

3　植物的上行效应

在食物网中，生产者的多样性、密度、生物量等因素对高营养级生物的行为、种群密度等的影响称为上行效应(Gross et al.，2004；Scherber et al.，2010)。越来越多的研究表明植物物种的多样性可以稳固与其相互作用的节肢动物群落结构(Haddad et al.，2009，2011；Cook-Patton et al.，2011)，增加原初生产力(Isbell et al.，2009；Hector et al.，2010)，甚至可以抵抗生物入侵(Levine，2000)。植物物种多样性高对植物生长和节肢动物多度与多样性都有积极影响，这种影响广泛存在于草本植物、豆科植物、非禾本科植物等种类中(Haddad et al.，2009，2011；Cook-Patton et al.，2011)。解释植物种类影响多营养级群落的机制有两种假说，这两种假说并不是互相排斥的。一种为“资源特化假说(resource specialization hypothesis)”，这种假说认为植物物种多样性的增长可以提供更多类型的资源，因此能够吸引更多种类的食草动物(Keddy，1984；Hurlbert，2004)。另一种为“个体增多假说(more individuals hypothesis)”，该假说认为高植物物种多样性会增加植物的生产力，因此会吸引更多的消费者，同时增加群落的物种多样性。一些研究表明植物多样性的上行效应会传递到更高的营养级，包括第三营养级。Haddad 等(2011)等发现随着植物多样性的增多，捕食者-食草动物的比例也有明显升高。然而目前关于植物多样性如何影响植物本身适合度，以及再与高营养级的下行效应联动时，植物适合度是如何变化的还少有研究。

除了植物多样性，植物的性状、所处群落类型、生活型差异等也会对上行效应产生作用。例如，Reithel 和 Campbell(2008)研究了不同寄主植物对蚂蚁-角蝉(*Publilia modesta*)互利关系的影响，结果显示生长良好的寄主植物更有利于形成稳固的蚂蚁-角蝉互利关系。Mendes 和 Cornelissen(2017)研究金包花(*Cecropia pachystachya*)营养性状的上行效应与蚂蚁捕食对食草昆虫的下行效应进行了比较，结果显示施肥后的植物吸引了更多的食叶昆虫，这种上行效应的效果比蚂蚁的下行效应更显著。植物的基因型差异同样也会影响蚂蚁

-半翅目昆虫的相互关系，这种性状的差异甚至会改变节肢动物群落中某两个物种的相互关系，从而影响整个节肢动物群落结构(Wootton，1994)。Mooney 和 Agrawal(2008)研究了不同基因型的马利筋(*Asclepias syriaca*)对蚂蚁-蚜虫互利关系的影响，结果显示蚂蚁对蚜虫积极影响和消极影响在不同基因型之间转换，同时蚂蚁在不同基因型植物上的多度也产生了变化。在植物受到害虫攻击后，有多个假说来解释植物的防御策略(Fine et al.，2006；Endara and Coley，2011；Pearse et al.，2013)，其中最佳防御假说(optimal defense theory，ODT)认为植物的化学防御是防御收益与生长收益之间的一种权衡(Berenbaum，1995)，植物产生的次生代谢物质是以付出植物的生长成本为代价的，植物会权衡防御消耗与生长消耗，使自身获益得到最大化。这种植物的生理生化变化也会对寄主植物上的节肢动物群落产生影响，并在不同营养级间向上传递。

在一个以蚂蚁-半翅目昆虫互利关系为“基石作用”的生态系统中，各个营养级之间的关系是十分复杂的。以顶极捕食者蚂蚁来说，蚂蚁首先会影响产蜜露昆虫的种群密度；其次影响群落中其他节肢动物的行为、多度，包括产蜜露昆虫的捕食者、寄生天敌和其他蚂蚁未照顾到的刺吸性昆虫(James et al.，1999；Eubanks，2001；Styrsky and Eubanks，2007)，蚂蚁照顾产蜜露昆虫还能减少它们的天敌，这些天敌的减少可能会间接增加其他不怕蚂蚁的植食性昆虫，进而向下影响植物的生长和适合度(Mooney，2006，2007)。另外，由于受到蚂蚁的保护作用，植物将在资源分配中减少需要昂贵投入的次生代谢化学防御，转而投入到其他重要的策略如繁殖和生长上(Herms and Mattson，1992)。因此蚂蚁与产蜜露昆虫之间的关系产生的影响远远超出物种之间，而达到群落层面，进而达到系统层面，并且这种互利关系所引发的一系列影响还会在各营养级之间产生联合效应。

本研究以蚂蚁-紫胶虫之间的互利关系为“基石作用”，探究在互利关系和紫胶虫寄主植物联合作用的影响下，生态系统中各个营养级是如何联动变化的，通过研究食物网中上行效应、下行效应的作用效果及其运行机制，以期对互利关系有更深入的了解。同时对紫胶虫及其寄主植物的研究对于紫胶生产、山地环境保护也有一定的理论指导价值。由于本研究的复杂性，许多研究结果还在分析中，因此这个部分的内容还十分有限，特别是紫胶虫蚂蚁互利关系对生态系统服务的下行效应途径和上行效应途径及其机制探讨，这些内容也是今后需要重点补充的内容。

第12章　互利关系对节肢动物群落及砂仁生产的影响

12.1　引　　言

生态系统服务是生态学研究的热门话题，是指人类从生态系统中所得到的惠益(Costana et al.，1997；Daily，1997；Daily and Ellison，2002)，分为有形的物质和无形的服务两类，由生态系统结构通过一定的生态系统过程产生，受土地利用、生物多样性(Perrings et al.，2010)、人为因素(Zhou，2012)、气候变化(Schröter et al.，2005)等多个因子的制约。而生物多样性是生态系统服务的内部驱动因素之一，是生态系统服务的系统结构基础(马凤娇和刘金铜，2013)。已有研究显示：生物多样性的改变对生态系统服务有影响，随着生物多样性的提高可以提高渔业的产出，加快土壤的形成(Balvanera et al.，2006；马凤娇和刘金铜，2013)，同时也可以削弱淡水的净化能力(Cardinale et al.，2012)，而关于生物多样性与作物产出和有害生物控制的关系比较复杂(Tschamtke et al.，2005)，至今尚未达成共识。

目前，在中国西南山地，土地利用方式正发生巨大转变，即天然林或天然次生林向农业用地的转变，并且这种转变对该区域的植被和其中的节肢动物群落及其多样性均产生影响(李巧等，2009a；卢志兴等，2016)。紫胶生产是中国西南半干旱半湿润河谷及山地区域一种重要的土地利用方式，人们通常将紫胶生产与农作物生产相结合，形成紫胶林-混农林系统。紫胶虫通过分泌蜜露吸引大量蚂蚁光顾，与蚂蚁形成兼性互利关系(王思铭等，2013)，这种互利关系有利于提高节肢动物多样性(卢志兴等，2013)。探讨这种“妥协”的土地利用方式如何影响生物多样性进而对生态系统服务产生影响具有重要的科学意义。

春砂仁(*Amomum villosum*)作为“四大南药”之一，具有重要的经济价值(梁红柱等，2004)。由于其经济价值，目前西南山地种植面积在扩大。而研究发现：传统的砂仁栽培会对当地的生物多样性、群落结构产生毁灭性的影响，主要表现为物种流失、群落结构单一化(郑征等，2003；冯志立等，2004)。因此，开发一种新型的砂仁栽培模式十分迫切。在紫胶生产系统中，部分农户将砂仁种植与紫胶虫放养复合，形成一种新型的紫胶林-农业复合生态系统，本研究暂定名为紫胶-砂仁复合模式。这种模式与纯的砂仁样地不同，也与其他的林木下种植砂仁也有一定的差异，主要就是因为放养紫胶虫带来的差异。本书的前面章节已经详细阐述，紫胶虫能与蚂蚁形成兼性互利关系，这种兼性互利关系的存在能提高紫胶林地及紫胶林-玉米复合生态系统相关的节肢动物多样性。那么放养紫胶虫后，紫胶虫与蚂蚁形成兼性互利关系后是否能影响砂仁上的节肢动物多样性，这种互利关系通过对砂仁的节肢动物产生影响，是否对砂仁的产量带来影响，也就是说是否在生态系统的物质服务方面产生正向作用，都是值得研究的重点内容。本研究在区域空间尺度上设置了纯砂仁样地，有紫胶虫的寄主植物但未放养紫胶虫的林地与砂仁复合的样地，以及放养紫胶虫的紫胶-砂仁模式的样地。通过调查春砂仁不同栽培模式下春砂仁的开花和结实情况及春砂仁植株上的节肢动物群落，比较不同模式下节肢动物的物种丰富度、多度和群落结构变化及春砂仁生产情况的差异，探讨兼性互利关系对节肢动物多样性及春砂仁生产情况的影响，以期为砂仁的科学种植及生物多样性保护提供科学指导。

12.2　材料与方法

12.2.1　研究地概况

研究区域位于云南省普洱市墨江县雅邑镇。该区域由山地、河谷、凹地等多种地貌类型构成，地形地貌比较复杂，具有较强的景观异质性。山地由农耕系统、不同经济林及混农林系统斑块镶嵌构成。山地长期从事紫胶生产，是中国主要的紫胶生产区，种植有大量的紫胶寄主植物，主要包括钝叶黄檀(*Dalbergia obtusifolia*)、火绳树(*Eriolaena spectabilis*)、南岭黄檀(*D. balansae*)、景谷巴豆(*Croton laevigatus*)、聚果榕(*Ficus semicordata*)等。但近年来，春砂仁开始被引入当地种植，成为典型的生产模式，具有显著的增收效益，其种植模式有纯春砂仁种植模式和经济林-春砂仁混农林种植模式。

12.2.2　样地设置

选取 3 种类型试验样地，分别为纯春砂仁地(样地Ⅰ)、不放养紫胶虫的紫胶林-春砂仁混农林(样地Ⅱ)、放养紫胶虫的紫胶林-春砂仁混农林(样地Ⅲ)。3 种类型样地面积大小基本一致，约为 2 hm^2。样地Ⅱ和样地Ⅲ相距较近，但距离大于 30 m，样地Ⅰ与其他样地相距较远，距离 1500 m 以上。样地海拔：样地Ⅰ为(861±5) m；样地Ⅱ为(935±5) m；样地Ⅲ为(949±5) m。春砂仁种植及生长情况：3 种类型样地中，春砂仁种植密度一致，种植时间为 3 年，间距为 2 m×2 m，春砂仁植株高度、大小、长势基本保持一致，假定不同样地间具有相同的花蜜量。样地植被情况：3 种类型样地均为精细耕作，林地间除春砂仁及紫胶寄主植物外，无其他植被，其中样地Ⅰ为纯春砂仁种植模式，只种植春砂仁；样地Ⅱ和样地Ⅲ中植物物种及栖息条件基本保持一致，除种植春砂仁外，均种植有景谷巴豆和钝叶黄檀，种植密度约为 525 株/ hm^2，平均树高约为 3 m，平均胸径约为 7 cm。3 种类型样地中，除样地Ⅲ放养了紫胶虫外，不再增加其他食物链关系，且 3 种类型样地的光照、温度、湿度、坡度、坡向、土壤特点及施药情况等环境条件也基本保持一致。3 种类型样地中，每个样地设置 2 个重复，2 个重复样地间距大于 30 m，每个重复样地面积约为 0.4 hm^2。每个重复样地选取 10 个大小为 2 m×2 m 的小样方(一丛砂仁)，样方间距为 10 m。

12.2.3　调查方法

于 2015 年 5 月(春砂仁开花期)和 2015 年 9 月(春砂仁结实期)分别调查了 3 种类型样地中春砂仁植株上的节肢动物群落与春砂仁生产情况。具体调查方法为：每个样地分别选取高度、大小、长势等条件基本一致的春砂仁丛 20 丛(每丛 100 株左右)，间距 10 m 以上，挂牌编号。①节肢动物群落调查：借鉴 Blüthgen 等(2004)的目光搜寻法调查整丛春砂仁植株上节肢动物群落。2 人对立观察，每丛调查时长为 10 min。记录节肢动物的种类及数量(不包括春砂仁冠部无法观察到的节肢动物)，同时采集节肢动物标本带回实验室进行鉴定核实，不能鉴定到种的以形态种对待(Burger et al.，2003)。同时以对春砂仁生产是否有利对节肢动物进行益害虫划分。②春砂仁生产情况调查：在开花期，按已经编号的春砂仁株丛，每丛按东、西、南、北 4 个方位，各选取 4 株已经开花的春砂仁，并编号，统计已开花和已授粉的花朵数量，其中选取的花序大小基本一致。在采摘期前，按花期的编号对应调查春砂仁的正常果实和不正常果实数量(以商品果实的形状、大小及色泽等作为判断依据)。

12.2.4　分析方法

(1)节肢动物群落分析。将两次数据合并整理得到物种名录。使用 R 语言的 iNEXT 软件包绘制基于个体数的物种稀疏和预测曲线，根据曲线的特性判断抽样是否充分(Chao et al.，2014)。利用 SPSS 18.0 中单因素 ANOVA 方法分别分析 3 种类型样地中春砂仁植株上节肢动物、节肢动物益虫及害虫的物种丰富度和多度的差异显著性，方差分析前对数据进行检验，数据符合正态分布，不需要进行转换，使用 LSD 多重比较方法进行不同类型样地节肢动物物种丰富度和相对多度的比较。使用有无数据(0/1)进行 3 种不同模式地表蚂蚁群落结构的非度量多维度排序(non-metric multi-dimensional scaling，nMDS)，使用群落相似性分析方法(nalysis of similarities，ANOSIM)分析不同类型样地地表节肢动物群落结构差异的显著性，使用统计软件 PRIMER v7 完成以上分析(Clarke and Gorley，2006)。

(2)春砂仁生产情况分析。采用 SPSS 中的单因素 ANOVA 方法分析 3 种类型样地中春砂仁总开花数、授粉率、正常果实数和不正常果实数的差异显著性，方差分析前对数据进行检验，数据符合正态分布，不需要进行转换，使用 LSD 多重比较方法进行比较。授粉率=授粉花数/总开花数×100%。

12.3　结果与分析

12.3.1　物种组成及多度

由表 12-1 可知：两次调查共记录节肢动物 55 种 3442 头。在样地 I 中共记录节肢动物 36 种 851 头；样地 II 共记录节肢动物 30 种 1097 头；样地 III 共记录节肢动物 37 种 1494

头。3种类型样地的物种累积曲线在显著上升后逐渐趋于平缓，表明抽样充分(图12-1)。

表 12-1 不同样地节肢动物群落的物种组成

目	科	物种	样地		
			I	II	III
半翅目(Hemiptera)	蝽科(Pentatomidae)	蝽科 1 (Pentatomidae 1)		2	2
	龟蝽科(Plataspidae)	龟蝽科 1 (Plataspidae 1)	2		
	缘蝽科(Coreidae)	缘蝽科 1 (Coreidae 1)		2	7
		缘蝽科 2 (Coreidae 2)			2
	叶蝉科(Cicadellidae)	叶蝉科 1 (Cicadellidae 1)	1		
蜚蠊目(Blattaria)	未知科(unknown family)	蜚蠊(cockroach)	1	1	4
革翅目(Dermaptera)	未知科(unknown family)	蠼螋(earwig)	6	10	2
鳞翅目(Lepidoptera)	凤蝶科(Papilionidae)	凤蝶科 1 (Papilionidae 1)	1		
	鹿蛾科(Ctenuchidae)	南鹿蛾(*Amata sperbius*)	1		2
膜翅目(Hymenoptera)	蚁科(Formicidae)	巴瑞弓背蚁(*Camponotus parius*)	35	76	61
		法老小家蚁(*Monomorium pharaonis*)	5		23
		光胫多刺蚁(*Polyrhachis tibialis*)	1		6
		黑可可臭蚁(*Dolichoderus thoracicus*)	200	119	102
		黑头酸臭蚁(*Tapinoma melanocephalum*)	171	216	42
		粒沟切叶蚁(*Cataulacus granulatus*)		1	5
		邻臭蚁(*Dolichoderus affinis*)	110	339	911
		邻居多刺蚁(*Polyrhachis proxima*)	1		
		罗思尼斜结蚁(*Plagiolepis rothneyi*)	5	32	17
		毛钳弓背蚁(*Camponotus lasiselene*)		2	
		缅甸细长蚁(*Tetraponera birmana*)		1	
		皮氏大头蚁(*Pheidole pieli*)			32
		沃森大头蚁(*P. watsoni*)			7
		斜结蚁属(sp.1 *Plagiolepis* sp.1)	4		
		长足光结蚁(*Anoplolepis gracilipes*)		4	
		中华小家蚁(*Monomorium chinensis*)	241	236	205
	蜾蠃科(Eumenidae)	蜾蠃科 1 (Eumenidae 1)			1
		蜾蠃科 2 (Eumenidae 2)	1		

续表

目	科	物种	样地		
			I	II	III
		蜾蠃科 3 (Eumenidae 3)	1		
	蜜蜂科(Apidae)	蜜蜂科 1 (Apidae 1)	1	1	11
		蜜蜂科 2 (Apidae 2)	1		2
		中华蜜蜂 (*Apis cerana*)	5	12	7
		意大利蜜蜂(*A. mellifera*)			1
		熊蜂 sp.1 (*Bombus* sp.1)	1		
	姬蜂科(Ichneumonidae)	姬蜂科 1 (Ichneumonidae 1)		1	
		姬蜂科 2 (Ichneumonidae 2)	1		
	隧蜂科(Halictidae)	彩带蜂 sp.1 (*Nomia* sp.1)		2	7
	胡蜂科(Vespidae)	胡蜂科 1 (Vespidae 1)	2	1	1
	木蜂科(Xylocopidae)	木蜂 sp.1 (*Xylocopa* sp.1)	3	3	2
		木蜂 sp.2 (*X.* sp.1)			5
鞘翅目(Coleoptera)	鳃金龟科(Melolonthidae)	鳃金龟科 1 (Melolonthidae 1)		3	2
	天牛科(Cerambycidae)	天牛科 1 (Cerambycidae 1)			1
		天牛科 2 (Cerambycidae 2)	1		
	叶甲科(Alticinae)	叶甲科 1 (Alticinae 1)	13	6	8
		叶甲科 2 (Alticinae 2)	1	12	1
双翅目(Diptera)	果蝇科(Drosophilidae)	果蝇科 1 (Drosophilidae 1)			2
	实蝇科(Tephritidae)	实蝇科 1 (Tephritidae 1)	4	1	2
	食蚜蝇科(Syrphidae)	食蚜蝇科 1 (Syrphidae 1)	4	2	3
	蝇科(Muscidae)	蝇科 1 (Muscidae 1)	2		2
		蝇科 2 (Muscidae 2)	4	1	
直翅目(Orthoptera)	蝗科(Acrididae)	蝗虫(Locust)		2	
	螽蟖科(Tettigoniidae)	螽斯(Katydids)		1	1
蛛形纲(Araneida)	跳蛛科(Salticidae)	跳蛛(Spider)	13	3	4
	未知科(unknown family)	蜘蛛 1 (Spider 1)	3	5	1
		蜘蛛 2 (Spider 2)	3		
		蜘蛛 3 (Spider 3)	2		
总计			851	1097	1494

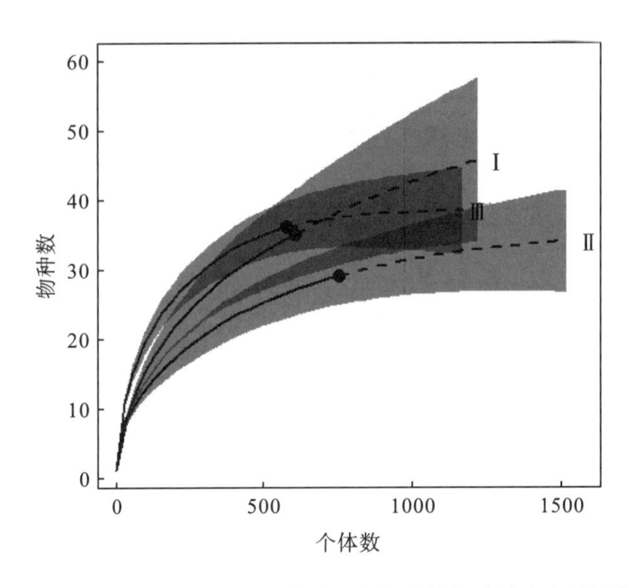

图 12-1　不同调查样地节肢动物基于个体数的物种稀疏和预测曲线

12.3.2　节肢动物群落比较

由表 12-2 可知，3 种类型样地中节肢动物物种丰富度无显著差异[$F_{(2,57)}$=1.219，P=0.303]，但样地III中物种丰富度最高。3 种类型样地中节肢动物多度有显著差异[$F_{(2,57)}$=5.747，P=0.005]，样地III与样地II和样地 I 均存在显著差异，样地II和样地 I 存在显著差异，其中样地III节肢动物多度最高。3 种类型样地中，益虫和害虫的物种丰富度及害虫的多度无显著性差异[$F_{(2,57)}$=0.189，P=0.828]，但益虫的多度有显著差异[$F_{(2,57)}$=3.567，P=0.006]，样地III最高。

表 12-2　3 种不同类型样地的节肢动物比较

样地类型	节肢动物		益虫		害虫	
	物种丰富度	多度	物种丰富度	多度	物种丰富度	多度
I	6.70±0.49[a]	42.55±6.65[c]	5.75±0.45[a]	41.25±6.67[b]	0.95±0.20[a]	1.30±0.29[a]
II	6.70±0.28[a]	54.85±5.22[b]	5.80±0.32[a]	53.35±5.33[b]	0.90±0.18[a]	1.50±0.31[a]
III	7.45±0.38[a]	74.70±8.12[a]	6.05±0.32[a]	73.10±8.15[a]	1.40±0.27[a]	1.60±0.34[a]

注：表中数值为每丛的均值±标准误(Mean±SE)；数据中标有不同字母表示在 P<0.05 水平上差异显著。

12.3.3　群落结构相似性

3 种类型样地节肢动物群落结构有差异，其中样地III与样地II、样地 I 群落结构不相似(图 12-2)。

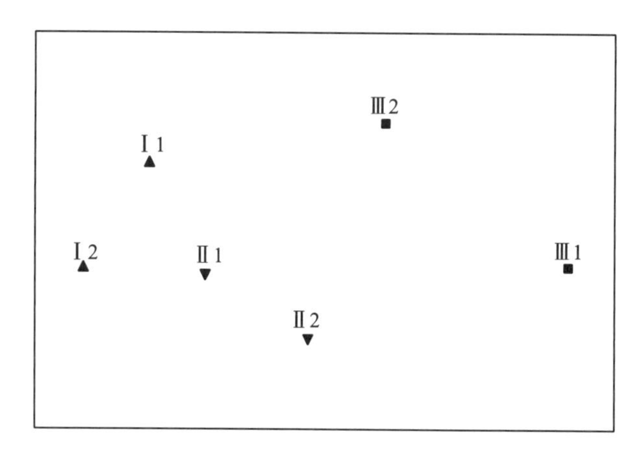

图 12-2　3 种不同类型样地的节肢动物群落结构相似性比较

12.3.4　春砂仁生产情况差异比较

3 种类型样地中春砂仁总开花量和授粉率无差异[$F_{(2,\ 241)}$=3.001，P=0.052；$F_{(2,\ 241)}$=1.029，P=0.359]，正常果数和不正常果数有差异[$F_{(2,\ 230)}$=60.74，P<0.01；$F_{(2,\ 230)}$=29.49，P<0.01]，样地III与样地Ⅱ和样地Ⅰ存在显著差异，样地Ⅰ和样地Ⅱ无差异，其中样地III正常果数最高，不正常果数最低(表 12-3)。

表 12-3　不同样地的春砂仁生产情况多样性比较

样地类型	开花情况		结实情况	
	开花量	授粉率	正常果数	不正常果数
Ⅰ	38.67±0.78^{a}	49.91±4.10^{a}	12.03±1.10^{b}	11.31±0.76^{a}
Ⅱ	41.09±0.92^{a}	42.34±3.56^{a}	13.01±1.07^{b}	12.68±0.70^{a}
III	38.38±0.86^{a}	45.32±3.62^{a}	27.22±1.10^{a}	6.23±0.32^{b}

注：表中数值为每株的均值±标准误(Mean±SE)；数据中标有不同字母表示在 P<0.05 水平上差异显著。

12.4　讨　　论

在生态系统中，节肢动物扮演着重要的角色，但节肢动物群多样性受多种生物和非生物因素的影响。其中，Klimes 等(2012)对不同植被类型下节肢动物群落多样性调查发现：植被结构越复杂，节肢动物多样性越丰富。Bentley(1976)研究发现：花蜜量也可以对节肢动物多样性产生影响，增加花蜜量可以提高节肢动物的多样性水平。食物网通过上行效应和下行效应可以对节肢动物多样性产生影响，通过增加或减少食物链的数量也可对生物多样性产生影响(李钰飞，2014)。而随着环境条件的变化也可对生物多样性产生影响。李娟(2011)对果园中节肢动物群落调查时发现：增加土壤中有机质含量可以优化果园节肢动物群落。本研究结果显示：在 3 种类型样地中，不放养紫胶虫的紫胶林-春砂仁混农林和放养紫胶虫的紫胶林-春砂仁混农林中节肢动物多度显著高于纯春砂仁地，可能是由不放养紫胶虫的紫胶林-春砂仁混农林和放养紫胶虫的紫胶林-春砂仁混农林中植物种类增加及栖息条件更复杂引起的。而放养紫胶虫的紫胶林-春砂仁混农林中节肢动物多度也显著高于不放养紫胶虫的紫胶林-春砂仁混农林，两个样地相比，在植物结构、花蜜量、栖息条件及有利环境条件基本一致的情况下，主要区别是放养紫胶虫的紫胶林-春砂仁混农林中增加了兼性互利关系，表明兼性互利关系可以提高节肢动物多样性水平。产生这种现象的原因比较复杂，最直接的原因是紫胶虫分泌大量的蜜露为节肢动物提供了充足的食物资源；另外，就是由紫胶虫与蚂蚁形成的互利关系引起的，这种互利关系的存在，已经证明了可以导致许多相关的节肢动物群落如捕食性的蚂蚁和蜘蛛群落、寄生蜂与植食性的蝗虫和蝽类等的多样性的提高；然后，这些类群在食物网或食物链中均发挥重要的作用，它们其中的任何群落的改变都会产生联动效应，通过食物链的上行效应和下行效应而在整个食物网中传导。因此，从本研究来看，紫胶虫与蚂蚁的互利关系在林下种植的砂仁上也能发挥作用，互利关系显著提高了放养紫胶虫的紫胶林-春砂仁混农林中的节肢动物多样性水平。

相对于物种丰富度，群落结构最难改变(Dunn et al.，2009a)。本研究结果显示：具兼性互利关系的紫胶林-春砂仁混农林与无兼性互利关系的紫胶林-春砂仁混农林和纯春砂仁地的节肢动物群落结构不相似，表明蚂蚁与云南紫胶虫之间形成的兼性互利关系改变了节肢动物群落结构和物种组成。由物种组成来看，3 种类型样地中特有种数量不一致，纯春砂仁地(样地Ⅰ)特有种有 11 种，其他两个类型样地特有种为 5～8 种。同时，关键物种分析结果也显示了兼性互利关系对蚂蚁群落中的关键物种产生显著影响，主要增加了邻臭蚁(*Dolichderus affinis*)、法老小家蚁(*Monomorium pharaonis*)、皮氏大头蚁(*Pheidole pieli*)、沃森大头蚁(*P. watsoni*)等种类的多度。其中，邻臭蚁(Fiala et al.，1994)为喜食蜜露型蚂蚁，在样地Ⅲ中多度最高，皮氏大头蚁、法老小家蚁、沃森大头蚁为杂食性蚂蚁(徐正会，2002)，种群数量大，调查时观察到这些蚂蚁喜欢到胶被附近活动，一边取食蜜露，同时也会捕食到胶被上活动的节肢动物，所以兼性互利关系通过蜜露提高了节肢动物群落的多度，改变物种组成及群落结构，也间接增加了节肢动物群落中关键物种的食物资源，提高了它们的种群数量，增加了多样性。

互利关系可以对生态系统服务产生积极影响。Pkingle 等(2014)研究发现，以蜜露为纽带，蚂蚁(*Azteca pittieri*)与半翅目(Hemiptera)昆虫形成的互利关系，可以减少西葫芦(*Cordia alliodorn*)种子免受豆象的危害，增加西葫芦的繁殖和产出；Heil 和 Mckey(2003)研究也发现了互利关系能够提高经济作物腰果的产量。本研究表明：兼性互利关系增加了春砂仁的正常果数，减少了不正常果数，提高了春砂仁的产量和产出，研究结果与 Pkingle 等(2014)及 Heil 和 Mckey(2003)的研究结果一致。导致该结果的原因也很多，首先，就是蚂蚁对砂仁植食性害虫的驱赶和取食作用。紫胶虫与蚂蚁建立的互利关系是兼性的，也就是说蚂蚁不一定时时刻刻在紫胶虫的胶被表面活动，很多情况下，蚂蚁在林下的砂仁上活动。主要原因有二：①紫胶虫分泌的蜜露很多喷洒到砂仁植株上了，蚂蚁在砂仁上活动可以吸食到蜜露；②蚂蚁是杂食性的，其族群的发展离不开蛋白质食物资源，在砂仁上活动有获取节肢动物的可能性。因此，紫胶虫与蚂蚁的兼性互利关系导致了蚂蚁在砂仁上活动，而这种活动直接或间接地降低了砂仁的害虫，增加了砂仁的果实产量。其次，就是这种互利关系对节肢动物多样性的积极影响。生物多样性对生态系统服务的影响是关键，生物多样性的提高对生态系统服务有积极的影响(Allan et al.，2015；Yasuhara et al.，2016)。本研究显示：在具兼性互利关系的紫胶林-砂仁混农林中节肢动物多样性水平较高，在这种模式下，可能由于较高的节肢动物多样性水平直接或间接地影响了砂仁生产。

由此可见，具有兼性互利关系的紫胶林-春砂仁混农林对该系统下的节肢动物多样性保护具有积极作用，能够显著增加节肢动物的多度，对节肢动物群落产生了积极的影响；显著增加了春砂仁生产中益虫的多度，降低春砂仁果实不正常率，提高春砂仁正常果实的产出，对生态系统服务有积极影响。

第13章　互利关系和寄主植物多样性对不同营养级的影响

13.1　引　　言

近几十年来，捕食者的下行效应(top-down effect)和生产者的上行效应(bottom-up effect)对生物群落的影响作用已经成为了生态学研究的热点问题(Levine，2000；Mooney，2007；Johnson，2008；Haddad et al.，2011；Liu et al.，2014)。在节肢动物群落中，蚂蚁不仅是节肢动物群落中的顶极捕食者，同时也是互利者——蚂蚁取食半翅目昆虫的蜜露并保护它们免受天敌的危害(Heil and Mckey，2003)。通过下行控制效应，蚂蚁与半翅目产蜜露昆虫所形成的互利关系会对节肢动物群落不同营养级乃至生态系统功能产生重要的影响(Wimp and Whitham，2001；Christian，2001；Kaplan and Eubanks，2005；Mooney，2007；卢志兴等，2013；Freitas and Rossi，2015)。许多研究证明，蚂蚁与半翅目昆虫形成的互利关系会增加半翅目昆虫的种群数量(Morales，2002；Del-Claro et al.，2006)，同时蚂蚁的捕食作用可以减少植食性昆虫的种群数量(Wimp and Whitham，2001)。但是蚂蚁同样也会对其他捕食性昆虫造成不利影响，从而扰动食物网中的营养级结构(Kaplan and Eubanks，2005；Mestre et al.，2016)。同许多半翅目昆虫一样，紫胶虫也会分泌蜜露，并与照顾它们的蚂蚁形成互利关系(Chen et al.，2011；卢志兴等，2012a，2012b)。目前对蚂蚁-紫胶虫互利关系的研究多集中在互利关系对蚂蚁和紫胶虫的影响，它们是如何影响节肢动物群落结构的还少有研究(王思铭等，2011，2013；卢志兴等，2013)，对不同营养级的研究还未涉及。

另外，生产者的上行效应主要体现在植物的多样性对食物网中的高营养级产生影响(Hooper et al.，2005；Duffy et al.，2007)，一些研究证明，植物多样性的增加会使节肢动物群落的营养级结构更加稳固(Haddad et al.，2009，2011；Cook-Patton et al.，2011)。一些学者认为植物物种多样性的增长会增加植物的生产力，并且提供更多类型的资源，因此能够吸引更多种类的消费者及捕食者(Keddy，1984；Srivastava and Lawton，1998；Hurlbert，2004)。

许多学者分别从以上两个途径分析蚂蚁对节肢动物群落下行效应或者植物多样性对自身生产力及对节肢动物群落的上行效应，但是很少有研究考虑到这两个效应是如何共同作用的(Moreira et al.，2012)。

从前面章节的论述中不难发现，紫胶虫与蚂蚁的互利关系对某些节肢动物群落是产生影响的，包括蚂蚁群落、蜘蛛群落、蝗虫群落、蝽类等。但是这些研究只是关注独立的某个群落，并未从食物链或食物网的角度来分析其联动效应，而这是生态系统功能或生态系统服务最关注的，因为生态系统的功能或服务与其密切相关。紫胶虫-蚂蚁-寄主植物三者的相互作用是研究生态系统中下行效应和上行效应及二者联合作用的理想平台。已有的研究显示，紫胶虫与蚂蚁的互利关系对捕食者、消费者均能产生影响。紫胶虫的寄主植物具有高度的多样性，这种多样性也能对植物的生产力产生积极影响(王庆等，2018)。因此，可以推断出紫胶虫的寄主植物多样性也能联动作用于捕食者和消费者。本研究以蚂蚁-紫胶虫的互利关系为核心，探究互利关系导致的下行效应和寄主植物多样性的上行效应是如何作用于节肢动物群落不同的营养级结构，为进一步深入研究互利关系对生态系统的服务和功能提供基础。

13.2　材料与方法

13.2.1　研究地概况

研究地位于云南省普洱市墨江县雅邑乡(23°14′N，101°43′E)，海拔为 1000～1056 m。该地区属南亚热带半湿润山地季风气候，年平均气温 17.8℃，年平均降水量 1315.4 mm。紫胶生产是雅邑乡的主要产业之一，当地常用紫胶寄主植物为牛肋巴(*Dalbergia obtusifolia*)、南岭黄檀(*Dalbergia balansae*)、苏门答腊金合欢(*Acacia glauca*)、木豆(*Cajanus cajan*)、聚果榕(*Ficus racemosa*)等。

13.2.2　试验设计

选取牛肋巴、木豆和南岭黄檀 3 种树作为紫胶虫的寄主植物，于 2014 年 3 月将苗木种植于实验地。实验按照随机裂区实验设计，主区为蚂蚁-紫胶虫互利关系因素，分为 3 种处理，分别是蚂蚁不能访问紫胶虫(即有紫胶无蚂蚁，简称 LN，是无互利关系的处理)、蚂蚁自由访问紫胶虫(即有紫胶有蚂蚁，简称 LA，是有互利关系的处理)和自然对照(即无紫胶有蚂蚁，简称 NT)(图 13-1)。副区为寄主植物物种多样性因素，也分为 3 种处理：第一种处理为 3 种寄主植物的单一树种，作为植物物种多样性 1 的处理；第二种处理为 3 种寄主植物的中的任意 2 种寄主植物混合种植，作为植物物种多样性 2 的处理；第三种处理为 3 个树种同时出现，作为植物物种多样性 3 的处理。为实现 3 种树种的不同组合，3 种树种组合还引入了当地另一种常用紫胶寄主植物聚果榕。每个组合包括 6 株寄主植物，分 2 行种植，每行 3 株。相邻植株之间的距离为 15 cm，组合之间的距离为 1.5 m。按照此方法随机等分试验区设计 4 个重复，每个试验区之间相隔不少于 4 m。于 2015 年 5 月放养云南紫胶虫(*Kerria yunnanesis*)，枝条上固定紫胶虫的比例约占枝条总长度的 30%。每株植物的茎干上缠绕 4 cm 宽的透明胶带，其中控制蚂蚁不能访问的寄主植物上沿胶带涂满黏虫胶，黏虫胶每 2 周更换一次，并清理杂草藤蔓等能被蚂蚁利用到达紫胶虫的结构。试验后期测量所有植株的高度。

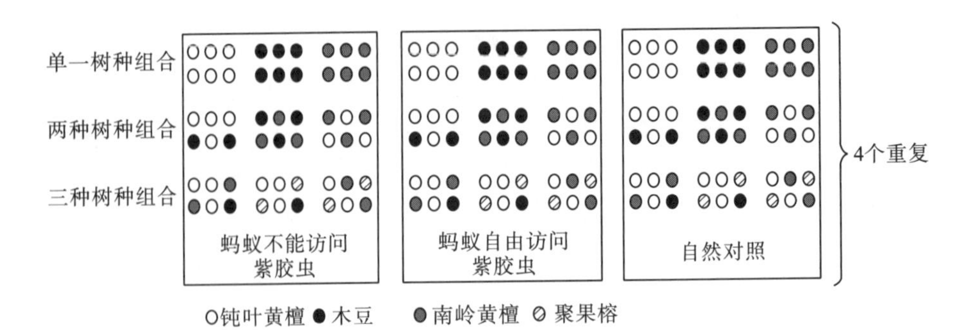

图 13-1 试验样地设计

13.2.3 寄主植物上节肢动物调查

于 2016 年 9 月 12 日用套袋法和震落法采集每株寄主植物上所有的节肢动物，将采集到的样本鉴定到种或科。节肢动物划分为紫胶虫(互利关系的参与者，提供蜜露)、蚂蚁(互利关系的参与者，提供保护)、消费者(紫胶虫寄主植物上蚂蚁不照顾的植食性害虫)和捕食者(取食对象为紫胶虫寄主植物上捕食蚂蚁不照顾的植食性害虫)。共采集到 29 种蚂蚁，计14767头，其中，粗纹举腹蚁(*Crematogaster macaoensis*)占 13.18%，黑头酸臭蚁(*Tapinoma melanocephalum*)占 56.1%，来氏大头蚁(*Pheidole lighti* Wheeler)占 21.65%，这 3 种蚂蚁为主要的互利关系参与的种类；消费者共采集到 105 种 1442 头，捕食者共采集到 24 种 245 头。

13.2.4 统计分析

利用 SPSS 24 的广义线性混合模型工具分析节肢动物数据。将每个组合各个营养级的节肢动物多度作为因变量。是否有蚂蚁与紫胶虫形成互利关系和寄主植物物种多样性及两者的交互作用被视为固定效应，4 个重复及重复和是否有蚂蚁的交互作用被视为随机效应。为了避免不同树种的大小对分析的影响，在分析节肢动物多度时，将每组植物的平均高度作为协变量。利用 LSD 多重比较方法检验各处理的平均值是否有显著差异。

13.3 结果与分析

13.3.1 互利关系与植物物种多样性对消费者的影响

是否有蚂蚁-紫胶虫互利关系和植物物种多样性及两者的交互作用均会显著影响群落中消费者的多度(表 13-1)。首先，在只考虑有无互利关系情况下，无互利关系处理(LN)消费者多度最高，比自然对照(NT)高 25%，比有互利关系处理(LA)高 64%，3 种处理之间均有显著性差异(图 13-2A)。其次，从植物物种多样性来看，多样性 3 处理的消费者多度显著高于多样性 2 和多样性 1 的处理，分别高出 53%和 85%，而多样性 1 和多样性 2 处理之间无明显差异(图 13-2B)。最后，在两者交互作用的影响下，除了自然对照处理(NT)外，其他两组的消费者多度均有随植物物种多样性上升而增长的趋势。在植物物种多样性 1 处理下，无互利关系处理(LN)和自然对照处理(NT)的消费者多度明显高于有互利关系处理(LA)，无互利关系处理(LN)和自然对照处理(NT)之间无显著差异；在多样性 2 和多样性 3 处理下，无互利关系处理的消费者(LN)均显著高于有互利关系处理(LA)和自然对照处理(NT)，但是有互利关系处理(LA)和自然对照处理(NT)之间无显著差异(图 13-2C，图 13-2D)。

表 13-1　蚂蚁有无与植物物种多样性对消费者多度的固定效应

源	Df1	Df2	*F*	*P*
截距	14	99	29.552	<0.001
互利关系	2	93	4.290	0.017
植物物种多样性	6	93	56.030	<0.001
互利关系×植物物种多样性	4	93	6.850	<0.001

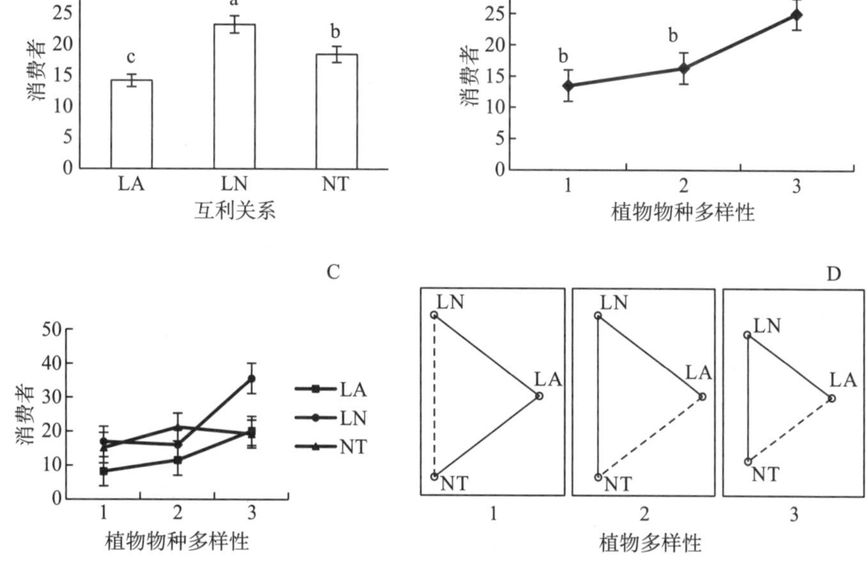

图 13-2　不同处理对节肢动物群落消费者多度的影响

注：图 A、B 上不同字母表示均值具有显著差异($P< 0.05$)。图 D 表示不同的蚂蚁处理和植物物种多样性交互作用下消费者多度的平均值差异情况，实线表示两者有显著差异，虚线表示两者无显著差异($P> 0.05$)。

13.3.2　互利关系与植物物种多样性对捕食者的影响

互利关系有无对捕食者多度无影响，植物物种多样性对捕食者多度有显著影响(图 13-3)，互利关系和植物物种多样性的混合效应对捕食者多度没有显著影响(表 13-2)。植物物种多样性 2 和植物物种多样性 3 的捕食者多度明显高于多样性 1 群落中的捕食者多度，分别高出 109% 和 99%。植物物种多样性 2 和植物物种多样性 3 之间捕食者多度没有显著差异。

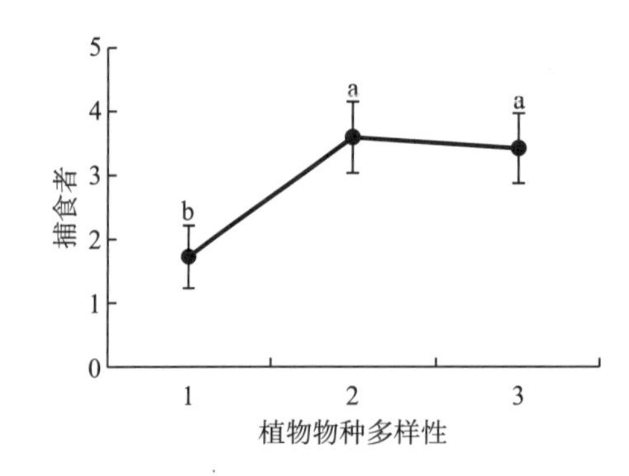

图 13-3 植物物种多样性对捕食者多度的影响

注：不同字母表示均值具有显著差异($P< 0.05$)。

表 13-2 植物物种多样性与蚂蚁对捕食者的固定效应

源	Df1	Df2	*F*	*P* 值
截距	14	93	5.123	<0.001
互利关系	2	93	1.277	0.284
植物物种多样性	6	93	10.976	<0.001
互利关系×植物物种多样性	4	93	0.428	0.788

13.3.3 植物物种多样性和互利关系对蚂蚁多度的影响

将无互利关系组去除后，利用有互利关系处理和自然对照组的数据进行分析，结果显示互利关系有无和植物物种多样性及两者的交互作用对蚂蚁多度均有显著的影响(表 13-3)。首先，在只考虑互利关系有无的情况下，有互利关系处理的蚂蚁多度显著高于自然对照处理，高出其 6 倍多(图 13-4A)。其次，在只考虑植物物种多样性的情况下，植物物种多样性 2 和植物物种多样性 3 处理中蚂蚁多度明显高于植物物种多样性 1，分别高出 75%和 51.8%。但是多样性 3 处理要低于多样性 2 处理(图 13-4B)。最后，在两者的交互作用下，3 种多样性处理下有互利关系的蚂蚁数量均显著高于自然对照处理。有互利关系处理其蚂蚁的多度随着植物物种多样性的升高而增加，但是自然对照处理是植物物种多样性 2 蚂蚁多度最高，植物多样性 3 的蚂蚁多度要低于植物物种多样性 2(图 13-4C)。

表 13-3 植物物种多样性和互利关系对蚂蚁的影响

源	Df1	Df2	*F*	*P*
截距	5	66	103.22	0.004
互利关系	1	66	48.9	<0.001
植物物种多样性	2	66	137.85	<0.001
互利关系×植物物种多样性	2	66	80.31	<0.001

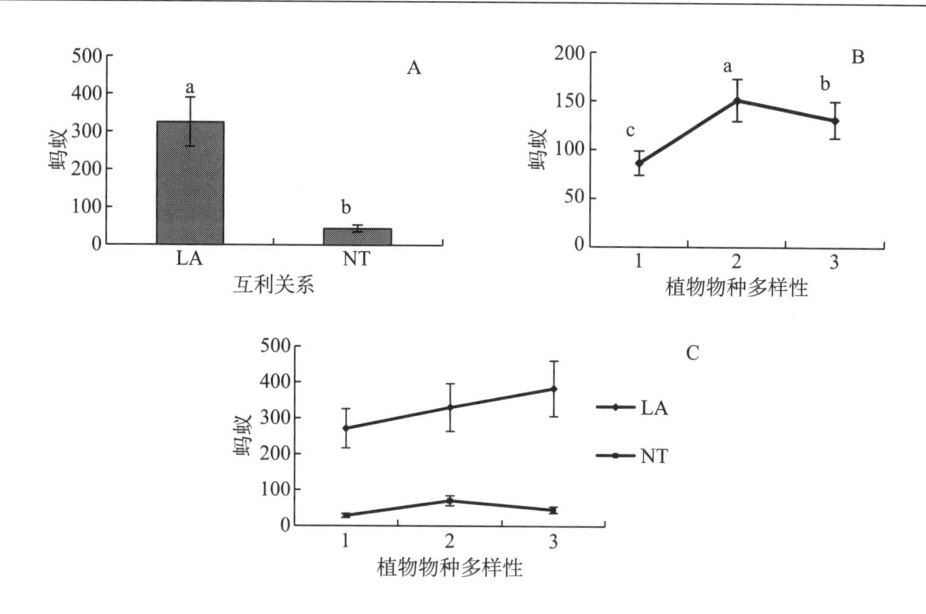

图 13-4　互利关系和植物物种多样性对蚂蚁多度的影响

13.4　结论与讨论

在一个以蚂蚁-半翅目昆虫互利关系为“基石作用”的生态系统中，互利关系会影响群落中其他节肢动物的行为、多度(James et al.，1999；Eubanks，2001；Styrsky and Eubanks，2007)，而植物多样性也会通过增加生产力等方式对消费者、捕食者产生积极的作用(Johnson，2008；Hector et al.，2010；Utsumi et al.，2011)。

本研究结果显示，在以蚂蚁-紫胶虫互利关系为核心的生态系统中，互利关系和寄主植物的物种多样性能单独并联合影响节肢动物不同营养级的群落结构。紫胶虫蚂蚁互利关系的存在，对节肢动物各个营养级产生明显的下行效应，从而调节、改变节肢动物群落的结构(Wimp and Whitham，2001；Christian，2001；Kaplan and Eubanks，2005；Mooney，2007；卢志兴等，2013；Freitas and Rossi，2015)。同时，紫胶虫寄主植物的物种多样性会通过上行效应显著增加消费者、捕食者及参与互利关系的蚂蚁的多度(Keddy，1984；Srivastava and Lawton,1998；Hurlbert，2004)，这一结论与前人研究一致。但是这些研究并未考虑如果两个效应同时出现其结果如何，也未考虑这种联合作用在不同营养级间的差异性。

本研究发现，虽然消费者的多度会随着植物物种多样性的升高而增加，但是一旦将互利关系的作用力考虑进去，结果就会发生变化。因为参与互利关系的蚂蚁会明显地抑制消费者的数量，这两个方向的联合效应是：在 3 个植物物种多样性水平上，消费者的多度都显著低于无互利关系的处理。也就是说，互利关系对消费者的抑制作用要明显强于寄主植物多样性的促进作用。产生这种现象的原因可能与捕食者的多度变化及植物的生理生化变化相关。那么对于捕食者而言，结果又是怎样的呢？本研究显示，节肢动物群落中的捕食者类群也会受到植物物种多样性的影响，即物种丰富度的提高有利于增加捕食者的多度。但是，互利关系的有无对捕食者没有显著的影响。下行效应和上行效应的联合作用结果是对捕食者的多度不产生显著影响。这个结论对于植物适合度及对于这种互利关系的稳定是十分有利的，也许是长期进化的结果，可能也与参与这种互利关系的大量的蚂蚁物种和数量有关。除了这些一般的捕食者以外，我们把对蚂蚁群落的影响单独列出，原因就是蚂蚁被认为是超级的捕食者。本研究发现，有互利关系的蚂蚁多度要比自然对照组高 6 倍多，这与前人的研究结果类似（卢志兴等，2013）。同时，植物物种多样性也会影响蚂蚁的多度，在自然对照组，植物多样性为 2 时，蚂蚁的多度达到最高，在植物多样性为 3 时其多度反而降低。而在有互利关系的情况下，蚂蚁多度随着植物多样性的升高而增加，造成这种现象的原因还需要进一步的研究与探讨，也许与一般捕食者多度高的原因相似，是一种长期进化的结果。

综合互利关系的下行效应和植物物种多样性的上行效应对消费者和捕食者多度的单独影响和联合效果来看，我们初步的结论是：互利关系显著降低植物上的植食性害虫，对捕食者不产生显著作用，但显著地提高了蚂蚁的多度。任何植物物种上都有其害虫发生，随着物种的增加其多度也出现增加的趋势，这些植食性害虫的捕食性对于这些害虫有跟随效应，即在植物物种多样性较高的时候，捕食者（包括蚂蚁）的多度也会增加，但不一定呈直线关系。互利关系的下行效应和植物多样性的上行效应的联合作用结果是显著降低消费者数量，对捕食者不产生影响，但显著提高蚂蚁的多度。由此可以看出，紫胶虫-蚂蚁-寄主植物三者的相互作用是一种长期进化的结果，它们间相互作用的结果是一种妥协的平衡，有利于维持这种关系的稳定性，因为任何一方的变化都会导致这种关系的不稳定甚至关系的解体。在有害虫攻击时，植物产生的次生代谢物质是以付出植物的生长成本为代价的，植物会权衡防御消耗与生长消耗，使自身获益得到最大化。而在有互利关系的寄主植物上保持蚂蚁高的多度及数量相对稳定的其他捕食者群体，有利于紫胶虫寄主植物的害虫（消费者）数量降低，从而降低植物在防御害虫方面的投入，将更多的营养投入到植物营养生长上，有利于维持其互利对象紫胶虫种群数量的稳定性，从而维持蜜露数量的稳定性，最终达到互利关系的稳定性。

本研究探讨了上行效应和下行效应对紫胶林生态系统中节肢动物群落结构的影响，事实上，蚂蚁与半翅目昆虫的互利关系所引发的下行效应不只作用于节肢动物，还会对生态系统的生产者——寄主植物产生影响（Styrsky and Eubanks，2007；Chamberlain and Holland，2009；Rosumek et al.，2009；张霜等，2010）。因此，蚂蚁-紫胶虫-寄主植物三者之间相互作用导致的上行效应和下行效应对整个生态系统产生的影响，还有待进一步研究。

第14章　蚂蚁与产蜜露昆虫之间的互利关系——探讨物种相互作用在生态系统服务中作用的突破口

14.1　引　　言

蚂蚁作为捕食者、互利者和生态系统的工程师，具有巨大的生态效应，并且在决定整个群落的结构和功能中发挥重要的作用(Heil and Mckey，2003；Styrsky and Eubanks，2007；Trager et al.，2010)。几乎所有的蚂蚁与其他物种之间都发生相互作用，一个十分有趣的例子即蚂蚁与产蜜露昆虫(如蚜虫)建立的互利关系(Hölldobler and Wilson，1990)。在这些相互作用中，蚂蚁照顾寄生在寄主植物上的产蜜露昆虫，取食其分泌的含糖丰富的蜜露的同时，保护产蜜露昆虫免遭捕食者和寄生者的危害(Stadler and Dixon，2005；Chen et al.，2014)。由此在食物链和食物网上传导这种作用，并引起相互作用的物种的数量发生变化。而系统中物种的丧失或增加能改变食物网的拓扑(topology)，并影响系统的功能(Ray et al.，2005；Thompson et al.，2017)。在这个过程中，生态系统通过调控捕食者和消费者效果得到自上而下的控制，也通过营养物质的可利用性得到自下而上的控制(Power，1992)。因此，这种通过改变顶极捕食者的 top-down 势力和通过改变基底资源的能量补给的 bottom-up 途径相结合，可能在决定群落结构动态并延伸至生态系统的服务方面发挥重要作用(Borer et al.，2006；Daleo et al.，2015)。

14.2　研究现状

14.2.1　蚂蚁与产蜜露昆虫间互利关系的生态学效应

蚂蚁和产蜜露昆虫的相互作用被称为关键的相互关系(keystone interaction)(Styrsky and Eubanks，2007)，因为产蜜露昆虫吸引的蚂蚁在群落层面具有十分重要的效应。首先，蚂蚁的有无，影响产蜜露昆虫的多度；其次，影响群落中其他节肢动物的种群动态和群落动态，包括产蜜露昆虫的捕食者和其他蚂蚁未照顾到的植食性昆虫(James et al.，1999；Eubanks，2001；Styrsky and Eubanks，2007)，这些昆虫又反过来影响植物的生长和适合度(Mooney，2006，2007)。同时，产蜜露昆虫的许多寄生性天敌是泛化种(generalist)，它们的存在对于系统中其他作物的植食性天敌也有控制作用(Agarwal and Rastogi，2005)。除此之外，蚂蚁照顾产蜜露昆虫能间接减少产蜜露昆虫寄主植物的天敌；由于蚂蚁的存在，植物将在资源分配中减少需要昂贵投入的次生代谢化学防御，转而投入到其他重要的策略上(Herms and Mattson，1992；Agrawal，2011；Yamawo et al.，2015)。因此蚂蚁与产蜜露昆虫之间的关系产生的影响远远超出物种之间，而达到群落层面，进而达到系统层面。

蚂蚁与产蜜露昆虫之间的相互作用的生态效应一直以来被忽略，可能是由于人们猜测这种相互作用太局部和太短暂，难以影响群落结构和植物的适合度。研究发现，蚂蚁和产蜜露昆虫这种局部的相互作用除对单一寄主植物上的节肢动物的多度和分布产生影响外(Zhang et al.，2012)，同样也对周围植物群落内的节肢动物的多度和分布产生影响(Wimp and Whitham，2001)。这种短时间的相互作用可以引起寄主植物质量长期变化，并进而在整个季节中影响其植食性天敌(Van Zandt and Agrawal 2004)。

反过来，相互作用的丢失对生态系统过程将产生广泛的影响(Estes et al.，2011)。研究发现，地球上的任何物种都参与一种或多种互利关系(互利关系是作用的双方的适合度都受益的相互作用)(Bronstein et al.，2004)，因此，相互作用的破裂可能通过威胁某些物种生存进而影响生物多样性。这些物种的丧失并不像由巨大的环境变异如生境丧失、气候变化、生物入侵和过度开采等所驱动一样，它们自身并不直接对大尺度的环境变异产生反应，而是由于它们的互利伙伴容易受到威胁而使它们处于威胁之中(Dunn et al.，2009b)。互利关系受到干扰时带来物种受到影响，原因是在这种关系未遭到破坏时，作用的双方应对胁迫环境共同进化或是一方帮助另一方克服营养限制、扩散阻限和捕食等限制因子(Lengyel et al.，2009；Johnson et al.，2010)。

14.2.2 生态系统服务分类及研究进展

《千年生态系统评估报告》(*The Millennium Ecosystem Assessment*，MA)(Assessment，2005)根据生态系统中有机物提供的各种形式的服务，提出了生态系统服务(ecosystem service，ES)总的分类框架包括 4 个方面的服务：第一，提供服务(provisioning service，PS)，指由有机物直接提供的影响人类安宁的各种物质；第二，调节服务(regulating service，RS)，指调节生态系统过程，或维持生态系统完整性的内禀特性；第三，支持服务(supporting service，SS)，指维持包括生态系统功能在内的其他形式的生态服务；第四，文化服务(cultural service，CS)，指从生态系统中获得的非物质利益。

已有的研究中，科研工作者对自然的和修改过的生态系统提供给社会的服务已经形成了缜密的理解(Assessment，2005)。已有的研究大多数在景观层面上，研究较大的栖境改变对生态系统“提供服务”和“调节服务”的影响。研究结果发现，在某些提供服务(PS)方面特别是食物、纤维、生物质能源等产品最适的生态系统，在不同尺度下极大地简化了它们的结构、组成和功能。这种简化提升了某些提供服务(PS)，但是降低了其他的一些服务，特别是调节服务(RS)。这种简化已经导致了较大的生物多样性丧失(Assessment，2005)。那么关键的问题是这些生物多样性的丧失是否使简化的景观导致不对称的生态系统服务(ES)呢？已有证据充分表明，多样性的丧失影响生态系统的服务，但影响程度存在分歧(Cardinale et al.，2012)。

生态系统文化服务(CS)有其本身的价值，它们在鼓动大众支持保护生态系统方面发挥了重要作用。基于社会生态学模型，生态系统文化服务能够可操作性地定义，并较好地融入生态系统服务和政策框架(Daniel et al.，2012)

生态系统的服务经常不被政策、市场及自然保护和管理实践所认知。产生这种局面的原因很多。如有时候只极端地考虑自然保护，而完全忽视了系统对人类应提供的服务；从政策上讲，这个概念太新而不被主流决策者采纳；而作为资源管理者和从事产品开发的传统经济学家并不在意系统的自然属性和其他服务(Seppelt et al.，2012)。显然，如何兼顾生态系统各方面的服务是一个重大命题。

14.3 发 展 趋 势

物种之间的互利关系及其生态学效应是当今国际重大科学前沿领域之一。互利关系是指两个物种的个体间在相互作用时都受益，这种关系被认为是普遍而重要的生态学关系(Stachowicz，2001)。其中最著名的就是蚂蚁和产蜜露昆虫间的食物换保护的互利关系(food-for-protection mutualism)。互利关系普遍存在于自然生态系统中，从温带到热带都有发生，包括自然植被和农业生态系统(Hölldobler and Wilson，1990)，涉及的寄主植物范围非常广泛，包括草本植物、灌木、藤本植物及乔木等(Way et al.，1999；Moya-Raygoza and Nault，2000；Renault et al.，2005)。与竞争关系一样，可能是生物个体、物种、生态系统的一种最基本的演化动力或存在形式(Wang et al.，2008)。然而达尔文的自然选择理论，只是强调了竞争在自然生态系统中的重要性，忽视了互利关系事实上在自然生态系统中扮演了与竞争同样重要的角色。尽管关注蚂蚁与产蜜露昆虫之间的互利关系历史比较悠久，然而这种互利关系对群落层面的影响，特别是营养级间的相互作用对食物网、节肢动物群落结构、寄主植物的适合度，乃至生态系统的功能极少受到关注(Styrsky and Eubanks，2007)。已有的研究发现，蚂蚁与产蜜露昆虫间的兼性互利关系能提高群落层面的生物多样性(Chen et al.，2011)。

国内外以草地生态系统和森林生态系统为研究对象开展了卓有成效的研究，揭示了生物多样性与生态系统的功能有着密切的关系(马克平，2013)。生物多样性与生态系统功能研究开始向大尺度发展，并且逐渐与人类社会的发展密切联系起来，形成了新的研究重点，即生物多样性与生态系统服务的关系(biodiversity and ecosystem service，BES)(Cardinale et al.，2012；Zisenis，2015)。然而，绝大多数的研究只关注物种本身的丧失而忽略了物种之间的关系丧失(Dyer et al.，2010)。生态学上的相互作用对种群和群落的结构和稳定性在时间和空间上都具有重要的作用(Dyer et al.，2010；Nedorezov，2011)，进而在生态系统层面产生影响。

我国是一个多山国家，山地面积占国土面积的 2/3；其中，西南地区以丘陵山地为主，山高谷深，全区丘陵山地面积占土地总面积的 92.6%(胡庭兴，2011)。山地地貌的特殊性带来了山地生态环境的敏感性和脆弱性，同时山地多处于江河流域和湖泊集水区的中上游，其生态环境的影响将波及到中下游广阔的区域(胡庭兴，2011)。我国西南山地土地利用正显示一个重要的变化：以云南为例，土地利用强度高度分离，农业转变已经导致一个高度多样性的景观——包括从耕作的土地到封山育林的由不同土地利用演替构成的镶嵌结构(Chen et al.，2010，2011)。目前的土地管理策略无法全方位实现生态系统各个方面的服务，也可能不能充分保护物种间的互利关系，因为不同物种及互利关系的稳定性对经营管理活动反应极为不同(Aslan et al.，2013)。

14.4 应 用 前 景

互利关系在生态系统中的重要性有许多层面的原因，其中蚂蚁本身的作用不可忽视。蚂蚁为膜翅目(Hymenoptera)蚁科(Formicidae)昆虫，是生物量巨大、分布十分广泛的昆虫类群，除地球两极外几乎所有陆地生态系统中均有分布。蚂蚁能够改良土壤，分解有机质，提高土壤肥力，蚂蚁可用于生物防治，部分种类蚂蚁能帮助植物传播种子，一些种类蚂蚁还具有食用和药用价值(徐正会，2002)。蚂蚁是生态系统的重要组成部分，参与生态系统中关键的生态过程，对其他动物类群产生重要影响(Hölldobler and Wilson，1990；Gómez，2003)。虽然蚂蚁与许多产蜜昆虫之间存在互利关系，但本书重点强调蚂蚁与紫胶虫之间互利关系的特殊性及由此产生的应用前景是其他互利关系难以企及的。这种特殊关系主要体现在蚂蚁与紫胶虫相互作用时间长(每年两个世代，每个世代约半年时间)、紫胶虫十分庞大的种群数量(世界上每年紫胶产量 2 万～3 万 t，而每头紫胶虫雌成虫分泌的紫胶约 10 mg，紫胶虫到成虫的死亡率达 90%以上，由此可以推断其种群数量)、紫胶种植广阔的面积、参与的植物种类数量庞大、参与互利关系的蚂蚁物种和个体数庞大，以及结合的农业系统十分复杂。由此，紫胶虫与蚂蚁的互利关系无论在空间尺度上还是时间尺度上都具备对生态系统服务产生积极影响的条件。下面简单列举了南亚和东南亚几个主要紫胶生产国的紫胶资源分布情况，由此可以推断这种互利关系的应用前景。

14.4.1 世界上主要紫胶产区的紫胶资源分布

紫胶虫(*Kerria* spp.)主要分布于南亚和东南亚的少数几个国家，在昆虫分类系统中属半翅目(Hemiptera)胶蚧科(Lacciferidae)胶蚧属(*Kerria*)，紫胶虫分布在 70°E～120°E，8°N～32°N，其中以 19°N～26°N 地区最多。

紫胶虫在印度分布很广，由于受气候条件的限制，其最适宜分布区在中南部高原和山地。主产区处于恒河平原和德干高原之间的乔塔那格浦尔高原，比哈尔邦、西孟加拉邦、奥里萨邦、北方邦、马哈拉施特拉邦、阿萨姆邦、古吉拉特邦、旁遮普邦、拉贾斯坦邦、泰米尔纳德邦、麦索尔邦都有紫胶虫生长。但印度紫胶生产主要集中在比哈尔邦、中央邦、西孟加拉邦。比哈尔邦紫胶虫分布在兰契、帕拉茅、辛格布姆和哈扎巴里格 4 个县，东部的桑塔尔帕加纳也有分布。

泰国紫胶生产主要集中在东北部和北部，北部有 13 个府，东北部有 14 个府，其中东北部面积广阔，但紫胶分布比较零散，紫胶产量占全国紫胶产量的 1/3 左右，北部紫胶产量占全国紫胶总产量的 60%以上。其中北部紫胶的主要产区包括清莱、南府、清迈、南奔、南邦、帕府、程逸、素可泰、彭世洛、难府等，东北部紫胶主要产区包括廊开、沙功那空、孔敬、乌隆、加拉信、呵叻、武里南等。

中国紫胶产区主要分布于中国西南部，包括云南省、四川省、贵州省、湖南省、广西壮族自治区、福建省、广东省等地，云南省是中国紫胶主产区，产量占全国紫胶总产量的 90%以上。云南省紫胶产区主要分布于怒江流域及其支流、澜沧江流域及其支流、红河流域及其支流、金沙江流域及其支流和伊洛瓦底江流域及其支流河谷两岸，大部分紫胶产区隶属于红河哈尼族彝族自治州、思茅区、保山市、临沧市、德宏傣族景颇族自治州、楚雄彝族自治州。

主要包括：分布在滇中的澜沧江、把边江、阿墨江、漾濞河、礼社河，滇西的大盈江、龙川江上游，怒江在云南省的下部，滇东的南溪河、盘龙河等，海拔在 1000～1500 m 的山间盆地、低山丘陵及中山的南坡。全省适宜发展紫胶的面积近 6000 万亩。从行政区划上大约包括普洱市、红河哈尼族彝族自治州、临沧市、保山市、德宏傣族景颇族自治州几个地级州(市)的墨江哈尼族自治县、江城哈尼族彝族自治县、绿春县、元江县、元阳县、开远市、文山壮族苗族自治州、普洱市、景东彝族自治县、景谷傣族彝族自治县、镇源县、孟连傣族拉祜族佤族自治县、西盟佤族自治县、云县、凤庆县、临沧市、施甸县、漾濞彝族自治县、龙陵县、昌宁县、腾冲市、潞西市、盈江县、陇川县、梁河县、瑞丽市、澜沧县、耿马傣族佤族自治县、镇康县、永德县等地。

20 世纪 60 年代，云南省几个主要地州寄主植物资源近 8000 万株，面积近 900 万亩。20 世纪 80 年代后寄主植物资源锐减，紫胶产量在 20 世纪末期跌到历史最低谷，云南省紫胶年产量只有 150 t，进入 21 世纪后，结合退耕还林工程，紫胶资源逐渐恢复，全省新增紫胶造林面积 30 余万亩，紫胶产量也恢复到 3000 t 左右，基本接近云南省历史上最高产量(3400 t)。各个地州目前主要寄主植物种类、数量、面积、原胶产量见表 14-1。

表 14-1 云南省主要地州(市)紫胶资源情况汇总表

	紫胶林地面积/万亩	寄主树种类	寄主树数量/万株	原胶产量/t
普洱市	30	20 余种	600	500
红河州	20	30 余种	1800	400
临沧地区	50	数量多，主要为牛肋巴	900	1700
保山地区(含德宏州)	20	20 余种	500	500

缅甸能生产紫胶的地区十分广泛，缅北和缅甸中部均适宜发展紫胶，而与云南省接壤的掸邦是缅甸紫胶的主产地，其中东枝和腊戌是两个最大的紫胶产区。

越南的紫胶产区位于 17°E～22°E，东经 102°N～104°N，其中以 19°E～22°E 和 102°N～104°N 为老产区，包括莱州、山萝、清化、义安、义路、和平 6 个省。这些地区靠近中国的云南省和老挝边境，海拔 700～1500 m。

巴基斯坦紫胶生产地在信德省，分布于印度河下游的海德拉巴和卡拉奇两地的河谷两岸，主要生产于海德拉巴的杰鲁克、科特里、梅朗、锡卡尔普尔及米亚尼林区，此外，旁遮普省的莱亚尔普尔也是自然产区。

14.4.2 紫胶虫种质资源

印度用于紫胶生产的紫胶虫种只有一个，即紫胶蚧(*Kerria lacca*)，但有2个品系，分别是兰吉尼品系(Rangeeni Strain)和库斯米品系(Kusimi Strain)，兰吉尼品系生态适应性较广，在印度海拔200～800 m都可以见到，可以忍受较高的温度，一般在平原较多；而库斯米品系生长在海拔600 m以上的平原和山区，一般在山区较多。

中国在20世纪80年代以前用于紫胶生产的紫胶虫只有1种，即中华紫胶虫(*Kerria chinensis*)，后来先后引进巴基斯坦的信德紫胶虫(*Kerria sindica*)和印度的紫胶蚧，目前这3种紫胶虫都投入到了紫胶生产中。近年先后从缅甸和泰国引进了紫胶虫种质资源，预计将有更多的紫胶虫种投入到紫胶生产中。

泰国、越南和巴基斯坦用于紫胶生产的紫胶虫种均只有1种，其中巴基斯坦生产用的紫胶虫种为信德紫胶虫，越南、泰国用于紫胶虫生产的紫胶虫种待定(*Kerria* sp.)，缅甸用于紫胶生产的紫胶虫种有2个，种名待定(*Kerria* sp.)。

14.4.3 寄主植物资源

紫胶虫寄主植物种类繁多，在全世界的自然分布区中约有350种。

截至1964年底，印度紫胶虫的寄主植物共报道了204种，主要寄主植物包括宝树(*Butea monosperma*)、阿拉伯金合欢(*Acacia nilotica*)、亮叶合欢(*Albizzia lucida*)、三叶豆(木豆)(*Cajanus cajan*)、大叶千斤拔(*Moghania macrophylia*)、多花解宝叶(*Grewia serralata*)、火筒树(*Leea spp.*)、加纳里树(*Shorea talura*)、枣树(*Zizyphus xylopyra*)、儿茶(*Acacia catechu*)、孟加拉榕(*Ficus dengalensis*)、鸡嗉果(*F. cunia*)、马榔树(*F. receemosa*)、黄葛树(*F. infetoria*)、菩提树(*F. religiosa*)等(陈又清和姚万军，2007)。

泰国紫胶虫的寄主植物有34种，分属13科20属。主要集中在含羞草科(Mimosaceae)、蝶形花科(Papilionaceae)和桑科(Moraceae)，主要寄主植物包括雨树(*Samanea saman*)、宝树(*Butea monosperma*)、久树(*Schleiehera oleosa*)、滇刺枣(*Ziziphus mauritiana*)、马榔树(*F. glomerata*)、大叶千斤拔(*Moghania macrophylia*)、四角风车子、木豆、苏门答腊金合欢(*Acacia Montana*)、亮叶合欢(*Albizzia lucida*)等。在紫胶生产中发挥重要作用的主要寄主植物有雨树、滇刺枣、亮叶合欢、四角风车子4种，雨树的产胶量占总产量的80%以上，其他3种寄主植物产胶量仅占20%左右(陈又清和姚万军，2007)。

目前中国已经发现的紫胶虫寄主植物有300多种，生产上常用的有30多种，优良寄主植物有13种。主要寄主植物包括偏叶榕(*F. benjamina*)、木豆、高山榕(*F. altissima*)、短翅黄杞(*Engelhatia colebrookiana*)、一担柴(*Colona floribunda*)、滇刺枣、牛肋巴(*Dalbergia obtusifolia*)、思茅黄檀(*D. balansae*)、大叶千斤拔、泡火绳(*Eriolaena spectablilis*)、马鹿花(*Pueraria wallichii*)、马榔树、苏门答腊金合欢等(陈又清和姚万军，

2007）。

缅甸紫胶虫的寄主植物资源相对较少，用于紫胶生产的主要寄主树有宝树、阔叶榕（*F. rumphii*）、菩提树、马榔树、滇刺枣、台湾相思（*Acacia confuse*）、大叶合欢（*A. lebbeck*）、缅甸黄檀（*D. burmanica*）、铁刀木（*Cassi siamea*）等十几种，而其中使用最多的寄主植物是宝树和几种榕树（陈又清和姚万军，2007）。

越南用于紫胶生产的寄主植物种类很多，主要包括木豆、科尔黄檀（*D. kerri*）、牛肋巴、久树、荔枝（*Litchi chinensis*）、龙眼（*Euphoria longan*）、球状榕（*F. roxburghii*）、无忧花（*Saraca griffithiana*）、越南枫柏（*Pterocarya tonkinensis*）、粉葛（*Pueraria thomsoni*）、饭盒豆（*Endada scandens*）、桃金娘（*Rhodomyrtus tomentosa*）、大叶合欢、光叶合欢（*A. lucida*）、刺球花（*A. farneisna*）、台湾相思、腊肠树（*Cassia fistula*）、青槐（*C. glauca*）、铁刀木、高山榕、垂叶榕（*F. benjamina*）、钝叶榕（*F. obtusifolia*）、小叶榕（*F. retusa*）、阔叶榕、构树（*Broussonetia papyrifera*）、破布叶（*Grewia microcosm*）、大枣（*Zizyphus jujuba*）、木芙蓉（*Hibiscus mutabilis*）、黄杞（*Engelhardtia chrysolepis*）、柿（*Diospyros kaki*）、人心果（*Achras sapota*）、欧洲朴（*Celtis australis*）、菩提树、桑树（*Morus albl*）、酸角（*Tamarindua indicus*）、番石榴（*Psidum guajava*）、石榴（*Punica granatum*）等。目前放养紫胶虫的寄主植物主要有木豆、牛肋巴、科尔黄檀、久树、荔枝、龙眼（陈又清和姚万军，2007）。

巴基斯坦用于紫胶生产的寄主植物主要包括阿拉伯金合欢（*A. nilotica*）、枣树、大叶合欢、印度榕树（*F. bengalensis*）、雨树、斑点榕（*F. infectoria*）、穗状牧豆树（*Prosopis spicigera*）、番荔枝（*Annea squamosa*）、金合欢（*A. farnesiana*）（陈又清和姚万军，2007）。

综上所述，蚂蚁与紫胶虫的互利关系不仅在理论上具备对生态系统服务产生积极影响的可能性，而且由于其资源量大、分布广，在现实层面也具有可行性，具有广阔的应用前景。

参 考 文 献

彩万志，庞雄飞，花保祯，等. 2000. 普通昆虫学[M]. 北京：中国农业大学出版社.

蔡鸿娇，尤民生. 2007. 大蒜-小白菜间作套种对菜田节肢动物功能团的影响[J]. 华东昆虫学报, 16 (1): 1-7.

曾利民，于士涛，高飞，等. 2008. 农林复合生态系统节肢动物群落多样性研究[J]. 山东林业科技, (3): 19-21.

曾益群，郭辉军，尹绍亭，等. 2001. 巴卡小寨混农林系统农业生物多样性管理与评价[J]. 云南植物研究, (Suppl. 8): 113-127.

陈川，唐周怀，李鑫. 2005. 苹果园天敌昆虫群落的空间分布研究[J]. 昆虫天敌, 27 (4): 160-164.

陈航，陈晓鸣，冯颖，等. 2008. 胶蚧属 7 种紫胶虫的支序系统学分析[J]. 林业科学研究, 21 (5): 599-604.

陈金安. 2002. 自然天敌控制小麦蚜虫的效果观察[J]. 安徽农业科学, 2: 246-247.

陈连水，袁凤辉，饶军. 2005. 江西马头山自然保护区蜘蛛群落多样性研究[J]. 江西农业大学学报, 27 (3): 429- 434.

陈灵芝，钱迎倩. 1997. 生物多样性前沿[J]. 生态学报, 17 (6): 565-572.

陈灵芝. 1993. 中国的生物多样性现状及其保护对策[M]. 北京：科学出版社.

陈青山，钟倩红，林佩贤，等. 2009. 在 Excel 中完成实验对象的随机化分组[J]. 中国卫生统计, (3): 298-299.

陈晓鸣. 2005. 紫胶虫生物多样性研究[M]. 昆明：云南科技出版社.

陈晓鸣，陈又清，张弘，等. 2008. 紫胶虫培育与紫胶加工[M]. 北京：中国林业出版社.

陈晓鸣，冯颖. 1989. 紫胶虫雌成虫群体密度测算公式及其测算结果分析[J]. 动物学研究, 10 (2): 129-132.

陈晓鸣，冯颖. 1993. 紫胶虫种群密度变化与泌胶的研究[J]. 林业科学研究, 6 (4): 462-465.

陈彦林，陈又清，李 巧，等. 2008. 紫胶虫生境蜘蛛群落的初步研究[J], 福建林学院学报, 28 (2): 179-183.

陈彦林，陈又清，李巧，等. 2009. 云南紫胶虫栖境蝽类昆虫多样性[J]. 生态学杂志, 28 (7): 1351-1355.

陈永林. 2001. 蝗虫生态种及其指示意义的探讨[J]. 生态学报, 21 (1): 156-158.

陈友，罗长维，徐正会，等. 2007. 哀牢山西坡蚂蚁的多样性[J]. 东北林业大学学报, 35 (10): 57-60.

陈又清，陈晓鸣，李昆，等. 2004a. 紫胶虫觅食时对寄主植物枝条的选择[J]. 林业科学研究, 17 (2): 159-166.

陈又清，陈晓鸣，李昆，等. 2004b. 紫胶虫与寄主植物氨基酸含量关系初步研究[J]. 林业科学研究, 17 (3): 362-367.

陈又清，陈晓鸣，李昆，等. 2005. 紫胶虫与寄主植物无机盐含量关系初步研究[J]. 生态学杂志, 24 (5): 523-527.

陈又清，李巧，王思铭. 2009. 紫胶林-农田复合生态系统地表甲虫多样性——以云南绿春为例[J]. 昆虫学报, 52 (12): 1319-1327.

陈又清，王绍云. 2006a. 紫胶虫寄生对寄主植物营养成分的影响[J]. 昆虫知识, 43 (5): 691-695.

陈又清，王绍云. 2006b. 紫胶虫寄生对久树生长的影响[J]. 昆虫知识, 43 (4): 549-552.

陈又清，王绍云. 2006c. 蚂蚁和紫胶蚧互利关系中的行为机制[J]. 生态学杂志, 25 (6): 663-666.

陈又清，王绍云. 2006d. 紫胶虫的有效性比[J]. 生态学杂志, 25 (5): 531-534.

陈又清，王绍云. 2007a. 不同寄主植物对云南紫胶虫自然种群的影响[J]. 应用生态学报, 18 (4): 761-765.

陈又清，王绍云. 2007b. 云南紫胶虫的地理分布及生态因子的作用[J]. 昆虫学报, 50 (5):521-527.

陈又清，王绍云. 2010. 取食经历对云南紫胶虫自然种群的影响[J]. 林业科学, 1: 73-77.

陈又清，姚万军. 2007. 世界紫胶资源现状与利用[J]. 世界林业研究, 20 (1): 61-65.

陈玉德, 侯开卫. 1980. 紫胶虫优良寄主——钝叶黄檀的生态生物学特性[J]. 广西植物, (1): 12-151.

陈智勇. 2009. 紫胶生态经济系统分析与评价[D]. 北京: 中国林业科学研究院博士学位论文.

陈智勇, 陈晓鸣, 支玲, 等. 2010. 不同紫胶培育模式的经济效益分析[J]. 林业经济, (6): 90-93.

陈仲达. 1982. 论紫胶虫适生的气候条件[J]. 紫胶动态, 1: 3-7.

戴长春. 2005. 大豆蚜(*Aphis glycines* Matsumura)种群动态及天敌控制作用研究[D]. 哈尔滨: 东北农业大学硕士学位论文.

刀志灵, 郭辉军, 陈文松, 等. 2001. 高黎贡山地区户级水平混农林系统农业生物多样性评价——以百花岭汉龙社为例[J]. 云南植物研究, (Suppl. 8): 134-139.

董代文, 郑军, 王守林. 2003. 稻田寄生蜂类群与垂直分布调查初报[J]. 昆虫天敌, 25 (2): 64-67.

杜飞雁, 王雪辉, 贾晓平, 等. 2011. 大亚湾海域大型底栖生物种类组成及特征种[J]. 中国水产科学, 18 (4): 877-892.

冯志立, 甘建民, 郑征, 等. 2004. 西双版纳热带湿性季节雨林和次生林林下砂仁种植的比较研究[J]. 应用生态学报, 15 (8): 1318-1322.

甘明, 苗雪霞, 丁德诚. 2003. 日本柄瘤蚜茧蜂与其寄主豆蚜的相互作用:寄主龄期选择及其对发育的影响[J]. 昆虫学报, 46 (5): 598-604.

高坤, 郭春颖. 2009. 玉米螟生物防治的技术和效果[J]. 吉林农业, 11: 32-33.

高玉芝, 毛玉芬. 1995. 元江干热河谷区紫胶虫生态适应性初探[J]. 林业科学研究, 8: 124-126.

顾绍基. 1993. 紫胶虫及其寄主树病原种类研究[J]. 林业科学研究, 6 (6): 711-713.

郭萧, 徐正会, 杨俊伍, 等. 2006. 梅里雪山东坡蚂蚁物种多样性初步研究[J]. 西南林学院学报, 26 (4): 63-68.

郭萧, 徐正会, 杨俊伍, 等. 2007. 滇西北云岭东坡蚂蚁物种多样性研究[J]. 林业科学研究, 20 (5): 660-667.

韩宝瑜, 戴轩. 2009. 贵州东部地区茶园寄生蜂及其寄主种类的记述[J]. 安徽农业大学学报, 36 (3): 344-346.

韩兴国, 黄建辉, 娄治平. 1995. 关键种概念在生物多样性保护中的意义及存在的问题[J]. 植物学通报, 12: 168-184.

侯晓杰, 汪景宽, 李世朋. 2007. 不同施肥处理与地膜覆盖对土壤微生物群落功能多样性的影响[J]. 生态学报, 27 (2): 655-661.

胡庭兴. 2011. 西南山地森林生态系统研究[M]. 北京: 科学出版社.

黄建, 王竹红, 潘东明, 等. 2010. 福建省烟粉虱寄生蜂的调查与常见种类鉴别[J]. 热带作物学报, 31 (8): 1377-1384.

黄建华. 2005. 湖南省蚁科昆虫(膜翅目)的区系和分类研究[D]. 重庆: 西南农业大学博士学位论文.

黄帅, 何小丹, 胡红英. 2006. 东疆部分地区寄生蜂资源的初步调查[J]. 新疆大学学报 (自然科学版), 23 (4): 441-445.

贾彦华, 陈秀双, 路子云, 等. 2010. 3 种生物防治技术对夏玉米害虫的防治效果[J]. 河北农业科学, 14 (8): 121-123.

江小雷, 张卫国. 2010. 功能多样性及其研究方法[J]. 生态学报, 30 (10): 2766-2773.

昆虫学名词审定委员会. 2001. 昆虫学名词 2000[M]. 北京: 科学出版社.

赖永祺. 1988. 紫胶白虫茧蜂生殖生物学特性的观察[J]. 林业科学, 24 (1): 89-93.

李代芹, 赵敬钊. 1993. 棉田蜘蛛群落及其多样性研究[J]. 生态学报, 13 (3): 205-213.

李敦松, 黄少华, 张宝鑫, 等. 2007. 珠江三角洲地区甜玉米地亚洲玉米螟及其卵寄生蜂的发生规律[J]. 植物保护学报, 34 (2): 173-176.

李金元. 1994. 三种紫胶虫胶质比较研究[J]. 林业科学研究, 7 (4): 456-459.

李娟. 2011. 间作对果园害虫及天敌生态调控技术研究新进展[J]. 中国果业信息, 28 (5): 27-29.

李可力, 陈又清, 卢志兴, 等. 2015. 互利共生关系下粗纹举腹蚁蚁巢及种群的时空动态[J]. 林业科学研究, (2): 188-193.

李宁东, 曾玲, 梁广文, 等. 2008. 广东吴川红火蚁消长规律[J]. 昆虫知识, 45 (1): 54-57.

李巧. 2011. 物种累积曲线及其应用[J]. 应用昆虫学报, 48 (6): 1882-1888.

李巧, 陈又清, 陈彦林, 等. 2009a. 紫胶林-农田复合生态系统蝗虫群落多样性[J]. 应用生态学报, 20 (3): 729-735.

李巧, 陈又清, 陈彦林, 等. 2009b. 紫胶林-农田复合生态系统蛴类昆虫群落多样性[J]. 云南大学学报, 31 (2): 208-216.

李巧, 陈又清, 陈彦林, 等. 2009d. 紫胶林-农田复合生态系统甲虫群落多样性[J]. 生态学报, 29 (7): 3872-3881.

李巧, 陈又清, 郭萧, 等. 2006. 节肢动物作为生物指示物对生态恢复的评价[J]. 中南林学院学报, 26 (3): 117-122.

李巧, 陈又清, 郭萧, 等. 2007. 云南元谋干热河谷不同生境地表蚂蚁多样性[J]. 福建林学院学报, 27 (3): 272-277.

李巧, 陈又清, 王思铭, 等. 2009e. 普洱市亚热带季风常绿阔叶林区蚂蚁多样性[J]. 生物多样性, 17 (3):233-239.

李巧, 陈又清, 徐正会. 2009c. 蚂蚁群落研究方法[J]. 生态学杂志, 28 (9): 1862-1870.

李巧, 杨自忠, 陈又清, 等. 2009f. 普洱市亚热带季风常绿阔叶林区蜘蛛多样性[J]. 福建林学院学报, 29 (4): 301-305.

李圣法, 程家骅, 严利平. 2007. 东海大陆架鱼类群落的空间结构[J]. 生态学报, 27 (11): 4377-4386.

李钰飞. 2014. 有机、无公害和常规蔬菜种植模式下温室土壤生物群落结构及食物网的特征研究[D]. 北京: 中国农业大学博士学位论文.

联合国环境规划署. 2007. 全球环境展望 4[M]. 北京: 中国环境科学出版社.

梁铬球, 郑哲民. 1998. 中国动物志: 昆虫纲 (第 12 卷) 直翅目: 蚱总科[J]. 北京: 科学出版社.

梁红柱, 窦德泉, 冯玉龙. 2004. 热带雨林下砂仁叶片光合作用和叶绿素荧光参数在雾凉季和雨季的日变化[J]. 生态学报, 24 (7): 1421-1429.

梁玉斯, 蒋菊生, 曹建华. 2007. 农林复合生态系统研究综述[J]. 安徽农业科学, 35 (2): 567-569.

廖崇惠. 2002. 海南尖峰岭热带土壤动物群落—群落的组成及其特征[J]. 生态学报, 22 (11): 1866-1872.

廖定熹. 1987. 中国经济昆虫志 (第三十四册) 膜翅目 小蜂总科 (一) [M]. 北京: 科学出版社.

刘缠民, 马捷琼. 2007. 江苏徐州地区 7 种生境蚂蚁群落结构研究[J]. 徐州师范大学学报, 25 (3): 65-68.

刘崇乐. 1957. 紫胶虫与紫胶[J]. 生物学通报, (5): 6-13.

刘德广, 罗玉钏. 1999. 荔枝-牧草复合系统节肢动物群落的研究 Ⅰ.数量和优势集中性比较分析[J]. 中山大学学报 (自然科学版), 38 (S): 126-130.

刘德广, 罗玉钏, 梁伟光, 等. 1999. 复合荔枝园寄生性天敌群落的研究[J]. 昆虫天敌, 21 (3): 134-139.

刘德广, 熊锦君. 2001. 荔枝-牧草复合系统节肢动物群落多样性与稳定性分析[J]. 生态学报, 21 (10): 1596-1601.

刘红, 袁兴中, 张承德. 2002. 山东曲阜地区蚂蚁群落结构及物种多样性研究[J]. 生物多样性, 10 (3): 298-304.

刘慧, 廉振民, 常罡, 等. 2007. 陕西洛河流域不同生境蝗虫的群落结构[J]. 应用昆虫学报, 44 (2): 214-218.

刘雨芳, 张古忍. 1999. 利用改装的吸虫器研究稻田节肢动物群[J]. 植物保护, 25 (6): 39-40.

龙健, 邓启琼, 江新荣, 等. 2005. 贵州喀斯特石漠化地区土地利用方式对土壤质量恢复能力的影响[J]. 生态学报, 25 (12): 3188-3195.

卢志兴, 陈又清, 李巧, 等. 2012a. 紫胶虫蜜露对地表蚂蚁多样性的影响[J]. 应用生态学报, 23 (4): 1117-1122.

卢志兴, 陈又清, 李巧, 等. 2012b. 云南紫胶虫种群数量对地表蚂蚁多样性的影响[J]. 生态学报, 32 (19): 6195-6202.

卢志兴, 陈又清, 张威, 等. 2013. 蚂蚁-紫胶虫兼性互利关系对蚂蚁群落多样性的影响[J]. 生物多样性, 21: 343-351.

卢志兴, 李可力, 张念念, 等 2016.. 紫胶玉米混农林模式对地表蚂蚁多样性及功能群的影响[J]. 中国生态农业学报, 24 (1): 81-89.

马凤娇, 刘金铜, Eneji AE. 2013. 生态系统服务研究文献现状及不同研究方向评述[J]. 生态学报, 33 (19): 5963-5972.

马克平. 1993. 试论生物多样性概念[J]. 生物多样性, 1 (1): 20-22.

马克平. 1994. 生物群落多样性的测度方法//钱迎倩, 马克平. 生物多样性研究的原理与方法[M]. 北京: 中国科学技术出版社: 141-165.

马克平. 2011. 监测是评估生物多样性保护进展的有效途径[J]. 生物多样性, 19 (2): 125-126.

马克平. 2013. 生物多样性与生态系统功能的实验研究[J]. 生物多样性, 21 (3): 247-248.

马克平, 刘玉明. 1994. 生物群落多样性的测度方法Ⅰ: α多样性的测度方法 (下)[J]. 生物多样性, 2 (4): 231-239.

马克平, 钱迎倩. 1998. 生物多样性保护及其研究进展[J]. 应用与环境生物学报, 4 (1): 95-99.

孟广涛, 方向京, 和丽萍, 等. 2006. 云南省生态环境现状及其防治对策[J]. 水土保持研究, 13 (2): 7-9.

孟平, 张劲松, 樊巍. 2003. 中国复合农林业研究[M]. 北京: 中国林业出版社.

墨江哈尼族自治县志编纂委员会. 2002. 墨江哈尼族自治县志[M]. 昆明: 云南人民出版社.

农荣贵, 张永强. 1998. 稻田害虫和捕食性节肢动物群落结构和动态[J]. 蛛形学报, 7 (1): 74-80.

欧炳荣, 洪广基. 1990. 紫胶虫外部形态扫描电镜观察[J]. 林业科学研究, 3 (2): 133.

欧炳荣, 洪广基, 杨星池, 等. 1984. 紫胶虫的生物学研究[J]. 昆虫学报, 27 (1): 70-77.

彭少麟. 2003. 热带亚热带恢复生态学研究与实践[M]. 北京: 科学出版社.

沈鹏, 赵秀兰, 程登发, 等. 2007. 红火蚁入侵对本地蚂蚁多样性的影响[J]. 西南师范大学学报, 32 (2): 93-97.

师光禄, 常宝山. 2006. 枣园间种牧草对节肢动物群落营养层与优势功能团的影响[J]. 生态学报, 26 (2): 399-409.

师光禄, 王有年. 2006. 间种牧草枣林捕食性节肢动物群落结构的动态[J]. 应用生态学报, 17 (11): 2088-2092.

师光禄, 赵利蔺. 2005. 不同间作枣园害虫的群落结构与动态[J]. 生态学报, 25 (9): 2263-2271.

施祖华, 刘树生. 2003. 小菜蛾主要寄生性天敌——菜蛾绒茧蜂与菜蛾啮小蜂间的相互作用[J]. 应用生态学报, 14 (6):949-954.

石秉聪. 1993. 我国紫胶产区气候与紫胶虫引种驯化的研究[J]. 林业科学研究, 6 (5): 499-502.

宋大祥, 颜亨梅, 朱明生. 1992. 梵净山和张家界地区蜘蛛群落结构及多样性研究[J]. 蛛形学报, 1 (1): 45-57.

宋大祥, 朱明生, 陈军. 2001. 河北动物志　蜘蛛类[M]. 石家庄: 河北科学技术出版社.

宋南, 罗梅浩, 原国辉. 2006. 取食对寄生蜂的影响[J]. 昆虫天敌, 28 (3): 132-138.

宋彦涛, 王平, 周道玮. 2011. 植物群落功能多样性计算方法[J]. 生态学杂志, 30 (9): 2053-2059.

孙国钧, 张荣, 周立. 2003. 植物功能多样性与功能群研究进展[J]. 生态学报, 23 (7): 1430-1435.

孙慧珍, 国庆喜, 周晓峰. 2004. 植物功能型分类标准及方法[J]. 东北林业大学学报, 3 (32): 81-83.

孙儒泳. 2001. 动物生态学原理[M]. 3 版. 北京: 北京师范大学出版社.

唐觉, 李参, 黄恩友, 等. 1995. 中国经济昆虫志 (第四十七册) 膜翅目　蚁科 (一)[M]. 北京: 科学出版社.

滕应, 黄昌勇, 骆永明, 等. 2004. 铅锌银尾矿区土壤微生物活性及其群落功能多样性研究[J]. 土壤学报, 41 (1): 113-119.

滕兆乾. 2002. 山东省直翅目 (Orthoptera) 昆虫多样性研究[D]. 济南: 山东师范大学硕士学位论文.

汪洋, 王刚, 杜瑛琪, 等. 2011. 农林复合生态系统防护林斑块边缘效应对节肢动物的影响[J]. 生态学报, 31 (20): 6186-6193.

王葆芳, 贾宝全, 杨晓晖, 等. 2002. 干旱区土地利用方式对沙漠化土地恢复能力的评价[J]. 生态学报, 22 (12): 2030-2035.

王洪全. 1981. 稻田蜘蛛保护利用[M]. 长沙: 湖南科学技术出版社.

王洪全. 2006. 中国稻区蜘蛛群落结构和功能的研究[M]. 长沙: 湖南科学技术出版社.

王继红, 张帆, 李元喜. 2011. 烟粉虱寄生蜂种类及繁殖方式多样性[J]. 中国生物防治学报, 27 (1): 115-123.

王江丽, 白涛, 吴晓磊, 等. 2008. 农林复合生态系统防护林结构对植物生物多样性的影响[J]. 东北农业大学学报, 39 (1): 50-54.

王庆, 卢志兴, 赵婧文, 等. 2018. 物种丰富度及物种间相互作用对植物生长的影响——以木本紫胶虫寄主植物苗木为例[J]. 云南大学学报 (自然科学版), 40 (2): 398-404.

王士振. 1987. 紫胶虫及其寄主植物害虫名录[J]. 资源昆虫, 1: 59-62.

王思铭, 陈又清, 李巧, 等. 2009. 蚂蚁混合种群在云南紫胶虫两种寄主植物上的昼夜时空动态及空间分布型[C]. 云南省昆虫学会 2009 年年会论文集.

王思铭, 陈又清, 李巧, 等. 2010a. 蚂蚁光顾云南紫胶虫对其天敌紫胶黑虫种群的影响[J]. 昆虫知识, 47 (4): 730-735.

王思铭, 陈又清, 卢志兴, 等. 2010b. 紫胶园异质性栖境下的蚂蚁共存机制[J]. 应用生态学报, 21 (10): 2684-2690.

王思铭, 陈又清, 卢志兴, 等. 2011. 粗纹举腹蚁垄断蜜露对紫胶生产的影响[J]. 应用生态学报, 22 (1): 229-234.

王思铭, 陈又清, 卢志兴, 等. 2013a. 云南紫胶虫与粗纹举腹蚁之间的互利关系[J]. 昆虫学报, 56 (3): 286-292.

王思铭, 陈又清, 卢志兴, 等. 2013b. 粗纹举腹蚁蚁巢解剖及其数学建模[J]. 应用昆虫学报, 50 (5): 1405-1412.

王维. 2009. 湖北省蚁科昆虫分类研究[M]. 北京: 中国地质大学出版社.

王玉玲, 李淑萍. 2009. 豫东平原蚂蚁群落结构及物种多样性[J]. 生态学杂志, 28 (12): 2541-2545.

王玉玲. 2008. 河南商丘森林公园蚂蚁多样性研究[J]. 四川动物, 27 (6): 1041-1044.

王宗英, 陈发扬, 路有成, 等. 1997. 九华山森林土壤蜘蛛群落的初步研究[J]. 生态学报, 17 (1): 71-77.

温福光. 1984. 紫胶蚧越冬的气象条件分析[J]. 昆虫知识, 21 (4): 176-179.

吴东辉, 张柏, 陈鹏. 2006. 长春市不同土地利用条件下大型土壤动物群落结构与组成[J]. 动物学报, 52 (2): 279-287.

吴坚, 王常禄. 1995. 中国蚂蚁[M]. 北京: 中国林业出版社.

武维霞, 马祁, 姚举, 等. 2009. 荒漠过渡带与相邻棉田寄生性天敌昆虫群落特征研究初报[J]. 新疆农业科学, 46 (4): 706-710.

萧采瑜, 任树芝, 郑乐怡, 等. 1977. 中国蝽类昆虫鉴定手册[M]. 北京: 科学出版社.

萧采瑜. 1981. 中国姬蝽科的新种和新记录及两种棒姬蝽的小记（半翅目: 异翅亚目)[J]. 昆虫学报, 1: 63-71.

徐敦明, 李志胜, 刘雨芳, 等. 2004. 稻田及其毗邻杂草地寄生蜂群落结构与特征[J]. 生物多样性, 12 (3): 312-318.

徐华勤, 肖润林, 邹冬生, 等. 2007. 长期施肥对茶园土壤微生物群落功能多样性的影响[J]. 生态学报, 27 (8): 3355-3361.

徐正会. 2002. 西双版纳自然保护区蚁科昆虫生物多样性研究[M]. 昆明: 云南科技出版社.

徐正会, 曾光, 柳太勇, 等. 1999. 西双版纳地区不同植被亚型蚁科昆虫群落研究[J]. 动物学研究, 20 (2): 39-46.

徐正会, 蒋兴成, 陈志强, 等. 2001b. 高黎贡山自然保护区东坡垂直带蚂蚁群落研究[J]. 林业科学研究, 14 (2): 115-124.

徐正会, 李继乖, 付磊, 等. 2001a. 高黎贡山自然保护区西坡垂直带蚂蚁群落研究[J]. 动物学研究, 22 (1): 58-63.

许再富. 1995. 生态系统中关键种类型及其管理对策[J]. 云南植物研究, 17 (3): 331-335.

阎克显. 1992. 信德紫胶虫气候适应性研究[J]. 林业科学研究, 5 (1): 71-76.

杨华, 许继宏, 刘艳平, 等. 2006. 云南绿春石斛属植物资源及其开发利用[J]. 云南大学学报: 自然科学版, (S1): 314-316, 320.

杨效东, 佘宇平, 张智英, 等. 2001. 西双版纳傣族“龙山”片断热带雨林蚂蚁类群结构与多样性研究[J]. 生态学报, 21 (8): 1321-1328.

杨星池. 1995. 中国紫胶虫生活史及其胶表物候[J]. 林业科学研究, 8 (1): 20-24.

杨忠文, 徐正会, 郭萧, 等. 2009. 云南大理苍山及邻近地区蚂蚁的物种多样性[J]. 西南林学院学报, 29 (6): 47-52.

杨忠兴. 2000. 墨江县的森林类型及珍稀树种[J]. 云南林业调查规划, 25 (2): 1-6.

姚槐应, 何振立, 黄昌勇. 2003. 不同土地利用方式对红壤微生物多样性的影响[J]. 水土保持学报, 17 (2): 51-54.

尤民生. 1997. 论我国昆虫多样性的保护与利用[J]. 生物多样性, 5 (2):135-141.

于晓东, 周红章, 罗天宏. 2001. 云南西北部地区地表甲虫的物种多样性[J]. 动物学研究, 22 (6): 454-460.

喻赞仁. 1994. 元江河谷热带坝区自然优势及其开发[J]. 自然资源学报, 7 (3): 235-239.

袁锋. 2006. 昆虫分类学[M]. 北京: 中国农业出版社.

占志雄, 邱良妙. 2005a. 不同牧草覆盖枇杷园节肢动物群落的结构和动态[J]. 福建农林大学学报, 34 (2): 162-167.

占志雄, 邱良妙. 2005b. 套种羽叶决明的龙眼园节肢动物群落结构与稳定性研究[J]. 福建农业学报, 20 (3): 149-153.

张福海. 1987. 简论非地带性因素对紫胶虫分布的影响[J]. 资源昆虫, 2 (1): 17-20.

张慧杰, 段国琪, 张战备, 等. 2005. 烟粉虱成虫的昼夜时空动态及空间格局[J]. 应用与环境生物学报, 11 (1): 55-58.

张继玲, 徐正会, 赵宇翔, 等. 2009. 滇西北怒山西坡蚂蚁群落研究[J]. 西南林学院学报, 29 (3): 49-56.

张金屯, 范丽宏. 2011. 物种功能多样性及其研究方法[J]. 山地学报, 29 (5): 513-519.

张丽英. 2008. 赤眼蜂对玉米螟防治效果研究[J]. 现代农业科学, 12: 72-74.

张茂林, 王戎疆. 2011. 昆虫多样性的保护现状与趋势[J]. 应用昆虫学报, 48 (3):739-745.

张念念, 陈又清, 卢志兴, 等. 2013. 云南橡胶林和天然次生林枯落物层蚂蚁物种多样性、群落结构差异及指示种[J]. 昆虫学报, 56 (11): 1314-1323.

张霜, 张育新, 马克平. 2010. 保护性的蚂蚁-植物相互作用及其调节机制研究综述[J]. 植物生态学报, 34 (11): 1344-1353.

张永国, 吴专, 陈合志, 等. 2007. 农林复合生态系统游猎型蜘蛛种群动态及影响因素的研究[J]. 河北林果研究, 22 (3): 299-302.

张志升, 魏国, 刘钟华, 等. 2010. 四川省长宁竹海自然保护区蜘蛛群落多样性研究[J]. 四川动物, 29 (3): 492-495.

张智英, 曹敏, 杨效东, 等. 2000. 西双版纳片段季节性雨林蚂蚁物种多样性研究[J]. 动物学研究, 21 (1): 70-75.

张智英, 李玉辉, 柴冬梅, 等. 2005. 云南石林公园不同生境蚂蚁多样性研究[J]. 生物多样性, 13 (4): 357-362.

赵映书, 赵紫华, 董风林, 等. 2011. 银川平原麦蚜寄生蜂群落结构及其时间动态[J]. 植物保护, 37 (1): 55-58.

郑国, 杨效东, 李枢强. 2009. 西双版纳地区六种林型地表蜘蛛多样性比较研究[J]. 昆虫学报, 52 (8): 875- 884.

郑国宏, 白英. 2007. 牧草梨园寄生蜂群落特征的研究[J]. 山西农业科学, 35 (11): 41-43.

郑天水. 2000. 墨江县森林资源特点及林业发展对策[J]. 云南林业调查规划设计, 25 (1): 1-4.

郑哲民. 1993. 蝗虫分类学[M]. 西安: 陕西师范大学出版社.

郑哲民, 夏凯龄. 1998. 中国动物志 昆虫纲 第十卷 直翅目 蝗总科 斑翅蝗科 网翅蝗科[M]. 北京: 科学出版社.

郑征, 冯志立, 甘建民. 2003. 西双版纳热带季节雨林下种植砂仁干扰对雨林净初级生产力影响[J]. 植物生态学报, 27 (1): 103-110.

钟平生, 梁广, 文曾玲. 2005. 有机稻田主要天敌类群及其群落多样性演替[J]. 中国生物防治, 21 (3): 155-158.

周善义. 2001. 广西蚂蚁[M]. 桂林: 广西师范大学出版社.

周尧. 1980. 中国昆虫学史[M]. 北京: 天则出版社.

朱朝芹, 池康, 叶雪琴, 等. 2010. 苏北农林生境蚂蚁多样性及群落结构研究[J]. 江苏林业科技, 37 (2): 7-10.

朱立敏, 张峰, 张丽荣, 等. 2007. 大茂山国家森林公园蜘蛛群落结构及多样性研究[J]. 蛛形学报, 16 (2): 112-115.

朱志鸿, 施锋祥. 2013. 生态立县是绿春县域经济发展的必然选择[J]. 红河探索, (4): 21-22.

邹树文. 1982. 中国昆虫学史[M]. 北京: 科学出版社.

Abbott KL, Greaves SNJ, Ritchie PA, et al. 2007. Behaviourally and genetically distinct populations of an invasive ant provide insight into invasion history and impacts on a tropical ant community[J]. Biol. Invasions, 9: 453-463.

Abbott KL, Green PT. 2007. Collapse of an ant-scale mutualism in a rainforest on christmas island[J]. Oikos, 116: 1238-1246.

Addicott JF. 1978. Competition for mutualists: aphids and ants[J]. Can. J. of Zool., 56 (10): 2093-2096.

Addicott JF. 1979. A multispecies aphid-ant association: density dependence and species-specific effects[J]. Can. J. Zool., 57 (3): 558-569.

Addicott JF. 1981. Stability properties of two-species models of mutualisms[J]. Oecologia, 49 (1): 42-49.

Agarwal VM, Rastogi N. 2005. Ant diversity in sponge gourd and cauliflower agroecosystems and the potential of predatory ants in insect pest management[J]. Entomon Trivandrum, 30 (3): 263.

Agrawal AA. 2011. Current trends in the evolutionary ecology of plant defence[J]. Functional Ecology, 25 (2): 420-432.

Akbulut S, Keten A, Stamps WT. 2003. Effect of alley cropping on crops and arthropod diversity in Duzce, Turkey[J]. J. Agron. Crop

Sci., 189: 261-267.

Allan E, Manning P, Alt F, et al. 2015. Land use intensification alters ecosystem multifunctionality via loss of biodiversity and changes to functional composition[J]. Ecol. Lett., 18 (8): 834.

Allhoff KT, Drossel B. 2016. Biodiversity and ecosystem functioning in evolving food webs[J]. Philos. Trans. R. Soc. Lond. B Biol. Sci., 371 (1694): 20150281.

Andersen AN. 1990. The use of ant communities to evaluate change in Australian terrestrial ecosystems: a review and a recipe[J]. Proc. Ecol. Soc. Aust., 16: 347-357.

Andersen AN. 1991. Responses of ground-foraging ant communities to three experimental fire regimes in a savanna forest of tropical Australian[J]. Biotropica, 23: 575-585.

Andersen AN. 1992. Regulation of “momentary” diversity by dominant species in exceptionally rich ant communities of the Australian seasonal tropics[J]. Am. Nat., 140 (3): 401-420.

Andersen AN. 1995. A classification of Australian ant communities, based on functional groups which parallel plant life-forms in relation to stress and disturbance[J]. J. Biogeogr., 20: 15-29.

Andersen AN. 1997a. Functional groups and patterns of organization in north American ant communities: a comparison with Australia[J]. J. Biogeogr., 24: 10-20.

Andersen AN. 1997b. Ants as indicators of ecosystem restoration following mining: a functional group approach. *In*: Hale P, Lamb D. Conservation outside nature reserves[M]. The University of Queensland: 319-325.

Andersen AN, Hoffmann BD, Müller WJ, et al. 2002. Using ants as bioindicators in land management: simplifying assessment of ant community responses[J]. J. Appl. Ecol., 39 (1): 8-17.

Andersen AN, Ludwig JA, Lowe LM, et al. 2001. Grasshopper biodiversity and bioindicators in Australian tropical savannas: responses to disturbance in Kakadu National Park[J]. Austral Ecol., 26: 213-222.

Arnan X, Cerda X, Retana J. 2014. Ant functional responses along environmental gradients[J]. J. Anim. Ecol., 83 (6): 1398-1408.

Arnan X, Cerdá X, Retana J. 2017. Relationships among taxonomic, functional, and phylogenetic ant diversity across the biogeographic regions of Europe[J]. Ecography, 40 (3): 448-457.

Aslan CE, Zavaleta ES, Tershy B, et al. 2013. Mutualism disruption threatens global plant biodiversity: a systematic review[J]. PLoS ONE, 8 (6): e66993.

Alcamo J, Hassan R, Pauly D, et al. 2003. Ecosystems and Human Well-being: A Framework for Assessment [M]. Washington: Island Press.

Auclair JL. 1963. Aphid feeding and nutrition[J]. Annu. Rev. Entomol., 8: 439.

Baaren J, Lann CL, Pichenot J, et al. 2009. How could host discrimination abilities inflenuence the structure of a parasitoid community?[J]. Bull. Entomol. Res., 99: 299-306.

Baldissera R, Ganade G, Benedet FS. 2004. Web spider community response along an edge between pasture and Araucaria forest[J]. Biol. Conserv., 118 (3): 403-409.

Balvanera P, Pfisterer AB, Buchmann N, et al. 2006. Quantifying the evidence for biodiversity effects on ecosystem functioning and services[J]. Ecol. Lett., 9 (10): 1146.

Banks CJ, Macaulay EDM. 1967. Effects of aphis fabae scop, and of its attendant ants and insect predators on yields of field beans (*Vicia faba* L.) [J]. Ann. App. Biol., 60: 445-453.

Banks CJ, Nixon HL. 1958. Effects of the ant, *Lasius niger* L., on the feeding and excretion of the bean aphid, aphis fabae scop[J]. J.

Exp. Biol., 35: 703.

Bannerman JA, Roitberg BD. 2014. Impact of extreme and fluctuating temperatures on aphid-parasitoid dynamics[J]. Oikos, 123: 89-98.

Barbaro L, Giffard B, Charbonnier Y, et al. 2014. Bird functional diversity enhances insectivory at forest edges: a transcontinental experiment[J]. Divers. Distrib., 20 (2): 149-159.

Bardgett RD, van der Putten WH. 2014. Belowground biodiversity and ecosystem functioning[J]. Nature, 515: 505-511.

Barnes AD, Jochum M, Mumme S, et al. 2014. Consequences of tropical land use for multitrophic biodiversity and ecosystem functioning[J]. Nat. Commun., 5: 5351.

Beattie AJ. 1985. The evolutionary ecology of ant-plant mutualisms[M]. Cambridge: Cambridge University Press.

Bentley BL. 1976. Plants bearing extrafloral nectaries and the associated ant community: interhabitat differences in the reduction of herbivore damage[J]. Ecology, 57 (4): 815.

Berenbaum MR. 1995. The chemistry of defense: theory and practice[J]. Proc. Nati. Acad. Sci., 92 (1): 2-8.

Bernstein RA, Gobbel M. 1979. Partitioning of space in communities of ants[J]. J. Anim. Ecol., 48: 931-942.

Bernstein RA. 1975. Foraging strategies of ants in response to variable food density[J]. Ecology, 56: 213-219.

Bestelmeyer BT, Agosti D, Alonso LE, et al. 2000. Field techniques for the study of ground-dwelling ants: An overview, description and evaluation. *In*: Agosti D, Majer JD, Alonso LE, et al. Ants: Standard methods for measuring and monitoring biodiversity[M]. Washington and London: Smithsonian Institution Press.

Bestelmeyer BT, Wiens J A. 1996. The effects of land use on the structure of ground-foraging ant communities in the Argentine Chaco[J]. Ecol. Appl., 6 (4): 1225-1240.

Bhagat ML. 1985. Sex-ratio and abundance of *Pristomerus sulci* (Hymenoptera: Ichneumonidae) in relation to lac insect strains[J]. J. Entomol. Res., 9: 240-241.

Bhagat ML. 1988. Field studies on the initial mortality of lac insect *Kerria lacca* (Kerr) in relation to host plants[J]. Indian Forester, 114 (6): 339-342.

Bhattacharya A, Naqvi AH, Sen AK, et al. 1998. Artificial rearing of pseudohypatopa pulverea meyr, a predator of lac insect, *Kerria lacca* (Kerr.) [J]. J. Entomol. Res., 22 (1): 83-87.

Bihn JH, Gebauer G, Brandl R. 2010. Loss of functional diversity of ant assemblages in secondary tropical forests[J]. Ecology, 91 (3): 782-792.

Bishop DB, Bristow CM. 2001. Effect of allegheny mound ant (Hymenoptera: Formicidae) presence on homopteran and predator populations in Michigan jack pine forests[J]. Ann. Entomol. Soc. Am., 94 (43): 33-40.

Biswas SR, Mallik AU. 2010. Disturbance effects on species diversity and functional diversity in riparian and upland plant communities[J]. Ecology, 91: 28-35.

Blonder B, Violle C, Bentley L P, et al. 2011. Venation networks and the origin of the leaf economics spectrum[J]. Ecol. Lett., 14 (2): 91-100.

Blüthgen N, Fiedler K. 2002. Interactions between weaver ants *Oecophylla smaragdina*, homopterans, trees and lianas in an Australian rain forest canopy[J]. J. Anim. Ecol., 71 (5): 793-801.

Blüthgen N, Fiedler K. 2004. Preferences for sugars and amino acids and their conditionality in a diverse nectar-feeding ant community[J]. J. Anim. Ecol., 73: 155-166.

Blüthgen N, Gebauer G, Fiedler K. 2003. Disentangling a rainforest food web using stable isotopes: dietary diversity in a species-rich ant community[J]. Oecologia, 137: 426-435.

Blüthgen N, Stork NE, Fiedler K. 2004. Bottom-up control and co-occurrence in complex communities: honeydew and nectar determine a rainforest ant mosaic[J]. Oikos, 106 (2): 344-358.

Blüthgen N, Verhaagh M, Goitía W, et al. 2000. How plants shape the ant community in the Amazonian rainforest canopy: the key role of extrafloral nectaries and homopteran honeydew[J]. Oecologia, 125 (2): 229-240.

Bolnick DI, Amarasekare P, Araujo MS, et al. 2011. Why intraspecific trait variation matters in community ecology[J]. Trends Ecol. Evol., 26: 183-192.

Bolton B. 1994. Identification guide to the ant genera of the world[M]. Massachusetts: Harvard University Press.

Bolton B. 1995. A new general catalogue of the ants of the world[M]. Massachusetts: Harvard University Press.

Bone NJ, Thomson LJ, Ridland PM, et al. 2009. Cover crops in Victorian apple orchards: effects on production, natural enemies and pests across a season[J]. Crop Protection, 28 (8): 675-683.

Bonkowski M, Geoghegan IE, Birch ANE, et al. 2001. Effects of soil decomposer invertebrates (protozoa and earthworms) on an above-ground phytophagous insect (cereal aphid) mediated through changes in the sost plant[J]. Oikos, 95: 441-450.

Borer ET, Halpern BS, Seabloom EW. 2006. Asymmetry in community regulation: effects of predators and productivity[J]. Ecology, 87 (11): 2813-2820.

Bos MM, Tylianakis JM, Steffan-Dewenter I, et al. 2008. The invasive yellow crazy ant and the decline of forest ant diversity in indonesian cacao agroforests[J]. Biol. Invasions, 10: 1399-1409.

Boucher DH, James S, Keeler KH. 1982. Ecology of mutualism[J]. Annu. Rev. Ecol. Syst., 13 (1): 315-347.

Breton LM, Addicott JF. 1992. Does host-plant quality mediate aphid-ant mutualism?[J] Oikos, 63: 253-259.

Brightwell J. 2002. The exploitative and interference competitiveness of linepithema humile and its effect on ant diversity[D]. Wellington: School of Biological Sciences, Victoria University of Wellington.

Brightwell RJ, Silverman J. 2009. Effects of honeydew-producing hemipteran denial on local argentine ant distribution and boric acid bait performance[J]. J. Econ. Entomol., 102: 1170-1174.

Bristow CM. 1984. Differential benefits from ant attendance to two species of homoptera on new york ironweed[J]. J. Anim. Ecol., 53 (3): 715-726.

Bronstein JL, Dieckmann U, Ferrière R. 2004. Coevolutionary dynamics and the conservation of mutualisms. *In*: Ferrière R, Dieckmann U, Couvet D. Evolutionary conservation biology[M]. Cambridge: Cambridge University Press: 305-326.

Bronstein JL, Wilson WG, Morris WF. 2003. Ecological dynamics of mutualist/antagonist communities[J]. Am. Nat., 162: 24-39.

Bronstein JL. 1994. Our current understanding of mutualism[J]. Q. Rev. Biol., 69 (1):31-51.

Brooks JL, Dodson SI. 1965. Predation, body size, and composition of plankton[J]. Science (New York, N.Y.), 150 (3692): 28.

Brophy C, Dooley Á, Kirwan L, et al. 2017. Biodiversity and ecosystem function: Making sense of numerous species interactions in multi-species communities[J]. Ecology, 98 (7): 1771-1778.

Brose U, Hillebrand H. 2016. Biodiversity and ecosystem functioning in dynamic landscapes[J]. Philos. Trans. R. Soc. Lond. B Biol. Sci., 371 (1694), 20150267.

Brown AM, Warton DI, Andrew NR, et al. 2014. The fourth-corner solution-using predictive models to understand how species traits interact with the environment[J]. Methods Ecol. Evol., 5: 344-352.

Buckley R. 1983. Interaction between ants and membracid bugs decreases growth and seed set of host plant bearing extrafloral nectaries[J]. Oecologia, 58 (1): 132-136.

Buckley RC, Gullan P. 1991. More aggressive ant species (Hymenoptera: Formicidae) provide better protection for soft scales and mealybugs[J]. Biotropica, 23: 282-286.

Buckley RC. 1987a. Interactions involving plants, Homoptera, and ants[J]. Annu. Rev. Ecol. Syst., 18: 111-135.

Buckley RC. 1987b. Ant-plant-homopteran interactions[J]. Adv. Ecol. Res., 16: 53-85.

Bunker DE, DeClerck F, Bradford JC, et al. 2005. Species loss and aboveground carbon storage in a tropical forest[J]. Science, 310: 1029-1031.

Burger JC, Redak RA, Allen EB, et al. 2003. Restoring arthropod communities in coastal sage scrub[J]. Conserv. Biol., 17 (2): 460.

Butterfield BJ, Suding KN. 2013. Single-trait functional indices outperform multi-trait indices in linking environmental gradients and ecosystem services in a complex landscape[J]. J. Ecol., 101: 9-17.

Cadotte MW, Carscadden K, Mirotchnick N. 2011. Beyond species: functional diversity and the maintenance of ecological processes and services[J]. J. Appl. Ecol., 48 (5): 1079-1087.

Cardinale BJ, Duffy JE, Gonzalez A, et al. 2012. Biodiversity loss and its impact on humanity[J]. Nature, 486 (7401): 59.

Cardoso P, Pekár S, Jocqué R, et al. 2011. Global patterns of guild composition and functional diversity of spiders[J]. PLoS ONE, 6 (6): e21710.

Carroll CR, Janzen DH. 1973. Ecology of foraging by ants[J]. Annu. Rev. Ecol. Syst., 4: 231-257.

Caterino MS, Cho S, Sperling FAH. 2000. The current state of insect molecular systematics: a thriving tower of babel[J]. Annu. Rev. Entomol., 45:1-54.

Cech JN, Citro AM, Jones BA, et al. 2007. The effect of ant size and trap diameter on Myrmeleon crudelis prey capture success [DB/OL]. http://www.dartmouth.edu/-biofsp/pdf07/34_SIFP1_Cech%20et%20al_ant%20lion.pdf. [2010-10-12].

Chamberlain SA, Holland JN. 2009. Quantitative synthesis of context dependency in ant-plant protection mutualisms[J]. Ecology, 90 (9): 2384-2392.

Chao A, Gotelli NJ, Hsieh TC, et al. 2014. Rarefaction and extrapolation with hill numbers: a framework for sampling and estimation in species diversity studies[J]. Ecol. Monogr., 84 (1): 45.

Chapman RF. 1997. The insects: structure and function[M]. Cambridge: Harvard University Press: 69-90.

Chen YQ, Lu ZX, Li Q, et al. 2014. Multiple ant species tending lac insect *Kerria yunnanensis* (Hemiptera: Kerriidae) provide asymmetric protection against parasitoids[J]. PLoS ONE, 9 (6): e98975.

Chen YQ, Wang SM, Lu ZX, et al. 2013. The effects of ant attendance on aggregation of the honeydew producing lac insect *Kerria yunnanensis*[J]. Tropical Ecology, 54 (3): 301-308.

Chen YQ, Li Q, Chen YL, et al. 2011. Ant diversity and bio-indicators in land management of lac insect agroecosystem in Southwestern China[J]. Biodivers. Conserv., 20 (13): 3017-3038.

Chiang JM, Spasojevic MJ, Muller-Landau HC, et al. 2016. Functional composition drives ecosystem function through multiple mechanisms in a broadleaved subtropical forest[J]. Oecologia, 182: 829-840.

Chillo V, Ojeda RA, Capmourteres V, et al. 2017. Functional diversity loss with increasing livestock grazing intensity in drylands: the mechanisms and their consequences depend on the taxa[J]. J. Appl. Ecol., 54 (3): 986-996.

Christian CE. 2001. Consequences of a biological invasion reveal the importance of mutualism for plant communities[J]. Nature, 413 (6856): 635-639.

Churchill TB. 1997. Spiders as ecological indicators: an overview for Australia[J]. Memoirs of Museum Victoria, (56): 331- 337.

Clarke KR, Gorley RN. 2006. Primer V6 User Manual And Program[M]. Primer-E Ltd: Plymouth, UK.

Clark PJ, Evans FC. 1954. Distance to nearest neighbor as a mea-sure of spatial relationships in populations[J]. Ecology, 35: 445-453.

Clough Y, Barkmann J, Juhrbandt J, et al. 2011. Combining high biodiversity with high yields in tropical agroforests[J]. P. Nat. Acad. Sci. USA, 108: 8311-8316.

Coddington JA, Levi HW. 1991. Systematics and evolution of spiders (Araneae) [J]. Annu. Rev. Ecol. Syst., 22: 565-592.

Coddington JA, Young LH, Coyle FA. 1996. Estimating spider species richness in a southern Appalachian cove hardwood forest[J]. J. Arachnol.: 111-128.

Colwell RK, Coddington JA. 1994. Estimating terrestrial biodiversity through extrapolation[J]. Philos. Trans. R. S. Lond. B Biol. Sci., 345: 101- 118.

Colwell RK. 2010. Estimate S: Statistical estimation of species richness and shared species from samples. version.8.2.http://purl.oclc.org/estimates. [2010-05-07].

Conti G, Díaz S. 2013. Plant functional diversity and carbon storage-an empirical test in semiarid forest ecosystems[J]. J. Ecol., 101: 18-28.

Cook-Patton SC, McArt SH, Parachnowitsch AL, et al. 2011. A direct comparison of the consequences of plant genotypic and species diversity on communities and ecosystem function[J]. Ecology, 92 (4): 915-923.

Cooper L. 2005. The potential effects of red imported fire ants (*Solenopsis invicta*) on arthropod abundance and cucumber mosaic virus[J]. Neurosci. Lett., 566 (18): 236-240.

Costana R, d' Arge R, De Groot R, et al. 1997. The value of the world' s ecosystem services and natural capital[J]. Nature, 387 (6630): 253.

Costello MJ. 1998. Infuluence of ground cover on spider populations in a table grape vineyard[J]. Ecol. Entomol., 23: 33-40.

Crowley PH, Cox JJ. 2011. Intraguild mutualism[J]. Trends Ecol. Evol., 26 (12): 627.

Crozier RH, Jermiin LS, Chiotis M. 1997. Molecular evidence for a jurassic origin of ants[J]. Naturwissenschaften, 84: 22-23.

Cushman J, Beattie AJ. 1991. Mutualisms: assessing the benefits to hosts and visitors[J]. Trends Ecol. Evol., 6: 193-195.

Cushman JH, Lawton JH, Manly FJ. 1993. Latitudinal pattern in European ant assemblages: variation in species richness and body size[J]. Oecologia, 95: 30-37.

Cushman JH, Martinsen GD, Mazeroll AL. 1988. Density-and size-dependent spacing of ant nest: evidence for intraspecific competition[J]. Oecologia, 77: 522-525.

Cushman JH, Rashbrook VK, Beattie AJ. 1994. Assessing benefits to both participants in a lycaenid-ant association[J]. Ecology, 75 (4): 1031-1041.

Cushman JH, Whitham TG. 1991. Competition mediating the outcome of a mutualism: protective services of ants as a limiting resource for membracids[J]. Am. Nat., 138 (4): 851-865.

Cushman LH, Addicott JF. 1989. Intra-and interspecific competition for mutualists: ants as a limited and limiting resource for aphids[J]. Oecologia, 79: 315-321.

Cushman, JH, Addicott, JF. 1991. Conditional interactions in ant-plant-herbivore mutualisms. *In* Ant-plant interactions [M]. New York: Oxford University Press.

Daily GC. 1997. Nature' s services: societal dependence on natural ecosystems[J]. Pacific Conserv. Biol., 6 (2): 220.

Daily GC, Ellison K. 2002. The new economy of nature[J]. J. Range Manage., 43 (1): 139.

Daleo P, Alberti J, Bruschetti M, et al. 2015. Physical stress modifies top-down and bottom-up forcing on plant growth and reproduction in a coastal ecosystem[J]. Ecology, 96 (8): 2147-2156.

Daniel TC, Muhar A, Arnberger A, et al. 2012. Contributions of cultural services to the ecosystem services agenda[J]. Proc. Nation. Acade. Sci., 109 (23): 8812-8819.

Das GM. 1959. Observations on the association of ants with coccids of tea[J]. Bull. Entomol. Res., 50: 437-448.

Davidson DW. 1997. The role of resource imbalances in the evolutionary ecology of tropical arboreal ants[J]. Biol. J. Linn. Soc., 61: 153-181.

Davidson DW. 1998. Resource discovery versus resource domination in ants: a functional mechanism for breaking the trade-off[J]. Ecol. Entomol., 23 (4): 484-490.

Davidson DW, Cook SC, Snelling RR, et al. 2003. Explaining the abundance of ants in lowland tropical rainforest canopies[J]. Science, 300 (5621):969.

Davidson DW, Cook SC, Snelling RR. 2004. Liquid-feeding performances of ants (Formicidae): ecological and evolutionary implications[J]. Oecologia, 139: 255-266.

de Castro Solar RR, Barlow J, Andersen AN, et al. 2016. Biodiversity consequences of land-use change and forest disturbance in the Amazon: a multi-scale assessment using ant communities[J]. Biol. Conserv., 197: 98-107.

Dearing JA, Yang X, Dong X, et al. 2012. Extending the timescale and range of ecosystem services through paleoenvironmental analyses, exemplified in the lower Yangtze basin[J]. Proc. National Acad. Sci., 109 (18): E1111-E1120.

Degen AA, Gersani M, Avivi Y. 1986. Honeydew intake of the weaver ant *Polyrhachis simplex* (Hymenoptera: Formicidae) attending the aphid *Chaitophorous populialbae* (Homoptera: Aphididae) [J]. Insectes Soc., 33: 211-215.

Dejean A, Bourgoin T, Gibernau M. 1997. Ant species that protect figs against other ants: result of territoriality induced by a mutualistic Homopteran[J]. Ecoscience, 4: 446-453.

Dejean A, Corbara B. 2003. A review of mosaics of dominant ants in rainforests and plantations[J]. Arthropods of Tropical Forests: Spatio-Temporal Dynamics and Resource use in the Canopy, 34: 341-347.

Del Toro I, Ribbons RR, Ellison AM. 2015. Ant-mediated ecosystem functions on a warmer planet: effects on soil movement, decomposition and nutrient cycling[J]. J. Anim. Ecol., 84 (5): 1233-1241.

Delabie JHC. 2001. Trophobiosis between formicidae and hemiptera (Sternorrhyncha and Auchenorrhyncha): an overview[J]. Neotrop. Entomol., 30 (4):501-516.

Del-Claro K, Byk J, Yugue GM, et al. 2006. Conservative benefits in an ant-hemipteran association in the brazilian tropical savanna[J]. Sociobiology, 47: 415-422.

Del-Claro K, Oliveira PS. 1996. Honeydew flicking by treehoppers provides cues to potential tending ants[J]. Animal Behavior, 51: 1071-1075.

Del-Claro K, Oliveira PS. 2000. Conditional outcomes in a neotropical treehopper-ant association: temporal and species-specific effects[J]. Oecologia, 124: 156-165.

Del-Claro K, Oliveira PS. 2010. Ant-homoptera interactions in a neotropical savanna: the honeydew-producing treehopper, *Guayaquila xiphias* (Membracidae), and its associated ant fauna on *Didymopanax vinosum* (Araliaceae) [J]. Biotropica, 31 (1):135-144.

Deslippe RJ, Savolainen R. 1995. Mechanisms of competition in a guild of formicine ants[J]. Oikos, 72: 67-73.

Devictor V, Mouillot D, Meynard C, et al. 2010. Spatial mismatch and congruence between taxonomic, phylogenetic and functional diversity: the need for integrative conservation strategies in a changing world[J]. Ecol. Lett., 13: 1030-1040.

Dias SC, Carvalho LS, Bonaldo AB, et al. 2010. Refining the establishment of guilds in *Neotropical spiders* (Arachnida: Araneae) [J].

J. Nat. Hist., 44（3-4）: 219-239.

Díaz S, Cabido M. 2001. Vive la difference: plant functional diversity matters to ecosystem processes[J]. Trends Ecol. Evol., 16: 646-655.

Dib H, Simon S, Sauphanor B, et al. 2010. The role of natural enemies on the population dynamics of the rosy apple aphid, *Dysaphis plantaginea Passerini*（Hemiptera: Aphididae）in organic apple orchards in south-eastern France[J]. Biol. Control, 55: 97-109.

Dobyns JR. 1997. Effects of sampling intensity on the collection of spider（Araneae）species and the estimation of species richness[J]. Environ. Entomol., 26（2）: 150-162.

Doebeli M, Knowlton N. 1998. The evolution of interspecific mutualisms[J]. Proc. Nat. Acad. Sci., 95: 8676-8680.

Dolphin K. 2001. Estimating the global species richness of an incompletely described taxon: an example using parasitoid wasps（Hymenoptera: Braconidae）[J]. Biol. J. Linn. Soc., 73: 279-286.

Doncaster CP. 1981. The spatial distribution of ants’ nests on Ramsey Island, South Wales[J]. J. Anim. Ecol., 50: 195-218.

Douglas AE. 1993. The nutritional quality of phloem sap utilized by natural aphid populations[J]. Ecol. Entomol., 18: 31-38.

Drescher J, Rembold K, Allen K, et al. 2016. Ecological and socioeconomic functions across tropical land use systems after rainforest conversion[J]. Philos. Trans. R. Soc. Lond. B Biol. Sci., 371: 20150275.

Duffy JE, Cardinale BJ, France KE, et al. 2007. The functional role of biodiversity in ecosystems: incorporating trophic complexity[J]. Ecol. Lett., 10（6）:522-38.

Duffy JE, Richardson JP, France KE. 2005. Ecosystem consequences of diversity depend on food chain length in estuarine vegetation[J]. Ecol. Lett., 8（3）: 301-309.

Dunn RR, Agosti D, Andersen AN, et al. 2009a. Climatic drivers of hemispheric asymmetry in global patterns of ant species richness[J]. Ecol. Lett., 12（4）: 324.

Dunn RR, Harris NC, Colwell RK, et al. 2009b. The sixth mass coextinction: are most endangered species parasites and mutualists?[J]. P. Roy. Soc. B Biol. Sci., 276: 3037-3045.

Dutcher JD, Estes PM, Dutcher MJ. 1999. Interactions in entomology: aphids, aphidophaga and ants in pecan orchards[J]. J. Entomol. Sci., 34（1）: 40-56.

Dyer C, Weese J, Setiawan H, et al. 2010. cdec: A decoder, alignment, and learning framework for finite-state and context-free translation models. *In*: Proceedings of the ACL 2010 System Demonstrations. Association for Computational Linguistics: 7-12.

Eakildsen LI, Lindberg AB, Olesen JM. 2001. Ants monopolize plant resources by shelter-construction[J]. Acta Amazon., 31（1）: 155-157.

Eastwood R. 2004. Successive replacement of tending ant species at aggregations of scale insects（Hemiptera: Margarodidae and Eriococcidae）on Eucalyptus in south-east Queensland[J]. Aust. J. Entomol., 43: 1-4.

Edelman AJ. 2012. Positive interactions between desert granivores: localized facilitation of harvester ants by kangaroo rats[J]. PLoS ONE, 7（2）: e30914.

Elmes GW, Clarke RT, Thomas JA, et al. 1996. Empirical tests of specific predictions made from a spatial model of the population dynamics of maculinea rebeli, a parasitic butterfly of red ant colonies[J]. Acta Ecologica, 17（1）: 61-80.

El-Ziady S, Kennedy JS. 1956. Beneficial effects of the common garden ant, *Lasius niger* L., on the black bean aphid, *Aphis fabae* Scopoli[J]. Proc. P. Roy. Entomol. Soc. Lond. Ser. A, 31: 61-65.

El-Ziady S. 1960. Further effects of *Lasius niger* L. on *Aphis fabae* Scopoli[J]. Proc. P. Roy. Entomol. Soc. Lond. Ser. A, 35: 30-38.

Endara MJ, Coley PD. 2011. The resource availability hypothesis revisited: a meta-analysis[J]. Funct. Ecol., 25（2）: 389-398.

Erwin TL. 1982. Tropical forests: their richness in Coleoptera and other arthropod species[J]. Coleopts. Bull., 36 (1): 74-75.

Erwin TL. 1997. Biodiversity at its utmost: tropical forest beetles[J]. Biodiversity Ⅱ: understanding and protecting our biological resources: 27-40.

Estes JA, Terborgh J, Brashares JS, et al. 2011. Trophic downgrading of planet earth[J]. Science, 333: 301-306.

Eubanks MD, Blackwell SA, Parrish CJ, et al. 2002. Intraguild predation of beneficial arthropods by red imported fire ants in cotton[J]. Environ. Entomol., 31: 1168-1174.

Eubanks MD, Styrsky JD. 2006. Ant-hemipteran mutualisms: keystone interactions that alter food web dynamics and influence plant fitness[M]. Trophic and Guild in Biological Interactions Control. Springer Netherlands: 171-189.

Eubanks MD. 2001. Estimates of the direct and indirect effects of red imported fire ants on biological control in field crops[J]. Biol. Control, 21 (1): 35-43.

Farji-Brener AG, Barrantes G, Ruggiero A. 2004. Environmental rugosity, body size and access to food: a test of the size-grain hypothesis in tropical litter ants[J]. Oikos, 104: 165-171.

Feeny P. 1970. Seasonal changes in oak leaf tannins and nutrients as a cause of spring feeding by winter moth caterpillars[J]. Ecology, 51 (4): 565-581.

Fellers JH. 1987. Interference and exploitation in a guild of woodland ants[J]. Ecology, 68: 1466-1478.

Fernández-Escudero I, Tinaut A. 1999. Factors determining nest distribution in the high-mountain ant *Proformica longiseta* (Hymenoptera Formicidae) [J]. Ethol. Ecol. Evol., 11: 325-338.

Fiala B, Grunsky H, Maschwitz U, et al. 1994. Diversity of ant-plant interactions: protective efficacy in macaranga species with different degrees of ant association[J]. Oecologia, 97 (2): 186.

Fiedler K, Maschwitz U. 1988. Functional analysis of the myrmecophilous relationships between ants (Hymenoptera: Formicidae) and lycaenids (Lepidoptera: Lycaenidae) [J]. Oecologia, 75: 204-206.

Fine PVA, Miller ZJ, Mesones I, et al. 2006. The growth-defense trade-off and habitat specialization by plants in amazonian forests[J]. Ecology, 87 (Suppl. 7): S150-S162.

Fischer FM, Wright AJ, Eisenhauer N, et al. 2016. Plant species richness and functional traits affect community stability after a flood event[J]. Philos. Trans. R. Soc. Lond. B Biol. Sci., 371: 20150276.

Fischer MK, Shingleton AW. 2001. Host plant and ants influence the honeydew sugar composition of aphids[J]. Funct. Ecol., 15: 544-550.

Fischer MK, Völkl W, Schopf R, et al. 2002. Age-specific patterns in honeydew production and honeydew composition in the aphid metopeurum fuscoviride: implications for ant-attendance[J]. J. Insect Physiol., 48: 319-326.

Fisher BL. 1999. Improving inventory efficiency: a case study of leaf-litter ant diversity in Madagascar[J]. Ecol. Appl., 9 (2): 714-731.

Flatt T, Weisser WW. 2000. The effects of mutualistic ants on aphid life history traits[J]. Ecology, 81 (12): 3522-3529.

Flores-Moreno H, Reich P, Lind EM, et al. 2016. Climate modifies response of non-native and native species richness to nutrient enrichment[J]. Philos. Trans. R. Soc. Lond. B Biol. Sci., 371: 20150273.

Flynn DFB, Gogol-Prokurat M, Nogeire T, et al. 2009. Loss of functional diversity under land use intensification across multiple taxa[J]. Ecol. Lett., 12 (1): 22-33.

Flynn DFB, Mirotchnick N, Jain M, et al. 2011. Functional and phylogenetic diversity as predictors of biodiversity-ecosystem function relationships[J]. Ecology, 92: 1573-1581.

Forkner RE, Marquis RJ, Lill JT. 2004. Feeny revisited: condensed tannins as anti-herbivore defences in leaf-chewing herbivore communities of Quercus[J]. Ecol. Entomol., 29 (2): 174-187.

Forrester DI, Pretzsch H. 2015. Tamm review: on the strength of evidence when comparing ecosystem functions of mixtures with monocultures[J]. Forest Ecol. Manag., 356: 41-53.

Fowler SV, Macgarvin M. 1985. The impact of hairy wood ants, formica lugubris, on the guild structure of herbivorous insects on birch, *Betula pubescens*[J]. J. Anim. Ecol., 54 (3): 847-855.

Frainer A, McKie BG, Malmqvist B. 2014. When does diversity matter? species functional diversity and ecosystem functioning across habitats and seasons in a field experiment[J]. J. Anim. Ecol., 83: 460-469.

Franks NR, Deneubourg JL. 1997. Self-organizing nest construction in ants: individual worker behaviour and the nest’ s dynamics[J]. Anim. Behav., 54: 779-796.

Frederickson ME. 2008. The ecology and evolution of ant-plant interactions[J]. Ecology, 89 (8):116-117.

Freitas JDD, Rossi MN. 2015. Interaction between trophobiont insects and ants: the effect of mutualism on the associated arthropod community[J]. J. Insect Conserv., 19 (4):627-638.

Fukami T, Wardle DA, Bellingham PJ, et al. 2010. Above-and below-ground impacts of introduced predators in seabird-dominated island ecosystems[J]. Ecol. Lett., 9 (12): 1299-1307.

Gagic V, Bartomeus I, Jonsson T, et al. 2015. Functional identity and diversity of animals predict ecosystem functioning better than species-based indices[J]. Proc. Roy. Soc. Lond. B Biol. Sci., 282: 20142620.

Gaigher R, Samways MJ, Henwood J, et al. 2011. Impact of a mutualism between an invasive ant and honeydew-producing insects on a functionally important tree on a tropical island[J]. Biol. Invasions, 13 (8):1717-1721.

Galiana N, Lurgi M, Montoya JM, et al. 2014. Invasions cause biodiversity loss and community simplification in vertebrate food webs[J]. Oikos, 123: 721-728.

Ganguly G, Ravi KR. 1979. Propagation of ‘Ranginee’ and ‘Kusumi’ strains of lac insect *Kerria lacca* (Kerr.) on a new host-plant *Calliandra lambertiana* (Don) benth. (Mimosoidae) [J]. J. Zool. Soc. Ind., 28 (12): 153-154.

Ganguly G, Singh AK. 1990. Studies on the lac glands of the adult female of *Kerria lacca*[J]. J. Zool. Soc. Ind., 39 (1): 69-74.

Gebeyehu S, Samways MJ. 2003. Responses of grasshopper assemblages to long-term grazing management in a semi-arid African savanna[J]. Agr. Ecosyst. Environ., 95: 613-622

Gerling D, Alomar Ò, Arnó J. 2001. Biological control of Bemisia tabaci using predators and parasitoids [J]. Crop Protection, 20: 779-799.

Gibernaum M, Dejean A. 2001. Ant protection of a Heteropteran trophobiont against a parasitoid wasp[J]. Oecologia, 126: 53-57.

Gibson L, Lee TM, Koh LP, et al. 2011. Primary forests are irreplaceable for sustaining tropical biodiversity[J]. Nature, 478 (7369): 378-381.

Gómez C, Casellas D, Oliveras J, et al. 2003. Structure of ground-foraging ant assemblages in relation to land-use change in the northwestern Mediterranean region[J]. Biodivers. Conserv., 12: 2135-2146.

González-Hernández H. 1995. The status of biological control of pineapple mealybugs in Hawaii[D]. Honolulu: University of Hawaii.

Gotelli NJ, Graves GR. 1996. Null Models in Ecology[M]. Washington, DC: Smithsonian Institution Press.

Gove AD, Majer JD, Dunn RR. 2007. A keystone ant species promotes seed dispersal in a “diffuse” mutualism[J]. Oecologia, 153: 687-697.

Grace JB, Anderson TM, Seabloom EW, et al. 2016. Integrative modelling reveals mechanisms linking productivity and plant species richness[J]. Nature, 529: 390-393.

Gravel D, Albouy C, Thuiller W. 2016. The meaning of functional trait composition of food webs for ecosystem functioning[J]. Philos. Trans. R. Soc. Lond. B Biol. Sci., 371: 20150268.

Greenslade PJM. 1978. Ants[J]. The Physical and Biological Features of Kunoth Paddock in Central Australia: 109-113.

Griffin J N, Méndez V, Johnson A F, et al. 2009. Functional diversity predicts overyielding effect of species combination on primary productivity[J]. Oikos, 118 (1): 37-44.

Gross J, Fatouros NE, Hilker M. 2004. The significance of bottom-up effects for host plant specialization in Chrysomela, leaf beetles[J]. Oikos, 105 (2): 368-376.

Grover CD, Dayton KC, Menke SB, et al. 2008. Effects of aphids on foliar foraging by argentine ants and the resulting effects on other arthropods[J]. Ecol. Entomol., 33: 101-106.

Gullan PJ, Kosztarab M. 1997. Adaptations in scale insects[J]. Annu. Rev. Entomol., 42: 23-50.

Gullan PJ. 1997. Relationships with ants[J]. Word Crop Pests, 7: 351-374.

Haddad NM, Crutsinger GM, Gross K, et al. 2009. Plant species loss decreases arthropod diversity and shifts trophic structure[J]. Ecol. Lett., 12 (10): 1029-1039.

Haddad NM, Crutsinger GM, Gross K, et al. 2011. Plant diversity and the stability of foodwebs[J]. Ecol. Lett., 14 (1): 42-46.

Hamburg H, Andersen AN, Meyerl WJ, et al. 2004. Ant community development on rehabilitated ash dams in the South African highveld[J]. Restor. Ecol., 12 (4): 552-563.

Handa IT, Aerts R, Berendse F, et al. 2014. Consequences of biodiversity loss for litter decomposition across biomes[J]. Nature, 509: 218-221.

Hanski I. 1995. Effects of landscape pattern on competitive interactions[M]. London: Chapman and Hall Press.

Hebert C. 2001. Changes in hemlock looper (Lepidoptera: Geometridae) papal distribution through a 3-year outbreak cycle[J]. Phytoprotection, 82 (2): 57-63.

Hector A, Hautier Y, Saner P, et al. 2010. General stabilizing effects of plant diversity on grassland productivity through population asynchrony and overyielding[J]. Ecology, 91 (8): 2213-2220.

Heil M, Mckey D. 2003. Protective ant-plant interactions as model systems in ecological and evolutionary research[J]. Annu. Rev. Ecol. Evol. S., 34 (34): 425-453.

Heithaus ER, Culver DC, Beattie AJ. 1980. Models of some ant-plant mutualisms[J]. Am. Nat., 116: 347-361.

Helms KR, Vinson SB. 2008. Plant resources and colony growth in an invasive ant: the importance of honeydew-producing hemiptera in carbohydrate transfer across trophic levels[J]. Environ. Entomol., 37: 487-497.

Helms KR. 2013. Mutualisms between ants (Hymenoptera: Formicidae) and honeydew-producing insects: Are they important in ant invasions?[J]. Myrmecol. News, 18 (3):61-71.

Herbers JM. 1994. Structure of an Australian ant community with comparisons to North American counterparts (Hymenoptera:Formicidae) [J]. Sociobiology, 24: 293-306.

Herbert JJ, Horn DJ. 2008. Effect of ant attendance by *Monomorium Minimum* (Buckley) (Hymenoptera: Formicidae) on predation and parasitism of the soybean aphid *Aphis glycines* Matsumura (Hemiptera: Aphididae) [J]. Environ. Entomol., 37 (5): 1258-1263.

Herms DA, Mattson WJ. 1992. The dilemma of plants: to grow or defend[J]. Q. Rev. Biol., 67 (3): 283-335.

Herzig J. 1937. Ameisen und Blattläuse[J]. Zeitschrift für Angewandte Entomologie, 24: 367-435.

Hill MG, Blackmore PJM. 1980. Interactions between ants and the coccid *Icerya seychellarum*, on *Aldabra atoll*[J]. Oecologia, 45 (3):360.

Höfer H, Brescovit AD. 2001. Species and guild structure of a neotropical spider assemblage (Araneae) from Reserva Ducke, Amazonas, Brazil[J]. Andrias, 15: 99-119.

Hoffmann BD, Andersen AN. 2003. Responses of ants to disturbance in Australia, with particular reference to functional groups[J]. Austral Ecol., 28 (4): 444-464.

Hoffmann BD. 2003. Responses of ant communities to experimental fire regimes on rangelands in the Victoria River District of the Northern Territory[J]. Austral Ecol., 28 (2): 182-195.

Hoffmann BD, Kay A. 2009. Pisonia grandis monocultures limit the spread of an invasive ant-a case of carbohydrate quality?[J]. Biol. Invasions., 11 (6): 1403-1410.

Hölldobler B, Lumsden CJ. 1980. Territorial strategies in ants[J]. Science, 210: 732.

Hölldobler B, Wilson EO. 1990. The Ants[M]. Massachusetts: Harvard University Press.

Holloway JD, Stork NE. 1991. The dimensions of biodiversity: the use of invertebrates as indicators of human impact. *In*: Hawksworth DL. The Biodiversity of Mieroorganisms and Invertebrates: Its Rolein Sustainable Agriculture, CAB International, Wallingford, UK, 37-62.

Holway DA. 1999. Competitive mechanisms underlying the displacement of native ants by the invasive Argentine ant[J]. Ecology, 80: 238-251.

Holway DA, Lach L, Suarez AV, et al. 2002. The causes and consequences of ant invasions[J]. Annu. Rev. Ecol. Syst., 33 (33): 181-233.

Holway DA, Lach L, Suarez ND, et al. 2002. The causes and consequences of ant invasions[J]. Annu. Rev. Ecol. Syst., 33: 181-233.

Hooper DU, Iii FSC, Ewel JJ, et al. 2005. Effects of biodiversity on ecosystem functioning: a consensus of current knowledge[J]. Ecol. Monogr., 75 (1): 3-35.

Hooper DU, Solan M, Symstad A, et al. 2002. Species diversity, functional diversity and ecosystem functioning[J]. Biodiversity and Ecosystem Functioning: Syntheses and Perspectives, 17: 195-208.

Hooper DU, Vitousek PM. 1997. The effects of plant composition and diversity on ecosystem processes[J]. Science, 277 (5330): 1302-1305.

Hrbáčke J, Dvoř á ková M, Koř í nek V, et al. 1961. Demonstration of the effect of the fish stock on the species composition of zooplankton and the intensity of metabolism of the whole plankton association: With 22 figures on 2 folders[J]. Internationale Vereinigung für theoretische und angewandte Limnologie: Verhandlungen, 14 (1): 192-195.

Hurlbert AH. 2004. Species-energy relationships and habitat complexity in bird communities[J]. Ecol. Lett., 7 (8): 714-720.

Hwang JS, Hsieh FK. 1981. Bionomics of the lac insect in Taiwan[J]. Plant Prot. Bull. (Taichung), 23 (2): 103-115.

Isbell FI, Polley HW, Wilsey BJ. 2009. Biodiversity, productivity and the temporal stability of productivity: patterns and processes[J]. Ecol. Lett., 12 (5):443-451.

Itioka T, Inoue T. 1996. Density-dependent ant attendance and its effects on the parasitism of a honeydew-producing scale insect, *Ceroplastes rubens*[J]. Oecologia, 106: 448-454.

Jackson DA. 1984a. Competition in the tropics: ants on trees[J]. Antenna, 8: 19-22.

Jackson DA. 1984b. Ant distribution patterns in a Cameroonian cocoa plantation: investigation of the ant mosaic hypothesis[J]. Oecologia, 62 (3): 318-324.

Jain M, Dan FF, Prager CM, et al. 2014. The importance of rare species: a trait-based assessment of rare species contributions to functional diversity and possible ecosystem function in tall-grass prairies[J]. Ecol. Evol., 4: 104-112.

Jaiswal AK, Agarwal SC. 1998. An efficient and indigenous device for lac-insect pest management[J]. Trop. Sci., 38 (2): 81-86.

Jaiswal AK, Krishan SK, Bhattacharya A et al. 1996. Exploring kairomonal activity in lac insect, *Kerria lacca* (Kerr.) against its predator, *Eublemma amabilis* Moore[J]. J. Entomol. Res., 20 (4): 349-353.

Jaiswal AK, Saha SK. 1995. Estimation of the population of parasitoids associated with lac insect, *Kerria lacca*, on the basis of biometrical characters[J]. J. Entomol. Res. (New Delhi), 19 (1): 27-32.

Jaiswal AK, Sharma KK, Agarwal SC. 1999. A modified and upgraded device of insect-separation for managing the insect pests of lac[J]. Nat. Acad. Sci. Lett. (India), 22 (6): 106-110.

Jaksić FM. 1981. Abuse and misuse of the term "guild" in ecological studies[J]. Oikos: 397-400.

James DG, Stevens MM, Faulder RJ. 1999. Ant foraging reduces the abundance of beneficial and incidental arthropods in citrus canopies[J]. Biol. Control, 14 (2): 121-126.

Jenkins PE, Isaacs R. 2007. Reduced-risk insecticides for control of grape berry moth (Lepidoptera: Tortricidae) and conservation of natural enemies[J]. J. Econ. Entomol., 100 (3): 855-865.

Jennifer SR, Diane RC. 2008. Effects of aggregation size and host plant on the survival of an ant-tended membracid (Hemiptera: Membracidea): potential roles in selecting for generalized host plant use[J]. Ann. Entomol. Soc. Am., 101 (1): 70-78.

Jnathaniel H, Scotta C, Katherinec H. 2009. Optimal defence theory predicts investment in extrafloral nectar resources in an ant-plant mutualism[J]. J. Ecol., 97 (1):89-96.

Jocqué R, Samu F, Bird T. 2005. Density of spiders (Araneae: Ctenidae) in Ivory Coast rainforests[J]. J. Zool., 266 (1): 105-110.

Johnson MT. 2008. Bottom-up effects of plant genotype on aphids, ants, and predators[J]. Ecology, 89 (1): 145-154.

Johnson NC, Wilson GWT, Bowker MA, et al. 2010. Resource limitation is a driver of local adaptation in mycorrhizal symbioses[J]. Proc. Nat. Acad. Sci., 107: 2093-2098.

Jonas JL, Joern AY. 2007. Grasshopper (Orthoptera: Acrididae) communities respond to fire, bison grazing and weather in North American tallgrass prairie: a long-term study[J]. Oecologia, 153 (3): 699-711.

Jonas JL, Joern AY. 2008. Host-plant quality alters grass/forb consumption by a mixed-feeding insect herbivore, *Melanoplus bivittatus* (Orthoptera: Acrididae) [J]. Ecol. Entomol., 87 (5): 1325-1330.

Kaiser C, Franklin O, Dieckmann U, et al. 2014. Microbial community dynamics alleviate stoichiometric constraints during litter decay[J]. Ecol. Lett., 17: 680-690.

Kaitaniemi P, Riihimäki J, Koricheva J, et al. 2007. Experimental evidence for associational resistance against the European pine sawfy in mixed tree stands[J]. Silva Fenn., 41 (2): 259-268.

Kaneko S. 2002. Aphid-attending ants increase the number of emerging adults of the aphid' s priamary parasitoid and hyperparasitoids by repelling intraguild predators[J]. Entomol. Sci., 5 (2): 131-146.

Kaneko, S. 2003. Different impacts of two species of aphidtending ants with different aggressiveness on the number of emerging adults of the aphid' s primary parasitoid and hyperparasitoids[J]. Ecol. Res, 18 (2): 199-212.

Kaplan I, Eubanks MD. 2002. Disruption of cotton aphid (Homoptera: Aphididae)-natural enemy dynamics by red imported fire ants (Hymenoptera: Formicidae) [J]. Environ. Entomol., 31 (6): 1175-1183.

Kaplan I, Eubanks MD. 2005. Aphids alter the community-wide impact of fire ants [J]. Ecology, 86 (6):1640-1649.

Kaspari M, Weiser MD. 1999. The size-grain hypothesis and interspecific scaling in ants[J]. Funct. Ecol., 13: 530-538.

Kaspari M. 1996. Worker size and seed size selection by harvester ants in a Neotropical forest[J]. Oecologia, 105: 397-404.

Katano I, Doi H, Eriksson BK, et al. 2015. A cross-system meta-analysis reveals coupled predation effects on prey biomass and diversity[J]. Oikos, 124: 1427-1435.

Katayama N, Suzuki N. 2002. Cost and benefit of ant attendance for *Aphis craccivora* (Hemiptera: Aphididae) with reference to aphid colony size[J]. Can. Entomol., 134: 241-249.

Kay AD, Scott SE, Schade JD, et al. 2004. Stoichiometric relations in an ant-treehopper mutualism[J]. Ecol. Lett., 7: 1024-1028.

Kay AD, Zumbusch T, Heinen JL, et al. 2010. Nutrition and interference competition have interactive effects on the behavior and performance of Argentine ants[J]. Ecology, 91 (1): 57-64.

Keddy PA. 1984. Plant zonation on lakeshores in Nova Scotia: a test of the resource specialization hypothesis[J]. J. Ecol., 72 (3): 797-808.

Kefi S, Berlow EL, Wieters EA, et al. 2015. Network structure beyond food webs: mapping non-trophic and trophic interactions on Chilean rocky shores[J]. Ecology, 96: 291-303.

Kemp WP, Harvey SJ, O' Neill KM. 1990. Patterns of vegetation and grasshopper community composition[J]. Oecologia, 83 (3): 299-308.

King JR, Andersen AN, Cutter AD. 1998. Ants as bioindicators of habitat disturbance: validation of the functional group model for Australia' s humid tropics[J]. Biodivers. Conserv., 7: 1627-1638.

Kitching RL, Li D, Stork NE. 2001. Assessing biodiversity 'sampling packages' : how similar are arthropod asemblages in different tropical rainforests[J]? Biodivers. Conserv., 10: 793-813.

Klein AM, Ingolf SD, Tscharntke T. 2006. Rain forest promotes trophic interactions and diversity of trapnesting Hymenoptera in agroforestry[J]. J. Anim. Ecol., 75: 315-323.

Klimes P, Idigel C, Rimandai M, et al. 2012. Why are there more arboreal ant species in primary than in secondary tropical forests[J]. J. Anim. Ecol., 81 (5): 1103-1112.

Kremen C, Colwell RK, Erwin TL, et al. 1993. Terrestrial arthropod assemblages: their use in conservation planning[J]. Conserv. Biol., 7: 796-808.

Kremen C. 2005. Managing ecosystem services: what do we need to know about their ecology?[J]. Ecol. Lett., 8 (5): 468-479.

Krishan K, Kumar KK. 2001. New record of fungi associated with indian lac insect[J]. Ind. J. Entomol., 63 (3): 369-371.

Kruess A. 2003. Effects of landscape structure and habitat type on a plant-herbivore-parasitoid community[J]. Ecography, 26: 283-290.

Lach L. 2003. Invasive ants: unwanted partners in ant-plant interactions?[J]. Ann. M. Bot. Gard., 90 (1):91-108.

Lach L. 2005. Interference and exploitation competition of three nectar-thieving invasive ant species[J]. Insectes Soc., 52: 257-262

Lach L, Parr C, Abbott K. 2010. Ant Ecology[M]. Oxford: Oxford University Press.

Laliberté E, Legendre P, Shipley B. 2014. FD: measuring functional diversity from multiple traits, and other tools for functional ecology[J]. R Package Version 1.0-12.

Laliberté E, Legendre P. 2010. A distance-based framework for measuring functional diversity from multiple traits[J]. Ecology, 91 (1): 299-305.

Lambers H, Brundrett MC, Raven JA, et al. 2010. Plant mineral nutrition in ancient landscapes: high plant species diversity on infertile soils is linked to functional diversity for nutritional strategies[J]. Plant Soil, 334 (1/2): 11-31.

Lavorel S. 2013. Plant functional effects on ecosystem services[J]. J. Ecol., 101 (1): 4-8.

Lavorel S, Grigulis K, Lamarque P, et al. 2011. Using plant functional traits to understand the landscape distribution of multiple ecosystem services[J]. J. Ecol., 99 (1): 135-147.

Lavorel S, Grigulis K. 2012. How fundamental plant functional trait relationships scale-up to trade-offs and synergies in ecosystem services[J]. J. Ecol., 100 (1): 128-140.

Lawrence KL, Wise DH. 2000. Spider predation on forest-floor Collembola and evidence for indirect effects on decomposition[J]. Pedobiologia, (44): 33- 39.

Lengyel S, Gove AD, Latimer AM, et al. 2009. Ants sow the seeds of global diversification in flowering plants[J]. PLoS ONE, 4 (5): e5480.

Lester PJ, Tavite A. 2004. Long-legged ants, *Anoplolepis gracilipes* (Hymenoptera: Formicidae), have invaded Tokelau, changing composition and dynamics of ant and invertebrate communities[J]. Pac. Sci., 58 (3): 391-401.

Levine JM. 2000. Species diversity and biological invasions: relating local process to community pattern[J]. Science, 288 (5467): 852-854.

Levings SC. 1983. Seasonal, annual, and among-site variation in the ground ant community of a deciduous tropical forest: some causes of patchy species distributions[J]. Ecol. Monogr., 53 (4): 435-455.

Levings SC, Franks NR. 1982. Patterns of nested dispersion in a tropical ground ant community[J]. Ecology, 63 (2): 338-344.

Lewandowska AM, Biermann A, Borer ET, et al. 2016. The influence of balanced and imbalanced resource supply on biodiversity-functioning relationship across ecosystems[J]. Philos. Trans. R. Soc. Lond. B Biol. Sci., 371 (1694): 20150283.

Liu S, Behm JE, Chen J, et al. 2016. Functional redundancy dampens the trophic cascade effect of a web-building spider in a tropical forest floor[J]. Soil Biol. Biochem., 98: 22-29.

Liu S, Chen J, He X, et al. 2014. Trophic cascade of a web-building spider decreases litter decomposition in a tropical forest floor[J]. Eur. J. Soil Biol., 65 (65):79-86.

Longino JT. 2000. What to do with the data. *In*: Agosti D, Majer JD, Alonso LE, et al. Ants: Standard Methods for Measuring and Monitoring Biodiversity[M]. Washington and London: Smithsonian Institution Press: 186-203.

Loreau M. 1988. Biodiversity and ecosystem functioning: a mechanistic model[J]. P. Nat. Acad. Sci. USA, 95: 5632-5636.

Lu ZX, Hoffmann BD, Chen YQ. 2016. Can reforested and plantation habitats effectively conserve SW China’s ant biodiversity?[J]. Biodivers. Conserv., 25 (4): 753-770.

Luck GW, Carter A, Smallbone L. 2013. Changes in bird functional diversity across multiple land uses: interpretations of functional redundancy depend on functional group identity[J]. PLoS ONE, 8 (5): e63671.

Luck GW, Harrington R, Harrison PA, et al. 2009. Quantifying the contribution of organisms to the provision of ecosystem services[J]. Bioscience, 59: 223-235.

Maelfait JP, Hendrickx F. 1998. Spiders as bio-indicators of anthropogenic stress in natural and semi-natural habitats in Flanders (Belgium): some recent developments[C]. Proceedings of the 17th European Colloquium of Arachnology, Edinburgh.

Magurran AE. 1988. Ecological diversity and its measurement[M]. Princeton: Princeton University Press.

Mahdihassan S. 1981. Ecological notes on a few hymenoptera associated with lac[J]. Pak. J. Sci. Ind. Res., 24: 148-150.

Mahdihassan S. 1983. Stebbing on early sex differentiation between larvae of lac insect and on the indian lac insect[J]. Pak. J. Sci. Ind. Res., 26 (4): 254-256.

Mahdihassan S. 1991a. Two kinds of stick-lac from south india studied in cross sections[J]. Pak. J. Sci. Ind. Res., 34 (4): 145-146.

Mahdihassan S. 1991b. The lac insect, its wild and cultivated species[J]. Pak. J. Sci. Ind. Res., 34 (10): 401-410.

Majer JD. 1976. The maintenance of the ant mosaic in *Ghana cocoa* farms[J]. J. Appl. Ecol.: 123-144.

Majer JD. 1985. Recolonization by ants of rehabilitated mineral sand mines on North Stradbroke island, Queensland, with particular reference to seed removal[J]. Aust. J. Ecol., 10: 31-48.

Majer JD. 1993. Comparison of the arboreal ant mosaic in Ghana, Brazil, Papua New Guinea and Australia-its structure and influence on arthropod diversity[J]. Hymenoptera and Biodiversity, 1993: 115-141.

Martins KT, Gonzalez A, Lechowicz MJ. 2015. Pollination services are mediated by bee functional diversity and landscape context[J]. Agr. Ecosyst. Environ., 200: 12-20.

Mason NWH, MacGillivray K, Steel JB, et al. 2003. An index of functional diversity[J]. J. Veg. Sci., 14 (4): 571-578.

Mayfield MM, Boni ME, Daily GC, et al. 2005. Species and functional diversity of native and human-dominated plant communities[J]. Ecology, 86: 2365-2372.

Mayfield MM, Bonser SP, Morgan JW, et al. 2010. What does species richness tell us about functional trait diversity? Predictions and evidence for responses of species and functional trait diversity to land-use change[J]. Global Ecol. Biogeogr., 19 (4): 423-431.

Menalled FD, Marino PC, Gage SH, et al. 1999. Does agricultural landscape structure affect parasitism and parasitoid diversity?[J]. Ecol. Appl., 9 (2): 634-641.

Mendes GM, Cornelissen TG. 2017. Effects of plant quality and ant defence on herbivory rates in a neotropical ant-plant[J]. Ecol. Entomol., 42 (5): 668-674.

Messina FJ. 1981. Plant protection as a consequence of an ant-membracid mutualism: interactions on goldenrod (*Solidago* sp.) [J]. Ecology, 62 (6): 1433-1440.

Mestre LAM, Gasnier TR. 2008. Populações de aranhas errantes do gênero Ctenus em fragmentos florestais na Amazônia Central[J]. Acta Amaz., 38: 158-164.

Michael LP, Jonathan JC, Stephen RC, et al. 1999. Trophic cascades revealed in diverse ecosystems[J]. Trends Ecol. Evol., 14 (12):483.

Miliczky ER, Horton DR. 2005. Densities of beneficial arthropods within pear and apple orchards affected by distance from adjacent native habitat and association of natural enemies with extra-orchard host plants [J]. Biol. Control, 33 (3): 249-259.

Miller DR., Kosztarab M. 1979. Recent advances in the study of scale insects[J]. Annu. Rev. of Entomol., 24: 1-27.

Minden V, Scherber C, Cebrián PMA, et al. 2016. Consistent drivers of plant biodiversity across managed ecosystems[J]. Philos. Trans. R. Soc. Lond. B Biol. Sci., 371: 20150284.

Mishara YD, Bhattacharya A, Sushli SN, et al. 1995. Efficacy of some insecticides against *Eublemma* amabilis Moore, a major predator of lac insect, *Kerria lacca* (Kerr.) [J]. J. Entomol. Res., 19 (4): 351-355.

Mishara YD, Sushil SN. 2000. A new trivoltine species of *Kerria Targioni* (Homoptera: Tachardiidae) on *Schleichera oleosa* (Lour.) from Eastern India[J]. Orient. Insects, 34: 215-220.

Mishara YD, Sushil SN, Kumar S, et al. 2000. Variability in lac productivity and related attributes of *Kerria* spp. (Homoptera: Tachardiidae) on *Zizyphus mauritiana*[J]. J. Entomol. Res., 24 (1): 19-26.

Mitchell A. 2005. The ESRI Guide to GIS Analysis: Vol. 2, spatial measurements and statistics[M]. Redlands California, USA, Environmental Systems Research Institute Inc.: 88-91.

Moguel P, Toledo VM. 1999. Biodiverrsity conversation in traditional coffee systems of Mexico[J]. Conserv. Bio., 13: 11-21.

Molnár N., Kovács É., Gallé L. et al. 2000. Habitat selection of ant-tended aphids on willow tree[J]. Tiscia, 32:31-34.

Mooney KA, Agrawal AA. 2008. Plant genotype shapes ant-aphid interactions: implications for community structure and indirect plant defense[J]. Am. Nat., 171 (6): 195-205.

Mooney KA. 2006. The disruption of an ant-aphid mutualism increases the effects of birds on pine herbivores[J]. Ecology, 87 (7): 1805-1815.

Mooney KA. 2007. Tritrophic effects of birds and ants on a canopy food web, tree growth, and phytochemistry[J]. Ecology, 88 (8): 2005-2014.

Morales MA. 2000a. Mechanisms and density dependence of benefit in an ant-membracid mutualism[J]. Ecology, 81 (2): 482-489.

Morales MA. 2000b. Survivorship of an ant-tended membracid as a function of ant recruitment[J]. Oikos, 90: 469-476.

Morales MA. 2002. Ant-dependent oviposition the membracid *Publilia concave*[J]. Ecol. Entomol., 27: 247-250.

Morales MA, Barone JL, Henry CS. 2008. Acoustic alarm signaling facilitates predator protection of treehoppers by mutualist ant bodyguards[J]. Proc. Roy. Soc. B, 275: 1935-1941.

Mordwilko A. 1907. Die Ameisen und blattläuse in ihren gegenseitigen beziehungen und das zusammenleben von lebewesen überhaupt[J]. Biologisches Zentralblatt, 27 (7): 212-224.

Moreira X, Mooney KA, Zas R, et al. 2012. Bottom-up effects of host-plant species diversity and top-down effects of ants interactively increase plant performance[J]. Proc. Biol. Sci., 279 (1746): 4464.

Moya-Raygoza G, Nault LR. 2000. Obligatory mutualism between *Dalbulus quinquenotatus* (Homoptera: Cicadellidae) and attendant ants[J]. Annu. Entomol. Soc. Am., 93: 929-940.

Mumme S, Jochum M, Brose U, et al. 2015. Functional diversity and stability of litter-invertebrate communities following land-use change in Sumatra, Indonesia[J]. Biol. Conserv., 191: 750-758.

Nakamura A, Catterall CP, House A, et al. 2007. The use of ants and other soil and litter arthropods as bio-indicators of the impacts of rainforest clearing and subsequent land use[J]. J. Insect Conserv., 11 (2): 177-186.

Nedorezov LV. 2011. Analysis of some experimental time series by Gause: Application of simple mathematical models[J]. Computational Ecol. Software, 1 (1): 25.

Ness JH, Morris WF, Bronstein JL. 2009. For ant-protected plants, the best defense is a hungry offense[J]. Ecology, 90 (10): 2823-2831.

Nixon GEJ. 1951. The association of ants with aphids and coccids[J]. Association of ants with aphids and coccids, 44 (2): 293-294.

Norris KC. 1999. Quantifying change through time in spider assemblages: sampling methods, indices, and sources of error[J]. J. Insect Conserv., 3: 1-17.

Novgorodova TA. 2013. Ant-aphid interactions in multispecies ant communities: Some ecological and ethological aspects[J]. Eur. J. Entomol., 102 (3): 495-501.

Nyffeler M, Benz G. 1987. Spiders in natural pest control: a review[J]. Appl. Entomol., 103: 321-339.

Nyffeler M. 2000. Ecological impact of spider predation: a critical assessment of Bristowes and Turnbulls estimates[J]. Bull. Brit. Arachnol. Soc., 11: 367- 373.

O' Dowd DJ, Green PT, Lake PS. 1999. Status, impact and recommendations for research and management of exotic invasive ants in Christmas Island National Park[M]. Monash University, Centre for Analysis and Management of Biological Invasions.

Olander LP, Vitousek PM. 2000. Regulation of soil phosphatase and chitinase activityby N and P availability[J]. Biogeochemistry, 49 (2): 175-191.

Oliveira PS, Del-Claro K. 2005. Multitrophic interactions in a neotropical savanna: Ant- hemipteran systems, associated insect herbivores, and a host plant[J]. Bio. Inter. Trop., 84 (2): 414-438.

Oliver I, Beattie AJ. 1993. A possible method for the rapid assessment of biodiversity[J]. Conserv. Biol., 7 (3): 562-568.

Oliver TH, Jones I, Cook JM, et al. 2008. Avoidance responses of an aphidophagous ladybird, *Adalia bipunctata*, to aphid-tending ants[J]. Ecol. Entomol., 33 (4): 523-528.

Osborn F, Goitia W, Cabrera M, et al. 1999. Ants, plants and butterflies as diversity indicators: comparisons between strata in six neotropical forest sites[J]. St. Neotr. Fauna Environ., 34: 59-64.

Paine RT. 1969. A note on trophic complexity and community stability[J]. Am. Nat., 103 (929): 91-93.

Palmer TM. 2003. Spatial habitat heterogeneity influences competition and coexistence in an African acacia ant guild[J]. Ecology, 84: 2843-2855.

Pearse IS, Gee WS, Beck JJ. 2013. Headspace volatiles from 52 oak species advertise induction, species identity, and evolution, but not defense[J]. Journal of chemical ecology, 39 (1): 90-100.

Pemberton RW. 2003. Potential for biological control of the lobate lac scale, *Paratachardina labata* Labata (Hemiotera:Kerriidae) [J]. Fla. Entomol., 86 (3): 353-360.

Peng RK, Christian K. 2004. The weaver ant, *Oecophylla smaragdina* (Hymenoptera: Formicidae), an effective biological control agent of the red-banded thrips, *Selenothrips rubrocinctus* (Thysanoptera: Thripidae) in mango crops in the Northern Territory of Australia[J]. Int. J. Pest. Manage., 50: 107-114.

Perfecto I. 1994. Foraging behavior as a determinant of asymmetric competitive interaction between two ant species in a tropical agroecosystem[J]. Oecologia, 98: 184-192.

Perfecto I, Vandermeer J. 2006. The effect of an ant-hemipteran mutualism on the coffee berry borer (*Hypothenemus hampei*) in southern Mexico[J]. Agr. Ecosyst. Environ., 117 (2-3): 218-221.

Perrings C, Naeem S, Ahrestani F, et al. 2010. Ecosystem Services For 2020[J]. Science, 330 (6002): 323.

Petchey OL, Hector A, Gaston KJ. 2004. How do different measures of functional diversity perform?[J]. Ecology, 85 (3): 847-857.

Petit S, Burel F. 1998. Effects of landscape dynamics on the metapopulation of a ground beetle (Coleoptera, Carabidae) in a hedgerow network[J]. Agricul. Ecosyst. Environ., 69 (3): 243-252.

Philpott SM, Armbrecht I. 2006. Biodiversity in tropical agroforests and the ecological role of ants and ant diversity in predatory function[J]. Ecol. Entomol., 31 (4): 369-377.

Philpott SM, Perfecto I, Vandermeer J. 2006. Effects of management intensity and season on arboreal ant diversity and abundance in coffee agroecosystems[J]. Biodivers. Conserv., 15: 139-155.

Pianka E. 1994. Evolutionary Ecology[M]. 5th ed. New York: Harper Collins.

Pickett JA, Wadhams LJ, Woodcock CM, et al. 1992. The chemical ecology of aphids[J]. Annu. Rev. of Entomol., 37: 67-90.

Pierce NE, Kitching RL, Buckley RC, et al. 1987. The costs and benefits of cooperation between the Australian Lycaenid butterfly, Jalmenus evagoras, and its attendant ants[J]. Behav. Ecol. Sociobiol., 21: 237-248

Platnick NI. 2012. The world spider catalog, version 13.0. Museum of Natural History. http://research.Amnh.org/iz/spiders/catalog [2015-7-23].

Pontin AJ. 1958. A preliminary note on the eating of aphids by ants of the genus *Lasius* (Hym., Formicidae) [J]. Entomol. Mon. Mag., 94: 9-11.

Poos MS, Walker SC, Jackson DA. 2009. Functional-diversity indices can be driven by methodological choices and species richness[J]. Ecology, 90: 341-347.

Power ME. 1992. Top-down and bottom-up forces in food webs: do plants have primacy[J]. Ecology, 73 (3): 733-746.

Pringle EG. 2014. Harnessing ant defence at fruits reduces bruchid seed predation in a symbiotic ant-plant mutualism[J]. Proc. Biol. Sci., 281 (1785): 20140474.

Queiroz JM, Oliveira PS. 2001. Tending ants protect honeydew-producing whiteflies (Homoptera: Aleyrodidae) [J]. Environ. Entomol., 30 (2): 295-297.

R Development Core Team. 2009. R: A language and environment for statistical computing[M]. R Foundation for Statistical Computing, Vienna, Austria. ISBN 3-900051-07-0, URL http://www.r-project.org [2018-07-26].

Ragsdale DW, Voegtlin DJ, O' Neil RJ. 2004. Soybean aphid biology in north America[J]. Ann. Entomol. Soc. Am., 97: 204-208.

Raine NE, Gammans N, Macfadyen IJ, et al. 2004. Guards and thieves: antagonistic interactions between two ant species coexisting on the same ant-plant[J]. Ecol. Entomol., 29: 345-352.

Rakhshani E, Tomanović Ě, Starý P, et al. 2008. Distribution and diversity of wheat aphid parasitoids (Hymenoptera: Braconidae: Aphidiinae) in Iran[J]. Eur. J. Entomol., 105: 863-870.

Rauch G, Simon JC, Chaubet B, et al. 2002. The influence of ant-attendance on aphid behaviour investigated with the electrical penetration graph technique[J]. Entomol. Exp. Appl., 102 (1): 13-20.

Ray J, Redford KH, Steneck R, et al. 2005. Large carnivores and the conservation of biodiversity[M]. Washington, DC: Island Press.

Rego FNAA, Venticinque EM, Brescovit AD. 2007. Effects of forest fragmentation on four Ctenus spider populations (Araneae: Ctenidae) in central Amazonia, Brazil[J]. Stud. Neotr. Fauna Environ., 42 (2):137-144.

Rego FNNA, Venticinque EM, Brescovit AD. 2005. Densidades de aranhas errantes (Ctenidaee Sparassidae: Araneae) em uma floresta fragmentada[J]. Biota. Neotrop., 5 (1a): 1-8.

Reich PB, Tilman D, Isbell F, et al. 2012. Impacts of biodiversity loss escalate through time as redundancy fades[J]. Science, 336: 589-592.

Reiss J, Bridle JR, Montoya JM, et al. 2009. Emerging horizons in biodiversity and ecosystem functioning research[J]. Trends Ecol. Evol., 24: 505-514.

Reithel JS, Campbell DR. 2008. Effects of aggregation size and host plant on the survival of an ant-tended membracid (Hemiptera: Membracidae): potential roles in selecting for generalized host plant use[J]. Ann. Entomol. Soc. Am., 101 (1): 70-78.

Renault CK, Buffa LM, Delfino MA. 2005. An aphid-ant interaction: effects on different trophic levels[J]. Ecol. Res., 20: 71-74.

Retana J, Arnan X, Cerda X. 2015. A multidimensional functional trait analysis of resources exploitation in European ants[J]. Ecology, 96 (10): 2781-2793.

Rice ES, Silverman J. 2013. Propagule pressure and climate contribute to the displacement of *Linepithema humile* by *Pachycondyla chinensis*[J]. PLoS ONE, 8 (2): e56281.

Rico-Gray V. 1993. Use of plant-derived food resources by ants in the dry tropical lowlands of coastal veracruz Mexico[J]. Biorropica, 25: 301-315

Riechert SE, Bishop L. 1990. Prey control by an assemblage of generalist predators: spiders in garden test systems[J]. Ecology, 71 (4): 1441-1450.

Riechert SE, Lockley T. 1984. Spiders as biological control agents[J]. Annu. Rev. of Entomol., 29 (1): 299-320.

Rinaldi IMP, Mendes BP, Cady AB. 2002. Distribution and importance of spiders inhabiting a Brazilian sugar cane plantation[J]. Rev. Bras. Zool., 19: 271-279.

Rinaldi IMP, Ruiz GRS. 2002. Comunidades de aranhas (Araneae) em cultivos de seringueira (Hevea brasiliensis Muell. Arg.) no Estado de São Paulo[J]. Rev. Bras. Zool., 19 (3): 781-788.

Ringel MS, Hu HH, Anderson G. 1996. the stability and persistence of mutualisms embedded in community interactions[J]. Theor. Popul. Biol., 50: 281-297.

Ripple WJ, Beschta RL. 2004. Wolves and the ecology of fear: can predation risk structure ecosystems?[J]. Bioscience, 54 (8):755-766.

Ripple WJ, Estes JA, Schmitz OJ, et al. 2016. What is a trophic cascade?[J]. Trends Ecol. Evol., 31 (11): 842-849.

Rodriguez MÁ, Hawkins BA. 2000. Diversity, function and stability in parasitoid communities[J]. Ecol. Lett., 3: 35-40.

Rohr JR, Mahan CG, Kim KC. 2007. Developing a monitoring program for invertebrates: guidelines and a case study[J]. Conserv. Biol., 21: 422-433.

Room PM. 1971. The relative distributions of ant species in Ghana' s cocoa farms[J]. J. Anim. Ecol., 40: 735-751.

Room PM. 1975. Relative distributions of ant species in cocoa plantations in Papua New Guinea[J]. J. Appl. Ecol., 12: 47-61.

Rosenberg DM, Danks HV, Lehmkuhl DM. 1986. Importance of insects in environmental impact assessment[J]. Environ. Manage., 10 (6): 773-783.

Rosumek FB, Silveira FA, De SNF, et al. 2009. Ants on plants: a meta-analysis of the role of ants as plant biotic defenses[J]. Oecologia, 160 (3):537-549.

Roth DS, Perfecto I, Rathcke B. 1994. The effects of management systems on ground-foraging ant diversity in Costa Rica[M]. *In*: Ecosystem Management. New York: Springer: 399-413.

Rott AS, Godfray HCJ. 2000. The structure of a leafminer-parasitoid community[J]. J. Anim. Ecol., 69: 274-289.

Rust MK, Reierson DA, Klotz JH. 2003. Pest management of argentine ants[J]. J. Entomol. Sci., 38: 159-169.

Ryti RT, Case TJ. 1984. Spatial arrangement and diet overlap between colonies of desert ants[J]. Oecologia, 62: 401-404.

Ryti RT, Case TJ. 1986. Overdispersion of ant colonies: a test of hypotheses[J]. Oecologia, 69: 446-453.

Ryti RT, Case TJ. 1988. The regeneration niche of desert ants: effects of established colonies[J]. Oecologia, 75: 303-306.

Ryti RT, Case TJ. 1992. The role of neighborhood competition in the spacing and diversity of ant communities[J]. Am. Nat., 139: 355-374.

Sääksjärvi E, Ruokolainen K, Tuomisto H, et al. 2006. Comparing composition and diversity of parasitoid wasps and plants in an Amazonian rain-forest mosaic[J]. J. Trop. Ecol., 22: 167-176.

Sah BN. 1990. Abundance of beneficial insects associated with the kusmi strain of the indian lac insect *Kerria lacca* in Madhya Pradesh[J]. Bull. Entomol., 31 (2): 222-224.

Saha SK, Jaipuriar SK. 2000. Variability and inter relationship of biological parameters and resin characteristics in lac insect, *Kerria lacca*[J]. Shashpa, 7 (1): 17-20.

Saint-Pierre C, Ou BR. 1994. Lac host-trees and the balance of agroecosystems in south Yunnan, China[J]. Econ. Bot., 48 (1): 21-28.

Sakata H, Hashinoto Y. 2000. Should aphids attract or repel ants? effect of rival aphids and extrafloral nectaries on ant-aphid interactions[J]. Popul. Ecol., 42: 171-178.

Sakata H. 1994. How an ant decides to prey on or to attend aphid[J]. Res. Popul. Ecol., 36: 45-51.

Sakata H. 1995. Density-dependent predation of the ant *Lasius niger* (Hymenptera: Formicidae) on two attended aphids *Lachnus tropicalis* and *Myzocallis kuricola* (Homoptera: Aphididae) [J]. Res. Popul. Ecol., 37 (2): 159-164.

Samson DA, Rickart EA, Gonzales PC. 1997. Ant diversity and abundance along an elevational gradient in the Philippines[J]. Biotropica, 29 (3): 349-363.

Sarty M, Abbott KL, Lester PJ. 2006. Habitat complexity facilitates coexistence in a tropical ant community[J]. Community Ecol., 149

(3): 465-473.

Savage AM, Rudgers JA, Whitney KD. 2009. Elevated dominance of extrafloral nectary-bearing plants is associated with increased abundances of an invasive ant and reduced native ant richness[J]. Divers. Distrib., 15 (5): 751-761.

Savolainen R, Vepsäläinen KA. 1988. Competition hierarchy among boreal ants: Impact on resource partitioning and community structure[J]. Oikos, 51: 135-155.

Schatz B, Proffit M, Rakhi BV, et al. 2006. Complex interactions on fig trees: ants capturing parasitic wasps as possible indirect mutualism of the fig-fig wasp interaction[J]. Oikos, 113: 344-352.

Schemske DW, Mittelbach GG, Cornell HV, et al. 2009. Is there a latitudinal gradient in the importance of biotic interactions?[J]. Annu. Rev. Ecol. Evol. S., 40 (40): 245-269.

Scherber C, Eisenhauer N, Weisser WW, et al. 2010. Bottom-up effects of plant diversity on multitrophic interactions in a biodiversity experiment[J]. Nature, 468 (7323): 553-556.

Schilman PE, Roces F. 2005. Energetics of locomotion and load carriage in the nectar feeding ant, *Camponotus rufipes*[J]. Physiol. Entomol., 30 (4): 332-337.

Schleuning M, Fründ J, García D. 2015. Predicting ecosystem functions from biodiversity and mutualistic networks: an extension of traitbased concepts to plant-animal interactions[J]. Ecography, 38: 1-13.

Schmera D, Heino J, Podani J, et al. 2017. Functional diversity: a review of methodology and current knowledge in freshwater macroinvertebrate research[J]. Hydrobiologia, 787: 27-44.

Schmitz OJ. 2003. Top predator control of plant biodiversity and productivity in an old-field ecosystem[J]. Ecol. Lett., 6 (2): 156-163.

Schmitz OJ, Krivan V, Ovadia O. 2004. Trophic cascades: the primacy of trait-mediated indirect interactions[J]. Ecol. Lett., 7 (2):153-163.

Schmitz OJ, Suttle KB. 2001. Effects of top predator species on direct and indirect interactions in a food web[J]. Ecology, 82 (7): 2072-2081.

Schnell MR, Pik AJ, Dangerfield JM. 2003. Ant community succession within eucalypt plantations on used pasture and implications for taxonomic sufficiency in biomonitoring[J]. Austral Ecol., 28: 533-565.

Schonberg LA, Longino JT, Nadkarni NM, et al. 2004. Arboreal ant species richness in primary forest, secondary forest, and pasture habitats of a tropical montane landscape[J]. Biotropica, 36 (3): 402-409.

Schröter D, Cramer W, Leemans R, et al. 2005. Ecosystem service supply and vulnerability to global change in Europe[J]. Science, 310 (5752): 1333.

Schulz A, Wagner T. 2002. Influence of forest type and tree species on canopy ants (Hymenoptera: Formicidae) in Budongo Forest, Uganda[J]. Oecologia, 133 (2): 224-232.

Schumacher E, Platner C. 2009. Nutrient dynamics in a tritrophic system of ants, aphids and beans[J]. J. Appl. Entomol., 133: 33-46.

Seppelt R, Fath B, Burkhard B, et al. 2012. Form follows function? proposing a blueprint for ecosystem service assessments based on reviews and case studies[J]. Ecolo. Indicators, 21: 145-154.

Sharma KK, Bhattacharya A, Sushil SN. 1999. Indian lac insect, *Kerria lacca*, as an important source of honeydew[J]. Bee World, 80: 115-118.

Sharma KK, Jaiswal AK, Bhattacharya A, et al. 1997. Emergence profile and relative abundance of parasitoids associated with indian lac insect, *Kerria lacca*[J]. Ind. J. Ecol., 24 (1): 17-22.

Sharma KK, Jaiswal AK, Kumar KK. 2006. Role of lac culture in biodiversity conservation: issues at stake and conservation strategy[J]. Review Articles, 91 (7): 894-898.

Sharma KK, Ramani R. 2001. Parasites effected reduction in fecundity and resin yield of two strains of Indian lac insect, *Kerria lacca*[J]. Ind. J. Ent., 63: 456-459.

Shurin JB, Borer ET, Seabloom EW, et al. 2002. A cross-ecosystem comparison of the strength of trophic cascades[J]. Ecol. Lett., 5 (6):785-791.

Silva D, Coddington JA. 1996. Spiders of Pakitza (Madre de Dios, Peru): species richness and notes on community structure. *In*: Wilson DE, Sandoval A. The Biodiversity of Southeastern Peru[M]. Washington DC: Smithsonian Instit.: 253-311.

Sinsabaugh RL, Carreiro MM, Repert DA. 2002. Allocation of extracellular enzymatic activity in relation to litter composition, N deposition, and mass loss[J]. Biogeochemistry, 60 (1): 1-24.

Sitters H, Di Stefano J, Christie F, et al. 2016. Bird functional diversity decreases with time since disturbance: Does patchy prescribed fire enhance ecosystem function?[J]. Ecol. Appl., 26 (1): 115-127.

Skerl K, Gillespie R. 1999. Spiders inconservation: tools, targets and other topics[J]. Insect Conserv., (3): 249- 250.

Skinner GJ, Whittaker JB. 1981. An experimental investigation of inter-relationships between the wood-ant (*Formica rufa*) and some tree-canopy herbivores[J]. J. Anim. Ecol., 50 (1):313-326.

Soares SM, Schoereder JH. 2001. Ant-nest distribution in a remnant of tropical rainforest in southeastern Brazil[J]. Insectes Soc., 48: 280-286.

Sobek S, Tscharntke T, Scherber C, et al. 2009. Canopy vs. understory: does tree diversity affect bee and wasp communities and their natural enemies across forest strata[J]? Forest Ecol. Manag., 258 (5): 609-615.

Sogawa K. 1982. The rice brown planthopper-feeding physiology and host plant interactions[J]. Annu. Rev. Entomol., 27: 49-73.

Soliveres S, Manning P, Prati D, et al. 2016. Locally rare species influence grassland ecosystem multifunctionality[J]. Philos. Trans. R. Soc. Lond. B Biol. Sci., 371: 20150269.

Song Y, Wang P, Li G, et al. 2014. Relationships between functional diversity and ecosystem functioning: A review[J]. Acta Ecol. Sin., 34 (2): 85-91.

Souza ALTD, Martins RP. 2004. Distribution of plant-dwelling spiders: inflorescences versus vegetative branches[J]. Austral Ecol., 29 (3): 342-349.

Sovell JR. 2006. Grasshopper monitoring on Pueblo Chemical Depot (2001-2003). http://www.cnhp.colostate.edu/documents/2006/PCD_Grasshopper_final_5-30-2006.pdf. [2006-05-30].

Sperber CF, Nakayama K, Valverde MJ. 2004. Tree species richness and density affect parasitoid diversity in cacao agroforestry[J]. Basic Appl. Ecol., 5: 241-251.

Srivastava DC, Chauhan NS. 1986. On the sex ratio of the lac associated insects[J]. Entomon, 11 (4): 245-246.

Srivastava DC, Chauhan NS, Teotia PS. 1984. Seasonal abundance of insects associated with the India lac insect *Kerria lacca*[J]. Ind. J. Ecol., 11 (1): 37-42.

Srivastava DS, Lawton JH. 1998. Why more productive sites have more species: an experimental test of theory using tree-hole communities[J]. Am. Nat., 152 (4): 510-529.

Stachowicz JJ. 2001. Mutualism, facilitation, and the structure of ecological communities[J]. Bioscience, 51 (3): 235-246.

Stadler B. 2004. Wedged between bottom-up and top-down processes: aphids on tansy[J]. Ecol. Entomol., 29 (1): 106-116.

Stadler B, Dixon AFG. 1998. Costs of ant attendance for aphids[J]. J. Anim. Ecol., 67: 454-459.

Stadler B, Dixon AFG. 2005. Ecology and evolution of aphid-ant interactions[J]. Annu. Rev. Ecol. Evol. S., 36 (36): 345-372.

Stadler B, Dixon AFG, Kindlmann P. 2002. Relative fitness of aphids: effects of plant quality and ants[J]. Ecol. Lett., 5: 216-222.

Stephens MJ, France CM, Wratten SD, et al. 1998. Enhancing biological control of leafrollers (Lepidoptera: Tortricidae) by sowing buckwheat (*Fagopyrum esculentum*) in an orchard[J]. Biocontrol Sci. Techn., 8: 547-558.

Sterk M, Gort G, Klimkowska A, et al. 2003. Assess ecosystem resilience: linking response and effect traits to environmental variability[J]. Ecol. Indic., 30: 21-27.

Stork NE. 1991. The composition of the arthropod fauna of Bornean lowland rain forest trees[J]. J. Trop. Ecol., 7: 161-180.

Stradling DJ. 1978. The influence of size on foraging in the ant, Atta cephalotes, and the effect of some plant defence mechanisms[J]. J. Anim. Ecol., 47: 173-188.

Strong DR, Lawton JH, Southwood SR. 1984. Insects on plants. Community patterns and mechanisms[M]. Blackwell Scientific Publications.

Styrsky JD. 2006. Consequences of mutualisms between aphids and an invasive ant to arthropod communities and their host plants[D]. Auburn University.

Styrsky JD, Eubanks MD. 2007. Ecological consequences of interactions between ants and honeydew-producing insects[J]. Proc. Biol. Sci., 274 (1607): 151-164

Suarez AV, Bolger DT, Case TJ. 1998. Effects of fragmentation and invasion on native ant communities in coastal southern California[J]. Ecology, 79 (6): 2041-2056.

Suding KN, Lavorel S, Chapin FS, et al. 2008. Scaling environmental change through the community-level: a trait-based response-and-effect framework for plants[J]. Global Change Biol., 14 (5): 1125-1140.

Sugiura S. 2007. Structure of a herbivore-parasitoid community: are parasitoids shared by different herbivore guilds[J]? Basic Appl. Ecol., 83: 193-199.

Sugiura S. 2011. Structure and dynamics of the parasitoid community shared by two herbivore species on different host plants[J]. Arthropod-Plant Inte., 5: 29-38.

Sushil SN, Bhattacharya A, Krishnan SK, et al. 1995. Evaluation of *Trichogramma pretiosum* Riley (Hymenoptera: Trichogrammatidae) as an egg parasitoid of lac insect predator *Eublemma amabilis* (Lepidoptera: Noctuidae) [J]. Pest Manage. Econ. Zool., 3 (1): 51-53.

Sushil SN, Mishara YD, Bhattacharya A, et al. 1999. Screening of some egg parasitoids against *Pseudohypatopa pulverea* (Lepidoptera: Blastobasidae) a Serious predator of lac insect, *Kerria lacca*[J]. J. Entomol. Res., 23 (4): 365-368.

Sutherst RW, Gunter MA. Climate model of the red imported fire ant, *Solenopsis invicta* (Hymenoptera: Formicidae): implications for invasion of new regions, particularly oceania[J]. Environ. Entomol., 34 (2): 317-335.

Suzuki N, Ogura K, Katayama N. 2004. Efficiency of herbivore exclusion by ants attracted to aphids on the vetch *Vicia angustifolia* L. (Leguminosae) [J]. Ecol. Res., 19: 275-282.

Takeda S, Kinomura K, Sakurai H. 1982. Effects of ant tending on the honeydew excretion and larviposition of the cowpea aphid, *Aphis craccivora* Koch[J]. Appl. Entomol. Zool., 17: 133-135.

Taylor B, Adedoyin SF. 1978. The abundance and inter-specific relations of common ant species (Hymenoptera: Formicidae) on cocoa farms in Western Nigeria[J]. Bull. Entomol. Res., 68 (1): 105-121.

Taylor RJ, Doran N. 2001. Use of terrestrial invertebrates as indicators of the ecological sustainability of forest management under the Montreal Process[J]. J. Insect Conserv., 5 (4): 221-231.

Thompson PL, Rayfield B, Gonzalez A. 2017. Loss of habitat and connectivity erodes species diversity, ecosystem functioning, and stability in metacommunity networks[J]. Ecography, 40（1）: 98-108.

Thompson R, Starzomski BM. 2007. What does biodiversity actually do? a review for managers and policy makers[J]. Biodivers. Conserv., 16: 1359-1378.

Thomson LJ, Hoffmann AA. 2009. Vegetation increases the abundance of natural enemies in vineyards[J]. Biol. Control., 49（3）: 259-269.

Thomson LJ, McKenzie J, Sharley DJ, et al. 2010. Effect of woody vegetation at the landscape scale on the abundance of natural enemies in Australian vineyards[J]. Biol. Control, 54: 248-254.

Thorpe AS, Stanley AG. 2011. Determining appropriate goals for restoration of imperiled communities and species[J]. J. Appl. Ecol., 48: 275-279.

Tilman D. 2001. Functional diversity[J]. Encyclopedia of Biodivers., 3: 109-120.

Tilman D, Kareiva P. 1997. Spatial ecology: the role of space in population dynamics and interspecific interactions[M]. Princeton: Princeton University Press.

Tobin JE. 1995. Ecology and diversity of tropical forest canopy ants. *In*: Lowman MD, Nadkarni NM, Editors, Forest Canopies[M]. San Diego: Academic Press.

Toby KE, Palmer TM, Ives AR, et al. 2010. Mutualisms in a changing world: an evolutionary perspective[J]. Ecol. Lett., 13（12）: 1459-1474.

Tokeshi M. 1999. Species coexistence: ecological and evolutionary perspectives[M]. Oxford: Blackwell Scientific Press.

Trager MD, Bhotika S, Hostetler JA, et al. 2010. Benefits for plants in ant-plant protective mutualisms: a meta-analysis[J]. PLoS ONE, 5: e14308.

Traniello JF, Levings SC. 1986. Intra-and intercolony patterns of nest dispersion in the ant *Lasius neoniger*: correlations with territoriality and foraging ecology[J]. Oecologia, 69: 413-419.

Tschamtke T, Klein AM, Kruess A, et al. 2005. Landscape perspectives on agricultural intensification and biodiversity-ecosystem service management[J]. Ecol. Lett., 8（8）: 857.

Tscherko D, Rustemeier J, Richter A, et al. 2003. Functional diversity of the soil microflora in primary succession across two glacier forelands in the Central Alps[J]. Eur. J. Soil Sci., 54（4）: 685-696.

Turnbull AL. 1973. Ecology of the true spiders（Araneomorphae）[J]. Annu. Rev. Entomol., 18: 305-348.

Uetz GW, Halaj J, Cady AB. 1999. Guild structure of spiders in major crops[J]. J. Arachnol., 27（1）: 270-280.

Ugland KI, Gray JS, Ellingsen KE. 2003. The species-accumulation curve and estimation of species richness[J]. J. Anim. Ecol., 72（5）: 888-897.

Ulrich W. 2006. Decomposing the process of species accumulation curve and estimation of species richness[J]. Ecol. Res., 21: 578-585.

Utsumi S, Ando Y, Craig TP, et al. 2011. Plant genotypic diversity increases population size of a herbivorous insect[J]. Proc. Roy. Soc. B Biol. Sci., 278（1721）: 3108.

Van Mele P. 2008. A historical review of research on the weaver ant *Oecophylla* in biological control[J]. Agric. Forest Entomol., 10: 13-22.

Van Mele P, Vayssières JF, Van Tellingen E, et al. 2007. Effects of an African weaver ant, *Oecophylla longinoda*, in controlling mango fruit flies（Diptera: Tephritidae）in Benin[J]. J. Econ. Entomol., 100: 695-701.

Van Zandt PA, Agrawal AA. 2004. Community-wide impacts of herbivore-induced plant responses in common milkweed（*Asclepias syriaca*) [J]. Ecology, 85 (9): 2616-2629.

Varon EH, Eigenbrode SD, Bosque-perez NA, et al. 2007. Effect of farm diversity on harvesting of coffee leaves by the leaf-cutting ant *Atta cephalotes*[J]. Agric. Forest Entomol., 9: 47-55.

Varshney RK. 1976. A check-list of insect parasites associated with lac[J]. Orient. Insects, 10 (1): 55-78.

Varshney RK. 1979. Aspects of intraspecific diversity in relation to the lacca complex of Indian lac insect (Homoptera: Tachardiidae) [J]. Proc. Symposium Zool. Survey Ind., (1): 1-12.

Varshney RK. 1990. Abnormal segmentation in the antenna of an apercus male lac insect, *Kerria lacca* (Homoptera: Tachardiidae) [J]. Records of the Zoological Survey of Indian, 87 (1): 223-226.

Vasconcelos HL. 1999. Effects of forest disturbance on the structure of ground-foraging ant communities in central Amazonia[J]. Biodivers. Conserv., 8 (3): 407-418.

Villéger S, Mason NWH, Mouillot D. 2008. New multidimensional functional diversity indices for a multifaceted framework in functional ecology[J]. Ecology, 89 (8): 2290-2301.

Völkl W. 1992. Aphids or their parasitoids: who actually benefits from ant-attendance?[J]. J. Anim. Ecol., 61 (2): 273-281.

Waldrop MP, Balser TC, Firestone MK. 2000. Linking microbial community composition to function in a tropical soil[J]. Soil Biol. Biochem., 32 (13): 1837-1846.

Walker B, Kinzig A, Langridge J. 1999. Plant attribute diversity, resilience, and ecosystem function: the nature and significance of dominant and minor species[J]. Ecosystems, 2: 95-113.

Wang B, Geng XZ, Ma LB, et al. 2014. A trophic cascade induced by predatory ants in a fig-fig wasp mutualism[J]. J. Anim. Ecol., 83 (5): 1149-1157.

Wang CT, Long RJ, Wang QL, et al. 2010. Fertilization and litter effects on the functional group biomass, species diversity of plants, microbial biomass, and enzyme activity of two alpine meadow communities[J]. Plant Soil, 331: 377-389.

Wang RW, Shi L, Ai SM, et al. 2008. Trade-off between the reciprocal mutualism: local resource availability oriented interaction in fig/fig wasp mutualism[J]. J. Anim. Ecol., 77 (3): 616-623.

Watanasit S, Jantarit S. 2006. The ant nest of *Crematogaster rogenhoferi* (Mayr,1879) (Hymenoptera: Formicidae) at Tarutao National Park, Satun Province, Southern Thailand[J]. Songklanakarin J. Sci. Technol., 28: 723-730

Watt AD, Stork NE, Bolton B. 2002. The diversity and abundance of ants in relation to forest disturbance and plantation establishment in southern Cameroon[J]. J. Appl. Ecol., 39 (1): 18-30.

Way MJ. 1963. Mutualism between ants and honeydew-producing Homoptera[J]. Annu. Rev. Entomol., 8: 307-344.

Way MJ, Khoo KC. 1992. Role of ants in pest management.[J]. Annu. Rev. of Entomol., 37 (1): 479-503.

Way MJ, Paiva MR, Cammell ME. 1999. Natural biological control of the pine processionary moth *Thaumetopoea pityocampa* (Den and Schiff) by the Argentine ant *Linepithema humile* (Mayr) in Portugal[J]. Agric. Forest Entomol., 1 (1): 27-31.

Wetterer JK. 2010. Worldwide spread of the wooly ant, *Tetramorium lanuginosum* (Hymenoptera: Formicidae) [J]. Myrmecol. News, 13 (2): 81-88.

Wheeler NA. 1914. The ants of the baltic amber[J]. Schriften der Physikalisch-Ōkonomischen Gesellschaft zu Königsberg, 55: 1-142.

Whittaker JB, Warrington S. 1985. An experimental field study of different levels of insect herbivory induced by formica rufa predation on sycamore (acer pseudoplatanus) iii. effects on tree growth[J]. J. Appl. Ecol., 22 (3): 797-811.

Wiernasz DC, Yencharis J, Cole BJ. 1995. Size and mating success in males of the western harvester ant, *Pogonomyrmex occidentalis* (Hymenoptera: Formicidae) [J]. J. Insect Behav., 8 (4): 523-531.

Wilcove DS, Giam X, Edwards DP, et al. 2013. Navjot’s nightmare revisited: logging, agriculture, and biodiversity in Southeast Asia[J]. Trends Ecol. Evol., 28 (9): 531-540.

Willian L, Brown J. 2000. Diversity of ants. *In*: Agosti D, Majer JD, Alonso LE, et al. Ants: Standard methods for measuring and monitoring biodiversity[M]. Washington and London: Smithsonian Institution Press.

Wimp GM, Whitham TG. 2001. Biodiversity consequences of predation and host plant hybridization on an aphid-ant mutualism[J]. Ecology, 82 (2): 440-452.

Winfree R, Fox JW, Williams NM, et al. 2015. Abundance of common species, not species richness, drives delivery of a real-world ecosystem service[J]. Ecol. Lett., 18: 626-635.

Wise DH. Spiders in Ecological Webs[M]. Cambridge: Cambridge University Press.

Wolin CL, Lawlor LR. 1984. Models of facultative mutualism: density effects[J]. Am. Nat., 124: 843-862.

Wood SN, Wood MS. 2016. Package ‘mgcv’ [J]. R package version, 1: 7-29.

Wootton JT. 1994. The nature and consequences of indirect effects in ecological communities[J]. Annu. Rev. Ecol. Syst., 25 (1): 443-466.

Wright JP, Ames GM, Mitchell RM. 2016. The more things change, the more they stay the same? When is trait variability important for stability of ecosystem function in a changing environment[J]. Philos. Trans. R. Soc. Lond. B Biol. Sci., 371: 20150272.

Yamawo A, Tagawa J, Hada Y, et al. 2014. Different combinations of multiple defence traits in an extrafloral nectary - bearing plant growing under various habitat conditions[J]. J. Ecol., 102 (1): 238-247.

Yanoviak SP, Kaspari M. 2000. Community structure and the habitat templet: ants in the tropical forest canopy and litter[J]. Oikos, 89: 259-266.

Yao I. 2004. Effect of summer flush leaves of the daimyo oak, quercus dentat, on density fecundity and honeydew excretion by the drepanosiphid aphid *Tuberculatus quercicola* (Sternorrhyncha: Aphididae) [J]. Eur. J. Entomol., 101: 531-538.

Yao I, Akimoto SI. 2001. Ant attendance changes the sugar composition of the honeydew of the drepanosiphid aphid *Tuberculatus quercicola*[J]. Oecologia, 128 (1): 36-43.

Yao I, Akimoto SI. 2002. Flexibility in the composition and concentration of amino acids in honeydew of the drepanosiphid aphid *Tuberculatus quercicola*[J]. Ecol. Entomol., 27 (6): 745-752.

Yao I, Shibao H, Akimoto SI. 2000. Costs and benefits of ant attendance to the drepanosiphid aphid *Tuberculatus quercicola*[J]. Oikos, 89 (1): 3-10.

Yasuhara M, Doi H, Wei CL, et al. 2016. Biodiversity-ecosystem functioning relationships in long-term time series and palaeoecological records: deep sea as a test bed[J]. Philos. Trans. R. Soc. Lond. B Biol. Sci., 371 (1694): 20150282.

Yates ML, Andrew NR, Binns M, et al. 2014. Morphological traits: predictable responses to macrohabitats across a 300 km scale[J]. Peer. J., 2: e271.

Yu XD, Luo TH, Zhou HZ. 2006. Effects of carabid beetles among regenerating and natural forest types in Southwestern China[J]. Forest Ecol. Manag., 231: 169-177.

Zhang B, Qi H, Ren YT, et al. 2013. Application of homogenous continuous ant colony optimization algorithm to inverse problem of one-dimensional coupled radiation and conduction heat transfer[J]. Int. J. Heat Mass Tran., 66: 507-516.

Zhang S, Zhang Y, Ma K. 2012. The ecological effects of the ant-hemipteran mutualism: a meta-analysis[J]. Basic Appl. Ecol., 13 (2): 116-124.

Zhou AM, Liang GW, Zeng L, et al. 2014. Interactions between ghost ants and invasive mealybugs: the case of *Tapinoma melanocephalum* (Hymenoptera: Formicidae) and *Phenacoccus solenopsis* (Hemiptera: Pseudococcidae) [J]. Fla. Entomol., 97 (4): 1474-1480.

Zhou ZX. 2012. Conceptual mechanism model of impact of urbanization on ecosystem service and case study[J]. Res. Soil Water Conserv., 18 (5): 32.

Zisenis M. 2015. The international platform on biodiversity and ecosystem services gets profile[J]. Biodivers. Conserva., 24 (1): 199-203.

Zou Y, Feng JC, Xue DY, et al. 2011. Insect diversity: addressing an important but strongly neglected research topic in China[J]. J. Res. Ecol., 2 (4): 380-384.

附 表

附表 1　不同样地地表蚂蚁群落物种组成及相对多度

Schedule 1　Species and relative abundance of ground-dwelling ants communities in different sites

科名 Family	种名 Species	有紫胶虫						无紫胶虫					
		12 月 Dec.	1 月 Jan.	2 月 Feb.	3 月 Mar.	4 月 Apr.	5 月 May	12 月 Dec.	1 月 Jan.	2 月 Feb.	3 月 Mar.	4 月 Apr.	5 月 May
猛蚁亚科 Ponerinae	山大齿猛蚁 *Odontomachus monticola*（Emery）	1	0	0	2	2	0	0	0	0	1	0	0
	双色曲颊猛蚁 *Gnamptogenys bicolor*（Emery）	2	0	0	1	2	0	0	0	0	0	0	0
	红足修猛蚁 *Pseudoneoponera rufipes*（Jerdon）	4	1	1	3	4	11	4	0	3	0	1	5
	迟钝匿猛蚁 *Buniapone amblyops*（Emery）	0	0	0	1	0	0	0	0	0	0	0	0
	光亮细颚猛蚁 *Leptogenys lucidula*（Emery）	0	0	0	0	0	5	1	0	0	0	0	1
	横纹齿猛蚁 *Odontoponera transversa*（Smith）	18	4	7	3	58	32	8	4	13	2	77	41
伪切叶蚁亚科 Pseudomyrmecinae	飘细长蚁 *Tetraponera allaborans*（Walker）	1	1	2	1	0	0	0	0	0	0	0	1
切叶蚁亚科 Myrmicinae	粗纹举腹蚁 *Crematogaster macaoensis*（Wheeler）	14	5	8	5	19	11	12	3	8	0	3	4
	立毛举腹蚁 *C. ferrarii*（Emery）	1	0	1	0	7	9	4	2	1	0	14	2
	大阪举腹蚁 *C. osakensis*（Forel）	0	1	2	0	4	10	0	0	1	0	0	1
	近缘盲切叶蚁 Carebara *affinis*（Jerdon）	0	0	0	0	0	5	0	0	0	0	0	9
	法老小家蚁 *Monomorium pharaonis*（Linnaeus）	0	14	0	0	4	4	0	18	0	0	1	7
	中华小家蚁 *M. chinensis*（Santschi）	16	18	38	56	19	13	18	33	25	37	18	48
	罗氏铺道蚁 Tetramorium *wroughtonii*（Forel）	12	1	3	2	9	7	1	2	0	0	1	3
	沃尔什铺道蚁 *Tetramorium walshi*（Forel）	0	0	0	0	2	5	0	0	0	0	0	0
	棒刺大头蚁 *Pheidole spathifera*（Forel）	14	10	27	27	46	41	3	6	11	12	22	23
	卡泼林大头蚁 *P. capelliniEmery*	0	1	0	0	0	1	0	1	0	0	0	0
	伊大头蚁 *P. yeensis*（Forel）	48	19	45	58	66	56	52	18	38	44	66	50
	皮氏大头蚁 *P. pieli*（Santschi）	31	0	8	10	45	50	30	0	11	6	23	23

续表

科名 Family	种名 Species	有紫胶虫						无紫胶虫					
		12月 Dec.	1月 Jan.	2月 Feb.	3月 Mar.	4月 Apr.	5月 May	12月 Dec.	1月 Jan.	2月 Feb.	3月 Mar.	4月 Apr.	5月 May
	罗氏心结蚁 *Cardiocondyla wroughtonii* (Forel)	0	0	0	0	0	1	0	0	0	0	0	1
	贝卡盘腹蚁 *Aphaenogaster beccarii* (Emery)	54	14	11	15	31	27	6	3	1	7	8	1
臭蚁亚科 Dolichoderinae	二色狡臭蚁 *Technomyrmex bicolor* (Emery)	2	1	0	3	1	3	0	5	0	1	4	2
	吉氏酸臭蚁 *Tapinoma geei* (Wheeler)	2	1	0	2	2	0	6	0	0	0	0	0
	黑头酸臭蚁 *T. melanocephalum* (Fabricius)	11	1	12	7	15	3	0	0	1	0	2	1
	印度酸臭蚁 *T. indicum* (Forel)	0	0	0	0	0	1	0	0	0	0	0	0
	黑可可臭蚁 *Dolichoderus thoracicus* (Smith)	0	0	0	0	0	1	0	0	0	0	0	0
	扁平虹臭蚁 *Iridomyrmex anceps* (Roger)	0	0	0	0	0	0	0	0	0	0	0	3
蚁亚科 Formicinae	开普刺结蚁 *Lepisiota capensis* (Mayr)	2	1	2	5	3	0	0	1	2	2	0	0
	网纹刺结蚁 *L. reticulate* (Xu)	0	0	0	0	0	0	0	0	2	0	0	0
	尖齿刺结蚁 *L. acuta* (Xu)	0	0	0	0	0	4	0	0	0	0	0	0
	长足光结蚁 *Anoplolepis gracilipes* (Smith)	13	4	4	8	20	0	5	4	1	2	0	0
	普通拟毛蚁 *Pseudolasius familiaris* (Smith)	0	1	0	0	0	0	0	0	0	0	0	0
	缅甸尼氏蚁 Nylanderia *birmana* (Forel)	1	0	1	0	0	0	1	0	0	0	0	0
	光胫多刺蚁 *Polyrhachis tibialis* (Smith)	0	0	0	0	0	0	0	0	0	1	2	0
	邻居多刺蚁 *P. proxima* (Roger)	1	0	0	0	2	1	1	0	0	0	0	0
	巴瑞弓背蚁 *Camponotus parius* (Emery)	5	1	9	11	27	3	1	2	6	6	12	2
	平和弓背蚁 *C. mitis* (Smith)	0	1	4	3	3	3	0	0	0	3	0	1

附表 2 不同紫胶虫种群数量样地地表蚂蚁相对多度

Schedule 2 Relative abundance of ground-dwelling ants in different populations of lac insects

科名 Families	种名 Species	I	II	III	IV
猛蚁亚科 Ponerinae	山大齿猛蚁 *Odontomachus monticola* (Emery)	2(/)	1(/)	1(/)	0
	双色曲颊猛蚁 *Gnamptogenys bicolor* (Emery)	1(/)	2(/)	1(/)	0
	红足修猛蚁 Pseudoneoponera *rufipes* (Jerdon)	5(/)	7(0.88)	8(/)	2(/)
	光亮细颚猛蚁 *Leptogenys lucidula* (Emery)	1(0.5)	0	0	0
	横纹齿猛蚁 *Odontoponera transversa* (Smith)	27(0.52)	19(0.90)	17(0.68)	26(0.65)
伪切叶蚁亚科 Pseudomyrmecinae	飘细长蚁 Tetraponera allaborans (Walker)	0	0	1(/)	0
切叶蚁亚科 Myrmicinae	粗纹举腹蚁 *Crematogaster macaoensis* (Wheeler)	4(/)	11(0.58)	28(0.57)	5(0.42)
	立毛举腹蚁 *C. ferrarii* (Emery)	1(/)	5(/)	2(/)	3(/)
	大阪举腹蚁 *C. osakensis* (Forel)	2(/)	4(/)	4(0.67)	0
	近缘盲切叶蚁 Carebara *affinis* (Jerdon)	1(/)	0	0	0
	法老小家蚁 *Monomorium pharaonis* (Linnaeus)	3(0.43)	6(0.67)	4(0.80)	8(0.50)
	中华小家蚁 *M. chinensis* (Santschi)	12(0.24)	33(0.34)	48(0.40)	44(0.54)
	罗氏铺道蚁 *Tetramorium wroughtonii* (Forel)	5(0.36)	1(/)	4(0.57)	1(0.50)
	沃尔什铺道蚁 *Tetramorium walshi* (Forel)	5(0.71)	1(0.50)	0	0
	棒刺大头蚁 *Pheidole spathifera* (Forel)	50(0.28)	36(0.18)	37(0.44)	15(0.60)
	卡泼林大头蚁 P.capellini (Emery)	1(0.08)	0	0	0
	伊大头蚁 *P. yeensis* (Forel)	60(0.13)	65(0.20)	25(0.42)	73(0.37)
	皮氏大头蚁 *P. pieli* (Santschi)	24(0.27)	32(0.28)	26(0.29)	18(0.46)
	贝卡盘腹蚁 *Aphaenogaster beccarii* (Emery)	40(0.33)	41(0.39)	14(0.21)	0
臭蚁亚科 Dolichoderinae	二色狡臭蚁 *Technomyrmex bicolor* (Emery)	0	1(/)	5(0.19)	0
	吉氏酸臭蚁 *Tapinoma geei* (Wheeler)	0	2(/)	1(/)	1(0.5)
	黑头酸臭蚁 *T. melanocephalum* (Fabricius)	19(0.48)	8(0.22)	17(0.53)	0
	印度酸臭蚁 *T. indicum* (Forel)	0	1(/)	0	0

续表

科名 Families	种名 Species	Ⅰ	Ⅱ	Ⅲ	Ⅳ
蚁亚科 Formicinae	开普刺结蚁 *Lepisiota capensis* (Mayr)	5(/)	4(/)	1(/)	0
	尖齿刺结蚁 *L. acuta* (Xu)	3(0.5)	1(/)	0	0
	长足光结蚁 *Anoplolepis gracilipes* (Smith)	25(0.71)	0	3(0.60)	0
	缅甸尼氏蚁 Nylanderia *birmana* (Forel)	1(/)	0	1(/)	0
	邻居多刺蚁 *Polyrhachis proxima* (Roger)	1(/)	1(/)	1(/)	1(/)
	巴瑞弓背蚁 *Camponotus parius* (Emery)	23(0.62)	11(0.61)	10(0.91)	0
	平和弓背蚁 *C. mitis* (Smith)	2(0.67)	1(/)	2(/)	0

注：表中Ⅰ、Ⅱ、Ⅲ和Ⅳ分别代表紫胶虫寄生率为60%、30%、10%样地和无紫胶虫的样地，表中数据为蚂蚁在陷阱中出现频次。(/)表示蚂蚁每次个体数<2，下同。

附表3 不同紫胶虫种群数量样地树栖蚂蚁相对多度

Schedule 3 Relative abundance of arboreal ants in different populations of lac insects

科名 Families	种名 Species	Ⅰ	Ⅱ	Ⅲ	Ⅳ
猛蚁亚科 Ponerinae	红足修猛蚁 Pseudoneoponera *rufipes* (Jerdon)	0	1(/)	0	0
伪切叶蚁亚科 Pseudomyrmecinae	狭唇细长蚁 *Tetraponera attenuata* (Smith)	0	3(0.14)	2(/)	1(/)
切叶蚁亚科 Myrmicinae	飘细长蚁 *Tetraponera allaborans* (Walker)	51(0.59)	69(0.53)	65(0.50)	44(0.64)
	粒沟切叶蚁 *Cataulacus granulatus* (Latreille)	9(0.82)	3(0.60)	5(0.71)	9(0.69)
	粗纹举腹蚁 *Crematogaster macaoensis* (Wheeler)	119(0.02)	39(0.02)	48(0.07)	11(0.29)
	立毛举腹蚁 *C. ferrarii* (Emery)	4(0.11)	77(0.06)	62(0.16)	69(0.27)
	大阪举腹蚁 *C. osakensis* (Forel)	0	0	0	2(0.20)
	中华小家蚁 *Monomorium chinensis* (Santschi)	1(0.03)	0	4(0.03)	1(0.50)
	罗氏铺道蚁 *Tetramorium wroughtonii* (Forel)	8(0.03)	4(0.09)	9(0.05)	0
	伊大头蚁 *Pheidole yeensis* (Forel)	3(0.05)	1(0.06)	1(0.03)	0
	皮氏大头蚁 *P. pieli* Santschi	1(0.17)	1(0.01)	5(0.06)	3(0.13)

续表

科名 Families	种名 Species	I	II	III	IV
臭蚁亚科 Dolichoderinae	罗氏心结蚁 *Cardiocondyla wroughtonii* (Forel)	2(0.18)	1(0.17)	3(0.27)	0
	罗氏穴臭蚁 *Bothriomyrmex wroughtonii* (Forel)	2(0.03)	2(0.05)	2(0.03)	0
	黑头酸臭蚁 *Tapinoma melanocephalum* (Fabricius)	4(0.02)	1(/)	0	1(0.04)
	印度酸臭蚁 *T. indicum* (Forel)	2(0.03)	0	1(0.13)	0
	黑可可臭蚁 *Dolichoderus thoracicus* (Smith)	12(0.05)	19(0.13)	0	13(0.09)
	扁平虹臭蚁 *Iridomyrmex anceps* (Roger)	0	2(/)	0	0
蚁亚科 Formicinae	长足光结蚁 *Anoplolepis gracilipes* (Smith)	9(0.50)	0	3(0.50)	0
	光胫多刺蚁 *Polyrhachis tibialis* (Smith)	8(0.89)	8(0.67)	8(0.89)	7(/)
	邻居多刺蚁 *Polyrhachis proxima* (Roger)	6(0.75)	3(/)	6(0.86)	2(/)
	巴瑞弓背蚁 *Camponotus parius* (Emery)	9(0.90)	8(0.50)	11(0.65)	8(0.67)
	平和弓背蚁 *C. mitis* (Smith)	1(/)	1(/)	0	1(/)